軍事學導論
An Introduction to Military Science

安豐雄、邱伯浩、張彥之、羅慶生◎著

劉序

　　我國大學裡開設「軍訓」課程，由來已久。過去「軍訓」課程之規劃乃「自上而下」，由教育部軍訓處負責。近年來大學課程已屬大學自治範圍，本校乃將軍事教育納為「共通教育」之一環。東吳大學的共通教育包含課內的知識教育課程，以及課外的情意、公民與情境教育潛在課程。它的主旨在於實現本校共同的教育理想及特色，達到「教育全人」的目的。

　　本校軍訓教官近年進修、研究之風氣極佳，整體之素質大為提升。安豐雄、邱伯浩、張彥之、羅慶生四位教官於教學、行政及協助學校輔導工作之餘，協力撰寫《軍事學導論》一書，當係大學軍事教育史上之一件大事，相信其出版不只能奠定軍事教育堅實的知識基礎，也透過軍事教學與研究的力行實踐，而促進整體教育的潛移默化功能。

　　學問之道不外乎《中庸》的「博學之、審問之、慎思之、明辨之、篤行之」，此與現代科學之方法乃是相通的。「博學之」指經過廣泛且細密的觀察以蒐集事物的情況；「審問之」指進而揀選其中有用的訊息；「慎思之、明辨之」指用心形成概念並建構理論；「篤行之」指最後將其付諸實際應用。至於科學精神，其要義在於「務實」、「明理」與「善用」。

　　「軍事學」作為一門學問，當然也應依前述學問之道，換言之，軍事科學知識的形成及應用，必須仰賴科學精神與科學方法的發揮及運用。《軍事學導論》一書針對廣泛的軍事科學知識，透過運用科學方法以建構一個具有規範性的實用學科體系，基本上是符合科學的原則，也是值得讚賞的。就學科建構的過程來說，教官們企圖將龐雜的軍事科學知識化繁為簡，以整理出條理明確的學科體系；就動機而言，教官們在繁忙之餘，仍能以研究及寫作的實際行動，來結合軍事教學的本務工作；都很符合「務實、明理、善用」的科學精義。

　　我期待《軍事學導論》的出書，未來除了能夠激勵研究建構軍事科學知識體系的風氣外，也能引領國內大學軍事教育，開創一個嶄新的學術化發展風貌。

東吳大學校長

劉源俊

宋序

　　科學知識的研究與應用是奠定國家發展基礎的必要條件；而軍事科學知識的發達與傳播，則為國家軍事現代化的基本要素，更是厚植全民國防實力的重要途徑。如何透過教育過程，有效教導青年學生必要的軍事科學知識，藉以培養未來理性決策的多元能力，並且凝聚國家精神與意志，一直是學生軍訓教學的重要使命。

　　近年來，軍訓教官在軍訓教學工作崗位上，持續不懈地從事研究寫作，為建構國防通識教育知識體系，投入許多令人欣慰的動力。東吳大學安豐雄、張彥之、羅慶生等三位教官以及政治作戰學校博士班研究生邱伯浩中校，基於發展國防通識教育學科的理念，共同協力撰著《軍事學導論》一書，全書綜整相關軍事科學知識，並融合渠等多年軍訓教學經驗，為建立條理明確的軍事學科體系，提供了一個可資參考的架構，對提昇大學國防通識教育品質，具有正面積極的意義，不僅實踐了軍訓教學的發展理念，驗證軍訓課程規劃的開創性與正確性；同時，也展現了軍訓教官教學與研究並重的認真態度。

　　未來學生國防通識教育發展的取向，勢必跟隨國內教育環境的轉變與提昇，朝向學術專業與實用開放的方向前進。《軍事學導論》一書以其建構通識性軍事專業學科的前瞻理念與實際作為，落實了大學知識教育的多元屬性，充分且敏銳地掌握了大學軍訓教學發展的未來趨勢。同時，該書的出版對於國內軍事科學領域的研究風氣與知識發展，相信必能有所激勵與啟發。我們期待有更多的軍訓教官，能夠在教學的同時，積極投入軍事學術的研究與寫作，以充實精進軍訓課程的內涵，達成國防通識教育的使命。

教育部學生軍訓處　處長

高序

　　個人在任職陸軍官校時，曾以「十年樹木、百年樹人」的理念，創造各種「學習」機會來激勵當時的學生，提高學生的素質成為在個人陸官任職的主要心願。然而，時光飛逝，經過了十幾年後，當時埋下的種子，如今已紛紛開花結果。在國軍重要崗位上，都已經看到了當年努力不懈的學子不僅取得高學歷並在國軍的第一線上服務奉獻。更可貴的是有些同學汲汲鑽研軍事學術，《軍事學導論》證明了他們辛勤耕耘的結果。

　　本書是由安豐雄、邱伯浩、張彥之、羅慶生等四位國軍的後起之秀完成全書的編撰，由於他們在軍中經歷完整且學養豐富，對軍事學門的建構研究有精闢的見解，能針對當前大學軍事（訓）教育提出「軍事學導論」，不僅可以作為大學軍事（訓）教育的教學讀本，並可為國軍軍事院校參酌及軍官個人進修之用，尤屬難能可貴。

　　國防部湯部長於總長任內在九十年十二月廿八日於國軍軍事研討會中，曾指出國軍軍事教育應朝下列四個方面來規劃：「一、培育術德兼修、允文允武的國軍幹部。二、陶鑄具國際觀、富科技知識與人文素養的現代化優質軍官。三、建構完整的『軍事學門』，樹立國軍軍事學術地位。四、推廣國軍幹部實現自我理想，營造終身學習的環境。」本書的出版，不僅有助於國軍人才培育與軍事學養的充實，更是國軍幹部自我進修及研究一本很好的輔助教材。

　　但此書畢竟是初探性研究，有些以敵為師，有些仍有爭議，尚須專家學者及讀者釐清指教，使軍事學術開枝散葉，軍事專業與民間同時萌芽，讓全民國防的體現從軍事學術中漸漸的落實。

陸軍副總司令

高華柱

鍾序

　　近五十年由於科技的日新月異，科技知識平均每五年就得小改款，而科技相關的大專用書每十年就得大改款。這本《軍事學導論》講授的內涵是「軍事科學」，適時地提供大專軍訓課程教科書最新的參考資料。《軍事學導論》除了涵蓋軍訓課程六大領域外，它還潛藏了四項作為大專用書必備的基因：一、最新的資訊，像驚爆九一一暴徒特攻衝撞美國軍政金融中心所帶給戰略思維的震撼；二、完整的涵蓋面，古今中外凡與軍事相關的經典，均在書中清楚交待；三、具益智啓發性，每章所附之「問題與討論」，可帶給課堂上師生跳出傳統的腦力激盪，像「決戰境外與有效嚇阻戰略，那個較好？」的議題，其實兩者都脫離現實，都有問題；四、可讀性高，學生最畏懼憎恨的教科書，是字都認得但語義不清看不懂，而這本書是由四位軍訓教官歷經多年講授所淬煉出深入淺出的講義總成，學生很容易邊讀邊進入狀況。這本《軍事學導論》不但可做爲大專軍訓的教科書，更可做爲社會上廣大軍事迷最基本的參考書，讓一般讀者沉迷在尖端武器之外，多懂些萬年不變最起碼的「戰理」與「將道」。

國立清華大學原子科學系專任教授
國防大學軍事學術特約講座

鍾堅　博士

翁序

在台灣，軍事學領域仍是一個等待開發的園地；雖然有不少論述，但對理論的建構仍缺乏系統化統整。本所長期以來從事國際事務及戰略領域之研究，嘗試建構符合台灣特色的安全理論及戰略，基本上，至現階段有一些具體成就；但在軍事學領域的研究上，因牽涉較多的技術層面，深感仍有待具有軍事背景的學者能力。

事實上，國家安全的戰略領域屬高層政治，關係國家生存與發展甚鉅，必須全體國民的共同關注與參與才能發揮功能，但在關注與參與前必先有充分理解。國家安全與戰略並非僅僅是常識問題，如果以常識或一般經驗關注可能會適得其反。本所多年的研究成果逐漸受社會大眾注意，已顯示國民關切國家安全發展的趨勢。然而，安全戰略雖包括政治、經濟、軍事、心理各領域，但軍事仍為不可忽視的核心。此表示軍事學的知識對國民相當重要。在強調全民國防的今天，一本導論性質的軍事學著作對提昇全體國民的軍事知識應有相當助益。

今有羅慶生、安豐雄、張彥之、邱伯浩等優秀軍官，既有民間大學研究所學歷，又有軍事研究背景；加上長年在大學服務，瞭解學生需求。他們有心編撰《軍事學導論》一書令人深感振奮。這本書雖然定位為大學軍訓的教科書，但深入軍事領域，切入層面之深與廣，非一般軍訓教科書所能比擬。這也正是我們期待的一本著作，雖然是「導論」性質，但對奠立一個學術領域的基礎而言，他們已付出相當的努力，也取得相當的成就。

從這個角度來說，《軍事學導論》應不僅作為軍訓教科書，對關心國家安全的社會的大眾來說，也是一本可以暨於案頭隨時翻閱的參考書了。是故，特予推薦並樂以為序。

淡江大學國際事務與戰略研究所所長

翁明賢 於淡水

高序

　　學科的發展必有一定的程序與邏輯，相較於學術「典範」的形成，實有異曲同工之妙。任何一個學科的建立，都是已有相當的研究成果及固定的學術社群，然後凝聚學術共識，使整個學術社群有共同遵守的遊戲規則，這是一項相當艱辛的學術工程，需要有願意學術犧牲奉獻的學術傻子，孜孜不倦在學術領域耕耘，只問耕耘、不問收穫，才能使學科凝聚，成為學術「典範」。如今在東吳大學及政戰學校中就有四位學隸，默默的為「軍事學」學門的建構在努力，辛勤研究數年之後，終於「辛苦播種、必歡呼收割」。

　　安豐雄、邱伯浩、張彥之、羅慶生，這四位初生之犢，學養豐富，軍事素養極高，以滿腔熱血，共同編撰《軍事學導論》一書，來凝聚軍事學的研究社群的共識，此書不僅是國內第一本有系統的介紹軍事學各種概念，更是將軍事學的領域做一完整說明，有利於國內大專學生、專家學者對軍事學的認識，更是國軍幹部自我進修的極佳參考書，此書稱為「軍事學」典範也不為過，因它讓軍事學的發展有遵循的軌跡，並讓爾後有關軍事學門的研究，均可以循此發展。

　　本人長期在警察大學、政戰學校及國防大學時常接觸孜孜不倦，努力於學術研究的國軍軍官。安豐雄及邱伯浩，就是我在警察大學警政研究所公共安全組所指導的學生。從其畢業至今快十年，這些年來安君、邱君兩位在學術上的耕耘與成就是有目共睹的，身為老師甚感欣慰，並有天下英才盡出的愉悅。天下的老師都願得英才而教之，更希望自己的子弟青出於藍勝於藍，《軍事學導論》就是安君、邱君送給我最好的禮物。

警察大學通識中心教授

高哲翰

自序

在大學從事多年的軍事教育工作後，對於國內大學軍事教育制度的革新內涵與未來發展，心中多少醞釀了一些改革的創新理念與實踐構想。而這些理念與構想，不知道在多少個繁忙的教輔白晝與謐靜的留值夜晚，透過教官同仁間你來我往的思索詰辯與鑽研考證，終於在東吳大學的開放空間裡，逐漸成熟與具體。出版《軍事學導論》的芻思與構畫，就是在這樣的情形下啓發與完成的。因此，本書的形成，貢獻最大的還是辦公室裡的軍護同仁。因為，他（她）們對於這些革新大學軍事教育的理念與構想，在長時間的反思與檢驗過程中，默默無私地灌注思考的心力，並且提出了許多精闢的論點。而陸軍副總司令高華柱中將、淡大戰略所翁明賢所長與警大高哲翰教授，在寫作過程中對舊屬及晚學的關懷期勉，成為作者在精神上的最佳激勵；清華大學原子科學系鍾堅教授，對於本書在知識與邏輯上的指導，更成為《軍事學導論》付梓出書的有力支撐。

從長期累積的軍訓教學經驗出發，心中常常會有這樣的問題與思考浮現。那就是，軍事科學究竟應以何種知識的形態，才能適切地融入大學教育體制，從而彰顯大學教育的多元性質。因此，在不斷地反覆思索，並與師友進行討論的情形下，內心終於激發出建構大學軍事教育「軍事學」通識性學科的動機與構想。企圖由大學教育的現況出發，結合國家軍事教育的目標，將軍事科學知識進行系統性的整合與發展，從而建構出符合大學教育所規範及需要的通識性「軍事學」學科體系。

然而，上述建構「軍事學」的理念，雖然具有可行的架構。但在現實的層面上，仍舊需要依靠軍事應用或分支學科的大量寫作，才足以落實建構的工作。於是，這個理念的實踐，一方面在校長劉源俊先生的關心之下，辦公室部分同仁展開了建構「軍事學」通識性學科的相關研究；另一方面則在揚智出版社的支持下，允諾將來鼎力贊助「軍事學」的相關學術研究，以及學科專書的出版事宜。而《軍事學導論》的出版，只是開始邁向建構工作的小小一步。

由於本書的寫作，仍只是初探性質。而主要目的也在於提供大學軍事教育，一項系統整合的通識性軍事科學應用知識。因此，對於「軍事學」應有的

學科內涵及範疇，必然還有其他許多不同的看法及觀點。所以，本書除了冀望能引導大學軍事教育，開創出一條學術化取向的嶄新道路外；同時，也期待獲得軍事研究領域的先進們，給予殷切的回應、批評及指正，以裨益未來學科建構的推動工作。

研究與寫作的孤獨艱辛，在堅持追尋科學與理性的信念下，化為一種知識的滿足與悠然情愫。本書的任何成果，都應奉獻給長期忍受忽視與沈默，但卻執意陪伴的家人。

此外，由於本書付梓之前，恰逢國防部公布九十一年國防報告書之際。而該書內容顯現出國家軍事戰略規劃的重大轉變，勢將影響國防政策與國軍建軍的未來取向。因此，該書內容成為研究軍事科學領域者，所不可或缺的重要訊息。所以，基於負責的態度，及時節錄最新國防報告書之要點如後，敬饗讀者。

作者謹識
於東吳大學

中華民國九十一年國防報告書要點摘錄

第一篇　國際安全環境與軍事情勢

　　概述國際安全情勢，置重點於安全威脅、區域情勢、武器移轉與擴散、軍事科技發展趨勢及戰爭本質的轉變等；其中，有關中共情勢及軍事發展，則做較詳盡之說明。期能清楚描繪我國當前安全環境，以做爲訂定國防政策之依據。其摘要如下：

一、二十一世紀初的國際局勢，呈現多邊合作型態，並由獲取經貿實質利益，取代對抗與衝突；當前的安全概念，已超越單一的軍事或政治層面，擴及到經濟、能源、環保、科技等層面。

二、二○○一年九月十一日，美國本土遭受恐怖主義攻擊，震驚全世界，對國際安全產生巨大衝擊，並影響到各國戰略布局態勢；恐怖主義的威脅，已成爲國際安全的隱憂。

三、國際潛藏的威脅，包括：政治性、經濟性、軍事性及其他性等問題，均將隨時爲國際環境投下不安全變數。國際安全環境雖持續朝著和平與穩定的方向發展，然因相關問題糾纏難解，以致世局依舊動盪，使得全球安全前景仍充滿了不確定性。

四、亞洲因美國、日本、俄羅斯與中共等國利益與矛盾糾結，南、北韓和解仍存變數，印巴對峙僵局難解及台海情勢詭譎多變，以致地區安全仍具變數。不過，區域內各國仍均致力維持區域的和平與穩定。

五、二○○二年中共國防預算編列一、六六○億元人民幣,較二○○一年一、四一一‧五六億元人民幣增加十七‧六%,仍維持二位數的成長。近年中共配合軍事戰略的轉變,除全面提昇其海、空軍、二砲能力,並組建快速反應部隊,使共軍成為具有近海作戰能力的進攻型軍力外,更不斷在周邊海域進行軍事演習,加深亞太地區國家對中共擴張軍備的疑慮。

六、由於中共對解決「台灣問題」的迫切性,其作戰方向已將東南沿海列為首要優先,對我國人民造成莫大的心理威脅,嚴重影響我心防建設。再者,共軍積極開發資訊、不對稱等戰具、戰法,其武力犯台模式將更具攻擊性與多樣化,對我國家安全威脅,亦將日益嚴重。

第二篇 國防政策

由國家利益、國家目標出發,配合國家安全情勢分析,擬出國家安全戰略及國家安全政策,並依此發展現階段國防政策與軍事戰略、兵力整建諸項作為。本篇為全書重點。其摘要如下:

一、近年來中共因經濟發展快速,綜合國力不斷提昇,復以其積極擴建軍力,對我國家安全威脅與日俱增,尤其在政治、軍事、經濟、心理及外交等方面,均已對我國的生存與發展構成嚴重威脅。

二、現階段我國國家安全戰略構想,以確保國家安全與永續發展為目的,綜合運用政治、經濟、外交、軍事、心理與科技諸般手段,並透過追求自由、民主、人權、均富的方式,發揮整體國力,維護國家利益。

三、中華民國之國防,以發揮整體國力,建立國防武力,達成保衛國家安全,維護世界和平為目的;現階段國防基本理念為:「預防戰爭」、「維持台海穩定」、「保衛國土安全」。

四、我國現階段國防施政方針則為:強化全民國防、貫徹國防法制

化、建設現代化國防、建立危機處理機制、推動區域安全合作及落實「三安政策」等。

五、國軍防衛作戰本「有效嚇阻、防衛固守」之戰略構想,按「制空、制海、地面防衛」作戰,發揮三軍聯合作戰戰力;以「資電先導、遏制超限、聯合制空、制海,確保地面安全,擊滅犯敵」之指導,建立「小而精、反應快、效率高」之精準打擊戰力,以達成有效嚇阻之目標。

六、當前兵力整建以促使國軍現代化及軍種整建爲重點;三軍兵力採重點發展,以提昇三軍聯合作戰整體戰力爲目標。

第三篇　國防資源

說明國防人力、財力、物力有效的資源分配與運用,並闡釋運用的目的、政策、願景等。其摘要如下:

一、國軍貫徹精兵政策,在建立「精、小、強」之現代化部隊,國防部秉此原則,適時檢討修訂禁役標準及依部隊需要提高體位標準,以汰弱留強,提昇官兵素質。

二、近年我國國防預算持續緊縮,且在人員維持經費居高不下,以及新一代武器裝備成軍後其維護、檢修經費亦持續攀升的情形下,已影響國軍之兵力整建時程;反觀中共的國防預算,近十年來,則大幅成長二八三‧八三%。國防部深切期望在配合國家整體經濟規模穩定成長的同時,能維持適足國防預算額度,以達成建軍備戰目標,確保國家安全。

三、國防科技工業政策在擴大與產、官、學、研各界合作,厚植國防科技工業能量於民間;賡續提昇研發核心技術及前瞻關鍵性的武器系統,達成國防獨立自主目標;同時遵循國際公約及政府政策,不生產、不發展、不取得、不儲存、不使用核生化武器。

四、配合政府貿易自由化、國際化政策,接受民意監督,建立合法、透明、公平、合理採購作業環境,並依政府採購法等相關法令,

遂行國軍軍品採購任務。其原則爲：（一）優先採購國內產品，
（二）分散採購地區。

五、國防部爲因應國家經濟發展需求、配合國土開發及發揮土地最大
效用，在不影響建軍備戰原則下，寬宏檢討國防用地，本「小營
區歸併大營區」、「非必要位於都市內之營區、訓練場地遷往淺山
或郊區」之政策，適時檢討釋出國軍空置及不適用營地。

第四篇　國軍部隊

敘述國軍部隊整備現況，包含：常備部隊、後備部隊及後勤支援部隊
之任務、現況、編組、主要武器裝備等；其中電子戰及資訊戰部隊係首次
載入。其摘要如下：

一、陸軍平時戍守本、外島地區，從事基本戰力與應變作戰能力訓
練，維護重要基地與廠、庫設施安全；戰時聯合海、空軍，遂行
聯合作戰，擊滅進犯敵軍。

二、海軍平時執行海上偵巡、外島運補與護航等任務；戰時反制敵人
海上封鎖與水面截擊，聯合陸、空軍遂行聯合作戰。陸戰隊平時
執行海軍基地防衛、戍守指定外島；戰時依令遂行作戰。

三、空軍平時加強戰備，維護領空；戰時全力爭取制空，並與陸、海
軍遂行聯合作戰。

四、憲兵執行特種警衛、衛戍任務，協力警備治安及支援三軍作戰，
並依法執行軍法及司法警察任務。

五、電子戰部隊以「建立台海電磁屏障，掌握電磁優勢」爲目標，有
效運用電子戰支援、電子戰防護，爭取電子戰優勢，達成全般作
戰任務。資訊戰部隊則執行指管系統之安全防護與監控，並適時
爭取資訊優勢，支援全般作戰。

六、三軍後備部隊於平時強化基幹種能之培養，並完成納編後備軍人
之人、裝、訓相結合之各項動員準備；臨戰之際，適時擴編成
軍，及時執行作戰。

七、後備司令部平時落實動員整備,掌握人力、物力,確保經常戰備
時期戰力之維持;戰時執行後續動員作業,支援三軍作戰及戰損
防救,並運用後備戰力、民防團隊維護後方地區安全。

八、聯合後勤司令部負責國軍傳統武器裝備研發與生產,執行三軍共
同性勤務支援,並以最少之資源達成支援作戰之目的。後備司令
部之輔助軍事勤務隊區分「地區性」及「隨隊性」兩種,有效整
合民間資源,以發揮平時救災、戰時支援軍事勤務之功能。陸軍
平時戍守本、外島地區,從事基本戰力與應變作戰能力訓練,維
護重要基地與廠、庫設施安全;戰時聯合海、空軍,遂行聯合作
戰,擊滅進犯敵軍。

第五篇　國防管理

說明國軍以現代化之企業管理精神,從事各項國防管理工作,其中,
人力資源、法規、經費、軍事動員、後勤、部隊、通信電子資訊等項,則
是目前管理的重點。其摘要如下:

一、國防部依據國軍建軍備戰需求,對國軍人力作整體、長期的規
劃,運用招募、培訓、晉升、退伍、儲備、考核等政策與方案,
使官兵安心在營服役,樂於軍旅生涯。

二、「依法行政」為國防施政的基本原則,國防部適時制(訂)定、
修正及廢止不合時宜之法令,以達到「健全法制、貫徹法制」之
目標。

三、國防經費管理的目的,在有效運用有限財力資源,充實戰備,增
強戰力。

四、軍事動員為國家動員之主體,並區分為軍隊動員與軍需動員,其
實質工作項目尚包括軍事運輸動員、軍需物資徵購徵用、輔助軍
事勤務動員及戰力綜合協調會報等。

五、國軍後勤管理運作機制,本務實、精確、效率的態度,主動掌握
各項後勤支援能量,並充分運用民間資源,有效支援三軍作戰。

六、國軍內部管理係運用現代科學方法，將軍隊內之人、事、時、地、物，做井然有序之管理；另秉持平權精神，對女性同仁各項權益，給予完善之照顧。

七、國軍訓練管理以「戰訓合一」為目標，採「分層負責、權責相符」之原則，進行各項訓練；復本「重獎重罰、速獎速懲」原則，激勵部隊訓練工作。

八、國軍軍紀安全管理之重點，在於：落實預防措施、發揮監察功能、綿密輔導機制、暢通申訴管道、防杜軍機外洩，以發掘危安潛因，掌握狀況，及時處理，消弭違法傷亡情事。

九、國軍通信電子資訊管理，以達成爭取資電優勢、鞏固國防、制敵機先為目的，並本平、戰時結合之理念，策定優先順序，詳實規劃訂定發展策略。

第六篇　國防重要施政

敘述國軍近兩年主要施政作為，尤對國軍具有重大影響之興革事項做較大篇幅的介紹。其中國防組織改造、全民國防之實踐、部隊訓練、軍事交流、國防科技及軍人人權等，則為民眾關切的焦點。其摘要如下：

一、國軍遵守憲法及國防法，效忠國家，愛護人民，保衛國家安全。並堅定「為中華民國國家生存發展而戰」、「為中華民國百姓安全福祉而戰」的信念。

二、國防部為推動國防二法，特編成「國防組織規劃委員會」等編組，並區分：規劃作業、組織調整、編成運作三階段，進行國防組織改造。國防二法已奉行政院正式核定自民國九十一年三月一日正式施行；國防部依法完成所屬單位、機關編成，使國防組織正式邁向法制化。

三、全民國防的作為，在發揮全民總力，共同維護國家安全；其作為主要有：建構完整動員法制體系，培養全民國防共識，強化軍事動員整備，以納動員於施政，寓戰備於經建，確使國防與民生合

一。

四、國軍遵循教育法令規範，以培育科技、專業的優質軍事幹部為導向，前瞻規劃軍事教育體系及教育政策，積極推動終身學習，以整體提昇國軍人力素質，因應新的挑戰。

五、九十、九十一年度國軍實施作戰類、動員類、核化類、訓練類等演訓，共計一五〇餘次；並均能依計畫、按步驟推動。

六、兩岸建立軍事互信機制，期在「表達善意」、「不拘形式」、「不預設立場」、「相互尊重」等原則下展開。

七、國軍本獨立自主精神，掌握關鍵性技術，自力發展制空、制海及地面防衛各式反制性武器系統，以強化國軍整體戰力；並配合國家經濟發展，推動軍民通用科技，厚植民間研發能量，以提昇國家競爭力。

八、軍人為穿著制服之公民，其基本人權，與一般人民同受憲法之保障。國防部貫徹國軍官兵申訴制度、設置官兵權益保障委員會、修正陸海空軍刑法等，以落實保障軍人人權。

第七篇　國軍與社會

說明軍民關係在現代國防中的重要性；國軍面對社會變遷，一向以透明化為工作指標，並透過保障人民權益、積極為民服務等作為，建立良性互動，增進彼此情誼。其摘要如下：

一、國防部對國防事務之推動，一向力求以透明化為工作指標，並隨時以主動溝通協調的態度，處理國軍軍事新聞，將國防政策國防政策、戰備訓練、共軍動態、官兵權益及部隊管理等各層面訊息對外發布。

二、國軍藉由「縮小軍機種類範圍」、「辦理軍事勤務致人民傷亡損害補償」、「人民訴願」、「國家賠償」等具體措施，保障人民權益；而為響應世界無雷潮流，則已全面清查、勘測無戰術運用價值及解除軍事管制之雷區。

三、憲兵協力維護社會治安，主要以與軍事有關者為主；依司法警察身分，結合治安體系，預防及偵查犯罪，排除公共危害，維護社會安寧秩序，確保國家安全。

四、當人民遭遇重大災害，國軍依「災害防救法」，派遣兵力，協助執行災害搶救，包括颱風災害、燃油污染、森林火災、空難等，以降低災害的損失。

五、各地區發生流行疫情，國軍則依規定實施緊急疫情調查及處理，期能掌握機先，控制疫情，防範傳染病蔓延；同時積極展開隔離與治療、預防性投藥及環境清潔整理等疫情防治措施。

六、國軍各級部隊藉由懇親、聯誼等活動，使家屬瞭解子弟在營生活狀況，建立與家屬的良性互動。

目錄

導言

一、探究「軍事學」的緣起與目的

由於筆者們從事多年的軍事教育工作，基於長期的軍事教學經驗，對於軍事領域內的相關科學知識，是否有可能透過整理、歸納、演繹建構與發展等方式，而獲得一個該領域內系統性整合的知識體系，始終有所討論。同時，對於這樣的軍事知識體系，將以何種名稱予以概括，更時而有所爭辯。因此，大家為了使爭論的焦點能夠更為嚴謹具體，便設定以「軍事學」的概念與範疇作為課題，分別從文獻探討與學科建構的層面，提出每個人的研究報告。在相當的時日中，經過大家你來我往的交互詰辯，慢慢地得出一些共通的結論。咸認，「軍事學」作為一門學科的概念，實際上是存在的；並且在國內現有的軍事研究基礎上，最起碼有可能建構出一套屬於本土的「軍事學」學科內涵及範疇。

所以，基於上述的認識，筆者們嘗試從大學軍事教育的角度切入，試圖結合現階段大學教學實況，並概括目前軍訓教學科目範疇的六大領域[1]，來探索並建立「軍事學」的概念及學科內涵，以作為賡續發展未來大學軍事教育以及開創學術化取向的基礎。因此，對於筆者們而言，企圖透過學科概念與內涵的思索和耕耘，同時依循學術化取向的指引，以建構一套實際且完整的系統性軍事科學知識，俾利大學軍訓教學的改革與發展，是撰寫本書的主要目的之一。同時，也是筆者們長久以來從事大學軍事教育的使命所在。

然而，建構「軍事學」的學科並非一蹴可幾，也非區區幾位作者能力之所及。因此，本書的另外一個目的就是，希望透過軍事學的寫作達到學術理念交流上拋磚引玉的效果。亦即，本書提出建構軍事學的課題，希望

從事軍事研究領域的先進與前輩們，或者對於本書相關領域有興趣者，可以針對軍事學建構的相關議題，提出建設性的批評及意見，供作爾後軍事學術界或軍事教育人士進一步研究及探討軍事學的堅實基礎。

二、軍事科學與「軍事學」的概念

本書運用「軍事學」的名稱，基本上是具有一些初探性與挑戰性的。所謂的「初探性」，指的是在華文的領域中，有關「軍事學」的名詞概念，目前尚無一致的定論。而國內在軍事研究領域之中，亦鮮少有先進與前輩以此名詞內涵來描述或指涉軍事研究的相關內容；而所謂的「挑戰性」則是指「軍事學」的學科建構工作，仍然停留在學科概念與範疇的探索階段。而本書根據操作上的需要逕自界定「軍事學」主觀經驗性的概念及其範疇。因此，勢將無法全面關照相關領域中，個別軍事研究者的特定需求。所以，本書未來勢必要面臨來自各方面的嚴厲批判與檢驗。

雖然如此，有關是否運用「軍事學」相關名詞的問題，筆者們經過嚴謹認真的探究後，一致認為本書採取「軍事學」的名詞，原則上是適切的。因為，就建構系統性整合的知識體系而言，「軍事學」名詞的涵義，基本上符合軍事科學（military science）的概念範疇。而有關軍事科學的定義，則有以下幾種說法：

· 軍事科學是研究作戰以及與此相關的戰略、戰術和後勤原則的一門學問[2]。

· 所謂的軍事科學，指的是對戰爭以及與戰爭密切相關的戰略、戰術與後勤原理所進行的理論研究[3]。

· 軍事科學是關於戰爭性質、戰爭規律、武裝力量和國家的戰爭準備，以及進行戰爭的方法的知識體系[4]。

· 軍事科學是國家、國家聯盟或階級為達到政治目的準備和進行戰爭的知識體系[5]。

‧軍事科學是對指導作戰的諸原則和規律的研究。目的在於改進未來的戰略、戰術和武器[6]。

因此，由上述的定義可知，所謂的軍事科學，實際上是泛指與戰爭有關的任何軍事科學知識。所以，軍事科學和本書所欲探討的「軍事學」概念，兩者近趨於一致，都是指涉為一種系統性整合的軍事科學知識體系。甚至，中國大陸部分從事軍事研究的學者，亦將軍事科學直接稱為「軍事學」，認為它是研究戰爭和規律並用於指導戰爭準備與實施的科學。其中，包含了軍事思想、軍事學術、軍事技術、軍事歷史和軍事地理等重要的學科[7]。

除此之外，美國也有將軍事科學定義為在大專學校所實施的儲備軍官訓練團（ROTC）訓練課程[8]的說法。雖然，此一定義較為特殊，但若從目前美國ROTC訓練課程，以講授國際情勢、軍種傳統、軍史、戰略、戰術、武器及領導統御等科目為主的內容觀察[9]，此處所稱軍事科學的涵義，仍未超脫前述定義軍事科學的概念範疇。同時，在日本方面也大都將軍事科學逕稱為「軍事學」[10]。而在國內，軍方相關領域較為完整的探討文獻，亦界定「軍事學」為軍事科學，指的是直接或間接與戰爭（集體武裝衝突）有關的人類知識[11]。

所以，綜合上述有關軍事科學定義的探討，相信可以獲得相當的概念延伸，足以確立軍事科學即為「軍事學」的基本觀點。而本書之所以引用「軍事學」的名詞，除了表示「軍事學」即為軍事科學的涵義外，最主要的還是著眼於未來學科建構上的通識性與便利性。也就是說，以「軍事學」作為一門通識性學科的名稱，相較於「軍事科學」的名詞要來得通俗、具體與貼切。

三、建構軍事學內涵與範疇的探討

由於「軍事學」的概念，係涵蓋軍事科學所有層面的知識。但就其內

涵與範疇而言，究竟應該具有何種規範性的結構，才能促成該門學科內涵
的被認識性與被理解性。關於此一問題，我國軍方的研究提出由分類學
（taxonomy/systematics）的途徑，來建構軍事學相關的學門。研究認為，藉
由上述途徑可以協助研究者對於某一領域的事物進行合理的分類
（classification）。而此一方法，基本上也符合了分類的幾項主要原則。亦
即：

（一）區別性

就是明確的分類。分類的成立，主要是依靠各種事物自然或人為的區
別。有了區別，才能根據性質的差異，選定分類的標準。而分類的標準就
是一種屬性，它必須是明確的、唯一且不變的。

（二）排斥性

指的是分類的時候，必須遵從嚴格主義。亦即，一物既入於甲類，便
不能再入於乙類，需要具有排他性質。

（三）周延性

就是指該分類體系，能將界定領域內現有的每一分子（基本學科）納
入其內，而不會有任何遺漏。

（四）擴充性

則是指一個分類體系，必須具有隨時接納新分子（新學科）的能力。
亦即，一個好的分類體系，其內涵是能持續成長的。

（五）穩定性

是指該分類體系，不會因為矛盾的出現而需時常調整架構。通常一個
新的分類架構均隱含較多的矛盾，因此也較為不穩定，需要經過一段時間
的調整，始能漸趨合理與穩定[12]。

　　根據上述途徑與原則，該項研究最終提出建構「軍事學」應以全人類的軍事知識爲範圍，並採三個層級的架構，將「軍事學」區分爲軍事思想學、戰略學、作戰學、訓練學、軍事技術學以及邊際軍事學等六大分科。其體系層級劃分概略見圖1：

　　而中國大陸方面的軍事研究則認爲，現代軍事科學體系基本上包括軍事理論科學與軍事技術科學兩大範疇。軍事理論科學大體上分爲軍事思想與軍事學術兩大類；而軍事技術科學則分爲基礎理論與和應用學科兩個方面。在軍事理論科學的層面裡，軍事思想通常包括戰爭觀和戰爭與軍事問題的方法論、戰爭指導思想以及建軍指導思想。而軍事學術則涵蓋研究戰

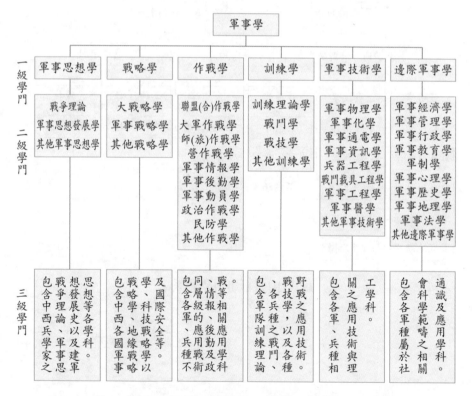

圖1　國軍建構「軍事學門」體系表草案（三個層級）

5

爭指導和軍隊建設的規律和方法的各個學科。包括戰略學、戰役學、戰術學、軍隊指導學、軍事運籌學、軍制學、戰爭動員學、軍事教育訓練學、軍隊政治工作學、軍隊後勤學以及軍事歷史學、軍事地理學等。

在軍事技術科學的層面裡，基礎理論包括兵器學、彈藥學、彈道學、軍事航空學、軍事雷達學、軍事電子學、軍事工程學等。而應用學科則依照現代武器裝備在各軍、兵種中的發展趨勢來劃分。例如，各軍、兵種技術或槍砲技術、艦艇技術等。其體系概略見圖2：

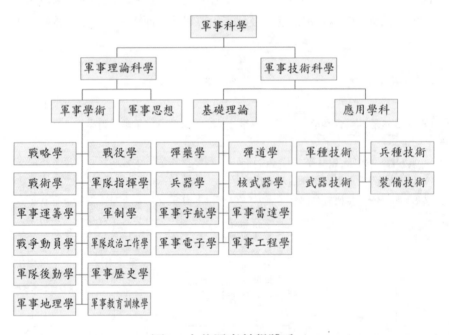

圖2　中共軍事科學體系

　　除此之外，當代美國則將軍事科學的範疇區分為軍事學術、武裝力量與裝備論、軍隊管理學、戰鬥訓練理論、戰史、軍事地理、軍事技術學以及軍事經濟學等八大類。而鄰近我國的日本，則將軍事科學的內涵區分為大戰略、軍事戰略、國防概論、統帥學、戰略、戰術、軍事歷史、軍隊建設、後勤學、軍隊教育訓練、軍事科學技術、外軍研究、軍備管理學、軍事管理學、軍事社會學等十五大類[13]。

　　從上述的探討中可以發現，「軍事學」的概念雖涵蓋軍事科學所有層面的知識，但是其具體內涵與範疇區分，則端視該國軍事研究領域的實際需要而定，並無一致性的規範。所以，由此觀點出發，我國「軍事學」內涵與範疇的建構，無論採取任何途徑或方法，最終理應結合本土範圍內軍事研究的實際狀況與需要，而給予操作性的界定，方能彰顯建構本國學科的真實意義，而落實未來學科應用的實際性質。

　　因此，筆者們根據大學教育的實際情況，盱衡軍事教學的需要，針對「軍事學」的學科內涵與範疇，提出個人經驗性的看法。認為，就當前一般大專程度的民間學生而言，從學習軍事科學知識的基礎出發，「軍事學」作為專屬軍事科學領域的知識，要成為大學軍事教育中一門通識性的實際學科，其內涵及範疇基本上至少應涉及以下幾個領域。即戰爭概念、軍事知能、軍事戰略、軍事戰史、國家安全、國防科技，以及兵學理論等。而其中各項領域將結合大學教育的多元性質，保持充分的擴充性，以包含並容納各種分支或應用學科在軍事領域中的發展，而最終促成大學軍事教育通識性「軍事學」體系的形成（見圖3）。坦白說，從落實內涵的角度來看學科建構的問題，在大學軍事教育體制中形成「軍事學」體系的環境，似乎要比在軍隊體制中進行，更具客觀條件。

　　上述界定「軍事學」的七個領域範疇，應用在現階段大學軍事教育，基本上是具有妥適性的。因為，比較目前有關軍事科學（或軍事學）的華文專著中，對於該學科範疇的釐定，仍然尚未超越前開領域。亦即，上述七個「軍事學」的領域範疇，基本上已涵蓋目前有關軍事科學（或軍事學）專著的內容。例如，台灣出版的《西方軍事學名著提要》一書中，羅列西

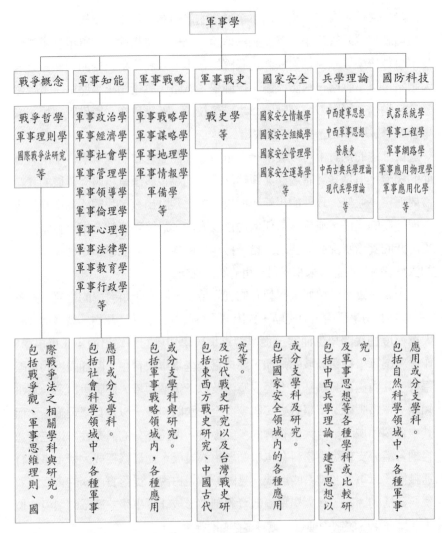

圖3　大學軍事教育的通識性「軍事學」體系

方古代至現代的重要軍事著作，共計三十一篇。然而，歸納分析這些具有指標意義的軍事性專著，可以發現其性質不外乎屬於戰爭概念、軍事戰史、軍事戰略、兵學理論以及國防科技等五個範疇[14]。而大陸浙江大學出

版的《軍事學概論》一書，總計十四章的篇幅中，所討論的內容則屬於戰爭概念、兵學理論、國家安全以及國防科技等四個範疇[15]。

　　除此之外，目前國內大學軍訓課程所釐定的六大領域，除軍訓護理外，其餘均包含在本書的範疇之內。而前述國防部有關軍事學門建構的研究中，將「軍事學」區分成六大分科，在性質上仍不脫本書所界定的「軍事學」範疇。所以，很顯然地本書探討「軍事學」學科內涵而界定的七個範疇，除了具有操作性的意義外，仍能涵蓋並符合學科發展的現實狀況與實際需求。

四、使用本書的方式與建議

　　本書結構除導言部分外，計有戰爭概念、兵學理論、軍事戰略、軍事戰史、國防科技、軍事知能以及國家安全等七個獨立的篇章，共約三十萬餘言。主要是筆者歸納整理部分教學內容與經驗，對於形成「軍事學」的通識性學科所提出的概括性觀點。而本書的形成，一方面是對於國內軍事研究領域中，有關建構「軍事學」或「軍事學門」的工作，進行某種意義的參與。而另一方面，則是期望在大學軍事教育的既有成果上，能為精進軍訓教學的工作，提供某些層面的參考。同時，也冀望藉由此書的出版吸引國內學界與先進，針對建構「軍事學」的課題，給予持續的關注及討論。

　　因此，本書在運用上可區分為以下三種不同的主要原則：

　　第一、對於一般從事軍事研究，或軍事學科建構的讀者來說，可以針對個人的研究興趣，從本書內容範疇的七個不同領域個別切入。以有效擷取各篇論述之主旨，從而形成後續發展個別領域內涵的基礎；或者，就各篇實質內容的探討範疇，結合個人的研究成果，以發展成為未來個別領域的應用或分支學科。

　　第二、對於在大學從事軍事教育，而運用本書做為教材的教官而言，可以依照本書各篇章的架構順序，從導言開始將全書內容平均區分為兩個

部分，供作全學年上、下兩個學期教學使用。或者，依循目前軍訓教學的單元順序，平均指定個別篇章的閱讀內容，以涵蓋全學年的教學進度。此外，本書各章末均附有「問題與討論」，係為各章內容主旨或教學重點歸納的思辯性及主旨性議題。教官可以將其運用為學生作業，或課堂報告之相關題目。

第三、針對修習大學軍訓課程而使用本書的同學，建議在閱讀上應先從各篇的章節結構著手，先行瞭解並掌握各篇論述的內容主旨，以形成結構概念。爾後，才針對各篇的實質內容進行閱讀。如此，將能有效克服個人對於軍事科學知識的生疏感，並有助於後續軍事領域知識的探索。此外必須謹記，良好及健康的學習心態，是有效吸收軍事科學知識轉化為軍事文化背景，而幫助個人開啟或提昇軍事社會化，以適應未來軍隊生活的重要因素。同時，也是培育文人領軍素養與條件的必要基礎。

一、請例舉有關「軍事科學」（Military Science）定義的說法有哪些？並且描述一些你（妳）比較熟悉、喜好，甚至好奇的軍事科學知識。

二、你（妳）認識的同學中，是否有參加大學儲備軍官訓練團（ROTC）的成員？請試著找出他們的訓練課程有哪些科目？

三、你認為軍事科學知識應以何種型態（如通識性學科或軍事訓練科目）呈現，比較適合融入大學教育體制？

四、如果大學以「軍事學」的通識性學科作為軍訓教學的授課內容，在必要的情況下，你（妳）的接受程度如何？

五、如果你是政治（或社會、法律、企管……）系的同學，在需要選修軍訓科目的情況下，你會不會比較傾向選修專業領域內的軍事應用學科，如軍事政治學（或軍事社會學、軍事法律學、軍事管理學……）？

註釋

[1] 依照目前教育部所定軍訓教學的範疇，包括國家安全、國防科技、兵學理論、軍事戰史、軍事知能與軍訓護理等六大領域。

[2] 台灣中華書局、美國大英百科全書公司，《簡明大英百科全書中文版：12》（台北：中華書局，1989年2月），頁447。以及廖揚銘主編，《大不列顛百科全書中文版第七冊》（台北：丹青圖書股份有限公司，1987年），頁482。

[3] David Crystal主編，《劍橋百科全書》（台北：貓頭鷹出版社，1997年1月），頁681。

[4] 此為《蘇聯百科全書》的定義。引自軍事科學出版社，《戰爭與軍事科學：國外二十二種百科全書軍事條目選編》（北京：軍事科學出版社，1990年8月），頁45。

[5] 此為《蘇聯百科全書》第三版的定義。引自軍事科學出版社，《前揭書》，頁47。

[6] 此為《美國百科全書》的定義。引自軍事科學出版社，《前揭書》，頁49。

[7] 鄭文翰主編，《軍事大辭典》（上海：辭書出版社，1992年12月），頁1。中國大百科全書（軍事）編輯委員會，《中國大百科全書軍事分冊Ⅰ》（上海：中國大百科全書出版社，1989年），頁1。以及，褚良才，《軍事學概論》（杭州：浙江大學出版社，2001年7月），頁3。

[8] 國防部，《美華軍語辭典陸軍之部》（台北：國防部，1970年），頁62。

[9] 參見陳膺宇，《預官團報到：ROTC的理論與實際》（台北：名山初版社，1997年），頁8。

[10] 日本工業用語編集部所編之《軍事用語辭典》，出現軍事科學「亦稱軍事學」的用語。

[11] 楊建中等，「軍事學門建構之研究」，《國軍九十年軍事教育專案研究計畫：編號B09-國01》（台北：國防部，2001年12月），頁14。

[12] 王省吾，《圖書分類法導論》（台北：中國文化大學出版部，1989年），頁5。引自楊建中等，《前揭文》，頁3。

[13] 引自楊建中等，《前揭文》，頁24。

[14] 依照筆者的歸納分類，該書內容屬於戰爭概念範疇的計有一篇、軍事戰史二篇、軍事戰略十五篇、兵學理論十三篇、國防科技一篇。

[15]該書第一章討論戰爭與軍事科學，涉及戰爭概念。第二章至第六章敘述軍事
思想，屬於兵學理論範疇。第七章描述國內外軍事形勢與國防體制概況，當
屬國家安全。第九章至第十四章則爲武器裝備及科技技術的探討，應屬國防
科技範疇無疑。

戰爭概念篇

第一章　戰爭的起源與定義

第一節　爲何有戰爭

　　戰爭對人類的影響極大，文明的興衰通常決定於戰爭的結果。戰爭中的殺戮又殘酷無比：「第一次世界大戰，軍人陣亡有八百萬；第二次世界大戰更高達一千七百萬。」[1]這還不算更多死於砲火、饑荒、疾病及其他與戰爭有關原因的無辜平民。有些人因此懷疑人類到底算不算文明生物？否則爲何會如此暴虐地同類相殘？這個爭論長期以來一直衝擊人類心靈。雖然絕大多數的人們都期望世界大同、人類和平，但是戰爭的陰影依然存在。甚至讀者在閱讀本書時，地球上某個角落就出現戰爭的威脅，或者已經在戰爭之中。

　　人類從來不喜歡戰爭；但遺憾的是，直到目前爲止還沒有發明什麼有效的防止方法。雖然有點弔詭，不過累積數千年的經驗，人們發現遏止戰爭的最佳途徑，還是瞭解戰爭，進而準備戰爭。古羅馬的名言：「假如你要和平，就必須準備戰爭。」（si vis pacem, para bellum）。號稱「將軍之師」的戰略學者李德哈特（Basil Henry Liddel Hart, 1985-1970）進一步引申：「假使你想要和平，必須先瞭解戰爭。」[2]中國也有「以戰止戰」、「止戈爲武」的說法。與其鄙夷戰爭高唱和平，或排斥戰爭避之唯恐不及，都不是健康理性的態度。不如積極而謹慎地面對戰爭、認識戰爭，才眞正能確保和平。這也就是撰述本篇的目的，希望能協助讀者分析戰爭、理解戰爭，長保和平。

一、戰爭的起源

　　我們無法探究人類從何時開始有戰爭，就如同我們無法探究人類從何時開始使用火一樣。我們也無法統計人類歷史上到底發生過多少次戰爭，

因為這牽涉到戰爭定義、統計範圍以及文獻不足的問題。我們只知道人類有史以來即戰爭不斷，人類的歷史就是戰爭與和平交替的歷史。這也不得不讓我們產生一個疑問：「為什麼人類會發生戰爭？戰爭的起源是什麼？」

這是一個長期以來就有無數學者探究而且爭辯不斷的問題。從古希臘時代的史學家修西提底斯（Thucydides, 471BC-400BC）開始就企圖解答這個問題[3]。他認為，人類追求權力的貪婪與野心是造成戰爭的罪魁禍首。到十八世紀，大多數的學者主張，戰爭是肇因於統治階層的蠢笨與自私自利，並且公開或暗示的假設：「如果將國家事務的權柄交給有理性的人，戰爭就不會發生。」但這種觀點到二十世紀就已經被認為不成熟。因為不論戰爭的動機是如何卑劣或不充分，戰爭本身卻是經過深思熟慮的理性行為，至少在現有的紀錄中找不到意外偶發的戰爭[4]。歷史上死傷最大的兩次世界大戰都是引爆於當時最先進、最文明的國家，由頂尖的人類精英所下的決策，部分國家還經過相當完整的民主程序。這證明戰爭的發生與人類的理性其實並沒有直接關聯。

隨著社會科學及生物科學的進展，人們從各種不同面向解釋戰爭。有人認為，戰爭是為了攫取經濟利益，因此當發動戰爭得不償失時，戰爭不會發生[5]。有些人則認為，戰爭是政治組織間解決爭端的正常方法，因此不可避免[6]。有些人更從心理學的角度，認為人類天生就有戰爭需求，為避免毀滅自己，只有從事戰爭[7]。這些理論或許都能成一家之言，但不能讓所有人信服。因為沒有一個理論能全面性的解釋戰爭。導致戰爭的原因太複雜，無法以單一的理由概括性解釋。

十八世紀的英國文學家約翰生（Samuel Johnson, 1709-1784）曾寫下一個著名的寓言：

> 兩隻禿鷹對人類經常大規模自相殘殺，卻不吃死者的肉而感到大惑不解。對牠們來說，不是為了果腹而殺戮實在太奇怪了。如果殺人不是為了生存，那又是為了什麼？牠們聽說有一個年高德邵的老禿鷹終身都在思考這個問題，於是前往請教。老禿鷹毫不藏私地

告訴牠們多年研究的最後結論：

「人類其實不是動物，而是具有行動能力的植物。不可預料的風搖憾著人性，就如春風吹著橡樹。當強風吹來時，自相殘殺的人們就像無數的果實，從橡樹的枝芽上掉落。」

這是一個發人深省的寓言。人類當然是動物，而且是能思考的高級動物。排除昆蟲等較低等動物不論，殺戮卻不為果腹的「戰爭」現象是人類所特有。如果我們設定「文明」的價值標準，那麼這種同類相殘的行為實讓自許為高等文明的人類汗顏。

問題是，在人類萬餘年的歷史中，這種社會現象並沒有使人類毀滅，反而日趨繁榮，成為地球上最強勢物種。從生物學的角度來看，「戰爭」之存在於人類社會應有其意義與功能，只是我們到現在仍未獲得一個滿意答案。這是否暗示，如果人類能理解戰爭對人類文明發展的意義與功能後，或許可以設計某些取代的制度以消弭戰爭？這仍待整合各領域努力尋求答案。

二、科技、文明與戰爭

「戰爭」是人類文明的特徵；戰爭的威脅不斷刺激人類發明以滿足軍事需要，同時，軍事科技的溢出效果也因充分運用在其他領域而促進文明的發展[8]。但戰爭促使人類文明進步的說法還是有爭議，因為某些文明可能因戰爭的破壞與殺戮倒退數十年，甚至消失。戰爭對文明的影響是利大於弊？還是弊大於利？這是經常爭辯而始終沒有答案的問題。這方面的探討最後往往進入邏輯思辨層次，類似「先有雞還是先有蛋」的邏輯爭論。

跳脫這些爭論檢視戰爭與文明發展間的關係，我們會發現兩者確實有明顯的互動。文明的發展會改變戰爭的面貌，而戰爭則會改變文明發展的方向。

戰爭是文明的一部分，戰爭的工具反映自生活的工具。戰爭工具並不

只是武器或武器系統，包括通訊、運輸、道路、地圖，甚至文書能力等。這些非軍事性的技術對戰爭的影響不亞於任何武器或兵種[9]。而武器雖爲戰爭而設計，但不是憑空想像而來。我們無法想像海洋文明會發展出騎兵，就如同草原文明不應該出現戰艦一樣。

戰爭工具的進步主要來自科技的衝擊，戰爭面貌完全受其管制。但科技並非直接衝擊戰爭，它類似水池中投入石子所激起的漣漪：投入點的浪花最強，擴散後愈來愈弱；但是它會與其他石子激起的漣漪混合，或者與池邊反射的波浪結合成難以預測的浪花[10]。雖然軍事家投入不斷的想像與關注，但是新科技對戰爭的衝擊仍然難以掌握。沒有人能準確預知下一場戰爭的面貌，因爲它往往超出經驗的範疇。這就是爲什麼會有「將軍們老是準備打前一場戰爭」譏評的原因。科技如何透過對戰爭工具的影響而改變戰爭面貌是本篇主題之一，在以後的章節中會有較詳細的討論。

其實掌握文明發展的脈動，就是掌握戰爭新面貌的有效方法。因爲人們發動戰爭的方式就是他們工作的方式[11]。創造與累積財富的技術，就是戰爭的技術。當文明出現突破式的發展時，戰爭的面貌必然會產生對應的變化，問題只是如何在戰爭前掌握住而已。能掌握趨勢者才是下一場戰爭的贏家。戰爭的勝負是斷定軍事事務正確與否的唯一標準；無論學理如何正確，通不過戰爭的檢驗就毫無價值。

就如同物種間的競爭，文明間也有優勝劣敗的競爭。戰爭是檢驗文明優劣程度的一種有效方式。較差的文明將被淘汰。這表示戰敗者放棄自己傳統，同化於戰勝者的文明。這種具有達爾文主義色彩的觀點一度流行於十八、九世紀。是西方帝國主義替本身的海外擴張所提出的合理化解釋。[12]雖然這種論點並不是沒有歷史依據，譬如美索不達米亞（Mesopotamia）的巴比倫文明（Babylonian）以及中國四川省的三星堆文明，就是因爲戰爭的失敗而消失。但同樣的反證也可以從歷史中發現。譬如滿洲文明雖然戰勝並統治中國，最後卻被中國同化。因爲文明間不僅有競爭、有衝突，也有融合。戰爭雖能改變文明發展方向，並非是唯一因素。

這種有強烈西方意識的論點今天依然有一定市場。某些西方學者認

為，在冷戰時代意識型態的衝突之後，代之而起的將是「文明的衝突」。因為文化間的差異短期內無法消失，甚至因西方文化刺激所帶動的自我認同與自我意識的趨強，使衝突的可能性增加。同時，經濟整合或改革的成功也強化非西方國家的信心，文化差異更不容易妥協與淡化[13]。

「文明衝突論」背後其實有「文明優越論」的影子；突顯西方與其他文明間的差異與歧見。事實上，文明衝突要轉化成民族衝突才可能演變成戰爭。而民族衝突是造成戰爭最具威力的因素，所製造的流血與殺戮遠遠超過其他成因的戰爭[14]。嚴重時甚至出現會「種族滅絕」的大屠殺。強調某些民族天生好戰的論點其實是出於政治宣傳，因為直到目前為止，仍然沒有任何證據，能證明文明差異是造成侵略性的原因[15]。如果有將其他民族妖魔化而挑起民族衝突的企圖，無論任何理由，都是極危險而且不負責的。

三、追求和平的努力

人們恐懼於戰爭的破壞與殺戮，於是有許多追求和平的努力。最理想的做法當然是放棄武裝——減少軍備，最後撤銷軍隊。中國在春秋時代就出現由宋國提出的「弭兵之會」，希望達到不再有戰爭的理想。有趣的是，這種有強烈理想主義色彩的觀點，居然會被歷史上以暴虐聞名的「秦始皇」所接受。他在統一六國後，收天下兵器鑄成十二金人，希望能「永偃戎兵」。無論他是真心如此還是為維持政權統治，顯然都以為銷毀武器就能長保和平，至少有類似的象徵意義。

這種觀點已被證明不切實際。西方也曾出現類似努力：一九二八年的「非戰公約」（The General Pact for the Renunciation of War），就因為被認為不適用於自衛情勢，以及各國堅持保持決定國防需要及條件的權利而失敗[16]。國家基於不安全感，在國際間具有「合法暴力的壟斷者」，也就是「世界政府」出現前，不可能真正解除武裝。但世界政府直到目前為止仍缺乏成熟條件。各國似乎寧願接受戰爭威脅，也不願意放棄獨立主權而承認世

界政府。

在沒有世界政府下，為避免戰爭，乃尋求和平方案以化解爭端。這種主張在十九世紀後逐漸成熟。因為工業革命後武器破壞力變得過於巨大，戰爭經驗使人們體認到勝利所得其實超過戰爭損失。這就是一八九九年海牙會議簽訂「海牙和平解決國際爭端公約」的背景。經過一九○七年的修訂後，明訂以斡旋（good offices）、調停（mediation）、調查（enquiry）、仲裁（arbitration）為和平解決的方法。

這雖然也算是個偉大的成就；但在當時各國競相發展武力之政治氛圍下，一部分人的努力並沒有促使掌握武力的領導人覺醒。一九○七年海牙第二次會議後不久，第一次世界大戰就爆發。戰後，人們震懾於殺戮之慘、損失之巨，於是成立「國際聯盟」，也設立世界法庭執行仲裁。但國際聯盟畢竟不是世界政府，世界法庭也不能強制大國接受仲裁結果。一個明顯的例子就是：一九三一年國際聯盟組織「李頓調查團」（Lytton Commission）調查日本侵略中國東北的「九一八事件」，最後雖然獲得譴責日本的結論，並呼籲撤軍；但日本卻以退出國際聯盟回應，爾後不僅未撤軍反而繼續侵略中國。

和平解決方法顯然對自持武力的大國不具效力，於是「集體制裁」以應付破壞和平或侵略行為者的概念出現。這個「全體對付一個」（all against one）的原則就是「集體安全」（collective security）[17]。

第一次世界大戰後成立的「國際聯盟」與第二次世界大戰後成立的「聯合國」，都是集體安全的例子。不過，集體安全組織雖然不是世界政府，但在概念上仍與國家主權衝突。集體安全要能發揮作用，仍須參與各國犧牲部分主權，共同努力，步調一致，才能成功。在各主權國家仍強調主權獨立下，當然至今仍戰爭不斷。雖然如此，集體安全仍不失為目前為止人類為維護世界和平所設計的最有效方法。

在可預見的將來，戰爭仍將是影響國家生存與發展的最大威脅。世界和平仍難期待。這使戰爭研究仍有足夠的價值。戰爭的面貌又如此變幻莫測，隨著文明的發展不斷更迭，戰爭研究的空間仍然無限寬廣。

二○○一年諾貝爾和平獎頌辭

挪威諾貝爾委員會已決定將二○○一年諾貝爾和平獎頒給聯合國和其祕書長安南，以獎勵他們在建立更有組織和更和平的世界上所做的努力。

一百年來，挪威諾貝爾委員會一直尋找鞏固各國間有組織的合作。冷戰結束讓聯合國在過去十年間得以比原本規劃更完全地扮演其角色。今天的聯合國是謀求世界和平和安全，以及因應世界經濟、社會和環保挑戰的前鋒。

安南祕書長一生幾乎都在爲聯合國效命。他在讓聯合國獲得新生命中表現卓越。他不但明確強化聯合國和平安全的傳統責任，而且強調其在人權方面的義務。他因應愛滋病和國際恐怖主義等新的挑戰，而且對聯合國有限的資源做了更有效的運用。在處處受會員國掣肘的聯合國，他明確指出主權無法做爲會員國遮掩其犯行的擋箭牌。

聯合國在歷史上達成很多成果，也有一些失敗。挪威諾貝爾委員會首度將和平獎頒給聯合國，希望藉此說明通往全球和平唯一的途徑，就是聯合國。

註：對一個以確保和平爲目的的集權安全組織——聯合國，成立超過半個世紀後，才獲得諾貝爾和平獎，可說是極諷刺的事。幸而這是第一百屆，或許就象徵意義而言，值得玩味。

第二節　什麼是戰爭？

一、戰爭的定義

我們要理解戰爭，必須先界定「戰爭」。什麼是戰爭？「戰爭」的定

義，軍事界通常採用的是克勞塞維茨（Carl Maria Von Clausewitz, 1780-1831）的觀點。

克勞塞維茨，普魯士人，雖然生平只有一部未完成的著作——《戰爭論》（*Von Krieg*），而且還是死後才由其遺孀出版。但是該書在軍事學術領域的地位極高，堪稱獨一無二的「經典」。他從哲學與邏輯的觀點研究戰爭本質，一直到今天還有其歷久彌新的價值。有「西方的孫子」之稱。他對「戰爭」的定義是：

> 「戰爭是一種強迫敵人遵從我方意志的武力行動。」
>
> （War is thus an act of force to compel our enemy to do our will.）[18]

我們分析這個定義。

戰爭的原因來自雙方「意志的衝突」。意志的衝突有多種狀況，可能因領土爭執，譬如日本與韓國的獨島（竹島）糾紛及中華民國與日本的釣魚台群島糾紛；也可能是意識型態的對抗，譬如冷戰時代資本主義與共產主義間的鬥爭。但意志衝突不一定發生戰爭，雙方可以透過外交談判、國際仲裁化解衝突，或者根本不處理，交給後人自然解決；但如果這些方式都無法化解，最後的選擇就是使用武力（force）。只要一使用武力，戰爭就爆發。從這個角度來看，戰爭可以說是一種政策工具（instrument of policy）。

因此戰爭的目的就是要屈服敵人意志。而敵人之所以堅持其意志，就是憑藉武力。所以必須使用武力以消滅敵人武力。戰爭中於是不斷有暴力與流血發生，但無論傷亡多少，損失多大，只要雙方仍堅持其意志，戰爭就持續，一直到其中一方或是無力再戰，或是受迫於損失過巨而意志屈服，戰爭才算結束。由此一定義看，戰爭開始於武力使用，結束於某一方意志屈服。

克勞塞維茨的戰爭定義雖然簡單，但有極高的普遍性，可涵蓋絕大多數的戰爭，為歷來的軍事家所慣用。不過，這其中仍有灰色地帶，譬如「內戰」到底算不算戰爭？邊境領土糾紛引發的短暫武裝衝突算不算？因此某些研究國際政治的學者常會為戰爭下個操作性的定義，如「兩個或兩個

以上國家間的持續性軍事衝突，且因交戰而陣亡人數超過一千人。」[19]不過這個定義只是用在統計戰爭有關數據時的研究，不觸及戰爭內涵。

「內戰」到底算不算戰爭？這牽涉到戰爭的主體是否為「國家」的問題。政治學者通常主張必須是國家，因為戰爭行為的權利義務關係在國際法上受到相當多公約的保障，譬如「中立」及對戰俘的保護等。戰爭中的殺戮是合法、合乎道德甚至被歌頌的，在某些情形下甚至容許攻擊平民；譬如第二次世界大戰時盟國對德國工業區的轟炸與美國對日本投下原子彈等。因此當武裝衝突的一方如果不具有國家資格，就會出現許多法律問題。最根本的，殺戮的合法性就會受到質疑，甚至被指為「謀殺」。當然，這其實是個政治問題而不是學術問題。勝利的一方是否願視對方為政治實體？還是視為「叛亂團體」或「犯罪組織」？如果是，美國的「南北戰爭」、中國的「國共戰爭」就被視為戰爭。如果不是，日本統治下的「霧社事件」就被視為原住民暴動。就技術層面言，武裝衝突的一方只要有控領土地，管轄人民，戰鬥部隊能補充所需資源，本質上就是戰爭。至於最後是以戰爭、暴動、事件來定名，就要看勝利者立場了。

界定「戰爭」概念是研究戰爭的第一步。但戰爭是一種非常複雜的人類活動，牽涉到諸多人性與價值體系。戰爭的發動或許是理性的，但戰爭的發展卻往往脫離理性的掌控，僅從科學角度並不能完全理解戰爭。戰爭研究或許是科學，但戰爭本身不是。要理解什麼是戰爭，我們應進一步探討「人們」對戰爭的看法，也就是「戰爭觀」。戰爭並不完全是「客觀」的存在，「主觀」看法更將影響戰爭面貌。關於「戰爭觀」，東、西方不同。

二、東方傳統的戰爭觀

在古典的軍事學術領域談到「東方」通常是指中國。中國是個早熟的民族，學術發展不僅影響中國本身，也旁及鄰近的韓國及日本。

軍事學術的成就輝煌並非可喜之事。任何學術的發展都有其背景，中國就是因為戰爭經驗太豐富，所以軍事學術才會發展既早且內涵豐富。這

些偉大的成就乃是無數生命及鮮血所累積。這使我們在研究中國的軍事學術時，感情上難免帶些宗教性的虔誠。

早在西元前兩百多年前，中國就經歷了大規模動亂的「春秋」及「戰國」時代而統一於秦國。長達四、五百年連續不斷的戰爭經驗，中國人發展出輝煌的軍事學術，稱為「兵學」。先秦兵學先進的程度，不僅同時代的其他文明無法比擬，就是在大一統後的中國也無法超越。談兵學，言必稱孫、吳；二、三千年前的戰爭觀一直到現代仍指導中國的軍事思想。當然這也因為戰爭觀是價值體系，不受戰爭技術演變的影響。西方類似的發展，要到十七世紀末期的「拿破崙時代」才出現[20]。當時連續不停的戰爭同樣使西方軍事學術有機會突破。

所謂「戰爭觀」是指對戰爭的起源、目的與價值的看法。軍事家面對戰爭，當然會有其不同於平常人的感觸與認知，因此「戰爭觀」屬於哲學的思辨，並非科學論述。只不過中國的兵家多務實，不尚玄思，沒有把兵學發展為戰爭哲學的企圖，體系完整的著作相當缺乏，必須從其思路加以整理[21]。不像克勞塞維茨的《戰爭論》，全書就是從哲學與邏輯的觀點來研究戰爭的本質；克氏因此被視為戰爭哲學家而不是戰略家[22]。

中國的戰爭觀有如下的幾個特點：

（一）慎戰思想

中國兵家以孫子為首。《孫子兵法》一書在軍事學術的典範地位早已確定，在現代仍是（無論東、西方）軍事家書櫃中不可或缺的讀本。

孫子的戰爭觀相當務實。他不企圖解說戰爭的起源與意義，只強調戰爭是激烈而且代價高昂的大事，不能不以理智的態度謹慎從事。這種慎戰思想是中國戰爭觀的主流；國家不能輕易開起戰端，就算要從事戰爭，也要在有勝利把握後才能發動。

（二）義戰思想

中國戰爭觀的另一個主流是「義戰」：戰爭的目的是存亡國而繼絕

世，建立合理的政治秩序。所以反對自持強大任意用武力屈服他國。這種觀點從道德上限制了武力的使用。義戰思想不僅存於墨家與儒家，在諸如管仲、吳起、孫臏、尉繚等兵家也有同樣的主張。值得注意的是，義戰思想強調不忍人之心的弔民伐罪戰爭，凡昏虐百姓者即可加以征伐，並非僅「自衛性戰爭」而已[23]。

（三）崇尚陰柔

中國的戰爭觀雖然主張義戰，但在手段上卻崇尚陰柔。強調運用謀略，僅在不得已時才使用武力，中國的軍事家根本反對英雄主義。雖然感覺上有點不光明正大，但戰爭是影響國家生存至鉅的大事，運用謀略使傷亡減至最低，才真正是仁民愛物的表現。這種手段的最高境界，就是《孫子兵法》中所強調的「不戰而屈人之兵」。

中國在這種戰爭觀的作用下，發展出不同於西方的「戰略文化」。雖然有人不贊同，但中國的戰略文化確實有「反黷武」的傾向，儘量避免使用武力解決衝突[24]。但這並不表示中國兵家「反戰」或不會主動攻擊他國；只是縱然為其他目的發動戰爭，也一定會強調自己是「仁義之師」，以號召民眾爭取支持。

三、西方傳統的戰爭觀

西方傳統的戰爭觀以克勞塞維茨的思想為主流，這是因為西方直到「拿破崙戰爭」後軍事學術才有突破性的發展，克勞塞維茨的戰爭哲學就是領導此一時代的先驅。開創風潮的拿破崙（Bonaparte Napoleon, 1769-1817）雖然是個軍事天才，但在思想領域上並沒有特殊的創見。在此之前，除拿翁外號稱西方四大名將中的另外三位：亞歷山大（Alexander The Great, 356 BC-323BC）、漢尼拔（Hannibal, 247BC-183BC）、凱撒（Caesar, 100BC-44BC）雖然也都有輝煌武功，但偏向戰略與戰術的成就，在戰爭觀的價值體系上著墨不多，影響更不如克勞塞維茨深遠。

克勞塞維茨的戰爭觀有如下的幾個特點：

（一）政治目的

克勞塞維茨認為戰爭是政治的延伸，戰爭的目的就是對敵人貫徹我方意志。所以是國家解決衝突的政策工具之一，唯一特殊之處是在其手段的特殊性，也就是暴力與流血。

（二）崇尚武力

戰爭的手段就是運用武力，目標就是解除敵人武裝。克勞塞維茨否定東方不戰而屈人之兵的理念，認為是種危險的幻想。他體認戰爭是一件嚴重的事，主張將武力極大化的運用；無論以戰爭藝術或仁愛等任何理由，限制武力的使用都是危險的。

（三）暴力本質

戰爭雖然千變萬化，但有個共通的總體現象，克勞塞維茨認為是一種盲目的自然力，其主要趨勢使戰爭成為顯著的「三位一體」——原始的暴力、仇恨與敵意[25]。所以他否定戰爭出於仁愛的目的，戰爭的本質就是暴力。

克勞塞維茨與約米尼

十九世紀「拿破崙戰爭」後，西方出現兩位大師級人物，分別突破西方軍事學術的瓶頸。他們是克勞塞維茨與約米尼。

約米尼（Antoine Henri Jomini, 1779-1869），瑞士人，與克勞塞維茨同樣受拿破崙戰爭的刺激而致力於戰爭研究。約米尼於一八三八年出版的《戰爭藝術》被譯成多種文字，暢銷全球；堪稱十九世紀最偉大的軍事教科書。約米尼不僅高壽，而且生前即享大名。比較之下，克勞塞維茨雖然與之年齡相當（生於一七八〇），卻早死三十八年（歿於一八三一）。其唯一而且未完成的巨著《戰爭論》死後

才出版，生前生後都沒沒無聞。但在普法戰爭後，克勞塞維茨的及門第子——老毛奇（Helmuth von Moltke, 1800-1895）領導普魯士陸軍三戰三勝，奠定德意志帝國建國基礎；克勞塞維茨的思想才逐漸受到重視。到了今天，以探討「野戰戰略」及「戰術」為主的約米尼著作已經成為「歷史典籍」，但克勞塞維茨的思想仍深深地影響現代軍事家心靈。

《戰爭論》一書規模宏大；但很多地方晦澀難解又前後矛盾，極難閱讀。或許與其是一本「未完成的著作」有關。但仍可看出其思想之精闢，是軍事史上最偉大的經典。

克勞塞維茨的戰爭觀影響深遠。西方的戰爭於是強調「會戰」，軍事統帥無不設法集中力量，尋求「決定性會戰」，一舉毀滅（destroyed）敵方武力[26]，解除敵國武裝。甚至造成人命的大量犧牲也視為理所當然。兩次世界大戰之所以造成如此重大的傷亡，歐陸軍人將克勞塞維茨的理論教條化後充分運用在戰場上可說是主要原因。李德哈特於是批評：「這些教條剝奪了戰略的桂冠，使戰爭的藝術變成大量屠殺的機器。」[27]

但這些批評並非否定克勞塞維茨的成就。相反的，直到目前為止，還沒有任何一個學者的研究能突破他的理論架構。只是再好的理論教條化後，都會喪失原有的精神，就如同孔孟學說教條化的結果變成「吃人的禮教」。

就理論的邏輯性與嚴謹程度而言，克勞塞維茨的「政策工具論」比中國的「義戰說」更接近戰爭的真實面，「暴力說」也比「仁愛說」更觸及戰爭的本質。卻因為教條化的結果使戰爭脫離了道德與人性的限制：戰爭既然是國家的政策工具之一，國家只要足夠強大，為何不選擇戰爭作為壓迫對方屈服的政策工具？戰爭既然是暴力本質，那為何不用原子彈攻擊平民以壓迫對方屈服？這種思維助長霸權主義，使戰爭更容易發生，也使戰爭的殺戮手段更為殘酷。

「什麼是戰爭？」與「戰爭是什麼？」是不同的問題。戰爭觀的本質其

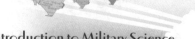

實是種意識型態，怎麼樣看戰爭，就會怎麼樣從事戰爭。中國的傳統戰爭觀或許不如西方經過啓蒙運動薰陶後的戰爭觀來得科學化；但數千年來，中國的政客們縱然在爭奪政權時也必須強調「順天應人」，不敢輕易使用武力，對戰爭的殺戮手段也會自我設限。這或許是中國軍事家經過長期戰爭後累積的智慧吧！

一、爲何掌握文明發展的脈動，就是掌握戰爭新面貌的有效方法？

二、爲何「民族衝突」是造成戰爭最具威力的因素？

三、秦始皇統一六國後，收天下兵器鑄成十二金人，希望能「永偃戎兵」；從人類文明發展的角度來看，你認爲可能嗎？

四、戰爭的定義爲何？

五、克勞塞維茨的「戰爭觀」爲何會成爲兩次世界大戰傷亡如此慘重的原因之一？

六、試比較東西戰爭觀之差異。

七、內戰是否爲戰爭？原因何在？

註釋

[1] 由於戰爭的混亂，傷亡統計通常很難精確。並不是每個國家都有良好的戶籍及兵籍管理系統，所以這些統計都是約數，不過對建立概念而言已經足夠。數據引自於：讀者文摘《二十世紀世界大事實錄》（香港：讀者文摘，1980），頁141、357。

[2] 李德哈特，鈕先鍾譯，《戰略論》（台北：軍事譯粹社，1985），增訂5版，頁432。

[3] 修西提底斯是雅典海軍名將，也是歷史學者，其所著《伯羅崩尼撒戰記》（*History of the Peloponnesian War*）一書，是已知目前最古老的一本戰史。

[4] Michael Howard，陳奎良譯，《戰爭的起源》（台北：國防部史政編譯局，1985），頁10-11。

[5] 以英國經濟學家Norman Angel 爲代表：他在一九一〇年撰寫了《大幻想》（*The Great Illusion*）一書，曾被翻譯成十一種文字。他的結論因第一次世界大戰的爆發被證明是錯誤的；但他對戰爭起源的觀點仍有參考價值。

[6] 以德國的Bernardi將軍爲代表：他在一九一一年撰寫了《德國與下一場戰爭》（*Germany and the next War*）。這種論點已成爲今日國際政治學者的基本理論：從爭端產生衝突，最嚴重的衝突就是戰爭。研究的焦點遂在「爭端如何產生？」。各種不同的結論很多，包括James Davis 的「相對剝奪」（relative deprivation）理論、民族主義與民族運動（nation movements）、國際系統論者的「權力失衡論」等。

[7] 以佛洛伊德（Freud Sigmund）爲代表。據說愛因斯坦曾寫信給佛洛伊德，問：「爲什麼會有戰爭？」，佛洛伊德回信：「因爲人就是人！」。有關這方面討論，可參考Lawrence LeShan，劉麗貞譯，《戰爭心理學》（台北：麥田出版社，1995）。

[8] 譬如：電腦是爲了破解德軍潛艇密碼與計算火砲的彈道、網際網路（internet）是由美國國防部「國防先進研究計畫局」（Defense Advance Research Projects Agency, DARPA）爲戰時緊急通訊所架設的「國防先進研究網路」（Advance Research Projects Agency Network ARPANET, 1970-）與「軍事網路」（Military Network MILNET, 1980-）爲基礎發展出來。見Paul N. Edwards, *The Closed World: Computers and the Politics of Discourse in Cold War America*

（Massachusetts: MIT Press, 1996）, pp. 48-51, 353-354。類似的例子其實不勝枚舉。

[9]Martin Van Creveld，鈕先鍾譯，《科技與戰爭》（台北：國防部史政編譯局，1991），頁49。

[10]同前註，頁1-2。

[11]Alvin Toffler & Heidi Toffler, *War and Anti-War: Survival at the 21st Century* (Boston: Little, Brown and company, 1993）, p. 39.

[12]他們的論點是：一、強調文明的差距，衝突不可避免；二、認為殖民政策是一種對被殖民地現代化的努力，是白種人的負擔，並非單方面的行為。見林碧炤，《國際政治與外交政策》（台北：五南圖書公司，1997），頁429。

[13]有關「文明衝突論」見S. P. Huntington，黃美裕譯，《文明衝突與世界秩序的重建》（台北：聯經出版公司，1997）。有關「文明衝突論」的批判，可參考：林碧炤《國際政治與外交政策》。

[14]有關民族主義與戰爭的討論，請參考Walter S. Jones, *The Logic of International Relations*（Glenview: Scott, Foresman and Company, 1988）, chap.11。

[15]Walter S. Jones，《前引書》，頁432。

[16]彭懷恩，《國際關係與現勢Q&A》（台北：風雲論壇出版社，1999），增訂版，頁197。

[17]彭懷恩，《前引書》，頁195。

[18]克勞塞維茨，鈕先鍾譯，《戰爭論全集》（台北：軍事譯粹社，1980），頁110。

[19]彭懷恩，《前引書》，頁163。

[20]這是史賓格勒（Oswald Spengler, 1880-1936）的觀點。他認為西方的「戰國時代」始自拿破崙及其憑恃武力任意建立的政府。見陳曉林譯，《西方的沒落》（台北：桂冠圖書，1980），6版，頁484。

[21]李訓祥，《先秦的兵家》（台北：台大出版委員會，1991），頁131-132。

[22]鈕先鍾，《戰略思想與歷史教訓》（台北：軍事譯粹社，1979），頁48。

[23]有關《義戰說》的討論，請參考李訓祥《先秦的兵家》第四章第一節「兵家戰爭觀的義戰思想」，頁132-150。

[24]有關中國「戰略文化」的討論，請參閱Mark Burles and Abram N. Shulsky, *Patterns in China's Use of Force: Evidence from History and Doctrinal Writings*

附錄A Note on Chinese Strategic Culture,（Washington D.C. RAND, 2000,）pp. 79-93。這篇附錄將孫子與克勞塞維茨的戰爭思想相互比較，顯現東西方戰略文化的區別，極具參考價值。

[25] 克勞塞維茨，《前引書》，頁131。

[26] 毀滅（destroyed）的概念引申出所謂的「徹底殲滅」。不過克氏的意思並非指將對方戰士全部消滅，而是「將他們置於一種不能再戰的條件中」；不過對如何達到「不能再戰的條件」並沒有進一步解釋，因此爾後的將領很容易誤解，而以殺戮的手段達到目標。

[27] 李德哈特，《前引書》，頁410。

第二章　戰爭的本質

　　從古至今發生戰爭無數，每場戰爭都有其各自特色，每個時代的戰爭也各有其不同面貌；但戰爭中總有些不變的共象，不因武器、戰術或不同的戰略運用而有區別。這就是本章所要討論的主題：戰爭的本質（the nature of war）。

　　本章的探討以克勞塞維茨的理論為基礎。因為他的理論直接且全面地觸及戰爭本質，至今仍為經典。他認為戰爭不過是一種存在形式（form of being），所以提出「絕對戰爭」（absolute war）的概念，這其實是個將戰爭抽象化後的模型。相對理想化的「絕對戰爭」，現實世界存在的是無時無刻變換面貌的「真實戰爭」（real war）。雖然「絕對戰爭」只存在理論的抽象世界，與「真實戰爭」在外顯形式上有相當大差異；但戰爭研究在抽象推理的過程中卻必須有一個作為觀察對象的「事物本體」（thing-in-itself）；否則勢必為多面貌的「真實戰爭」所迷惑。我們探討戰爭本質時，「絕對戰爭」是個很重要的概念。

第一節　摩擦、機會與混亂

　　西元一八一五年六月十八日，約七萬二千名法軍與六萬八千名英軍在比利時草原上英勇地戰鬥。較占優勢的法軍原本要發動拂曉攻擊，不過因為連下了兩天的大雨使戰場泥濘不堪，砲兵不易就位，一直拖到十一時攻擊才開始。法軍雖然攻勢猛烈，但英軍堅定防守；激戰至午後六時，法軍終於突破英軍最後防線，英軍崩潰在即。但此時與英國聯盟的普魯士軍適時抵達戰場，為了驅離普軍，法軍未能即時投入總預備隊向英軍作致命一擊，英軍得以喘口氣穩住陣腳。在法軍最後攻勢失利後，英軍轉守為攻。八時許，法軍全線崩潰，大敗，損失超過四萬人。此役戰敗後，法軍統帥拿破崙再也無力抵擋聯軍，半個月後宣布退位；歐洲歷史因而改寫。這就是著名的「滑鐵盧會戰」（The Battle of Waterloo）[1]。

這場會戰迫使拿破崙一生的輝煌功業劃下遺憾的句點。西方學者比較拿破崙在這場戰役中的條件，認爲比以往獲勝的幾次都好，實在不應該輸[2]。是什麼原因使一向戰無不勝的拿破崙在這場會戰中挫敗？這是一個西方歷史學者極有興趣，長期爭論不休的問題。

有幾個顯而易見的理由，如果不是這些突發性因素的變化，會戰結果極可能不同。譬如：

- 如果那兩天沒有下雨，或者道路不那麼泥濘，法軍可以依照計畫早三、四個小時發動攻擊，英軍可能等不到普軍抵達就已經崩潰。
- 如果負責牽制普軍的郭魯西（Grouchy）元帥達成任務，拘束普軍於滑鐵盧戰場之外，拿破崙也會獲勝。
- 如果在午後六時，法軍初步突破英軍防線之際，拿破崙毅然投入最後的總預備隊，那些精銳的禁衛軍將撕裂整個防線，英軍將全線崩潰。

大多數的戰史學者都同意這些假設，只要有一個「如果」成立，滑鐵盧會戰就會以不同的過程進行，發展出不同結果；但是否因此改變勝負仍不可知。因爲戰場上這類的意外太多，這個「如果」如果不出現，可能會出現另一個「如果」而改變整個過程。因此，影響戰爭發展的關鍵並非個別因素本身，而是那麼多不確定會不會發生的因素所形成的不確定性（uncertainty）。這表示戰爭過程不會遵循任一方預定的「戰爭計畫」。無論是戰爭的參與者或觀察者，都無法預知戰爭發展的方向與最後結果。

一、戰爭進行中的不確定性

戰爭爲何會有不確定性？到目前爲止，最好的理論就是克勞塞維茨所提出的「摩擦」（friction）。他對「摩擦」的解釋是：

> 在戰爭中一切事情都很簡單，但最簡單的事情也就是困難的事情。這些困難累積起來就終於產生一種摩擦[3]。

　　這個概念經過進一步抽象分析後，克勞塞維茨認爲「摩擦」不僅是一種現象而已，本質更是「一種使表面上容易的事情變成如此困難的力量。」[4]

　　「摩擦」的概念一向引人入勝。有軍旅經驗的人都能體會，明明一件簡簡單單的事，卻往往不能如原定計畫進行。一個人的旅行很容易，一百個人的旅行卻很困難，因爲其中任何一個人的小意外都會影響整個團體。更何況戰爭又是敵我雙方互動的過程，每一方都要想盡辦法打擊、阻止、妨礙對方完成其計畫。這使戰爭中每一件孤立來看都十分簡單的事，譬如在戰場上向前移動個十公尺，都會在敵人炮火的阻止下變成異常困難。許許多多的小意外、小困難累積在一起會產生難以度量的後果。平時的一場雨也許只是使行軍速度慢一些，沒什麼了不起；但滑鐵盧會戰前的那場大雨卻使法軍攻勢晚了三、四個小時，結果影響勝負，結束了拿破崙輝煌功業，改變了歐洲歷史。

　　摩擦使戰爭產生不確定性；無論決策、計畫、執行，戰爭中的任何一個層級都會有不同形式的摩擦。因此，「眞實戰爭」爲何會與理論上的「絕對戰爭」出現那麼大而且不同形式的差異就不難理解。摩擦會以什麼型態在什麼時間出現無法預期，只知道這種力量一定會出現，戰爭因而困難重重甚至完全無法掌握。摩擦是一種理論上永遠不能完全確定的力量[5]。訓練中心雖然盡一切可能模擬戰爭情境，但訓練卻永遠無法完全複製與眞實戰鬥情況相同的摩擦[6]。

　　摩擦的來源有很多，其中最重要的一項是「精確認知」（accurate recognition）的困難[7]。由於戰爭時情報蒐集與辨識不易，戰場上的行動通常都籠罩在未知的氣氛中，這就是所謂的「戰爭之霧」（the fog of war）。我們無法精確認知所處的環境，不確定敵人在做什麼，甚至不知道自己在做什麼。戰爭中所有的行動，都是根據不完全、不正確、相互矛盾的情報所做成的決定。加強情報蒐集固然可以減少未知，但不可能完全消除。戰爭的本質，使精確認知成爲不可能的奢求[8]。

　　既然如此，戰爭就無法排除「機會」（chance）的作用。所以克勞塞維

茨強調：「沒有任何人類活動是如此連續地或普遍地和機會連在一起，於是透過機會的作用，猜想與運氣遂在戰爭中扮演重要角色。」[9]這是很重要的觀念，因爲如果沒有機會的作用，戰爭就可以公式化的進行，不需要將才，也不會成爲「藝術」。將領在戰爭中扮演非常重要而且不能取代的角色，克勞塞維茨所最重視的「軍事天才」只有在機會的領域中才能充分發揮[10]。縱然有一天資訊科技與電腦能提供無盡的戰場情報與快速計算以分析利弊，仍須要高明的將領憑藉其特殊的心靈作用產生決心，才能掌握勝利機會[11]。因爲資訊科技高度發展的同時也使戰爭更趨向複雜，使戰爭繼續充滿未知、摩擦、不確定性與機會，只是形式與以往不同罷了。

二、重心與勝利的極點

如果不能提供任何從在戰爭中獲勝的指導，顯然作爲軍事性著作的意義已經喪失大半；克勞塞維茨撰寫《戰爭論》當然也有這個原始目的。不過，克勞塞維茨非常反對任何戰爭規則或公式，這是他與約米尼以及幾乎一切所有後繼的軍事理論家最大的差異。他指出：

> 「它們是絕對無用的，（因為）它們是以固定價值為目標，但在戰爭中一切事情都是不確定的，而且一切計算都必須以變量為之。它們的研究是完全指向物質量，而所有一切軍事行動都與心理力量及其效果交織在一起。它們只考慮片面的行動，而戰爭卻是由相對雙方的一種連續交互作用所構成。」[12]

類似的評論在全書中經常可見。這種否定「戰爭勝利公式」的態度一度引起後繼者相當的失望而妨礙對他成就的承認。事實上，這不僅不是他的缺點，反而更證明他在戰爭研究的先知地位，在今日科學領域更新發展時尤其突顯他的眞知灼見。

克勞塞維茨雖然反對任何的規則或公式，但也不可免俗地提出一些具有指南意義的論述。雖然他不厭其煩地反覆申論以避免成爲教條，但反被

批評為過於瑣碎而且相互矛盾，當然這與他早逝而未能做最後的整理有關。雖然如此，他在戰爭指導中仍有某些概念直指問題核心，不能視為所謂「無用的戰爭規律」而忽略。因為那是戰爭勝利者的宏觀共相，有不變的本質意義。其中最重要的兩個概念，一個是「重心」（center of gravity），另一個就是「勝利的極點」（the culminating point of victory）。

所謂「重心」，是指：「一切動力和運動的樞紐，所有一切事情都依賴於其上。」[13]是否為重心的關鍵在擁有其他事物對其的「依賴性」。重心一旦被毀，整個戰爭機器都將無法運作。所以重心可能是敵國首都或某個大城市，也或者是軍隊，更或者是敵國的民意。在強調資訊的現代化部隊中，重心可能是其指揮通訊系統。因為重心具有決定戰爭勝負的關鍵的意義，所以戰爭時是「我們所有一切力量應指向之點。」[14]

重心的概念到今天仍有歷久彌新的價值，敵人的重心是戰爭中各種作為的目標，也是作戰計畫的依據。美國陸軍一九八六年版的《陸軍作戰要綱》就強調：「重心是所有作戰設計的關鍵。」[15]問題只是「如何察覺敵人的重心？」而已。這需要對敵人戰爭系統深入地觀察與理解，也必須配合高明的將領充分發揮其「特殊的心靈作用」。

所謂「勝利的極點」，是指攻勢的轉捩點。除非防禦者已經崩潰，否則任何攻勢會有個「極點」，達到極點後攻擊者將喪失優勢，成為雙方攻守易勢的開始。這是因為攻勢會隨著進展而消耗力量。包括補給線的拉長，占領區的擴大，必須分兵防守而減弱攻擊的兵力，甚至在心理上也可能會愈來愈鬆懈。這都使攻擊力量逐漸衰竭，最後終於無力繼續而不得不轉採守勢；所以「任何不直接達到和平的攻擊必然會以防禦為其終點」[16]。雖然這並不表示戰爭已經失敗，但至少離勝利的距離拉遠。除非經過相當程度的休息再發動新的攻勢，不過那已經是另一個戰役的開始。

就戰爭指導而言，攻勢的一方必須設法在「勝利的極點」前獲得勝利，而守勢的一方則要避免在此之前崩潰。

「勝利的極點」是個非常抽象而重要的觀念，它顯示無論多強大的攻勢力量都會有自然限制。第二次世界大戰前中國對日「抗戰」就是個典型的

例子。日軍在盧溝橋事變後勢如破竹地席捲整個中國沿海精華區，但在攻占武漢後達到「極點」；從此轉採守勢與國軍展開拉距戰。七年之後失敗投降[17]。

克勞塞維茨反對戰爭的任何規則或公式，也正是因為如此，「重心」與「勝利的極點」都僅是個概念，並沒有系統化的整理而成為完整的理論。事實上，從十七世紀開始以牛頓力學為基礎的機械論科學體系，刺激無數的軍事理論家尋求能描述、解釋、預測戰爭的一般性理論，但都歸於失敗，眾所公認或具有實用價值的「勝利公式」並未出現。這是否說明「戰爭」具有特殊的本質，不像其他學術一般能以科學方法研究？而唯有克勞塞維茨真正認識這一點；還是「機械論科學體系」本身在科學觀上就有問題？有意思的是，至少在一九七〇年以前，沒有人會懷疑後者才可能是問題的答案。

三、複雜系統與混沌邊緣

一九八九年，美國海軍陸戰隊發給每位軍官的一本名為*Warfighting*的手冊，其中有一段對戰爭的精采敘述：

> 「戰爭的發生，不會像時鐘的發條一般規律的展開。所以我們不能企盼全面精確地掌握每個戰況的發生，頂多在混亂之中，找到一個一般性的秩序架構，規定一般性的行動流程，而不能試圖控制每一個事件。」[18]

這種觀點是值得注意的，因為它超越傳統，在軍事學術研究上價值非凡，是一種典範轉移（paradigm shift），而非傳統的典範改進（paradigm refinement）。

一九七〇年代出現的「混沌理論」是一個新的科學觀。基本觀點是認為科學界長期以來將真實世界視為「線性系統」是錯誤的；大多數真實世界其實是非線性的「混沌系統」，各因素間彼此不斷地互相影響，無法以數

學的「線性方程式」描述彼此關係，因此是混亂、變遷、而且難以預測。
這個突破性的理論隨即在各領域中都發現有相通之處，被視為各種系統的
宏觀共相[19]。

「混沌理論」進一步發展是一批包括物理學家、數學家及經濟學家在聖
塔菲研究院（Santa Fe Institute）的努力。他們提出了具有統攝性的「複雜
理論」，整合混沌理論而成為一個完整的理論系統，即為「複雜科學」。複
雜理論將真實世界區分為三種系統，一種是穩定而循環不已的系統，如星
球間的運轉。第二種是完全雜亂的集合，如水蒸氣。第三種是介於秩序及
混沌間，變化無窮，有結構但難以預測。複雜理論探討的就是第三種系
統。[20]這種稱為「複雜適應性系統」（complex adaptive system）會經由適應
過程，回應其接收到的新資訊。通常顯現出一種「複雜」狀態，又稱為
「混沌邊緣」（the edge of chaos），因為這是一種處於秩序與失序間的平衡。
在這種狀態下，系統的各個元素不會固定在一個位置，卻也不會分崩離
析，散亂四處，如此一來，系統有足夠的穩定性以維繫運作，又有足夠的
創造力可以呈現豐富的生命力[21]。

「混沌理論與複雜性科學」號稱二十世紀第三大科學革命[22]。它最重要
的意義是打破了長期以來人類對真實世界的認知。真實世界並非如機械般
地準確運行，企圖用線性規律預測及掌握是徒勞無功的。這說明了絕大多
數軍事學者尋找「勝利公式」之所以會失敗的原因，因為戰爭與經濟或文
明變遷一樣，很明顯的是個複雜系統。

美國海軍陸戰隊在其「下下一代海軍陸戰隊」（the Marine Corp After
Next, MCAN）計畫下的「戰鬥實驗室」已經開始採取這種看法：

「在過去三個世紀中，我們將戰爭當作牛頓系統處理。也就是說，戰爭
是機械式與有秩序的。事實上，戰爭可能不是這樣；戰爭更可能是個複雜
系統，開放、平行，而且對初始條件與後續的輸入極為敏感。」[23]

他們甚至運用另一個「適應性複雜系統」——「生物系統」的概念來
理解戰爭：

「一個具有可調適性的複雜系統十分類似生物系統。因此許多下下一代

海軍陸戰隊的工作正致力於探索生物系統對未來戰爭的啓示。」[24]

這確實是一個新的嘗試。雖然從這個新途徑研究戰爭仍有很大空間，但對陷如瓶頸的戰爭研究而言是一個相當值得期待的突破口。複雜科學提示人們應該從本質上再一次認識戰爭，無論是研究戰爭指導以獲得戰爭勝利，或是更認識戰爭進而永保和平，這都是最重要而且無可取代的基礎研究。

第二節　暴力、危險與恐懼

戰爭是意志力的表現，所以不能僅視爲是「武力」的作用，戰爭勝負有相當比重決定於心理因素。一個機器人軍團與人類部隊間最大的差異，可能是人類部隊可以在激勵下奮戰到底，或在恐懼中喪失鬥志。我們不能想像沒有情緒作用的機器人軍團會因任何心理因素而增減其戰鬥力。當然到目前爲止，機器人軍團仍只是科幻小說家的想像，也沒有必要論證其是否會出現之類的問題。但戰爭是人類文明的一部分，在文明消滅戰爭前，人在戰爭中心理因素的作用仍是戰爭研究的主要課題。本節即探討戰爭中的心理因素。

一、戰爭的暴力本質

心理因素會產生作用進而影響戰爭勝負的根本原因，是戰爭的暴力本質。雖然暴力的規模將隨著戰爭目標及手段的不同而有區別，但戰爭的暴力本質永遠不變，任何有關戰爭的研究如果忽視暴力本質，將產生嚴重的誤導與缺失[25]。

戰爭的目標是解除敵人武裝[26]，也就是使用武力消滅敵人武力；這使殘酷的殺戮成爲必要之惡。但暴力與流血畢竟違反人性中的某些特質，所

以必須訴諸另外一些人性特質才能促使人們戰鬥。克勞塞維茨稱之爲「盲目的自然力」，一種由敵意、仇恨所驅動的原始暴力。這種力量驅使人們在戰場上勇於殺戮，並且視之爲英雄行爲。因此克勞塞維茨才會指出，戰爭具有原始暴力、仇恨與敵意「三位一體」的主要趨勢[27]。

事實上，戰爭的確需要這種「盲目的自然力」才能順利發動。克勞塞維茨表示：「在戰爭中要點燃的怒火，必須早已蘊藏在人民的心中。」[28] 缺乏這種憤怒情緒的作用，戰爭不容易發生。因此，將戰爭視爲政策工具之一的政客如果有發動戰爭的企圖，就會妖魔化對手以鼓動這種情緒。這也就成爲一種很好的觀察指標：當社會上產生下列三種想法時，戰爭可能就要發生[29]：

· 認爲有一作風邪惡的敵對國家存在，如果能把這個國家打敗，世界就會變得更美好。
· 認爲採取行動對抗這個敵人，可以讓大家活得更好、更光榮。
· 認爲不贊成發動聖戰的人就是叛徒、賣國賊。

雖然說法不同，但中國也有相同的觀點。發動戰爭的目的是爲了「弔民罰罪」，是要以「仁義之師」解生民於倒懸。在戰爭之前，要設法「令下與上同意」（《孫子·計篇》），要能「同仇敵愾」才能獲得戰爭勝利。中國雖然在「仁義」的界定有傳統標準，但同時也有很大的解釋空間。就產生敵意與仇恨以驅動「盲目的自然力」發動戰爭而言，「仁義化自己」與「妖魔化對手」其實並沒有區別。

暴力的直接效果是「危險」。「危險」是戰爭的特質，克勞塞維茨認爲是造成「摩擦」的來源之一。雖然不同的人會有不同程度的感應，但戰爭中的危險會普遍地帶來恐懼。恐懼極具感染性，就像一面鏡子，從別人恐懼的臉孔可以映照出自己內心的恐懼。當然，也可能從別人的堅毅化解自己的恐懼。恐懼會使人喪失決斷的能力，如果迅速感染，很容易喪失戰鬥力。因此，在敵人攻擊下部隊崩潰（break down）的眞正原因，並非慘重的死傷，而是擴散了的恐懼。這是戰爭的本質，任何戰爭中的角色——從國家

領導人到第一線的戰鬥兵——都要有充分的體認。戰爭其實是意志力的競賽，先崩潰的就是失敗者；與物質上的損失並非絕對的正相關。

二、意志力競賽

西元一九一四年八月三十一日，第一次世界大戰的東戰場，德國的興登堡將軍（Paul Von Hindenburg, 1847-1934）與其參謀長魯登道夫將軍（Erich Ludendorff, 1865-1937）打了一場漂亮的勝仗。他們指揮十五萬德軍，擊潰了超過二十萬的俄軍，俘虜九萬人以上。這場輝煌的勝利就是著名的坦倫堡會戰（The Battle of Tannenberg）[30]。

這場會戰中，興登堡完全聽從魯登道夫的計畫，還因此得到「你怎麼說元帥」的綽號，因為他無論碰到任何問題都會先問魯登道夫：「你怎麼說？」。這場會戰可說是魯登道夫打的。雖然如此，戰勝的功勞仍應記給興登堡。不僅因為他身為指揮官本就負成敗之責，就如同日後他回答誰打贏坦倫堡會戰之類問題時的說法：「我不知道，不過這場會戰如果輸了，那毫無疑問是我輸掉的！」重要的是，他在穩定軍心上的作用無可替代。當戰況緊急時，魯登道夫深夜徘徊，緊張的不能入睡；但興登堡依然準時就寢，鼻息如雷。當魯登道夫沉不住氣而心懷疑懼時，興登堡卻毅然決心冒險到底，絕不中途變計。

魯登道夫在會戰結束後說：

> 「一位將軍要能負重，要有堅強神經。文人常以為戰爭好像數學問題：由已知求未知。實際上完全不是如此。在此種鬥爭中，物資力量與心理力量交織在一起，而數量居於劣勢的方面尤其困難。戰爭中包括許多的人，個性和觀點都各有不同，唯一已知常數即為將軍的意志。」

戰爭是意志力競賽，誰先崩潰就失敗。我們可以從兩方面來看這個問題，一個是「部隊意志」，另一個是「指揮官意志」。

「部隊意志」崩潰的現象，法國戰略學大師薄富爾（Ander Beaufre, 1902-1975）有很好的描述：

> 「一旦敵方戰線破壞後，其整個組織就會隨之瓦解。每個兵員都人人自危，於是也就產生了一種心理上的震憾，而使維持團結的精神力量（即所謂士氣）也自動消失，這樣一個喪失組織的軍隊就會成為烏合之眾，在古代很容易為勝利者殲滅，結果在一場屠殺中，敗者死傷枕藉，勝者則損失輕微。」[31]

崩潰後戰鬥力全面消失，所以才會造成戰敗者的巨大損失。但崩潰那一瞬間的實質損失其實並沒有差別，只是戰場景象傳達出「我們輸了」的意念擴散到全體，這種心理的震動才是崩潰的原因。

「崩潰」也不一定來自第一線部隊，當指揮官喪失信心時也會崩潰，而且與第一線部隊的真實力量並非絕對正相關。「指揮官意志崩潰」是「崩潰」的另一種形式。譬如西元一九四二年六月，在第二次世界大戰北非戰場的艾拉敏會戰中（The Battle of Alamein），英軍司令官在德國隆美爾（Erwin Rommel, 1891-1944）非洲軍的猛攻下驚慌失措，自動下令從埃及邊境撤退。其實他的兵力還有三個完整的步兵師及正在途中的第四個師，能夠作戰的戰車總數，比非洲軍所有的還多三倍[32]。若非英國當局當機立斷地更換這位意志力崩潰的司令官，英國可能真的會撤出埃及。李德哈特因此指出：「對於戰爭中的精神效果，這是一個最顯著的示範表演。」[33]

第二次世界大戰日本的投降也是一個指揮階層意志崩潰的例子。美國兩個原子彈的龐大殺傷力造成強烈震撼；日本當局誤判美國還有一百顆，一個月能製造三顆，而且下一個目標為東京[34]。這個判斷使日本指揮當局喪失繼續作戰的意志，宣布接受無條件投降。事實上，當時日本還有七百二十萬大軍的實力[35]。

三、戰爭的心理因素

自古以來，絕大多數的軍事家就已經發現，決定戰爭勝負的關鍵是心理作用，而非物質作用。因此不僅強調心理（或精神）因素的重要，而且主張以打擊敵軍心理為目標，造成敵軍崩潰，以爭取勝利。以下列舉部分論述以供參考：

克勞塞維茨：「精神因素在戰爭被列為最重要者。」[36]

李德哈特：「在一切軍事行動中，精神因素是居於首要的地位。」[37]、「使敵人喪失平衡，自亂步驟，才是戰略的真正目標。」[38]

希特勒：「在戰爭發生之前，如何設法使敵人先崩潰，這也就是我最感興趣的問題。」[39]

列寧：「在戰爭中最合理的戰略就是儘量的延遲行動，直到敵人的精神崩潰足以使一個致命的打擊變得可能和容易時才動手。」[40]

就算從事現代的高科技戰爭也是如此。美國海軍陸戰隊就認為：「人的因素，在戰爭中具有關鍵性地位。」[41]；人，當然指的是其精神因素，與物質力量有所區別。

東方也有類似的觀點，譬如孫子兵法：「三軍可奪氣，將軍可奪心」《軍爭篇》，就是探討如何打擊「部隊意志」或「指揮官意志」以獲得勝利。這一篇還列舉了相當多準則，譬如：

「避其銳氣，擊其惰歸」、「以治帶亂，以靜待譁」、「以近待遠，以佚待勞，以飽待飢」、「無邀正正之旗，勿擊堂堂之陣」、「佯北勿從，銳卒勿攻，餌兵勿食，歸師勿遏，圍師必闕」。

這些準則到今天仍有參考價值。

因為戰爭具有暴力、危險的本質，所以戰爭中的心理因素扮演決定性

角色：戰爭常因此而會有出人意料之外的結果。戰爭行為是人類活動中最複雜的，無論雙方軍備差距多大，都不會有一定勝利的戰爭。將領如果在戰前信心滿滿的保證獲勝，除非是堅定部隊信心的宣傳，否則是非常危險的事，因為他顯然不瞭解戰爭的本質。戰爭是非常危險的事，任何情況下都要非常謹慎的面對它。

問題與討論

一、摩擦如何使戰爭產生不確定性？

二、何謂「重心」？何謂「勝利的極點」？

三、何謂戰爭典範轉移？

四、試解釋「混沌理論」為何？

五、戰爭為何具有暴力本質？

六、戰爭為何是「意志力競賽」？

註釋

[1] 本段敘述主要依據陳文政、趙繼綸，《不完美戰場——資訊時代的戰爭觀》（台北：時英出版社，2001），頁48-57。

[2] 英國戰史學者 John Keegan認為，當時英軍統帥威靈頓將軍的部隊中大部分是德國人、荷蘭人、比利時人的雜牌軍，真正的英國部隊不到一半，而且缺乏經驗。就算加上後來投入的三萬普魯士軍，法軍對聯軍的兵力比還有7：8，火砲比5：4。比起一八〇五年Austerlitz會戰，兵力比7：8，火砲比1：2：一八〇六年Jena會戰，兵力比1：1，火砲比1：2的條件都好，但這兩場著名會戰都由拿翁獲勝。見 John Keegan, *The Face of Battle*（London: Johathan Cape, 1976），pp. 121-123。

[3] 克勞塞維茨，《前引書》，頁177。

[4] 克勞塞維茨，《前引書》，頁180。

[5] 克勞塞維茨對摩擦的性質與影響，描述得非常詳細。請參考《戰爭論》第七章，頁177-180。

[6] A. M. Gray著，彭國財譯，《戰·爭：美國海軍陸戰隊教戰手冊》（台北：智庫文化，1995），頁22。

[7] 克勞塞維茨，《前引書》，頁176。

[8] A. M. Gray，《前引書》，頁23。

[9] 克勞塞維茨，《前引書》，頁126。

[10] 有關機會、不確定性、摩擦、軍事天才等概念的探討，請參閱鈕先鍾〈克勞塞維茨的機會與不確實性〉一文，載於《戰略研究與戰略思想》（台北：軍事譯粹社，1988），頁185-200。

[11] 什麼樣的條件才足以成為好的將領？這是一個相當大的題目，但直到目前仍乏系統性的研究。中國的軍事教科書通常會引用《孫子兵法》的智、信、仁、勇、嚴，不過對每個條件的內涵缺乏精確的定義。克勞塞維茨重視「勇敢」，特別是「精神勇氣」，因為將領在戰爭中將面臨高度的精神壓力，如果沒有足夠的勇氣不敢充分利用機會，也就是冒險。但他也同時重視智慧，這是指一種敏感和明辨的判斷力，一種喚出真相的巧妙智力。本文在此以「特殊的心靈作用」涵蓋這些概念，因為所有作用最後就是要下「決心」以進行戰爭。

[12]克勞塞維茨，《前引書》，頁198。

[13]克勞塞維茨，《前引書》，頁936。

[14]克勞塞維茨，《前引書》，頁936。

[15]USA Department of Army, *FM 100-5: Operations.* 1986, pp .179-180。

[16]克勞塞維茨，《前引書》，頁903-904。

[17]克勞塞維茨有關對「勝利的極點」的闡述，請參閱《戰爭論》，第七篇二十二章，頁895-905。有關「對日抗戰」較精簡的評述，請參閱蔣緯國《蔣委員長如何戰勝日本》（台北：黎明文化事業公司，1985修訂本）。

[18]A. M. Gray，《前引書》，頁29。

[19]James Gleick，林和譯，《混沌——不測風雲的背後》（台北：天下文化，1991），頁9。

[20]沈勤譽、林傑斌，《遽變未來》（台北：書華出版，1997），頁179-180。

[21]沈勤譽、林傑斌，《前引書》，頁178。

[22]其他兩個是相對論及量子力學。見James Gleick，《混沌——不測風雲的背後》，頁9。

[23]Steven Metz，《二十一世紀武裝衝突——資訊革命與後現代戰爭》（台北：史編局譯印，2000年），頁63-64。原書引用美國「下下一代海軍陸戰隊」（the Marine Corp After Next, MCAN）計畫下的「戰鬥實驗室」資料。

[24]Steven Metz，《前引書》，頁38-39。

[25]A. M. Gray，《前引書》，頁31。

[26]克勞塞維茨，《前引書》，頁133。

[27]克勞塞維茨，《前引書》，頁131。

[28]克勞塞維茨，《前引書》，頁132。

[29]Lawrence LeShan，《前引書》，頁47。

[30]有關坦倫堡會戰、興登堡與魯登道夫的敘述，請參閱鈕先鍾編著，《西洋全史（十五）——第一次世界大戰史》（台北：燕京文化，1977），頁264-276。

[31]Ander Beaufre，鈕先鍾譯，《戰略緒論》（台北：軍事譯粹社，1980），再版，頁42。

[32]第二次世界大戰的北非戰場發生過好幾次的艾拉敏會戰，有關這一次會戰，請參閱：李德哈特，鈕先鍾譯，《第二次世界大戰戰史（2）》（台北：軍事譯粹社，1992年四版），頁27-74。

[33] 李德哈特，《第二次世界大戰戰史（2）》，頁55。

[34] 服部卓四郎《大東亞戰爭全史4》（台北：軍事譯粹社譯行，1978），頁300。

[35] 服部卓四郎，《前引書》，頁341。

[36] 克勞塞維茨，《前引書》，頁273。

[37] 李德哈特，《戰略論》，頁4-5。

[38] 李德哈特，《戰略論》，頁388。

[39] 李德哈特，《戰略論》，頁250。

[40] Ander Beaufre，《前引書》，頁15。

[41] A. M. Gray，《前引書》，頁29。

第三章　戰爭的外顯特性

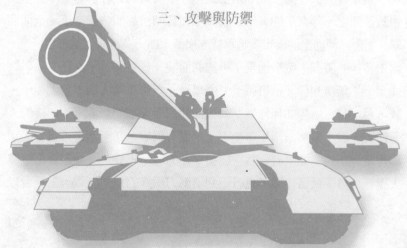

本章探討戰爭的外顯特性，包括：戰爭的型態、結構與形式。這些外顯特性與戰爭本質不同，會隨著時間與空間的變換而改變。不過，在千變萬化中仍有一定的軌跡可循，掌握這些軌跡可以探求戰爭變化的方向。要理解「戰爭是什麼？」，變動不居的外顯特性與不變的戰爭本質同樣重要。

第一節　演進中的戰爭型態

西元一九四〇年三月的某一天，在山西高平縣的黃土高原上，數千名攜帶步槍刺刀的的日軍步兵，在戰車及機槍火力的掩護下對國軍部隊發起攻擊。他們攻擊前，飛機、山砲已經輪番轟炸過國軍陣地。雖然僅有步槍及手榴彈，屹立在殘破陣地內的國軍第三十六師二百一十六團弟兄們，仍然堅定地向敵人開火。但日軍攻勢猛烈，陣地陸續失守。從清晨戰至薄暮，陷入重圍的國軍傷亡殆盡，團長吳垂昆心想今天恐難倖免，決心以死報國[1]。

回溯二千二百一十八年前，戰國時代的同個地區，同樣慘烈的另一場戰爭正上演中：趙國的突圍部隊正在向秦國壁壘發動最後攻擊。這些已經餓了一個半月的戰士們擠盡最後氣力，分持戈、矛、劍、戟，冒著漫天箭矢前進，希望能突破包圍。統帥趙括雖然一度英勇的大呼前進，卻在壁壘前身中數箭陣亡。等久了的秦軍勁師銳卒在統帥白起的一聲令下，全面開壘出擊。面對蜂湧而至的秦軍，趙軍意志崩潰，四十萬大軍，全部投降[2]。

兩千多年的時間，戰爭顯現了不同的面貌。曾在「長平之戰」中戰鬥的秦國士卒，無法想像「抗日戰爭」的場景。無法想像人們不用戈、矛、劍、戟、弓、弩、盾等如何作戰？就如同我們今天不能想像兩千年後的人類如何作戰一般。當然，兩千年後不一定還有戰爭，甚至連是否還有人類都無法肯定。不過，如果有關戰爭繼續存在的假定不變，人類不會仍以戰車、火砲、機槍等武器作戰，也看不到上刺刀衝鋒的鏡頭。戰爭工具會以

大幅度的演進改變戰爭型態。

一、戰爭工具的演進

　　戰爭工具不僅指武器與武器系統而已，所有運用於戰爭的工具系統都算，包括文書、通訊、運輸、傳播、組織等；只不過與戰鬥無直接相關的部分較易受人忽略。武器系統要能發揮作用，必須有其他工具系統的支援或配套。武器系統是不能獨立於其他系統之外單獨發展。

　　戰爭工具的演進經常作為從歷史角度分類戰爭的標準。譬如劃分為「肌肉能時代」、「化學能時代」、「核能時代」；或者「冷兵器時代」、「熱兵器時代」、「核兵器時代」；再或者「工具時代」、「機器時代」、「系統時代」、「自動時代」。當然，劃分為「化學能」、「機械能」、「資訊能」也未嘗不可[3]。

　　任何分類都有其著眼點，也都有參考價值；但這種分類方式僅從不同角度說明「戰爭工具演進的階段與順序」（what？），並沒有掌握「為什麼會演進」（why？）以及「如何演進」（how？）的問題。演進的關鍵通常被認為是科技[4]，但推動的動力為何？將科技與戰爭聯在一起的力量又是什麼？

　　觀察歷史，我們會發現：戰爭工具的演進往往以漸進與跳躍的兩種型態呈現。步兵主戰武器由單發步槍換成連發步槍是漸進式演進；當某天將領們突然發現：由於戰車、無線電及空中火力的出現，步兵已經不再在戰場上扮演決定性角色，就是跳躍式演進。由於演進幅度之大已經顛覆了傳統的戰爭型態，所以可稱之為「軍事革命」（military revolution）。美國國防部將之定義為：「新的科技結合作戰概念與組織的調整後，一起整合進軍事系統中，並根本地改變軍事作戰的特質與進行。」[5]這定義目前被普遍採用。不過，因為缺乏明確標準，歷史上到底出現幾次軍事革命眾說紛紜。某些學者採較寬鬆標準甚至可列舉出十次之多[6]。

　　這些演進如何發生？憑空想像的武器系統是科幻而不是科技；科技任

何的發展都是憑藉早就存在的科技基礎。因此戰爭工具的演進其實是科技不斷累積的結果；或者說，是軍事系統回應科技進步到某種程度後，所帶來人類生活方式的根本性轉變。

戰爭工具演變的動力其實就是文明演進的動力。軍事革命並非來自軍事上單方面或局部性變革，而是源於社會上的多面向及全方位的變遷[7]。只有在新文明挑戰舊文明，或整個社會轉型，迫使軍隊在科技、文化、組織、戰略、戰術、訓練準則與後勤等面向徹底轉變時，軍事革命方會發生[8]。戰爭型態的轉變反映生活型態的轉變，正如我國軍事學者蔣百里先生（蔣方震，1882-1938）的名言：「生活條件與戰鬥條件一致者強，相離者弱，相背者亡。」這句在中國軍事界流傳七、八十年的老觀念用來註解現在正流行的軍事革命概念，其實顯現出新的意義。

二、戰術與戰具的互動

相當令人奇怪，雖然現在人們對「科技決定論」已經視為常識，一九九一年的波斯灣戰爭再次肯定這一點。但傳統的古典大師們對戰爭工具與戰爭間關係並沒有太深入的探討。克勞塞維茨及其同時代以前的學者，甚至沒有把武器列入戰爭的決定因素之內。李德哈特也僅理解技術對武器的意義，未能注意到生產、運輸、通訊等更廣泛影響的戰爭工具。這種現象直到第二次世界大戰後才有所轉變；探討技術與戰爭的通論性著作開始不斷出現[9]。

令人訝異的，在這個主題上的先知是馬克思主義的學者們；他們顯現了令人印象深刻的先見之明。這是因為只有重視物質因素，才足以印證他們理論基礎的「唯物史觀」。恩格斯在一八七八年的作品《反杜林論》（*Anti Duehring*）中指出：「戰爭主要由工業力量決定，而將領的天才尚在其次」。這與克勞塞維茨強調「軍事天才」的觀點差異甚大。他進一步引申：「一旦技術的進步可用於軍事目的，並且已經用於軍事目的，他們便立刻幾乎強制地，而且是往往違反指揮官意志而引起作戰方式的改變，甚至變

革。」[10]

　　當科技的進步逐漸反應在戰爭工具時，如何整合這些已經不一樣的戰爭工具，以發揮更大效率，就成爲軍事家的重要考驗。單一或部分戰爭工具的演進並沒有太大的意義。但是在多種，尤其是具關鍵性的技術獲得突破後，在適當的整合下就會產生「加乘效果」（synergistic combination），因而大幅提昇整體戰爭工具的效率，進而改變戰爭型態，這就是軍事革命。

　　整合戰爭工具的方式是戰術的改變。在這個觀點上，戰術可視爲一種作戰概念，也就是應用戰爭工具以爭取作戰勝利的技術。而改變戰術的具體作爲，主要表現在軍事組織的調整與準則的修訂。這是聯繫各個戰爭工具而發揮「加乘效果」的黏著劑。是軍事家們的責任，軍事革命的關鍵。

　　馬克思主義者的理論缺失，就在忽略了「人」關鍵性。科技的進步並不一定會產生軍事革命，除非軍事家盡責地扮演推動者的角色。而作戰方式的改變之所以會「往往違反指揮官意志」，只不過是因爲軍事家容易判斷錯誤而做出錯誤選擇；但錯誤與否，不經戰爭檢驗無法證實，戰爭之前，誰也不能肯定。

　　軍事革命確實能帶來戰爭勝利。因爲戰爭工具與技術的先進，落後一方無論運用任何戰略都無法彌補雙方力量的差距。十七世紀工業革命後，西方帝國主義橫掃全世界就是明顯例子。這不是軍事的勝利，而是西方文明的勝利。沒有文明的基礎僅改變戰爭工具是沒有作用的。這是爲什麼震懾於西方船堅炮利的滿清政客們，企圖「師夷長技以制夷」終究無法成功的原因。

三、未來的戰爭面貌

　　本節探討戰爭工具的演變，最後當然要觸及未來戰爭面貌之類的問題。我們從兩個角度著眼：宏觀的角度，探討「全球化影響」，焦點在未來可能出現的戰爭形式。微觀的角度，探討「資訊化衝擊」，焦點在人類如何準備未來戰爭。

　　二十一世紀來臨後，人類文明達到空前高峰。電腦及通訊科技的高度發展使「地球村」概念逐漸成熟，全球化現象已成趨勢。為解決全球性問題，某些普世價值或國際間的共同規範已經出現。如人權、環境保護、生態保育、市場經濟、自由貿易、戰爭手段的限制（如外太空及南北極的非軍事化、生化武器與地雷的禁用）等。這種現象開始衝擊國家主權[11]；如果流行於十六、七世紀的論點——沒有主權國家就不會有戰爭[12]——正確的話，當各主權國家的主權受限制時，是否表示戰爭的發生也將受限制？

　　二○○一年九月十一日發生在美國的恐怖分子攻擊事件，使人類在二十一世紀初即對戰爭面貌產生不同認知。事實上，早在二十世紀末期，中國大陸學者就提出「超限戰」觀念；認為在全球化趨勢下，傳統的疆域觀念已不足以支持國家安全，安全邊界已擴展到政治、經濟、資源、民族、宗教、文化、網路、地緣、環境及外太空等多重疆域[13]。這種「泛疆域觀」使得戰爭的規則（手段）被破壞，（超）國家組織可以用種種「非軍事手段」攻擊，影響敵國國家安全的不同層面的疆域：如經濟、網路、環境等。而各種手段也可組合的似雞尾酒一般，以取勝利[14]。

　　但這種超限戰理論對大國，尤其是享受全球化利益帶來繁榮的國家來說並不適合。因為任何對全球體系的衝擊都會損及自己利益，採取「超限戰」手段攻擊對手而不傷害自己是不可能的；除非對手是全球化程度極低的邊陲國家。911事件的恐怖攻擊行動與後續的反恐怖戰爭印證了這個觀點。邊陲國家的經貿活動與全球體系關聯性低，攻擊這型國家不會衝擊全球體系。反過來說，邊陲國家既不享受全球化利益，當然也不受全球性衝擊影響。因此在軍事力量不如大國的情況下，就有可能尋求「超限戰」手段，以達到喚起注意或政治勒索的目的。

　　展望未來，大國在全球化趨勢下不會輕易採用武力解決彼此衝突，但邊陲國家卻可能發動「非軍事戰爭行動」以爭取在全球化經貿活動中得不到的利益。各種型式「超限戰」確實可能成為未來戰爭的主要型態。

　　影響未來戰爭面貌的另一個重要因素是「資訊化衝擊」。最重要的線索是一九九一年的波斯灣戰爭。這場戰爭已被視為「前導戰爭」，預示未來戰

爭的型態[15]。在這場戰爭中，透過先進的資訊科技，擁有優勢戰鬥空間知覺能力（dominant battlespace awareness）[16]的美軍充分掌握敵軍動態，因而寫下「戰爭全勝」的新定義：擊潰號稱百萬的伊拉克軍隊，卻只陣亡一百四十八位官兵，其中還有三十五人是死於友軍誤擊[17]。

但是透過對「戰鬥空間知覺能力」的強化，是否真能如願地使戰場透明化，進而消弭摩擦與戰爭之霧？就理論而言，本質特徵不會改變。直到目前為止，還沒有任何證據能證明，戰場透明化可以改變戰爭不確定的本質。

事實上，每種科技的解決方式都會製造新的問題，這已成社會科學研究者的常識[18]，軍事科技的發展亦是如此。我們觀察當代軍事科技的發展，會發現有相當部分是在防止敵人發動的資訊攻擊，並非全在建立「戰鬥空間知覺能力」。資訊科技的進步固然能整合各系統成為戰力倍增器（能倍增戰力），但也會因某個環結的故障而輕易地使整個戰鬥系統喪失功能。譬如一個小小的電腦病毒可以癱瘓整個指揮系統，一個操作上的疏忽可能在連鎖反應下產生災難性的後果。換言之，消除戰爭迷霧與摩擦的努力反而產生新的迷霧與摩擦。以波斯灣戰爭為例，美軍雖然整體傷亡極低，但友軍誤擊率卻占全部傷亡的17%，遠較第二次世界大戰、韓戰及越戰的平均值2%為高[19]。這說明以資訊科技消除迷霧與摩擦的努力可能徒勞無功。

無論如何，資訊化成為各國軍事革命的特徵已是無法扭轉的趨勢。這種發展勢必改變戰爭的型態，但未來戰爭的面貌是否真如現代軍事家所預想，還有待下一場戰爭的檢驗。

第二節　戰爭的結構

從古至今，戰爭顯現無限多型態，很難歸納出一定模式，也無法預測

其可能發展。但是戰爭並非完全無序，如果將戰爭視爲一個實體，可以發現都有相當類似的組成結構可以層次性區分。無論研究戰爭本身、戰史或戰略，戰爭層次都是非常重要的概念。

一、概念

克勞塞維茨認爲：「戰爭不過是一種較大規模的格鬥（dual）而已。」[20]的確，在本質上，戰爭與流氓幫派的街頭群毆並沒有太大區別，都是原始暴力、仇恨與敵意的三位一體。但在實際運作上卻有重大差異。戰爭由國家或準國家主導，有人民、土地提供戰爭所需資源，有政府組織運作將資源轉化爲武力。人民、土地與政府組織是武力建立的要件。流氓幫派缺乏這些要件，只能寄生於社會。有了國家的運作，戰爭的確較街頭群毆複雜多了。

戰爭不是只打一場就結束；在國家運作下，輸了還可以再組軍隊投入戰場。勝敗乃兵家常事，最後的勝利者才是眞正的勝利者。國家在戰爭過程中會不斷徵召人力、物力組成軍隊，謂之「建軍」；或者補充原有軍隊的耗損，謂之「整補」；如此才能維持武裝力量。

我們進一步觀察。當戰爭進行到某種程度，參戰部隊會因人員傷亡及裝備耗損而減損其整合戰力。所謂「整合戰力」，是指部隊戰力乃由參與作戰的各成員（包含陸、海、空各軍種及步、戰、砲各兵種），在精密的作戰分工下整合所產生，強度遠超過各單位戰力的「總和」。整合戰力會隨作戰分工的精密與整合程度而成等比級數式的增高。當傷亡或耗損輕微時，成員間可相互支援維持整合戰力。但傷亡增至某一程度時，倖存者已無力支援傷亡者任務，此時整合功能被破壞，戰力將成拋物線迅速下降。愈是分工愈精密的現代化部隊，承受傷亡及耗損的能力愈差。本篇中所謂「武力」的概念就是指整合戰力而言。與「軍事力量」不同，因爲軍事力量還包括一些非武力的因素。

只要戰況許可，指揮官通常會將傷亡或耗損重大的部隊撤離戰場，以

免因喪失戰力遭敵人擊滅。這些有戰場經驗的部隊相當寶貴，只要經過短暫整補就可以恢復強大戰力，絕非缺乏經驗的部隊可比。

這是為什麼戰爭發展到某個程度，雖然勝負未分，卻會出現暫歇性停戰的原因。傷亡及耗損使大多數部隊都亟需整補，而戰力完整的部隊經判斷又不足以擊敗對方，如果雙方都產生這種現象，戰場上就會形成告一段落式的停戰。

透過這些概念的理解，我們才能夠分析戰爭的結構。

二、戰爭、戰役、會戰與決戰

戰爭的結構可以區分多個層次，但由於概念不同，各家有不同說法[21]。克勞塞維茨認為戰爭是一種強迫敵人遵從我方意志的武力行動；依據此一定義，戰爭開始於武力衝突，終止於任何一方的意志屈服。至於「宣戰」與否，僅是現代國際法的慣例，與戰爭的實際並無直接關聯。衝突前的軍事行動，如動員、兵力調動等，只算是戰爭前奏，不算戰爭本身。戰爭必須開始武力衝突才有意義。這是為什麼西元一九三九年九月到一九四○年春季，英、法雖對德國宣戰，也開始動員與部署；但因雙方遲未爆發真正的武裝衝突，所以被稱為「假的戰爭」（the phoney war）的原因[22]。

戰爭中使用武力的目的是消滅敵方武力。因為只有消滅敵方武力後才能真正迫使其意志屈服。此一運用武力的概念，我們稱之為作戰（operation）[23]，她通常是指為達成某些政治或軍事目標而採取的軍事行動。在這個定義下，所有從戰役到決戰採取的軍事行動均屬之。

為消滅對方武力，發動攻勢者會選定某些目標運用武力，通常是地理上的特定地點。最後勝負屬誰並不一定，但結果必然是某一方武力消失。所謂「武力消失」，是指軍隊組織被某種程度的消滅，使戰爭決策者在主觀心理上認為已經沒有繼續作戰的能力。

戰爭中雙方所運用武力是有限制的。包括後備部隊在內，都來自平時建軍備戰的結果，固定而且有限。同時，作戰地區也會因武力部署的位

置、機動能力、補給能力與時間的限制而並非漫無邊界。在一定區域內運
用固定武力，消滅敵人武力的過程，稱爲「戰役」（campaign）[24]。戰役中
武力所能運用的範圍，稱爲戰役的「戰場」。

戰役的結果是通常是某一方武力的消失。如果武力消失的一方因而意
志屈服，那麼戰爭就結束。這場戰爭只有這一場戰役。譬如一九七〇年的
「福克蘭島戰爭」。這場武裝衝突既可稱爲福克蘭島戰役，也可以稱爲福克
蘭戰爭，因爲這場戰爭就只有這一場戰役。

如果戰敗的一方不屈服，重整武力，或從戰場外徵調武力（包括其他
國家的援軍）以繼續戰爭。那麼就會在另一段時間，另一個戰場，發生另
一場戰役。請注意，戰爭之初沒有人預知戰役結果；所以戰爭計畫往往就
是戰役計畫，或者由幾個不同戰場的戰役計畫組合而成。

因爲地理、後勤及戰略構想等條件限制，國家會將武力部署在各個不
同地方，所以很難在一次作戰行動就消滅對方全部武力。戰役中，武力衝
突會在不同地區以不同形式發生。這種基於消滅對方武力或避免被對方消
滅的目的，在戰場上採取作戰行動的總和，稱爲會戰[25]。戰役通常有一個
或以上的會戰，其中最重要的一個，決定戰役勝負的轉捩點，稱爲「決定
性會戰」。

會戰從雙方調動部隊開始，一直到武力衝突結束。其中的核心是「決
戰」。所謂決戰，是指雙方武力直接衝突時所進行決定勝負的作戰[26]。一場
會戰也許會有一次以上的決戰，其中「主力決戰」最爲重要。主力是指超
過一半以上的武力集結。贏得主力決戰，就贏得整個會戰。因爲一半以上
兵力既被消滅，剩餘武力也無力扭轉勝負了。

我們再將戰爭的結構做個簡單整理以增加印象：

· 戰爭由一個或數個戰役構成。戰爭發動者的戰爭計畫通常都是戰役
計畫，因爲她希望一個戰役就結束戰爭。不過是否如其所願要看戰
況的發展。只有最後一個戰役的獲勝者，才是戰爭的獲勝者。

· 戰役中會有一個或以上的會戰，其中足以決定戰役勝負的是「決定

性會戰」。戰役的焦點，就是追求決定性會戰的勝利。

· 會戰從部隊機動開始，優勢者尋求對方決戰，弱勢者則避免決戰。因此會戰以一連串的決戰為核心。其中最重要的是「主力決戰」，一戰決定會戰勝負。

以上敘述是戰爭典型；但是戰爭實在太多樣化了，研究者往往又有不同觀點。不過也正因如此，對戰爭及戰史的研究充滿挑戰。

三、戰略、戰術與戰鬥

要贏得戰爭必須規劃某些行動。攻？守？如何攻？如何守？這些行動不僅於使用武力，歷史經驗告訴我們還包括鬥智的成分。這個為爭取勝利所採取的做法，可說是「戰略」（strategy）的最原始概念[27]。

經過數千年不斷的發展，戰爭方式愈趨複雜，規模愈趨龐大；人們發現，要規劃戰爭中的行動，必須層次清楚才不至陷於混亂。因為我們不只需要規劃在某時、某地發動（或避免）一場作戰行動（engagements）以贏得戰爭，而且在較低層次上，武裝部隊必須有一套完成任務的方法，才能支持所做規劃。所以從十八世紀開始，戰略及戰術（tactics）的概念開始區分[28]。此時戰略概念為：協調每個作戰行動間的關係，以求達到戰爭的目的；戰術則為：作戰行動的計畫與執行[29]。

在戰術的階層下，還有戰鬥（action）的概念。這是指武裝力量的實際交鋒，也就是基於消滅對方目的，雙方武器系統間的接觸。

時至今日，戰術與戰鬥的意義基本上並未改變[30]，但戰略的意義則愈趨複雜。幾乎所有人類社會具有競賽性質與發展意義的活動都可以運用「戰略」概念。這使戰略出現上千種以上的定義，而且常與策略、謀略、計謀、指導方針等概念混淆。為避免困擾，我們從軍事的觀點來詮釋戰略或許較為恰當：

　　戰略為建立力量，藉以創造或運用有利狀況的藝術，俾得在爭

取目標時，能獲得最大的勝利機率與有利之效果。

這個定義有幾個值得注意的地方。

- 戰略的本質是藝術，並非科學。但也有學者認為戰略同時具有科學與藝術的雙重本質[31]。這是一個相當有意思的議題，我們在本篇的最後一章中探討。
- 戰略的核心在建立力量。但力量的概念是相對的，也不一定來自自己，不排除向外借用其他力量。
- 建立力量的目的是為了創造或運用有利狀況，並非直接使用力量。
- 戰略運用的意義，是在爭取目標時能獲得最大的勝利機率與有利之效果。通常這兩者彼此矛盾：機率愈高，效果愈差；效果愈有利，機率愈低。戰略其實就是要藉創造或運用有利狀況，同時提高這兩者。
- 「目標」是關鍵。談戰略必須先確立目標。如果是「爭取國家目標」，就是國家戰略；如果是「爭取軍事目標」，就是軍事戰略；如果是「爭取經濟目標」，就是經濟戰略。

在概念上，戰略及戰術可以明確區分；但實務上，一個軍事行動到底屬於戰略階層還是戰術階層卻不那麼容易判明。我們習慣上藉「戰場」概念作為區分標準。戰場外作為屬於戰略，戰場內屬於戰術。不過，這產生戰場範圍如何界定的另一個問題。事實上，由於兵力投射能力的不同，作戰雙方對戰場範圍的認知並不相同。

戰術與戰鬥的界線有時候也很模糊，尤其對大型的武器系統如軍艦或戰鬥機而言。因為這些大型的武器系統不僅本身就有多種次系統可以選擇，而且通常與其他武器系統整合運用，所以其戰鬥本身往往就有戰術運用的性質。

瞭解戰略、戰術與戰鬥間的區分是很重要的。因為相類似的軍事行動或事物在戰略階層、戰術階層及戰鬥階層的意義各自不同。譬如在戰鬥及

戰術階層中防禦較攻擊有利,但在戰略階層則攻勢強於守勢。這些區別會在下一節中說明。

　　擬定戰略時計算或運用的兵力單元稱為「戰略單位」;必須具有獨立作戰能力,在現代陸軍中通常是聯合兵種的旅。同理,擬定戰術時計算或運用的兵力單元稱為「戰術單位」,在現代陸軍中通常是一個營或連。「戰鬥單位」則通常是一個班。

　　在實務上,戰略、戰術與戰鬥間具有層級關係。戰略在不同層級中又有不同的意義。見表3-1。

表3-1　戰略、戰術與戰鬥各層級之意義

層級	意義	適用範圍
大戰略	建立同盟力量,追求同盟目標。	世界戰爭
國家戰略	建立國家力量,追求國家生存及發展目標。	戰爭
軍事戰略	建立軍事力量,以支持國家目標達成。	戰役
野戰戰略	運用武力,創造及運用有利狀況,以達成軍事戰略目標。	戰役及會戰
戰術	在戰場運用武力,以支持野戰戰略。	會戰及決戰
戰鬥	使用武器系統以完成戰術目標。	決戰

　　各層級間的關係是:高層級指導下層級,因此戰略指導戰術,戰術指導戰鬥;同時,低層級支持上一層級,也就是戰鬥支持戰術,戰術支持戰略。就指導面來說,只有在正確的戰略下,戰術的成功才有意義。否則就算戰術成功,也只是完成錯誤的戰略,無補於最後勝利。就支持面來說,如果戰術錯誤而無法達成任務,那戰略正確又有何用?

　　因此,我們必須強調一個極容易混淆的觀念:戰略正確並不意味著最後一定勝利,因為還要戰鬥與戰術的支持。但戰略錯誤一定會導致最後失敗,無論戰術如何成功,戰鬥如何勇猛。

第三節　戰爭的形式

　　本節探討戰爭的形式。戰爭很複雜，既然是政治的延伸，當然就有很多奇奇怪怪的手段，包括外交、謀略、情報與反情報等。但無論如何都是以軍事為主軸，在不瞭解武力運用的意義前，考慮其他的非軍事手段反而容易產生混淆。在此我們分析戰爭中武力的運用，從「作戰」的面向觀察戰爭。戰爭是雙方面的競爭，因此基本上只有兩種形式：一方是攻，另一方守。

一、作戰要素

　　無論在戰略、戰術或戰鬥階層，作戰焦點都是力量的運用。只要集中的力量大過對方就足以獲得勝利。因此第一個作戰要素，就是「力量」。

　　戰爭中所謂的力量是指武力。武力的計算是極為複雜的事。因為在整合戰力的概念下，不能僅計算武器的數量，更必須注意戰力整合的情況。如果再加上號稱精神戰力的士氣因素及人為的訓練與準則等，武力的估算很難量化。但是，屬於同個文化體系的軍隊會因為相互模仿而極為類似。在這種情況下，我們就可以假設戰力整合的程度相當，如此兵力（通常指數量）的概念就相同程度地等同於武力。為簡化分析，甚至可以直接用部隊人數來代表武力大小。

　　如果是不同文化（cross-cultural）間的衝突，兵力概念就不適合用來估算武力，否則會出現嚴重落差。譬如十七世紀工業化後的歐洲軍隊戰力之強，就遠非其殖民地區的原始部落勇士可比。所以數千人的部隊就可以橫行整個非洲或亞洲。以現代的觀點來看，這種戰爭是屬於「不對稱」（asymmetry），兵力（數量）優勢沒有意義。事實上，不對稱戰爭不僅出現

在不同文化間的衝突，在經歷軍事革命與尚未改革的軍隊間也會產生。

不過軍事革命是否能大幅提昇戰力是必須經過戰爭檢驗的。第二次世界大戰前德軍發展出整合裝甲與空中武力的機動戰理論，這種被稱為「閃擊戰」（lightning）的戰法造成德軍在波蘭戰役與法蘭達斯（Flanders，指荷蘭及比利時）戰役中的驚人戰果。然而這種革命性的觀念，戰前英、法兩國軍隊並非不知，而是持反對態度[32]。在未經戰爭檢驗前，的確沒有任何證據能判明英、法兩國將領的選擇錯誤。軍事革命並不保證戰力提昇，但是方向正確的軍事革命確實能產生不對稱的效果。這是我們運用兵力概念估算武力時的限制。

第二個作戰要素是「空間」。國家武力雖高，並不表示戰爭一定獲勝。否則意志衝突的雙方只要各自攜帶武裝清單，直接攤在桌面上比就可以了，何必訴諸戰爭造成那麼多人的傷亡。戰爭雖是力量的對決，但關鍵並不在總武力的大小，而是在決定點上的武力大小。武力雖大卻分散各處，會戰時集中的武力反不如對方，戰敗的可能當然很高；對方如果連續地「各個擊破」，戰爭就會失敗。戰史上以寡擊眾的勝利通常都是這樣發生。事實上，這就是戰略運用的精髓，正如拿破崙的名言：「所謂戰爭的藝術，就是總兵力雖然居於劣勢，但是在攻防的決勝點上，比敵人優勢。」。

國家依據其地理、後勤、戰略構想等各方面的條件，平時將武裝部隊分散部署，戰爭時則依作戰計畫集中。如何掌握空間因素，比敵人先集中優勢兵力於決定點上，常成為獲勝的關鍵問題。當然，要掌握獲勝契機並不只是空間而已，必須與另一個因素一併考慮，那就是第三個作戰要素：「時間」。

力量、空間、時間是作戰的三個要素，無論哪種作戰形式，都是將這三個要素作巧妙地運用而已。

二、攻勢與守勢

國家面臨戰爭時，首先要考慮的就是採取攻勢還是守勢。攻勢與守勢

是戰略用的名詞，表示在目前狀況下對作戰的基本態度，是採取連續性攻勢行動的戰略攻勢？還是設法摧毀對方攻勢的戰略守勢？就戰略層面來說，這個選擇是自由的。因為戰爭不是對方發動攻勢就一定要採守勢，可以同時都採攻勢，當然也可以同時都採守勢。

　　比較起來，攻勢較守勢占優勢。因為攻勢有行動自由，可以選擇有利的時間、有利的地點、以有利的方式攻擊對方。也就是說，可以選擇對方最脆弱的弱點攻擊。而守勢方在不知對方將於何時、從何處、採何種方式攻擊的情況下，如果各方面都採取防衛措施，就很容易形成《孫子兵法》中所說：「無所不備則無所不寡」的不利狀況。所以只要條件足夠，縱然總力量不如對方，只要有局部優勢，積極者就會採取攻勢以主導戰場。

　　戰略攻勢並非在戰場各處都採攻勢，不過一定有個主要的作戰線指向戰略目標；至於其他地方可能就暫採守勢，以確保主攻勢達成。同理，戰略守勢也並不意味著都採守勢；可能會在某個地方發起攻勢，迫使攻方改變或延緩攻勢，見**圖3-1**。

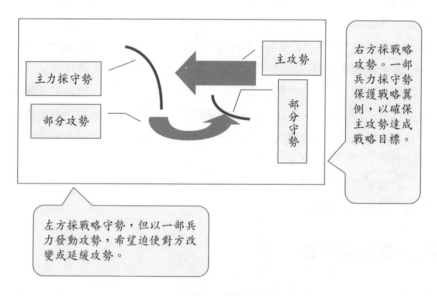

圖3-1　戰略攻勢與守勢

　　戰略守勢只能抵擋對方攻勢，無法達到消滅對方武力的目的。要獲得勝利必須採取攻勢。因此，當成功抵擋對方攻勢後必須轉守為攻，以求消滅對方。

　　戰略守勢中有一個比較特殊的概念，稱為「戰略持久」。採取戰略持久是因為雙方實力懸殊，僅有的武力如果被對方捕捉戰爭就輸了。所以戰略持久的主旨不在求抵擋對方攻勢，而是在求保持實力，避免決戰。或是以空間換取時間，或以逐次消耗對方戰力，等雙方實力相當時再行決戰。

三、攻擊與防禦

　　攻擊與防禦是戰術用名詞。雖然與戰略層次的攻、守勢概念類似，但實質意義並不相同。

　　選擇在何處發動攻擊，屬於戰略層次；如何攻擊，則屬於戰術層次。攻擊與防禦是確定作戰地點後的作為。

　　與攻、守勢概念不同之處，作戰雙方必然是一方攻擊、一方防禦。不可能同時都採攻擊或同時都採防禦。同時，攻擊雖是主動作為，但會受到技術上的限制而沒有多少行動自由；防禦方可以相當程度地掌握攻方行動，並利用地形發揮兵力及火力；這使攻擊方通常要有數倍甚至以上的戰力才能彌補。

　　所謂技術上的限制來自於武器系統。如前所述，戰術是依據武器系統的性能所設計，只要武器系統未出現革命性的變革，戰術不會有太多改變。以現代武器系統為例，陸軍攻擊的模式通常是：空中攻擊→砲擊→接敵戰鬥→衝鋒→摧毀並占領陣地→追擊以擴張戰果；而且是步兵與裝甲兵的協同作戰。攻擊方依照這個模式才能充分發揮戰力，這使防禦方有很好的機會掌握攻擊方的各種作為。

　　再譬如渡海攻擊的登陸作戰，必須配合潮水，必須利用夜暗掩護，所以只能選擇拂曉前潮水漲到最高點的那幾天發動。防禦方可以事先埋設好障礙，並在那幾天的拂曉前嚴加戒備。

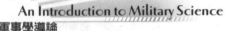

　　所以，與戰略層次中「攻勢較守勢占優勢」的命題不同，在戰術層次中「防禦優於攻擊」。正如克勞塞維茨的名言：「防禦是比攻擊強的作戰形式。」[33]但是無論如何，攻擊與防禦都是軍事家必須熟習的戰術，也不應該有個人的偏好可言。

問題與討論

一、「軍事革命」為何會發生？為何會影響戰爭勝負？

二、何謂戰爭、戰役、會戰與決戰？

三、何謂戰略、戰術與戰鬥？

四、作戰要素有哪幾項？

五、戰略層次中為何「攻勢優於守勢」，戰術層次中為何「防禦優於攻擊」？

註釋

[1] 本段描述依據「虎嘯部隊史話」所記載退役少將吳垂昆之口述歷史，作戰詳細
日期原文未載。見趙雍之編，《戎馬關山話當年——陸軍第五十四軍史略》
（台北：胡翼烜個人出版，1997），頁415-416。

[2] 本段描述依據古籍《史記‧趙世家》所記述的長平之戰。

[3] 區分為「肌肉能」、「化學能」、「核能」是台灣軍事界的慣常用法。「冷兵
器」、「熱兵器」、「核兵器」則是中國大陸的劃分法。「工具時代」、「機器
時代」、「系統時代」、「自動時代」是Martin Van Creveld的觀點，見鈕先鍾
譯，《科技與戰爭》（台北：國防部史政編譯局，1991），頁3。「化學能」、
「機械能」、「資訊能」是台灣學者翟文中、蘇紫雲的劃分法。見《新戰爭基因
——RMA，軍事事務革命》（台北：時英出版社，2001），頁33-34。

[4] Martin Van Creveld，鈕先鍾譯，《科技與戰爭》，頁1。

[5] US Department of Defense, *Annual report to President and the Congress.*
（Washington D. C. : Government Printing Office, 1995），p. 107。

[6] 美國學者Krepinevichfm 曾列舉出十次軍事革命：步兵革命、砲兵革命、帆船
及艦砲革命、堡壘革命、火藥革命、拿破崙革命、陸戰革命、海軍革命、機械
化、飛行與資訊革命、核武革命。見Andrew F. Krepinevich, "Cavalry to
Computer：The Pattern of Military Revolutions", *The National Interest,* No. 37
（Fall 1994），p. 30。

[7] 王普豐，《信息戰爭與軍事革命》（北京：軍事科學出版社，1995），頁147。

[8] Alvin and Heidi Toffler, *War and Anti-War: Survival at the 21st Century*（Boston:
Little, Brown and company, 1993），p. 32.

[9] Martin Van Creveld，鈕先鍾譯，《科技與戰爭》，頁336。

[10] 梁必褪、趙魯杰，《高技術戰爭哲理》（中國：解放軍出版社，1995），頁
208。轉引自《馬克思恩格斯軍事文集第一卷》。

[11] 有關全球化對國家主權的衝擊，請參閱王逸舟，〈主權觀念及其限制〉，《國
際政治析論》（台北：五南圖書公司，1998），頁37-65。

[12] 十六、七世紀的西方學者相當程度的研究過這個議題，基本上也都同意這個
論點。在主權概念下，國家是社會所有價值及權益的最高化身，只有主權國

家才有宣戰權，戰爭是主權國家遂行其意志的表現。「沒有主權國家就不會有戰爭」是盧梭說的；但是沒有主權國家的狀態同樣恐怖，所以霍布斯（Hobbes）在同意此論點之餘，也提出：「或許也沒有和平」。見Michael Howard，《前引書》，頁11-12。

[13] 喬良、王湘穗，《超限戰——對全球化時代戰爭與戰法的想定》（北京：解放軍文藝出版社，1996），頁125-126。

[14] 喬良、王湘穗，《前引書》，頁150-151。

[15] Randall Whitker "The Revolution in Military Affairs"。引自《軍事革命譯文彙輯》（台北：國防部史編局譯印，1998），頁200。

[16] 依據美國參謀首長聯席會議一九九六年提出的《2010年聯戰願景》文件中的定義，優勢戰鬥空間知覺能力（dominant battlespace awareness）是指：一種能對相關地區中敵我作戰有更正確評估的互動式景象。見USA Joint Chief of Staff, *Joint Vision 2001*, 1996, p.13。

[17] 資料引自：包威爾〈友軍誤擊問題之探討〉，《波斯灣戰爭譯文彙集（二）》（台北：國防部史編局譯印，1993），頁126。

[18] Earl Babbie，李美華等譯，《社會科學研究方法》（台北：時英出版社，1998），作者前言。

[19] 同註17。

[20] 克勞塞維茨，鈕先鍾譯，《戰爭論全集》（台北：軍事譯粹社，1980），頁109。

[21] T. N. Dupuy以作戰兵力的大小為標準，區分為戰爭（war）、戰役（campaign）、會戰（battle）、作戰（engagement）、戰鬥（action）與短兵交鋒（duel）等六個層次。但以參戰兵力作為界定標準只適用於十八世紀到二十世紀初的典型戰爭，對歷來複雜且多面貌的戰爭來說，缺乏共通性及普遍性。見李長浩譯，《認識戰爭：戰爭的歷史與理論》（台北：國防部史編局，1993），頁76-78。

[22] 李德哈特，鈕先鍾譯，《第二次世界大戰戰史（1）》（台北：軍事譯粹社，1992，4版），頁49。

[23] 依據美軍的定義，Operation是指：一種軍事行動，或戰略、戰術、勤務、訓練、行政等軍事任務之遂行，以及為達成任何作戰或戰役目標所需的戰鬥，包括補給、攻擊、防禦及機動等。見國防部頒《華美軍語辭典——陸軍之部

（上）》（台北：國防部印製，1970），頁65-66。

[24] 「戰役」的定義各家不同，依據《華美軍語辭典》：「通常在一定時間與空間內，為達成一共同目標所行一連串有關的軍事行動。」見國防部頒《華美軍語辭典——陸軍之部（上）》，頁619。中國大陸的觀點則是「軍隊為達成戰爭的局部或全局性目的，依據戰略賦予任務，在一定時間與空間內進行的一系列戰鬥的總和。」見編輯委員會編《軍事大辭典》（上海：上海辭書出版社，1992），頁60。這些定義雖然都注意到戰役是在一定空間及時間內一連串軍事行動的總和，但未觸及「戰役」的本質其實是運用武力以消滅敵人武力的過程。

[25] 中國大陸以「泛指大規模的重要戰役」來定義會戰，與國軍及西方學界界定不同。但定義不夠精確，無法區分戰役與會戰。戰役與會戰是有區分的。見編輯委員會編，《軍事大辭典》（上海：上海辭書出版社，1992），頁65。

[26] 中國大陸對決戰的定義是：「敵對雙方使用武力進行決定勝負的軍事行動」。見編輯委員會編，《軍事大辭典》，頁27。

[27] 戰略的英文：strategy，字根來自希臘文的stratos，意為軍隊。這個字另外衍生strategos，意為將軍或領袖。再進步有strategeia，意為將道；以及stratagama，指戰爭中的詭計。見鈕先鐘，《西方戰略思想史》（台北：麥田出版社，1995），頁15。

[28] 鈕先鐘，《西方戰略思想史》，頁169。

[29] 這是克勞塞維茨的觀點，見鈕先鐘譯，《戰爭論全集》（台北：軍事譯粹社，1980），頁187。

[30] 譬如國防部頒《華美軍語辭典——陸軍之部（上）》中對戰略的定義是：關於部隊在戰鬥中的運用。不過該書所翻譯的「戰鬥」原文為Engagements，指的是一個作戰行動，與本書使用的戰鬥（action）不同。頁630。

[31] 譬如國防部頒《華美軍語辭典——陸軍之部（上）》中對戰略的定義是：平時與戰時，發展及運用全國政治、經濟、心理與軍隊諸力量之藝術與科學，使竭全力對國策作最大之支援，俾增加勝利之公算與有利之效果，並減少失敗之機會。這代表美軍的看法，頁636。

[32] 李德哈特，鈕先鐘譯，《第二次世界大戰戰史（1）》，頁29。

[33] 克勞塞維茨，《前引書》，頁124。

第四章　戰爭的藝術與科學

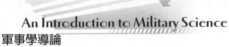
到目前爲止我們已經對戰爭概念有相當程度的認識。憑藉這些認識，我們可以探討另一個更深入而且更有趣的問題，這問題曾經困擾無數的人。這就是本章最後的主題：戰爭到底是藝術還是科學？

第一節　藝術與科學

戰爭到底是科學還是藝術？在我們探討這問題之前，必須要先釐清何謂藝術？何謂科學？兩者之間的區別又在哪裡？

何謂藝術？「藝術」的定義很難下，並沒有眾所公認的定義。有人認爲藝術是傳遞情感，有人則認爲是表現情感[1]。藝術的目的何在？一般認爲是追求善與美。但「善」是什麼？很難說。有人認爲「善」是單純，不可分析，而且是非經驗的[2]。「美」又是什麼？更難說。因爲「美」這個字，在日常生活中參雜了太多非審美意義；這已經使現代藝術理論中「美」的重要性大爲降低[3]。

「科學」也沒有眾所公認的定義，大多數人同意將科學視爲一種學習瞭解我們周遭事物的方法[4]。科學的目的何在？有人以爲是求眞。但「眞」是什麼？是否有所謂「眞實的存在」？就科學的哲學基礎來說，後現代（post modern）的觀點已經認爲：所有的眞實，都是來自自我觀點的意象；換言之，根本沒有所謂客觀事實，只有我們主觀的各種觀點而已[5]。科學方法所創造的理論，只是對生活上的某一面向，經過觀察後所作的系統化解釋而已[6]。它既不是放之四海皆準，也經常被證明錯誤而被新理論取代。有趣的是，好的理論，或者說被大多數人接受的理論，常會被同行讚賞：這理論很漂亮！譬如$E=mc^2$，這個著名的公式漂亮極了。因爲它以那麼簡單的的數學方程式描述宇宙中能量與質量的關係，並成爲建造那麼複雜的原子彈及核能發電的基礎。這豈不說明，科學也是追求善與美嗎？

就藝術的創造活動與科學的創造活動而言，其實沒有太大差異，至少

在心理層面上如此。它們同樣要經過長時間的觀察、假設與嘗試錯誤。也同樣必須有創造力。科學雖然強調嚴謹、精確，但藝術也不見得不嚴謹、不精確。至少音樂的精確性不見得低於數學[7]。

　　科學與藝術眞正本質上的差別，是在藝術追求「獨特性」，要在眾多相類似的事物中，顯現其不同之處。這才是藝術之所以爲藝術的原因。而科學的本質則在追求「普遍性」，希望從各種現象中尋求其「共相」，而後建立起能夠描述、解釋並且能預測這些共相的理論。藝術與科學眞正的區別在其追求的價值，而不是它的目的、方法或型態。

　　瞭解藝術與科學的區別，我們才能進一步討論戰爭到底是藝術還是科學。

　　戰爭有沒有獨特性？當然有，孫子說「戰勝不復」，前人戰勝的經驗並非下一場戰勝的保證；古往今來沒有一場相同的戰爭，每場戰爭都是獨特的。戰爭有沒有普遍性？當然有，本篇前兩節探討戰爭的「本質」與「外顯特性」，就是從眾多的戰爭經驗中抽象而得，希望能達到描述、解釋，甚至預測的效果。但是到底孰輕孰重？藝術與科學能兼容嗎？是否可能存在「藝術」——「科學」的光譜，而戰爭在這光譜中的某個位置？還是藝術與科學有排他性，沒有任何事物同時滿足藝術的獨特性及科學的普遍性？

第二節　戰爭的藝術性

　　我們以相似概念類推或許比較容易瞭解。

　　戰爭到底是藝術還是科學？就好像是問：「畫」到底是藝術還是科學一樣？答案很簡單，「畫」當然是藝術。那「繪畫」呢？除了藝術性之外，恐怕還有些科學性吧！因爲在學習繪畫的過程中要學許多理論，包括：色彩學、透視法、比例原理等，這些都是科學，是歸納前人對「美」的經驗所獲得的結論。如果不懂這些，畫出來的東西就很奇怪。這是爲什

麼要學「繪畫」的原因。當然，有些沒有受過學院訓練的素人畫家畫出來的「畫」未必不可觀，但我們仔細觀察其作品，往往會發現它很自然地還是符合這些規則。

但是繪畫眞的是科學嗎？絕非如此。因爲如果完全依照這些規律繪畫，我們會發現畫出來的東西並不眞正吸引人；因爲那只是畫匠的作品，不是藝術品。眞正偉大的作品往往是突破這些規律，而顯現出創新、生命力與獨特性。甚至，我們可以這樣說，偉大的畫家往往是不受這些規則羈絆產生的。

戰爭也是如此。因爲在學習戰爭的過程中（這是指大軍統帥及其參謀的培養，不是訓練戰鬥員。對大軍統帥來說，戰鬥單位就好像畫家使用的顏料、水或油墨等素材，重點是如何運用這些素材使其發揮特殊作用。至於如何製造、調配素材是另外一回事），也會學到某些規則，譬如戰爭原則等。古往今來的戰爭，無論如何變化，勝利者的作爲基本上都符合這些戰爭原則。但有趣的是，遵守這些準則卻不一定會獲得勝利。甚至，我們會發現，偉大的將領就是能突破這些準則的羈絆，在別人認爲不可思議中獲得勝利。韓信（？-BC196）在井陘會戰中違反常理地背水爲陣，麥克阿瑟（John Macarthur, 1767-1834）在韓戰中出人意表地選擇最不適合的仁川登陸等，都是明顯例子。

中國的兵學經典《孫子兵法》中的名言：「以正合以奇勝。」也可以說明了從事戰爭的科學性與藝術性。從事戰爭必須依據戰爭原則，這是前人經驗的累積，可以視之爲「正」。但眞正要獲得勝利，必須有出乎敵人想像之外的創造力。

正如同學院教育未必能教出偉大的藝術家，偉大的藝術家必須經過無數生活的歷練才能夠激發足夠的創造力。軍事教育也同樣不保證教出偉大的將領。因爲軍事教育只教導戰爭的原理原則，卻不能教導戰爭的藝術性；如何在不同的時空環境變化下運用自如，仍必須靠自己體會。好的畫家要不斷地觀賞前人作品以激發靈感，要不斷的創作以瞭解自己限制。偉大的將領同樣要不斷地研究以往戰史，要不停的計畫各種演習；如果有機

會，更要觀摩別人的戰爭。但是就算如此，也未必能保證在下一次戰爭獲勝。因為從事戰爭要比繪畫還複雜。畫家的敵人是自己，只要能突破就能創作出偉大作品；而且不滿意還可以撕毀重來。軍事統帥除了要突破自己外，還要在戰場面對一個明顯敵手；他可能接受過同樣好的戰爭訓練，有同樣的智慧與經驗，也同樣在必勝的壓力下要爭取勝利。他甚至可能擁有更好的素材──優異的武器與精銳的部隊。除非有更好的想像力、創造力，否則不能突破各種限制擊敗對手。

　　戰爭是藝術，大軍統帥就是藝術家。如果只照本宣科，完全依據準則，只不過像個畫匠，不會產生偉大作品。畫不出好作品的畫匠至多潦倒一生，或者不能留名後世。但是無能的將領卻能使無數生靈死於非命，甚至國家民族都毀於一旦。偉大將領是值得偉大的畫家及音樂家歌頌；因為他從事的是一種更精緻的藝術，這種藝術絕大多數人都能欣賞他的成果（如果他戰勝的話），但只有真正的行家能體會其奧妙。這是為什麼敵對的將領會彼此尊重，因為只有旗鼓相當的敵人才是真正的知己。

第三節　戰爭研究的科學性

　　我們同樣以「繪畫」的概念來對照。

　　畫是藝術，繪畫則兼具藝術性及科學性。研究繪畫的學術，如美學、藝術心理學、藝術社會學則是科學。

　　戰爭是藝術，戰略則兼具藝術性及科學性。研究戰略的學術，如戰略學、戰爭心理學、軍事社會學則是科學。

　　事實上，戰爭研究是永不落伍的課題，因為「你對戰爭不感興趣，但戰爭對你感興趣」。戰爭既然是人類文明特有的現象，那麼和平就是戰爭的間隙。研究戰爭的著作，是單一學術領域中最豐富，也最長久的。古往今來，不知出現過多少。雖然如此，真正具有預測價值的理論性著作到目前

為止仍付之闕如。雖然有很多偉大的將領或學者企圖創造這個領域的一般性理論，遺憾的是並不很成功；更不必談所謂「勝利公式」。西方公認最偉大的軍事天才拿破崙曾經信心滿滿的表示：

「假使有一天我能找到空閒的時間，我就會寫這樣一本書，對於戰爭的原則做出正確的解釋，使每個軍人都能領悟運用，於是戰爭就可以像科學一樣容易學習了。」[8]

可惜這本令人期待的著作並沒有出現。

某些學者也曾企圖用量化的方式研究戰爭；如蘭德斯特（Frederick William Lanchester, 1868-1946）曾提出著名的計算射擊火力的蘭德斯特方程式[9]：

線性法則：

$$dr/dt＝Nrb$$

$$dr/dt＝Mbr$$

敵對雙方僅知道目標的一般位置，而無法集中火力。又稱為「不瞄準射擊方程式」。

平方法則：

$$db/dt＝Cr$$

$$dr/dt＝Kb$$

敵對雙方知道目標的精確位置，可以集中火力。又稱為「瞄準射擊方程式」。

說明：b表藍軍，r表紅軍，N、M、C、K均為常數。

這些量化模式似乎符合科學化要求，但問題是這些方程式在演習計算成績時或許有用，但對大多數真正的戰爭並不能解釋與預測，換言之，它沒有真正的價值。

從科學的角度來看，幾千年的研究成果並不能令人滿意。雖然每隔一段時間都會有偉大的軍事著作出現，但就如同《孫子》一書的西方譯名：*The Art of the War*，它們切入的是戰爭的藝術面，而不是戰爭研究的科學面。

　　傳統的戰爭研究，稱為「戰略研究途徑」（strategic approach）。基本上從兵家思想及用兵之道解析戰爭的發生與遂行，在國際體系中也包括如何使用武力相互威嚇[10]。為了突破戰爭研究的困境，第二次世界大戰後曾出現其他的研究途徑，包括：決策研究途徑、系統研究途徑、心理暨生理研究途徑、社會研究途徑、文化研究途徑等[11]，但均未有突破性發展。

　　科學最偉大的地方，是它本身能不斷的自我成長。舊的研究途徑不行並不表示「科學」會束手無策。已經有人注意到七〇年代出現混沌理論與複雜性科學對戰爭研究的價值，但是它是否能開啓戰爭研究的另一扇窗；仍待驗證。

第四節　小結

　　本篇僅探討「什麼是戰爭？」與「戰爭是什麼？」，如果認為閱讀後可以幫忙打贏戰爭，那肯定要失望的。但認識戰爭是所有軍事學術的基礎，不認識戰爭就企圖打贏戰爭，落空的可能性很高。

　　「如何打贏戰爭？」，那是個太大的題目，是戰史學、戰略學、戰術學、情報學、後勤學等各領域研究的目的與內容。人們從這麼多不同的面向，以科學方法研究「如何打贏戰爭？」有趣的是，仍不保證能打贏戰爭。能理解這個現象，就能明白我們這一章討論的主題：「戰爭到底是藝術？還是科學？」

　　戰爭太複雜了。而且，因為戰爭反映生活方式，所以會隨著人類生活方式的進步而愈趨複雜。我們對戰爭的研究，永遠追不上戰爭本身的自發性變化。這或許是戰爭者與戰爭研究者的宿命：「從事戰爭者並不真正知道自己在作什麼，日後的研究者才知道；但研究者也不知道未來的戰爭是『什麼』，因為戰爭者會作出他們連自己也不知道的『什麼』。」

一、戰爭爲何是藝術？

二、戰爭研究爲何是科學？

三、科學與藝術的區別何在？

四、你認爲戰爭有所謂的「勝利公式」嗎？

註釋

[1] 有關藝術的討論請參考劉思元《西方美學導論》，其中有三分之一的篇幅，探討各家對藝術的概念。劉思元，《西方美學導論》（台北：聯經出版社，1994）。

[2] 劉思元，《前引書》，頁172。

[3] 劉思元，《前引書》，頁174。

[4] Earl Babbie，李美華等譯，《社會科學研究方法》（台北：時英出版社，1998），頁1。

[5] Earl Babbie，《前引書》，頁14-18。

[6] Earl Babbie，《前引書》，頁66。

[7] 這是十分有趣的，音樂被視為最純粹的藝術，因為具有最高度的抽象性。

[8] 引述自J. F. C. Fuller，鈕先鍾譯，《戰爭指導》（台北：麥田出版社，1996），頁61。

[9] 引述自T. N. Dupuy，李長浩譯，《認識戰爭：戰爭的歷史與理論》（台北：史編局，1993），頁23-24。

[10] 洪松輝〈國家安全與戰爭研究〉，《國家安全學術研討會論文集》（台北：政治作戰學校，1996年6月7日），頁4-19。

[11] 同上註，頁4-19至4-26。

兵學理論篇

第五章　兵學理論之意涵與目的

　　兵學理論，泛指由實際戰爭中所抽離出來的各種戰爭相關的思想與理論；從哲學面的「戰爭認識」、科學面的「戰爭準備」，再到藝術面的「戰爭遂行」，範圍橫跨各個領域。更詳細地，兵學理論包含對戰爭本質、發生、遂行、結束、特性、方法、作用因子、指導思想、戰爭工具等的研究，包含相當廣泛。

　　探討兵學理論，首需瞭解其意義與如何研究，再應知曉研究兵學理論有何意義與目的，最後方能產生對兵學理論研究之興趣，並建構正確的戰略觀，終至成就自我，完成自我。

第一節　兵學理論的意義

　　因歷史背景及文化上的差異，中國與西方對戰爭的研究各有不同的角度。以名稱而言，中國一般稱為「兵學」或「兵法」、「謀」、「韜」，而專著論述即為「兵書」；在西方則稱為「戰略」、「戰略研究」等。雖然名稱不同，但實質內容則不超出對戰爭的研究。為能清楚明瞭中、西兵學理論之指涉，本章特針對兵學與戰略之異同，作一探討。

一、兵學與戰略的涵義

（一）兵學

　　所謂「兵學」，即「兵家之學」[1]，也就是研究戰爭或研究如何從事戰爭的學問。而所謂「兵家」，依《漢志》所列，又分為權謀、形勢、陰陽，以及技巧四種，一般指的是春秋戰國時期以兵法為用於君王的人，如孫武、孫臏、吳起、龐涓等，皆是著名的兵家。

　　傳說中，中國兵學的始祖是黃帝。《漢書‧藝文誌》兵陰陽家中，錄

有黃帝十六篇。一九七二年四月，山東銀雀山漢墓出土的漢代竹簡，亦有《孫子兵法》中黃帝伐四帝的詳細紀載[2]。雖無法證明傳說即為事實，但卻可以對中國兵學之發軔有一概括的時間概念。

中國兵學理論體系的奠基，為春秋時代孫武所著的《孫子兵法》。兵學之有孫子，如儒學之有孔子，道家之有老子。正如韓非之言：「儒之所至，孔丘也」，同樣，「道之所至，老子也」，「兵之所至，孫武也」。在中國古代這一時限之內，歷史已經證明，孫武的確是後人不可逾越的兵學「至聖」，沒有第二者可與之並立。他精湛地總結了其生存時代之前的全部戰爭經驗，創立了至今仍被後人嘆為觀止、無與倫比的兵學體系，成功地貫串全部中國兵學的軸心，亦為中國兵學思想之主體所在[3]。

（二）戰略

「戰略」，原是古希臘相關於戰爭的用詞。希臘語中有 "stratos" 這樣一個字，意為「軍隊」。從這個字衍生出 "strategos" 及 "strategeia"，意義分別為「將軍」（或領袖）及「戰役或將道」（generalship）。此外，還有 "strategama" 一字，譯成英文是 "strategems"，意指戰爭中的詭計（ruses de guerre）或「謀略」[4]。而在希臘文中的 "strategike episteme" 和 "strategon sophia" 二詞，前者意為「將軍的知識」（general's knowledge），後者意為「將軍的智慧」（general's wisdom）[5]。由此我們可知，現代英語中被譯為「戰略」的 "strategy" 一詞，其實與中國「兵學」一詞所指涉的內容，並無太大差異。

西方使用「戰略」一詞，至今約僅兩百餘年。這並不意味之前沒有戰略觀念。事實上，從修西提底斯所寫的《伯羅奔尼撒戰爭史》（History of the Peloponnesian War），除了被視為是歷史著作外，更被視為是西方第一本戰略論著。這場雅典與斯巴達間的戰爭從西元前四三一年打到前四〇四年，長達二十七年之久。

時至今日，「戰略」一詞已由針對戰爭和軍事策略的狹義界定，擴大到了「大戰略」（grand strategy）[6]範疇，不僅包含了戰時戰爭的遂行，亦

包含了平時戰爭的準備與操作。

二、如何研究兵學理論

研究兵學理論，必須注重三個方面的內容：首先是實質的兵學理論部分，其次為理論提出的時代背景，再則為思想家或著作者的身世背景。

兵學理論的研究，其實質內容是為主要，然亦應觀照理論的時代背景，以避免研究結果與事實背道而馳，抑或拘泥於文字而無法變通。此外，對思想家身世背景的瞭解，亦有助於對理論產生的理解。

是以研究兵學者，對於一般歷史事實應具有相當程度之基本知識；如感不足，應隨時配合閱讀有關通史，查閱參考。方能溫故為知新並獲得正確的論斷，避免見樹不見林[7]。

研究兵學理論，除須理解中西兵學理論的主流與用兵之道外，亦須由理解中配合以現今國際現勢及國際關係與戰爭型態的演進，來透徹明白兵學的真義，方能符合時代潮流，日新又新。

第二節　研究兵學理論的意義與目的

一、研究兵學理論的意義

研究兵學理論的意義在於明瞭兵學思想的主流及用兵思想的演進，期能以古鑑今，立於不敗之地。

歷史早已明證，國與國間沒有永遠的朋友，更沒有永遠的敵人。如何在多變的世局中創造自我的存在價值與生存保障？藉由對兵學思想及用兵思想的研究，結合時代潮流而發展出符合現代戰爭型態的兵學思想，方能

爭取生存的優勢。

　　兵學是應用科學，亦是綜整各學科的科學。學術上各個領域的研究成果，均在兵學的綜整觀照中，期能掌控一切可知、預判各種不可知，而達到「勝兵先勝」或「不戰而屈人之兵」的效果。經過兵學理論的陶冶，學子可習得對戰爭面貌的相關智能，更可鍛鍊自我成為允文允武的青年，成為社會國家的棟樑之材。

二、研究兵學理論的目的

　　研究兵學理論的主要目的，在國家層次為「確保國家安全」。

　　戰爭的發生，是對國家最大的傷害。如何適切準備、趨利避害、避實擊虛、以小博大，甚或以戰止戰，俾在戰前獲得最大的把握與最大的準備，以確保國家安全，是研究兵學的主要目的。而透視敵方兵學思想與用兵之學，以達「知彼知己」的效果，更是修習兵學理論目的中的目的。故由國家安全的層次而言，兵學理論是政治領袖與軍事將領之必修課程。

　　對企業層次來說，研究兵學理論的目的為「主管拓展企業的競爭法寶」。「商戰」戰場，是一個無情的戰場。在商戰中指揮若定、神機妙算、適切分配、拓展市場，非具有「統帥」的視野不可。日本許多企業，將兵法列為高層職員的必修課程，即著眼於此舉能造就良將與謀士[8]，助之攻城略地。

　　以個人層次而言，修習兵學理論，目的在求「更佳的生存掌控能力」。面對歹徒如何謀脫、面對愛情如何處理、面對爭吵如何因應、面對困境如何再起；兵學理論可提供人生旅程之方向引導，而其邊際效用，更可昇華個人的特質，使具有成為各類「將帥」的統領能力。

第三節　兵學理論研究與戰略思維

　　戰略思維，是人對周遭諸般情況的綜整判斷，採取最小損失、最大獲利的思考與運籌能力。這種能力，一般人皆已具備基本的認識，唯在不同景況或影響或壓迫之下，無法充分發揮。時常我們聽到：「如果當時如何如何，就不會怎麼怎麼……。」如何才能培養良好的戰略思維，尤其是對「戰爭狀況」處理，是本節討論的標的。

　　　　企業家對小職員的戰略思維——你會怎麼做？

　　　　你是一個大企業的老板，有一天，你坐著私人座車，突擊檢查旗下一個新設的學校，看看學校建設的進度。開著開著，看到校內三個工人正舖著草皮……工作情形懶懶散散的……

　　　　見到這種情形，你會怎麼辦呢？

一、從兵學理論研究中培養戰略思維

　　研究兵學理論不只止是能夠瞭解中西用兵思想的主流與演進；更能培養本身的戰略思維，可由以下三個方面來加強：

- ・探究兵學理論及瞭解歷史史實，注重重要戰爭中的用兵思想與戰略布局。
- ・培養綜觀全局的眼光，勿受限於某一特定的兵學理論或人物當中。
- ・假設自我為將，將戰史中之戰略布局重新擬定推演，思考利弊得失。

二、培養戰略思維的重要性

　　國家的興衰，在青年學子們的發展與抱負。大學（專）青年是國家的高級知識分子，將來會是主導國家未來的主要人物，必須允文允武，宏觀戰略。

　　有史以來，人類社會即與戰爭難捨難分：歷代民族國家的興盛與衰敗，多取決於戰爭的勝敗。而戰爭的勝敗，多取決於敵對雙方的戰略思維，這是歷史上不斷重複的史實。適切的戰爭思維，來自於具有適切戰略思維能力的領導者；而具有適切戰略思維能力的領導者，則又來自於具有適切的戰略思維的國民。是以，透過兵學理論的研究，造就具有戰略思維能力的國民，是確保國家的安全重要基礎，亦爲國家競爭力的無窮根源。

　　認識戰爭，瞭解戰爭，才能把握戰爭，消弭戰爭。

　　　　有戰略思維能力的老板是這麼做的：

　　　　老板下車走過去問他們：「學校請你們來舖草皮，每人一天工資多少？」其中一人回答：「60元」。

　　　　老板又問：「夠生活嗎？」答：「不夠，只因田裡閒暇，做些小工貼補家用。」

　　　　老板説：「假使工資加倍，你們能舖更多草皮嗎？」工人説：「如果這樣，我們願意做現在的三倍工作。」

　　　　老板：「就這麼説定了！」

　　　　結果工程驗收時，工人們做了三倍半的工作。

　　　　　　　　　　經營之神——王永慶巡視明治工專

適切運用所能掌握的資源，獲得最大的回報！

道者，令民與上同意，可與之死，可與之生，而不畏危也！

一、兵學理論的研究，對於國家安全與發展，兩者關係如何？

二、戰略觀念內涵隨著時代的演進過程中，可獲得那些認識？

三、如何由兵學理論研究中，從那些方面來培養本身實際的戰略思維
　　能力？

四、青年學子們為何要具備戰略思維？培養戰略思維有何重要性？

註釋

[1] 謝祥皓，《中國兵學》(山東人民出版社，1998年9月第一版)，頁1。

[2] 吳仁傑註譯，《孫子讀本》，再版 (台北市：三民書局，民87)。

[3] 謝祥皓，《中國兵學》(山東人民出版社，1998年9月第一版)，頁1-2。

[4] Martin von Creveld, *The Transformation of War*（New York：Free Press, 1991），
pp. 95-96。

[5] Edward N. Luttwak, *Strategy: The Logic of War and Peace*（Cambridge: Harvard
University Press, 1987），p. 239.

[6] 「大戰略」一詞在二十世紀前期即已開始使用，尤其在英國，像富勒和李德哈
特在一九二○年代都已使用，但此一名詞的創始人是誰，則無從確定。

[7] 鈕先鍾，《西方戰略思想史》(台北：麥田出版社，1995年初版)，頁18-19。

[8] 謝祥皓，《中國兵學》(山東：山東人民出版社，1998年9月第一版)，頁4。

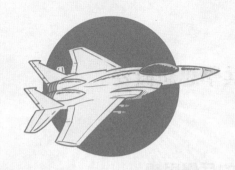

第六章 中國兵學思想與發展

第一節　中國古代兵學思想概要

一、先秦時代百家爭鳴的兵學思想

　　先秦時代[1]是我國兵學思想的啓萌、發展及完備時代。傳說及記述中，黃帝軒轅氏是兵法始祖[2]。夏、商、周三代，兵學思想漸漸地興起，較有文獻可考的軍事家，首推爲周武王伐紂關鍵性戰役「牧野之戰」的主要謀劃者，史稱姜太公的呂尙。他輔佐武王於「牧野之戰」以約爲五萬的兵力（戎車三百乘，虎賁三千人，甲士四萬五千人），討平了商紂的七十萬大軍[3]。

　　到了先秦晚期的春秋戰國時期，孫武、孫臏、吳起等兵學家的出現，更使得我國傳統軍事哲學的基本理論發展完備。

　　探究先秦時期的兵學發展爲何如此光輝燦爛，綜整史籍上的紀載，以巨觀的眼光來一窺先秦時期，或可獲得部分結論與收穫：

　　　　夏禹（2207 BC）承唐虞之盛，執玉帛者萬國。至桀行暴，諸侯相兼，逮湯（1765 BC）受命，其能存者三千餘國。及周克殷（1121 BC）制五等公侯伯子男之封，凡千七百七十三國。春秋之世諸侯擅兵征伐，其僅存者千二百餘國中，殺君三十六、亡國五十二。諸侯奔走而不得保社稷者不可勝數。時至戰國（403-222 BC），諸侯之國能保者僅有十餘[4]。

　　這段歷史，記載著從夏禹時的「萬國」[5]，到戰國時的十餘國。不到二千年的時間中，在中國這塊土地上，「國族」被併吞或消滅了99.9%，期間戰爭之頻仍不難想見。在國家愈併愈大的情況下，戰爭參與人數自然愈來

愈多。因此，君主必須借重研究戰爭的人及具有才華的政治家以求自保並茁壯。這種情形造就先秦時期兵學、政治、哲學等思想發展的有利條件。是以春秋戰國時期，名家備出，各種思想，燦然大備。而因為戰爭的頻仍，故當時各主流思想派別如儒、道、墨、法等，思想中都包含了兵學的思想與理論。

（一）儒家軍事思想要略

儒家的軍事思想，以「行仁」為中心，主張軍備是政治的必要：「有文事者，必有武備」、「足食足兵，民信之矣」及「以不教民戰，是謂棄之」。這些論述，充分表現出儒家對軍備的重視。軍備雖是必要，但面對戰爭則應「慎戰」；孔子回答子路所問：「子行三軍則誰與？」時說道：「暴虎憑河，死而無悔者，吾不與也。必也臨事而懼，好謀而成者也。」另外說道：「善人教民七年，亦可以即戎矣。」[6]亦反應出儒家在面對戰爭時的謹慎。儒家更認為「仁者無敵」，並認為「禁暴除害」的戰爭屬於「義戰」。這些軍事思想的中心點，均是為了「行仁」。這與儒家將春秋戰國的戰亂兵禍，歸咎於中央權力的衰落與諸侯間的擅兵征伐、爭權奪利、殘民以逞，實有直接關係。

（二）道家軍事思想要略

道家，本其「無為」、「不爭」的基本理念，發展出「慈故能勇」的軍事基本論點，認為「夫慈，以戰則勇，以守則固，天下救之，以慈衛之」對人民的慈愛，才是安全的根本。對發動戰爭的看法則為：「兵者，不祥之器，非君子之器，不得已而用之……戰勝，以喪禮處之。」[7]戰爭的後果是「大軍之後，必有凶年。」在用兵藝術上，則主張「以正治國，以奇用兵」。道家的「無為」與「不爭」，即便是戰勝，亦以喪禮處之；而大軍後的「凶年」與以「奇」的方式用兵，更是道家所認為的戰爭所師法「自然」的「道」。

(三) 墨家軍事思想要略

　　大約在孔子逝世百年之後，墨家興起，成爲最受歡迎之學派。據說墨翟曾就學於儒家，後因不滿儒教而背離，其所創學派於戰國後期衍生成儒家之主要對手[8]。墨家在政治上有和儒家相似之處，其基本主張「兼愛」，強調爲人民謀福利，近於儒家之仁政。戰爭思想方面，墨家主張「非攻」，但僅反對攻勢與侵略戰爭，並不否定自衛性「防禦」戰爭。墨翟曾親率弟子協助宋國抵抗楚國之攻擊[9]。墨子認爲「仇恨」是戰爭的主要根源。故提倡「兼愛」以消除仇恨，並從功利主義觀點，闡釋以戰爭手段獲利者，必然得不償失[10]。

(四) 法家軍事思想要略

　　法家思想由商鞅推行於秦國，其內容約分兩端：一人軍功，二爲法治。其行於秦國富國強兵的制度，在《商君書》中述及了最重要的理部分：「國之所以興者，農、戰也。」稱爲「耕戰主義」。在此種「一民於農，一國以戰」的制度下，所有的農民都被組織起來，平時耕作教戰，戰時論功行賞。數十年後，秦國國力富足，不僅達到了孔子主張的「足食、足兵」，更以嚴格的法制，達到了「民信之矣」的境界。商鞅之法推行一百一十三年後，秦始皇消滅六國，建立大一統的帝國，結束了春秋戰國時代五百多年的混亂局面。「耕戰主義」爲直接的動力來源。

　　由於注重武力，故戰國時期法家傑出人士，皆是政客兼戰略家，或戰略家兼政客。李悝和商鞅都曾指揮軍隊作戰，並有兵法問世，而吳起則是戰略家兼政客的代表[11]。吳起的兵學思想，一般認其貢獻僅次於孫武。尤以其對「戰爭起因」與「戰爭類別」的論述，是《孫子兵法》中所未及的：

　　　吳子曰：「凡兵之所以起者有五。一曰爭名，二曰爭利，三曰積德惡，四曰內亂，五曰因饑。其名又有五。一曰義兵，二曰彊兵，三曰剛兵，四曰暴兵，五曰逆兵。禁暴救亂曰義，恃眾以伐曰

彊，因怒興師曰剛，棄禮貪利曰暴，國亂人疲舉事動眾曰逆。五者
之數，各有其道，義必以禮服，彊必以謙服，剛必以辭服，暴必以
詐服，逆必以權服。」[12]

　　五種起因及五種類別，完整歸納了戰爭的發生和性質。較西方兵學大
師克勞塞維茨所提出的戰爭起因，以及約米尼所歸納的戰爭類別，不但毫
不遜色，甚至更為精闢。

（五）孫子兵法

　　雖然儒、道、墨、法等各個思想派別，都包含了兵學的思想與理論。
但是相較於《孫子兵法》中所建構的完整兵學思想體系，則都不算完整。
總數不過六千字的《孫子兵法》，是古今中外最早、最精簡、流傳最廣的兵
學專著之一，更是唯一經過約二千五百的歷史淘洗，依然被完整流傳的兵
書，世界上各種主要語文皆有譯本。這說明了《孫子兵法》出類拔萃的實
用性、常新性與智慧性。

　　《孫子兵法》共分為十三篇，每一篇都有其主要意義及目的，從而構成
一個完整的體系。本書限於篇幅，無法詳細介紹，僅錄各篇之要義，對其
有興趣者，可參考坊間各類《孫子兵法》專論性書籍：

　　〈計篇〉第一：兵者，國之大事──戰爭認知、全局統籌

　　確立了「戰爭對國家有無比的重要性」的觀念：「兵者，國之大事，
死生之地，存亡之道，不可不察也。」再論述國家應藉由「道、天、地、
將、法」[13]五事，經緯盱衡，甚或經營準備，並應於戰前比較雙方實力
「主孰有道，將孰有能，天地孰得，法令孰行，兵眾孰強，士卒孰練，賞罰
孰明」，從而論斷勝負。

　　接下來，孫子談及作戰的本質在於「詭詐」，是以「能而示之不能，用
而示之不用，近而示之遠，遠而示之近……，攻其無備，出其不意。」此
種詭詐是「兵家之勝，不可先傳」，絕不能先讓敵方知悉，亦即戰術的「機

密」本質。

〈計篇〉綜論戰爭與國家的關係、國家施政準備、戰爭本質、特性與勝負之要點，作爲《孫子兵法》之首篇，實具重要價值。

〈作戰篇〉第二：兵貴勝，不貴久——戰爭條件與原則

戰爭是非常消耗國力：「凡用兵之法，馳車千駟，革車千乘，帶甲十萬；千里饋糧，則內外之費，賓客之用、膠漆之材，車甲之奉，日費千金，然後十萬之師舉矣。」在備戰及實施戰爭時，必須要有「成本」概念。經濟，是戰爭的基本條件。

故戰爭更應求速勝，不貴持久：「其用戰也，勝久則鈍兵挫銳，攻城則力屈，久暴師則國用不足。」久戰的缺點還不僅只國用不足：「夫鈍兵、挫兵、屈力、殫貨，則諸候乘其弊而起，雖有智者，不能善其後矣。」在盡知戰爭對國家的害處後，爲降低其對國力的損耗：「智將務食于敵，食敵一鐘，當我二十鐘……是謂勝敵而益強。」速勝，是戰爭的基本原則。

前述論點，眞乃戰爭之至理。今日之世，國力愈強者不但愈能掌控戰爭，更愈能利用戰爭獲取利益。不但「因糧於敵」，更欲「因利於戰」；甚至賣武器、售戰略，因利於他國戰爭而使自己本土不發生戰爭。

〈謀攻篇〉第三：全勝，不戰而屈人之兵——戰爭最高指導

戰爭最高指導在於「全」：「凡用兵之法，全國爲上，破國次之；全旅爲上，破旅次之……。」能夠完整保全敵人城邑使其歸順，比經過交戰破壞損害後獲得更佳！因此「百戰百勝，非善之善者也；不戰而屈人之兵，善之善者也。」所以「上兵伐謀，其次伐交，其次伐兵，其下攻城。」伐謀、伐交，旨都在以「全」爭于天下，在「兵不頓（鈍）」的情況下，利益可全。

當伐謀、伐交不成，必須用兵時，「全」的指導則變換型式爲「十則圍之，五則攻之，倍則分之；敵則能戰之，少則能逃之，不若則能避之。」

以戰力對比為作戰方式考量。若不順應戰力對比而要硬拼、蠻幹，則會發生「小敵之堅，大敵之擒也。」被戰力強的打敗，而無法保全自我。

此外，君主應任用有能力的將領並信任之，不可一味以政治力干預牽制，否則將「亂軍引勝」導致軍隊混亂，造成敵人獲勝。

歸結以上，可得五種勝利與否的先決條件：「知可以與戰不可以與戰者勝，識眾寡之用者勝，上下同欲者勝，以虞待不虞者勝，將能而君不御者勝。」對敵我之間，上述諸般狀況的瞭解，更可以作成「知彼知己，百勝不殆；不知彼而知己，一勝一負；不知彼不知己，每戰必敗」的結論。

〈形篇〉第四：勝兵先勝——軍事形態原則

戰爭勝負取決於實力對比，是故要「先為不可勝，以待敵之可勝」。善戰的人，能靠自己創造不可勝的條件，至於敵人是否可勝，則無法強求。因此，決定攻、守之形，要看實力的對比，更應注意「自保而全勝」。

善戰者應「立於不敗之地」，而勝於「已敗者」。是故「勝兵先勝而後求戰，敗兵先戰而後求勝。」因此，善用兵的人，必以「修道保法」來為「勝敗之政」。

實力分析對比，以「度、量、數、稱、勝」五項相關物質條件來評量。國土幅員的「度」，決定物質資源的「量」，造成兵員「數」的多寡，產生實力強弱的「稱」，造就「勝」利的形態。修道保法，經營物質條件，作用於此，成了勝兵先勝的條件。

〈勢篇〉第五：奇、正、勢、節——戰術作為要點

作戰時的態勢，僅有奇兵與正兵二種。在戰術作為上，奇正的靈活運用，能造就戰勢「不可勝窮」的壓力。故善戰者「其勢險，其節短；勢如彍弩，節如發機」瞬間蹦發強勢壓力，使敵無可禦之。是以戰術作為要點，在「求之於勢」而「不責於人」，將帥要以適當調度安排，創造「轉石於千仞之山」的自然趨勢；不可因無法創機造勢，而卸責或強求於部屬。

〈虛實篇〉第六：避實擊虛，因敵致勝——主動權取得

主動權是勝負的重要決定性因素。掌握主動方能「致人而不致於人」，也才能如「為敵之司命」般地指揮敵人行動。衝敵之虛，攻敵不守，或是利之使敵自至，害之而使其不得至，都是虛實的運用而掌握主動。

「兵形象水，水之形避高而趨下；兵之形避實而擊虛。」掌握虛實，獲取主動，必須能夠靈活變化。所以說「兵無常勢，水無常形。能因敵變化而取勝者，謂之神。」

〈軍爭篇〉第七：變迂為直，變患為利——戰術實施

「軍爭」，即兩軍爭利、爭勝、爭取優先的機動作戰位置，這是孫子認為最難的。難在需要「以迂為直」而要後發先至；「以患為利」將不利化為有利。帶大軍機動至有利地點，輕裝速度快，但輜重無法跟隨；帶著輜重裝備，又怕趕不及敵人前面。這就是最困難的！因此，如何以迂為直以患為利，是將領所必須熟知的。

戰術的實施，要注意避敵銳氣，擊其惰歸。所以「無邀正正之旗，勿擊堂堂之陣」，要「以近待遠，以佚待勞，以飽待肌」。

〈九變篇〉第八：覆軍殺將，必以五危——將領要能夠通情達變

戰場狀況、地理變化多端，將領必須靈活變通，有時甚至連「君命」都要「有所不受」。必須要能做到「無恃其不來，恃吾有以待也；無恃其不攻，恃吾有所不可攻也。」

有五種性情上的偏執是為將者所必須摒除的：「必死」的執意拼死、「必生」的一味求生、「忿速」的急躁易怒、「廉潔」的無法忍辱、「愛民」的婦人之仁。「覆軍殺將」必定是因為前述五種原因。

〈行軍篇〉第九：圮地無舍，絕地無留——軍隊實戰法門

實戰的兩個前提，一是「處軍」的部署部隊方法，再是「相敵」的徵候判斷。行軍部署，依山地、水域、沼澤、平原等四種不同地形，有不同的布陣方式。如「客絕水而來，勿迎之於水內，令半濟（渡）而擊之」，方

能獲得最大效益。行軍相敵，有十七種徵候，可供分析敵方動態，如觀察到「眾樹動者」就知道敵軍來了，看到林中「鳥起者」知道有埋伏；而敗兵「半進半退」欲逃還迎，當然就是在引誘你追他。所以「兵非多益」要知道節約運用。如果「無慮」而輕視敵人，「必擒於人」。

〈地形篇〉第十：知天知地、勝乃可全──論實戰地理運用及軍隊失敗之因

實戰地理，不同於前述的山地、水域等一般地形運用，而是由軍事實戰角度劃分出「我可以往，彼可以來」的「通」形，「可以往，難以返」的「掛」形，「我出而不利，彼出而不利」的「支」形，戰略要點的「隘」口，必須守向陽高地的「險」形，以及「勢均，難以挑戰」的「遠」形等六種軍略地理形態。

配合軍略地理及將帥領導統御的不當運用，軍隊可能產生六種失敗的情況。例如，「走」的敗戰狀況，指面臨「遠」形「勢均」時，將帥想要以一擊十，士兵嚇得都跑光光了即稱為「走」。所以，將帥不但要「知己知彼」，才能「百戰不殆」；更要「知天知地，勝乃可全。」

〈九地篇〉第十一：散、輕、爭、交、衢、重、圮、圍、死──戰略地理論述

本篇戰略地理，以戰場位置來劃分，與前篇所述又有不同。綜合而論，本篇反應了孫子注重軍事戰略地理的觀點，並且依各種不同的戰略地理，論述了如何深入敵國作戰的作戰指導。

〈火攻篇〉第十二：火人、火積、火輜、火庫、火隊──特種作戰

火攻，在春秋時期是很特殊的作戰方式。本篇指出了火攻的目標及配合天候的用火時機與方法，如「發火有時，起火有日。時者，天之燥也；日者，月在箕、壁、翼、軫也。」部分學者以為，本篇論述可類比到現代

的「核生化」作戰，強調其特殊性質。

〈用間篇〉第十三：知敵之情，必取於人──情報戰

情報戰是軍事重點，因為「興兵十萬，出征千里」是勞民傷財的。如果「不知敵之情者」是「不仁之至」。情報的獲得「不可取於鬼神」，「不可象於事」僅根據表面來類比，「不可驗於度」以天文現象來推測，而要「必取於人」。所以，間諜的運用非常重要，他的待遇更是「三軍之事，莫親於間，賞莫厚於間。」並且要「無所不用間也」。

《孫子兵法》所建構的兵學理論，因其深具哲理性與實用性，故能歷二千五百年而有不墜，且日益為人推崇。所謂「能因敵變化而取勝者，謂之神」此一兵學經典，在如此久遠的年代過去後，在如此眾多的技術條件改變後，仍能保持其世界性經典的地位，亦可謂「神」矣。

二、漢唐兵學略要

漢唐兵學基本上承襲先秦已臻完備的兵學理論，加以充分運用發揮運用。名列漢朝開國三傑的淮陰侯韓信，以「背水陣」大破兵力十倍有餘的少年英雄陳餘的大軍後，將士對其用兵方法多有不服，認為他違背了兵法原則，但卻奇蹟似地獲得勝利。韓信於是解曰：「兵法不曰『陷之死地而後生，置之亡地而後存』？」韓信當時所領，並非他的舊部，彼此的信心並不堅定，正如「驅市人而戰之」的狀況。因此，必須要「置之死地，人人自為戰」，如果「予之生地」，大家見敵兵力十倍於己，必定跑得光光的，還打什麼仗[14]？以如此的戰理來以小博大，無怪乎這場戰役千古傳誦。

《孫子兵法‧九地》篇中，詳述了各種地形對用兵的影響，並指「死地則戰」。韓信「背水陣」後的兵學理論，即由此出。這種自如的運用，是對先秦時代兵法通達徹悟的表現。

（一）兵學著述整理及注釋

除了名將神乎般地運用兵法外，漢代初期在兵學發展上，值得一提的是對兵學著述的整理校正。

漢高祖劉邦一統天下後，爲鞏固政權，收回了韓信、張良等大將的兵權。韓、張無事之餘，遂對兵法古籍作一整理。此即《漢書·藝文志》所載張良、韓信的「序次兵法」。其所序次的兵法「凡百八十二家，刪取要用，定著三十五家。諸侯用事而盜取之。」一九七二年山東臨沂銀雀山漢墓出土的兵法竹簡，據考證，極有可能爲當時張良、韓信二人所整理之兵法古籍。《孫子兵法》、《孫臏兵法》、《尉繚子》、《六韜》等均在其中[15]。這是文獻所載，對兵學論著最早的一次整理。

史載漢代第二次的校整兵書，是在武帝時，由軍正[16]楊僕辦理，編成「兵錄」一部。因未能完備，成帝時，又命任宏再次辦理，終於編成《兵書略》，亦即現存之《漢書·藝文志·兵書略》。《兵書略》將兵書分爲兵權謀、兵形勢、兵陰陽、兵技巧等四大類，共計五十三家，六百九十九篇論述。早期中國兵學上的發展，至此終於能有一大致完整的輪廓。

（二）兵學要義注釋

兵書的校整，是漢代對中國兵學發展的一大貢獻。另一大貢獻，則是對兵學著述的注釋。例如，李靖對《孫子兵法》即有相當多的說明，尤以其對「奇正」的說明最爲經典。

李靖兵法中，對奇正的解釋有三：

・是大衆所合爲正，將所自出爲奇。
・是凡兵以前向爲正，後卻爲奇。
・是師以義舉爲正，臨敵合變爲奇。

但奇正必須求變，有變化才能化奇成正；以正爲奇、以奇爲正的奇正之變，才是用兵的藝術，如不變化，「前向」未必爲正，「後卻」亦未必

爲奇。李靖對兵法的解釋，顯示其對孫子的瞭解，較一般人深刻。李靖的作戰指導，最能隨機創新，機動與奇正互變，且能因應敵情而取勝。是以李靖之用兵，極符合孫子所言：「兵因敵而制勝」、「能因敵變化而取勝者謂之神」的境界[17]。

三、宋元明清兵學思想走向

中國古代的軍事理論早在秦朝統一之前已充分發揮。自此以後宋元明清之兵學思想的發展速度，大爲減低。雖然宋元明清兵學思想著作不斷增加，但對中國軍事理論的影響有限。簡單說明秦漢以後中國軍事理論發展的幾個特點，倒可以略補宋元明清兵學思想與軍事理論間的斷層。自秦漢以來出版的兵法書籍，多數集中於少數幾個朝代：明朝出版二百六十八種，高居首位；宋代出版了一百零四種，位列第二；清朝出版一百零一種居第三[18]。湊巧這三個朝代都曾遭遇強大外敵，且曾屢戰屢敗，使國運大受影響。因此，也許可以說，軍事理論之產生，乃應乎社會之實際需要而來。國家的危機迫使人們爲生存而奮鬥，引發了新觀念。然而這些作品，儘管數量很大，但卻缺少理論上的突破。或可以歸因於秦漢以後中國社會的停滯不前，甚至可以進一步追溯到中國文化與政治的一元化趨勢。

一般說來，以下幾點可以代表秦漢以後中國軍事理論發展的幾個特點：

（一）陣形研究

中國古代所謂「陣」，小則可以稱爲戰鬥隊形，大則可以稱爲軍隊的戰鬥部署。戰略戰術原則，隨軍隊武器裝備之改變而變遷。近代武器與過去軍隊所用的刀矛弓箭不同，因此古人所說的陣法，也就不能一成不變的適用於今天，有時甚至根本失去了適用價值。

（二）注意技術發展

　　先秦時代的兵法，大多只寫出基本原則而不及細微。這種現象在戰國後期即已有所改變。像太公的六韜及近年出土的孫臏兵法均已開始討論細微項目。又如在《李衛公兵法集》中，李靖即曾討論過大量技術性問題，並且又被李荃偽托黃帝名義的《陰符經》中抄襲一遍。後來許多軍事作品中，不少充滿了諸如構築城牆、坑道、掩體、弩弓及其他防禦設備，渡河裝備，火攻設備，甚至宴會安排的細節。元朝的許洞在《虎鈐經》中即曾詳述軍中的旌旗、鼓、和營中的醫療問題。明朝兵法《百戰經》作者王鳴鶴曾經花費許多篇幅繪製陣圖和軍營設置，甚至用許多圖形以表示騎兵上馬下馬的姿態與步驟。這種發展對於軍隊訓練自然不無貢獻，尤其對於沒有戰鬥經驗之官兵，將可利用這些資料作爲訓練教材及處理軍中日常營務管理工作。

（三）武器設計

　　明清兩代出版的兵法書籍中常討論武器設計工作，不僅包含武器圖形，教導官兵如何使用，並且詳述如何設計構造。像王鳴鶴在前述之著作中，即曾描繪火藥之成分及製造程序。一個隱名作者，用惠麓酒民的筆名寫過一本《洴澼百金方》，不僅詳述各種火藥製造及防禦工事之構築，並且繪製中國傳統武器如弓箭刀矛等圖形。甚至連城牆及城垛之高度與厚度，都有精確說明。

　　明清兩代兵法書籍中不惜以大量篇幅詳述兵器之構造與使用，有其重要的歷史原因。蓋自明朝中葉，中土與歐洲交通頻密，西方的火器開始傳入中國。根據《陣紀》作者何良臣之敘述，毛瑟槍可能經由中南半島一帶輾轉輸入中國，他在書中詳述西方和日本毛瑟槍及中土的火箭等武器，比較其性能優劣。雖然在明代的戰爭中，已經開始使用這些火器，但有關兵學著作卻很少討論其在戰術戰略上之影響。

　　直至十九世紀後期，在中國累敗於外敵之後，才開始有所增長。像曾國藩、李鴻章等，初步瞭解戈登勝軍的訓練方法有異於中國。當他們採用

毛瑟槍和新式步槍之後,開始局部改變清軍之編制和戰術。但即使如此,他們仍然沒有捨棄中國傳統陣法之舊觀念。例如,曾國藩在致其部下王山璞山的信中即曾表示他對李荃《握奇經》中所定陣法之高度讚賞。不過曾氏態度比較中和,並未拘泥古法,亦未嚴格控制其將領之指揮運用。例如,他曾告訴其將領,在連隊一級,鴛鴦和三才二陣最為適用。至於營級,必須遵守一個原則,即在戰鬥中,應保持一個單位作正兵,兩個單位作奇兵,一個單位作預備隊,和一個單位作突擊隊。除此之外,究竟採取何種陣法,可由指揮官自由決定,不加干涉。

事實上,在清代的將領們,並未完全領會到近代火器對戰略戰術之全面影響,因此沒有全面改組軍隊編制以適應戰術之強烈要求。全面採用西方軍隊之編制和訓練方法,僅於十九世紀末葉之最後幾年方才開始,袁世凱奉派在小站訓練新軍時方加採用。但是戰略戰術之改變,直至一九三○年代前,沒有超越全盤抄襲的階段。在國共內戰及全面抗戰期間,中國領袖們才認真考慮本身之戰略戰術,以適應客觀條件之要求。

(四) 陰陽與迷信

愈回溯到古代,越容易看出政治上假藉神權與迷信的統治方法。但是這一法則,並不完全適用於中國的兵略學家。在前述先秦時代的許多著作中,就沒有利用迷信去指揮軍隊,或賴以戰勝敵人。譬如孫子和吳子,根本不曾提到陰陽和其他迷信,尉繚子甚至完全否定了陰陽等學說在軍事上的價值。他在和梁惠王的答對中即曾提到,黃帝以武力討伐不義之敵,以德治統領國家,且從不依賴星象、陰陽和占卜去決定國家大事。

太公或許是前述幾位先秦兵法家中,在軍事上使用迷信理論的唯一作者。利用戰場氣象變化去預測戰鬥的勝負。徐培根將軍用現代的氣象學理論來詮釋太公的氣象學說,像風向以及灰塵的流向等,雖一洗太公學說的迷信味道,顯得合理有用,但恐與事實不盡相符,亦非太公之本意。

在秦漢以後,研究陰陽、五行、星象、占卜及氣象等在戰鬥中的影響論述大為增加。道家及陰陽家的思想,為唐朝的李荃在其所著《陰符經》

中大量引用發揮。陰陽五行及占卜學說可以上溯黃帝、伏羲等人。然而自成一主要學派，則始於春秋戰國，而後更變成一種大眾哲學，並且充斥於社會各方面。甚至於漢武帝罷黜百家獨尊儒術後，陰陽五行仍然存在住室及地方宗教活動中。

以上四點，是中國宋元明清兵學思想發展的特點，然而如果進一步考察，應不只這些。蓋在這兩千年中，仍有不少比較好的兵學著作，不無參考價值，而未加提及[19]。

第二節　中國反殖民戰爭與軍事現代化

一、鴉片戰爭對傳統軍事制度的衝擊

中國自秦漢以後到近代以前，社會基本是一治一亂的循環，秦朝以前社會和政治活躍變化的情況不再復見。部分學者甚至認為，在政治體制與社會組織的因襲下，改朝換代，治亂興亡的循環，僅為漢史之重複。而漢朝以後的軍事制度，一個重要的特徵便是沒有「真正的『兵』」。這種現象可稱為「無兵的文化」[20]。近代中國軍事上的失敗，與傳統漢朝以後政治與社會制度的穩定，應有無法否認的關聯。

自古以來，中國一向認為理想的軍事制度，乃是「兵農合一」或「寓兵於農」。這種制度下，農民（或部分選定的農民）一生中一定要服役一次；戰時更須接受徵召，為國效力。然自秦漢以降，幾乎未有朝代能始終貫徹此種制度，僅漢、唐兩朝在初興時有效推行。但一俟國家安定和平，數代後的統治者便多半不再注意而任其荒廢無用。

鴉片戰爭在中國一治一亂的穩定中，投下了「由海上來」的「科技先進」敵人的巨變因素，打破了自古「由陸上來」的「科技相似」威脅模

式。而期間至少有兩個事件，足以影響中國近代軍事思想之發展。一為林則徐的軍事觀察，二為三元里的民兵運動，略述如後：

(一) 林則徐的軍事思想

林則徐，在西方學者眼中，因其力主禁菸，而是個「排外」的人物。其實，林則徐主禁菸，主要係國防考慮。除了深刻瞭解吸食鴉片之對身體之害外，林更推論到其對國家之傷害。因此，林向道光皇帝力陳：若不禁菸，「數十年後，中原將無可以禦敵之兵，國家將無可以充餉之銀。」對國家安全的考慮，終於促使道光皇帝下定決心，並派林為欽差，專責禁菸。

在禁菸的過程中，林則徐深深體會了技術對國防力量之影響，以及武器對戰爭的重要。他清晰地理解到，英人的船堅砲利，並非中國當時能比。因此主張國人應立即開始學習現代化先進技術，甚至不惜向敵人學習。鴉片戰後，他委託魏源分析鴉片戰爭的經驗教訓，著了《海國圖誌》詳述了西方各國的技術能力，並提出「師夷長技以制夷」的主張，以提昇中國製造槍砲和船艦的技術能力。

此外，林則徐很早即瞭解人民的力量在對外戰爭中的重要性，而且有意於必要時依靠人民去抵抗英國的侵略。他曾警告鴉片販子和好戰分子，如果他們不立即停止鴉片輸入，他將號召民眾參加作戰。英國海軍占據定海後，他上奏朝廷，主張：「與其交鋒於海洋，未必即有把握，莫若誘擒於陸地，逆夷更無能為。」[21]在某種程度內，這種後退防禦和誘敵深入之戰術，用意即在充分運用廣大人民的力量。

(二) 三元里的民兵及人民戰爭

鴉片戰爭起，英軍屯駐廣州城外，燒殺擄掠，姦淫婦女，無惡不作。清廷指派奕山為靖逆將軍赴粵抗敵，卻敗戰投降。投降之屈辱激起了民憤，更被英軍姦污婦女的惡行引爆。為妻復仇的丈夫，在當地農民以及三元里地區約一萬五千餘農民的動員協助下，開始襲擊敵人，並在民團領袖

及當地駐軍水師營官之領導下，帶著刀矛及鋤頭參加作戰。這次作戰，大大鼓舞了人民的士氣，創下了中國民兵對外作戰的歷史新頁。它不僅加速了英軍從廣州撤退，並且留下了一個人民戰爭的範例。

在短短的一兩天中，要動員將近兩萬人的一支武力，最少要兩個客觀條件：第一、必須要有重大事件，且這個事件的影響力大到超乎鄉里範圍，而足以激發大規模的民眾運動；第二、必須有適當的組織提供領袖人材，領導農民作戰。有這兩個客觀條件配合，再加上能利用有利的地形，使倚靠廣大人民的「人民戰爭」成為可能。

中共的全民皆兵制，雖然難以斷定是否取法於此，但毛澤東依賴農民為革命主力的「人民戰爭」戰略思想，是無法否認帶有「三元里色彩」的[22]。

二、甲午戰爭與自強運動的影響

清朝在一八六〇年中英法戰爭失敗簽訂北京條約後，開始「自強運動」（又稱為洋務運動），力求船堅砲利，精進武器。這個運動在一八九五年中日甲午戰爭後，證明全失敗。開始瞭解單洋務運動，而不進一步實行政治改革，難以救亡圖存。因此，放棄洋務運動，要求政治上全面維新。

此一運動之原始目的在求改善中國的軍事地位。換言之，即企圖引進西方的先進科技，俾能實現堅甲利兵。經過多年以後，雖然其範圍由軍事逐漸擴及一般工業，但仍以軍事工業為主。在一八六〇年至一八九五年間，中國消耗大量財力，在武器購買及製造上，若與日本相比，在軍隊數量與武器裝備方面，無論海軍或陸軍，均凌駕其上。但在甲午之戰中，清軍卻一敗塗地。研究個中原因，眾說紛紜。中國社會科學院院長胡繩先生根據馬克思主義的理論，認為洋務運動之失敗，主要由於中國封建社會的落伍生產關係未加改變，一切發展計畫僅建於沙漠之上，無法提供現代工業的必要基礎[23]。

洋務運動之主要目的，既在軍事現代化，然而直到一八八〇年代，中

國海、陸軍的情況尚且如此？怎不令人洩氣？根據田鳧號（Capwing）作者壽爾（Shoule）的看法，中國軍隊當時的最嚴重問題，在於缺乏紀律、組織、領袖人才和士氣。蓋「軍隊只有人員而沒有紀律與組織的話，則不但無用，抑且有害；加之，最好的艦隊和陸軍，如果它們的指揮官缺乏領導的知識與技術，是要被打敗的。從中國所擁有的龐大的軍隊去看，中國在軍事科學和組織能力方面是可悲的、缺乏的。」綜合以上這些事實，壽爾認爲，如用歐洲的標準去衡量中國的軍事力量，外表勝於實質。從組織的觀點言，它僅是一群烏合之眾，缺乏紀律。他們對於科學戰爭闇無所知。官兵既無團結心，更無愛國心。他們的軍官愚昧無知，既不受人尊敬，更無有效管理。將官則是從此種軍隊的傳統戰術中培養出來的，對於西方國家所實踐的戰爭原則，毫無所知。

雖然洋務運動之失敗，不能忽視整個社會、政治、經濟制度之弱點。但根本原因，不僅清廷不願改絃更張，徹底改革，一般官僚亦缺乏改革之理解與決心。不明白「現代化」之內容與程序。對於傳統的教育制度與文官考試，因循不改。只想輸入西方技術，達到船堅砲利之目標，自屬空中樓閣，不切實際。至於軍事方面，全軍上下，對西方的軍事組織與戰略戰術多不明瞭。訓練、作戰及指揮官之職責似乎全無關聯。對於作戰演習，虛應故事，如同兒戲。何能望其收效而不失敗[24]？

三、軍閥興起與軍事現代化發展

辛亥革命後，由於軍閥割據，長期混亂，使清朝末年的軍事現代化計畫陷於中斷，遭到嚴重挫折。慈禧太后晚年，袁世凱榮寵獨厚，集軍政大權於一身，頗遭若干皇室及其他滿人敵視。光緒和慈禧於一九〇八年十一月中旬相繼去世後，光緒的姪兒溥儀，繼承皇位，是爲宣統。因其年方三歲，由其父載灃攝政。載灃記恨袁世凱背叛其兄向慈禧告密，釀成戊戌政變，致光緒被囚而死，因此欲殺袁氏以洩恨。雖因重臣求情而免其一死，但褫奪一切軍政權力，斥歸故里。袁世凱隱居垣上時，仍和其軍中舊部保

持聯繫。俟武昌起義後，清廷被迫起用袁氏組閣領軍，他遂利用其手中之軍隊，假藉與革命軍和談，而迫使清帝退位。然後復反戈一擊，打敗革命軍，帝制自為。袁氏旋因舉國反對而撤消帝制，但隨著袁氏之暴斃，長期以來一直以其為中心之北洋軍隊，頓失領袖，遂成軍閥割據的狀態。

中國自秦漢以後，由於寓兵於農制度之荒廢，不復再有真正的兵。蓋在募兵制之下，士兵非來自地痞流氓，便是土匪與無賴。平時只受其長官指揮，不聽別人調動，軍隊變成個人武力。承平時期，當皇帝按時給與糧餉，衣食無慮時，他們聽命於皇帝。一旦皇帝無法支付糧餉，或當皇室權力衰落，國家陷於混亂時，具有野心的軍人，便群雄併起，互相攻伐，以角逐皇位。正如中山先生在三民主義中提到的：「中國歷史上的戰爭，大多是為爭皇位而起的。至於等而下之者，便流為匪盜，燒殺搶掠，無惡不作。直到國家再度統一為止。」[25]這種混戰的局面，少則一、二十年，多則數十年甚至一百多年。當此期間，社會秩序崩潰，經濟與文化活動受到嚴重破壞，整個社會陷於悲慘境地。一九二〇年代的中國，軍閥作亂，不僅完全破壞了剛剛建立的共和政權，更使國家危亡，民不聊生。

自袁世凱死後至國民黨北伐成功，接連不斷的軍閥混戰，釀成軍人割據與軍事獨裁。整個中國陷於極端混亂與黑暗時代。這期間中國的軍隊，在數量上幾乎多於歷史上任何時期，甚至擁有更多的武器。但以軍隊之組織、紀律、訓練與戰略戰術而言，除個別特例外，既缺乏合格軍官領導與訓練，而士兵亦多屬流氓地痞，或因民不聊生而參軍謀生者。故不僅多是一群烏合之眾，且姦淫擄掠，無所不為。比諸盜匪猶有過之。因此，就軍事現代化而言，無疑是一大退步[26]。

第三節　中國近代兵學思想的發展

一、蔣中正的軍事思想體系

蔣中正的軍事思想體系，其思想的淵源具體來說有四：

（一）繼承中國一貫的道統

誠如國父所說：「中國有一個道統，堯、舜、禹、湯、文、武、周公、孔子，相繼不絕，我的思想基礎，就是這個道統。」蔣中正的軍事思想體系，也就是繼國父承襲了這個「相繼不絕」的道統，而更予以闡揚發揮。

（二）接受國父遺教

國父雖沒有寫過專門的軍事論著，但在其參與起義與策劃指揮的實際行動中，卻曾獲得豐富的軍事經驗，所以全部國父遺教，充溢著軍事的精神和學理。蔣中正國防思想中的經濟建設部分悉以國父的實業計畫為藍圖，關於軍人精神教育，更是多以國父的遺教為引據，將戰爭目的的導向於實現三民主義，完成國民革命，求取世界人類的永久和平。

（三）擷取古今中外的兵學精萃

蔣中正的軍事思想，乃以東方兵學的精神為本位一體，上自太公六韜，孫吳兵法，下及歷代名將，無不深研考究，可謂集我國兵學之大成；而以西方兵學的精萃為參證一用，對西方兵學家如克勞塞維茨、約米尼、李德哈特的戰爭理論，以及名將菲特列大王、漢尼拔、亞歷山大、拿破

崙、毛奇等軍事藝術,均有深刻的研究,視界博遠宏大。

(四)凝合革命戰爭的實際經驗

蔣中正早年歷經東征、北伐、剿匪、抗戰、戡亂諸役,在現實戰爭中,體驗了實際的戰爭行為,如黨政軍聯合作戰構想、三角形戰術等,綜合一切的實際經驗,衡量未來戰爭的型態,而創意出的獨特革命戰術與自主兵學思想。

總括的說,蔣中正的軍事思想,是以中國固有的道德與國父遺教為經,而以古今中外兵學思想的精萃為緯,更參證數十年領導革命戰爭的實際經驗,交織而成的軍事思想體系。

蔣中正的軍事思想體系,包括了軍事哲學、軍事科學、軍事藝術的三大思想體系。而其軍事哲學的基本理念可歸納為「生與死的問題」、「仁與忍的問題」、「常與變的問題」、「戰爭與和平的問題」四項。其對軍事哲學的深刻體認,能正確的理解戰爭本質和形態,適切控制戰爭和指導戰爭,可說是蔣中正戰爭思想的基礎。

軍事科學的內涵包含有戰爭與物質力、科學的精神、科學方法和程序、組織的原理和功效、機關組織的典型、組織的功能六項。其對軍事科學的重視倡導,一方面要求戰具技術的科學化,另一方面要求軍隊生活、行動、訓練、行政工作和戰鬥指揮的科學化,使每一個戰鬥員的生活、言行、處事,都能合乎現代化的標準,科學化的規律,可說是蔣中正國防建軍思想的依據。

蔣中正強調軍事藝術,主張在哲學的涵泳,和科學的憑藉之中,戰鬥手段的行使,仍然有賴於運用之妙──軍事藝術的發揮,認為在戰爭中形成力量的是物質,而發揮物質力量的則是精神,所以「軍事藝術化」,乃是「軍事科學化」更進步更純熟的結果,其特質在「創新」,其要領在「主動」具體的說,作為一個指揮官,應該憑靈感、智慧與意志力,使戰力發揮至最大限,進而因敵之情,因敵之變而取勝,亦即強調爭於心而不爭於力,爭於己而不爭於人,才衝破困苦艱危,轉不可能為可能。這種強調發揮天

才創意，重視戰爭無形要素的要點，實為我東方兵學的特色，亦為蔣中正用兵思想的中心[27]。

二、毛澤東的軍事思想體系

在毛澤東離開故鄉之前，以其僅有的小學教育程度，從中國古書及古典小說中吸收了不少中國傳統軍事思想，其中尤以《三國演義》、《水滸傳》及《左傳》等名著為最。《三國演義》不僅是一本傑出的古典小說，而且是一本闡釋中國古代軍事理論的著作。孫子兵法中之主要原則如奇、正、虛、實等，作者使用演義方式，描寫得淋漓盡致。當其適用於有關戰役時，極盡奇妙之能事，使讀者有如置身其中，親身參其事之感。

據說當毛澤東閱讀三國演義時，完全將該書當作正史，非常認真，不容任何人加以懷疑。其歷史教員認為該書僅係小說時，他即聯合其他學生反對他。當該校校長支持該教員，他竟向長沙市長請願，要求撤換校長。這些事實固然表示毛澤東的頑固個性，但也同時說明其對該書內容之重視，完全接受其中之理論。毛澤東也常用左傳和水滸等書中之戰例說明以弱敵強，弱者如何先讓一步，誘敵深入，待其疲倦時，後發制人，予以反擊，獲得勝利。

戰爭是種極殘酷的行為，它對人類社會造成莫大的損害。但是似乎自有歷史以來，戰爭永遠伴隨著人類的生活，很少能夠擺脫。因此，人們不禁要問，人類何以要互相殘殺？究竟為了什麼？什麼人主使戰爭？其動機何在？戰爭性質是什麼？一般人或可置之不問，但指導戰爭之人，要想贏得勝利，就必須清楚地瞭解它，分析其性質，掌握其規律，始能應付自如。這就是研究戰爭論之目的。毛澤東軍事思想中，不少涉及此一範圍，並影響其有關戰略戰術思想。

（一）戰爭的原因

克勞塞維茨認為戰爭是政治之延長。毛澤東和列寧等共產黨人繼承了

此一定義。但他們認為戰爭有其特殊性，並不等同政治。因此，毛澤東根據列寧的說法，承認「戰爭是政治的特殊手段的繼續」。在解懌「特殊手段」一詞時，他說：「政治發展到一定階段，再也不能照舊前進，於是爆發了戰爭，用以掃除政治道路上的障礙。」[28]毛澤東心目中之戰爭，雖未必限於軍事行動，但強調以流血手段解決問題之特點。所以他說：「政治是不流血的戰爭，戰爭是流血的政治。」

（二）正義之戰和不義之戰

毛澤東認為歷史上的戰爭，只有正義和非正義兩類。在擁護前者反對後者的原則下，進而確定所有的革命戰爭都是正義的。反之，則是不義的[29]。由國家為壓迫工具之理論，推廣到國際戰爭中。像現代帝國主義者和殖民地間的戰爭，就是一例。他認為這種戰爭乃列強之統治階級為掠奪殖民地，壓迫其他國家及其工人運動而發動。根據此一理論，馬克思主義者乃將所有反政府及反帝國主義之侵略戰爭，一律視為革命戰爭。有時又將後者稱作民族解放戰爭或民族戰爭。毛澤東繼承此一說法，將內戰稱為階級革命戰爭和階級反革命戰爭；將國際戰爭稱為民族革命戰爭和民族反革命戰爭。但此一分類，並未涵蓋所有國內戰。譬如毛澤東將國民黨領導的北伐，稱作革命戰爭。但稱中國大陸與國民黨間的內戰則為階級革命戰爭[30]。

（三）以戰止戰

毛澤東雖然支持革命戰爭，但在理論上則相信以戰止戰，最終要消滅一切戰爭。他認為：「等到人類社會進步到消滅了階級，消滅了國家，到了那時，什麼戰爭也沒有了。反革命戰爭沒有了，革命戰爭也沒有了，非正義戰爭沒有了，正義戰爭也沒有了，這就是人類永久和平的時代。」[31]毛澤東將消滅戰爭與消滅階級相連，也是由列寧而來。列寧認為除非消滅了階級，實現了社會主義，否則無法消滅戰爭。而且「只有在推翻了而且最終消滅了全世界而非一個國家的資產階級之後，戰爭才成為不可能」。

（四）戰爭規律及其發展

毛澤東的軍事論文中，談及指導戰爭之方法時，不常談到戰爭之藝術性。他強調戰爭之客觀規律和戰略戰術之科學性。這些規律，又靠前人或自己的經驗總結而成。他對戰爭規律定義中，有這樣的話：「一切帶原則性的軍事規律，或軍事理論，都是前人或今人做的關於過去戰爭經驗的總結。」

毛澤東認為不僅有一般的戰爭規律，而且有特殊的革命戰爭規律。研究戰爭的人，不僅應研究一般戰爭規律，更要注意特殊的戰爭規律。尤其要注意中國本身固有的革命戰爭規律。蓋因各個戰爭所在之環境不同，性質與情況有異，因此而有不同之戰爭規律。故毛澤東反對無保留地抄襲外國之軍事經驗。連蘇聯的革命經驗也不例外。甚至中國過去的戰爭經驗，亦因環境不同不能照搬使用，以免削足適履的毛病，遭到失敗。指導戰爭之人，必須以自己的經驗，參考歷史上有關戰爭之經驗，選擇能適用於當前戰爭環境的東西，加以使用。毛澤東強調戰爭規律之發展，因此反對呆板的戰爭機械論[32]。

三、鄧小平的軍事理論

鄧小平是中國大陸長征革命幹部之一。早於文化革命之前，已出任中國大陸中央秘書處書記。文革期間，當權派受到清算，鄧被下放到江西勞動改造。一九七一年，林彪發動流產政變，敗亡之後，中國大陸政局變得混亂不堪。周恩來當時臥病不起，無人料理政務。經周之推薦，毛澤東不得已，乃於一九七五年用鄧氏，命其擔任副總理兼解放軍總參謀長。但周恩來逝世後，又被免職。當毛澤東病逝，四人幫被捕，經過葉劍英等人之敦促，華國鋒始准其於一九七七年復出，恢復原職。鄧氏以第一副總理兼共軍總參謀長之地位，輕而易舉地控制了政府與軍隊，於一九七八年將毛澤東親自選拔之接班人華國鋒及其左派隨從，排出權力中心。鄧小平個人

雖不曾就任總理和黨主席之職位，稍後又辭去總參謀長一職，但卻仍藉黨和國家軍委主席地位，控制軍隊。在共黨「槍桿子裡出政權」之傳統支配下，鄧小平遂成為中國大陸之最高統治者。緣自復出以來，鄧小平在中國大陸持續進行軍事及政治、經濟改革，頗有進展。惟於一九八九年夏初，因動用軍隊鎮壓學生示威，觸發舉世震驚之六四天安門流血事件，導致黨內權力鬥爭，改革而阻礙。

一般言之，鄧小平之改革計畫集中於軍隊武器之現代化與軍事組織之正規化。不過他仍不放棄軍隊為共黨工具的傳統，強調政治訓練與控制，寄望以武力鞏固共黨政權。要求軍隊必須堅持社會主義道路、無產階級專政、共產黨領導及馬列主義和毛澤東思想，以保證解放軍永遠成為共黨的可靠武力。在更新軍隊武器裝備方面，主張以發展國家經濟與科技為基礎，藉此以厚積國力，加速國防現代化。其次，鄧特別強調解放軍之傳統，加強民兵組織，改善軍民軍政關係。為加強訓練，提高軍隊素質，他特別強調諸軍、兵種之聯合作戰訓練，以提高解放軍在現代戰爭中之協同作戰能力[33]。

由科技發展到武器更新，鄧小平一再表示，現代戰爭已不能僅靠「小米加步槍」；士兵也不能單憑射擊、拼刺刀或擲手榴彈就可上陣。在現代戰爭中，一個戰士不僅需要有先進武器，而且需要有足夠的科學知識，否則不足以應付[34]。因此，他特別強調形代武器與科技研究。

中國自十九世紀以來，仿造西方武器，已歷百年之久。中共建國以後，更是加倍努力，以求突破。當鄧小平開始軍事改革時，特別注意發展科技和經濟。宣稱：「四個現代化，關鍵是科學技術的現代化。沒有現代科學技術，就不能建設現代農業、現代工業、現代國防。沒有科學技術的高速度發展，也就不可能有國民經濟的高速度發展。」[35]基於此一認識，在四化過程中，鄧氏乃將國防現代化，置於最後。置其基礎於科技與經濟。

鄧小平在七○年代之戰略觀念，自一九六○年代開始，中蘇兩國間之爭論，由意識形逐漸增高。截至一九七○年代中期，竟演變成軍事衝突。

當越戰結束，美國從越南退後，蘇聯即開始拉攏越南，在中國大陸南疆開闢第二戰場。此一發展，對中國大陸造成莫大威脅。鄧小平遂利用毛、周當年所開創之中美和解，進一步展開統一戰線，尋求戰略合作，對付蘇聯圍堵[36]。當時，由於文革之破壞，元氣未復，中國大陸無法對外作戰。故一方面設法延緩戰爭，努力推行整軍與現代化工作；同時並準備於必要時仍以當時條件許可，進行人民戰爭以保衛國土。其在軍事戰略思想上的作為有二：

（一）推遲全球戰爭以爭取現代化

　　中國大陸在毛澤東領導下，一直堅持世界大戰不可避免之理論。認為戰爭既然不可避免，遲早要來，則遲來不如早來。因此，當時中國大陸之國防戰略準備要早打、大打。更準備打全面戰爭和核戰。但自鄧小平復出後，既因文革後之混亂，使國家經濟面臨崩潰，而解放軍之諸多問題，非經整頓，不足出戰。面對此一現實，鄧小平切盼能獲得一段安定時間，在和平中改革。加之分析當時世局，鄧小平認為蘇聯全球戰略尚未部署完成，不會冒然發動大戰。至於美國，越戰受創甚深，元氣未復，也不願發動大戰。故而中國可以爭取主動，以推遲大戰發生，以利建設。

（二）現代條件下之人民戰爭

　　雖然鄧小平主觀願望推遲世界大戰，甚至於相當程度上也認為戰爭可以避免，但總不能排除偶發事件觸發大戰之可能。即使世界大戰可以避免，局部性之戰爭卻難完全避免。為了國家安全起見，仍不能不有所準備，以便能隨時應戰。當時，鄧小平之構想，乃是修正後之人民戰爭。蓋鄧小平人民戰爭並不全同於毛澤東之原來思想有三：

　　・鄧小平認為現代戰爭已非內戰和中日戰爭可比，不能僅靠「小米加步槍」應付，必須使用現代武器。所以一定要先改善軍隊武器，始能有效對敵作戰。

．他認為現代戰爭不能只靠單一步兵，必須在諸軍、兵種之協同行動
　下，聯合陸、海、空軍由地上、天空及海洋多方面聯合作戰，始能
　克敵制勝。

．由於軍隊現代化之結果，裝備複雜，不能像內戰時期一樣，依賴戰
　場擄獲的武器彈藥補給自己；因此，必須建立健全的後勤制度。

　　不過鄧小平並未脫離毛澤東之基本觀念，仍然反對迷信技術，強調
「人的能動性」。認為「只要我們堅持人民戰爭，敵人就是現在來，我們現
有的武器也可以打，最後也可以打勝」，其信心來自於馬列主義與毛澤東思
想中之戰爭觀；因為他們認為「進行的是正義戰爭，是人民戰爭」[37]。

一、中國的兵學理論，早在那一個朝代即已形成，中間發展過程
　　如何？而至何人始將中國之兵學理論集於大成？

二、中國近代的兵學思想，受到甲午戰爭與自強運動的影響為
　　何？

三、蔣中正軍事思想體系的淵源有那些？

四、鄧小平的人民戰爭與毛澤東的人民戰爭有何不同？

註釋

[1] 何爲「先秦時代」的開始，並無一固定說法。有的學者（蕭公權：中國政治思想史，上冊，聯經出版，1982年）指出應以孔子降生（551 BC）起算到秦始皇統一（221 BC），共三百三十年；亦有以周武王克殷，西周開國（1111 BC）起算到秦始皇統一的八百九十年（鈕先鍾：中國戰略思想史，黎明文化事業公司，1992年，頁28）。本書以爲，既稱「先秦」，即應以秦帝國統一爲時代終點。由此，春秋戰國時期可爲先秦時代晚期。

[2] 見本篇第一章第一節。

[3] 謝祥皓，《中國兵學‧先秦卷》（山東人民出版社，1998年9月第一版），頁13-21。

[4] 魏汝霖、劉仲平合著，《中國軍事思想史》，三版(台北：黎明文化事業公司，1982年7月)，頁117。本段史籍資料，散見《禮記義疏》卷15、《春秋分記》卷31等。括弧內標示之西元年，係根據教育部編之國語辭典附錄歷代年表。

[5] 此處所稱「國」者，以現代的語言來說，應爲「宗族」、「部落」等，而非現代一般對「國」的概念。

[6] 見《史記》〈孔子世家〉及《論語》〈顏淵第十二〉〈述而第七〉、《孟子》〈盡心〉及《荀子》〈議兵〉。

[7] 《道德經》三十一章。

[8] 馮友蘭，《中國哲學史》第一冊（北京：商務出版社），頁107。

[9] 同前註，頁112。

[10] 同前註，頁127-128。

[11] 曾國垣，《先秦戰爭哲學》（台北：商務出版社，1972），頁13-14。

[12] 見《武經七書》《吳子》〈圖國〉。

[13] 《孫子兵法》〈計篇〉道者令民與上同意，可與之死，可與之生，而民不畏危也；天者，陰陽寒暑時制也；地者，遠、近、險、易、廣、狹、死、生也；將者，智、信、仁、勇、嚴也；法者，曲制、官道、主用也。

[14] 見《史記‧淮陰侯列傳》。

[15] 謝祥皓，《中國兵學》（山東人民出版社，1998年9月第一版），頁153-165。

[16] 軍正，亦作「軍政」，爲當時軍中主將身旁執法以正軍紀之官。

[17] 李啓明和傅應川，《兵家述評》（台北：幼獅出版社，2000），頁55。

[18] 汪宗沂，《中國兵學大系：衛公兵法集前言》（台北：卷三），頁107。

[19] 田震亞著，《中國近代軍事思想》（台北：台灣商務印書館，1992），頁94-102。

[20] 雷伯倫，《中國文化和中國的兵》（台北：萬年青出版社，1971），頁126。

[21] 林則徐，《林文正公政書：「密探定海夷情片」》（乙集卷四）。

[22] 同註19。

[23] 田平，《中國近代史論文集》（北京：中華出版社，1979年），卷八，頁1125。

[24] 同註19。

[25] 同註20。

[26] 同註19。

[27] 《領袖軍事思想》（台北：黎明文化事業公司，1980年11月）。頁2-6。

[28] 毛澤東，《毛澤東選集：論持久戰》，頁469。

[29] 同前註，頁166。

[30] 同前註，頁167。

[31] 毛澤東，《毛澤東選集：中國革命戰爭的戰略問題》，頁167-168。

[32] 同前註，頁174-175。

[33] 鄧小平，《鄧小平文選：建設強大的現代化正規化的革命軍隊》，頁350。

[34] 同前註，頁228。

[35] 同前註，頁83。

[36] 同前註，頁74。

[37] 鄧小平，《鄧小平文選：在中央全體軍委會的講話》，頁75。

第七章　西方兵學思想與發展

第一節　西方兵學思想的興起與發展

一、古代戰略思想的孕育

　　西方戰略思想以希臘為源頭，羅馬發揚進步，而思想的發展和演變又與整個歷史過程有著密不可分的關係。

（一）希臘

　　希臘人（Greek）為印歐人（Indo-European）的一部分。西元前一千年，由愛琴海到地中海，東歐周邊地區，皆有希臘人的蹤跡。其所建立的一千多個「城邦國家」之間，彼此常有戰爭發生。著名詩人荷馬的史詩「木馬屠城記」，描述了西元前一二五〇年左右，希臘人毀滅特洛伊城（Troy，位置在土耳其海岸上）的故事。到了西元前八世紀，希臘人已在義大利和西西里島及黑海沿岸建立了殖民地。

　　當時由於與外在世界頻繁的接觸，肇使戰爭頻繁發生；故亦如中國春秋戰國時代，對兵學思想產生重大衝擊。然而此時戰略與戰術尚未分野，有關戰爭的思考和方法，都統稱為「戰爭藝術」。

　　西元前六七五年左右，希臘人發展出「重步兵方陣」（hoplite phalanx）[1]。這是真正有組織的戰鬥方式，也是後來歐洲軍事組織體系的起源。在羅馬兵團（legion）出現前，方陣是最堅強的戰鬥隊形，支配著希臘時代的戰爭，故此時代亦可稱為「方陣時代」（the age of the phalanx）[2]。方陣為軍事組織及戰爭帶來兩種重要改變：一、戰爭變成一種集體的行動，勇者不可獨進，怯者不可獨退。二、戰爭在集體化和組織化的情形下，必須要求全體男性公民（citizen）共同投入。每個人都應竭盡所能，奮勇作戰[3]。

除了方陣外，希臘戰爭史顯現了一個基本的戰略觀念，即所謂的「海權」（sea power）。「海權」意指「海之權」（Power of the Sea），希臘諸多重要戰役中，最後勝利的關鍵就在「海權」。西方文明本是海洋文明，其戰略思想始終存著「海權」的因素；尤其是大戰略往往與海洋戰略（marintime strategy）關係密切。從希臘時代開始，即已明白地顯示出此種趨勢。然而，雖已具有若干值得重視的戰略觀念，但論及有完整體系的戰略思想論著，則未如中國早期兵學思想完備[4]。

（二）羅馬

羅馬的建國是在西元前七五三年，最初採君主制，西元前五世紀時建立共和政體。羅馬之興，就軍事觀點而論，有兩大原因：

‧由自由公民所組成的軍隊有強烈的愛國心，高度的士氣，能夠適應嚴格的紀律和艱苦的戰鬥。

‧羅馬所特有的軍事組織──「兵團」（legion），是前所未有的最佳軍事組織。

由於前述兩個因素相互結合，使羅馬當時無敵於天下。

羅馬神勇的兵團組織，是經過長時間的演進，與希臘方陣比較，最大的優點是具有高度的彈性。兵團的基本單位為 “maniple”，由一百二十人組成，相當於現在的「連」；這些基本單位分成三線，彼此保持間隔，形成棋盤式的戰鬥序列，方便兵力彈性調度，並能進退自如，且能將重點置於任何方位。此種戰術體系組織，必須配合高素質及良好訓練的部隊。故綜合而言，訓練和紀律實為羅馬兵團制勝的基礎[5]。故羅馬軍隊常能以較寡的精兵擊敗人數眾多的強敵。

羅馬人的戰略觀點，不是把他們的防線當作其邊疆的前緣，或是準備在後方作戰；而是把它當作底線（base line），用它作為躍出的跳板。這種不固守防線，隨時都準備出擊的觀點，使他們一發現可能的威脅時，立即發動猛烈攻擊以毀滅敵軍的主力，不讓它有犯邊的機會──亦即以戰術攻勢

來執行戰略守勢。而此種大戰略的有效，植基於羅馬兵團經常享有戰術優勢，能以少勝多[6]。

二、啓蒙時代的思想復興

歐洲的文藝復興（Renaissance, 14-16世紀），主要以恢復古希臘及羅馬文化爲宗旨。此時期的義大利，出現了一位集政治家、外交家及軍事家於一身的思想家馬基維里（Niccolo Machiavelli, 1469-1527）。馬基維里流傳後世的《君王論》、《李維羅馬史論》、《戰爭藝術》、《弗羅倫斯史》四部名著[7]，對西方的政治及戰略思想，有深刻的影響。他是西方最早把戰爭與和平的問題當作學術來研究的人，《戰爭藝術》這部著作，更可算是現代戰略思想的起點；所以他可算是近代歐洲的第一位戰略思想家。

馬基維里的《戰爭藝術》，已成爲西方的「武經」（military classic），軍事研究者無不研讀。其主要論點可歸納爲以下四點：

- ・傭兵制流弊甚多，民（徵）兵制對國家安全有較佳的保障。
- ・戰鬥（會戰）非常重要，「建軍的目的即爲戰鬥」，「將軍若能贏得會戰，可以抵銷一切過錯」。[8]
- ・紀律（discipline）爲戰鬥中的決定因素，是組織的基礎，更是政治組織的基礎。
- ・步兵是任何適當組織部隊的骨幹，相對地騎兵應退居次要地位[9]。

馬基維里著作《戰爭藝術》的目的，似是要爲其軍事改革主張建立理論基礎及尋求辯護理由。他大力提倡軍事改革，導因於十四紀以來，義大利半島經濟日趨繁榮，人民日益缺乏從軍意願，致使傭兵制流行。傭兵是無愛國心的，打仗完全爲了賺錢。傭兵制流行後，對內導致各國分裂，戰禍頻仍；對外則又不能抵抗強敵，人民飽受蹂躪。在馬基維里眼中，這樣的情況只有厲行軍事改革，以民兵代替傭兵，義大利才有統一強盛的希望。故其抱著強烈的民族意識，希望經由軍事改革，實現民族統一的理想

[10]。

　　文藝復興時期可以說是西方軍事脫胎換骨的時期。除了馬基維里外，火藥的傳入亦帶給歐洲的軍事思想制度以及戰爭形態完全的改變，使其擺脫了中世紀的黑暗陰影。有人認為歐洲在此階段曾經發生一次「軍事革命」（military revolution），發生的時間應該是在一五六〇年至一六六〇年之間，並將之歸納為以下三方面[11]：

　　·武器方面：火器完全代替了弓矢或戈矛。

　　·組織方面：職業常備軍的出現，傭兵制受到淘汰。

　　·思想方面：羅馬古典範式與十六世紀戰爭經驗的融合，形成新觀念。

三、法國大革命與拿破崙戰爭的影響

　　西元一七八九年的法國大革命，使得十八世紀末期的歐洲，發生了巨大的動盪與影響。社會、經濟、政治、軍事都受到衝擊。法國更由一個古老的舊王朝，搖身一變而成為革命的共合國。拿破崙（Napoleon Bonaparte, 1769-1821）接受了革命的遺產，更變成革命的人格化代表，其所發動的拿破崙戰爭[12]，為法國大革命的延續與擴大。研究拿破崙用兵方法的「西方兵聖」克勞塞維茨，稱其為「革命皇帝」（Emperor of the Revolution）[13]。並因此認知了「戰爭並非獨立的實體，而是國家政策的表現，當國家的性質改變了，其戰爭也會隨之而改變[14]」。法國大革命及拿破崙為軍事制度及戰爭型態所帶來的轉變，略述如下：

（一）徵兵制的採用

　　法國大革命所帶來的第一項重大改變，是徵兵制的採用。徵兵制使得法國革命政府一改歐洲舊王朝吃力地維持龐大數量的常備軍的窘況[15]，並使法國軍隊的兵員雄厚，在任何戰場上幾乎都能擁有壓倒性的數量優勢。

因此，法國指揮官敢於打硬仗。靠徵兵制所建立起的「大軍團」（grande arme），更是自羅馬兵團之後歐洲的最大兵力。此巨大兵力，使拿破崙縱橫歐洲，所向無敵，而「全民皆兵」（nation in arms）的觀念和制度，更使拿破崙坐享其利[16]。人民既可徵召入伍，國家資源自可動員，革命政府史無前例的統治經濟，人民消費被壓低到最小限度，一切工業都收歸國有以應戰爭所需。

（二）革命軍隊的形成

「全民皆兵」另外意味著軍隊是人民的軍隊。法國大革命之前，軍隊是國王私人的武力，為國王的目標和榮譽而戰，與老百姓毫無關係。大軍團則是為自由、平等、博愛而戰，不是為王室，也不是為拿破崙打天下。法國大革命之前，只有貴族才能出任高官；革命之後，有才能的人都有出頭的機會。拿破崙有很多大將都是出身微賤，更足以鼓舞士氣。因此，法國大革命產生一種精神威力遠較其他部隊強大的軍隊，這是舊歐洲前所未有的。

（三）新的軍事方法和觀念

拿破崙戰爭中運用的「新的軍事方法和觀念」，部分是法國大革命之後的產品，另外有一部分雖早已發源於舊時代，卻因法國大革命的發生才使其有徹底實踐的可能。概括言之，拿破崙戰爭在軍事組織、戰術、技術等方面的創新，可歸納為以下四點：

1.採用軍、師的編制

師（division）的發展約在十七世紀末期。當時燧發式步槍和刺刀的普遍使用，使步兵獲得較大的獨立作戰能力。作戰時可以不必集中。因此分派小部分步兵充任前衛、後衛或側衛，成為一種很普遍的戰鬥序列。拿破崙對師的補給採取「就地徵發」的策略，亦即《孫子》的「以戰養戰」及「因糧於敵」。另外，將大軍團中的每個師，皆以步、騎、砲三個兵種以及其他支援單位混合組成，在「師」的編制上又加上「軍」（corps）的組織，

可謂充分地運用了前人的思想。

2.輕步兵的編組

輕步兵爲戰場上適應特殊環境，如山地、森林、村落等之戰術運用，帶來了新的改變，迫使歐洲的正規（regular）軍另行編組輕步兵以適應特殊環境。

3.野戰砲兵成爲新兵種

砲兵與拿破崙有重要的淵源，法國砲兵在一七六○年代達到了標準化、機動化、精密化的要求。拿破崙執政後，砲兵更成爲其寵兒；由輔助兵力的地位升格成爲與步兵和騎兵平等的野戰砲兵基本兵種。而野戰砲兵的火力密接支援，更使得步兵戰鬥力大增。

4.攻擊縱隊

攻擊縱隊，是一種戰術革命。以往軍隊在接戰時，是以橫隊排列方式，要求發揚火力。攻擊縱隊取代橫隊，強調的是攻擊衝力（offensive shock）而非防禦火力（defensive shock）。法國大革命後，法軍採取的正常攻擊隊形爲密集縱隊，並以一群散兵爲掩護和前導；其優點爲軍官容易掌握部隊，並讓訓練不足的新兵可以保持信心和團結。

拿破崙是公認是自亞歷山大以來，西方世界最偉大軍事天才。他所打過的會戰次數，要比亞歷山大、凱撒、菲德烈大帝三人加起來的總數還多。他對後世的影響，從現代戰略的觀點來看，早已不僅止於軍事或戰爭。然而，過去研究拿破崙的人，無論軍人或文人，其研究重點幾乎都是放在純軍事方面。例如，富勒即將拿破崙的戰爭原則分爲攻勢（offensive）、機動（mobility）、奇襲（surprise）、集中（concentration）、保護（protection）五項[17]。這反映了許多人企圖發現拿破崙的致勝之道，希望能對未來戰爭準備有所貢獻。從十九世紀開始，拿破崙已成爲歐洲戰略思潮的新源頭。歐洲軍人中的菁英分子對他無不推崇備至。拿破崙的功業和言論對於爾後軍事思想的發展所產生的影響至深且鉅，不言可喻，甚至到了今天，此種影響力仍繼續存在[18]。

第二節　歐陸主流兵學典範

一、約米尼

　　約米尼（Antoine Henri Jomini, 1779-1869）的故鄉培恩（Payerne）屬於瑞士的法語地區。他成長的時間點，正是法國大革命及拿破崙戰爭的時期。青年時在巴黎的銀行中當職員，受到法國大革命的刺激，一七九八年回到瑞士，利用人事關係，在法國的附庸國——希維提共和國，充任軍政部長的秘書，並取得少校的官階。一八〇一年他返回巴黎從事舊業，並對軍事學術研究發生極大的興趣，而拿破崙戰爭提供了他最直接的研究題材。

　　約米尼自稱從菲德烈和拿破崙的戰役中，發現戰略領域內確有原則存在，而那也是一切戰爭科學的鎖鑰。其著作《戰爭藝術》（*The art of war*）中，明確地指出下列四條原則：

- ·利用戰略行動，將我軍兵力的大部分連續地投擲在戰區中的決定點上，並儘可能打擊敵方的交通，而不危及我方的交通。
- ·調動兵力使我方的兵力大部分面對敵軍的一部分，即以大吃小。
- ·在會戰中，利用戰術行動，將我軍大部分兵力集中在戰場中的決定點上，或敵線的最重要部分。
- ·應作如此安排使兵力不僅集中在決定點上，而且還能迅速同時發動攻擊。

　　約米尼非常重視戰略、戰術、後勤三者之間的互動關係，以及多兵種的聯合作戰。每當拿破崙帶來一種新型態的戰爭時，他能立即提供解釋，以簡單明瞭的觀念，切合實際的分析，說明拿破崙用兵藝術的真象。因

此，後以研究拿破崙戰爭的人，無不以其觀念爲基礎。從一八一五年（滑鐵盧）到一九一四年（第一次世界大戰）的一百年間，約米尼的思想支配著整個西方軍事思想領域，甚至到了第一次世界大戰之後，仍是軍事思想主流之一[19]。

二、克勞塞維茨

克勞塞維茨（Carl Philip Gottlieb von Clausewitz, 1780-1831）在西方戰略思想中的地位，幾乎與孫子在我國戰略思想中的地位相當，同樣都是空前絕後，古今一人。出生於一七八〇年，小約米尼一歲，家世勉強可算是普魯士（Prussia）小貴族階級的克勞塞維茨，是家中幼子，性情內向且好學不倦。先祖大部分都是文人，從事宗教及教育事業，不過其父曾參加七年戰爭並以尉官退役。故嚴格說來，以其家世與個性，他應該是個文人而非軍人。

一七九二年，十二歲的克勞塞維茨進入普魯士陸軍爲步兵士官；一七九三年到一七九五年，參加了對抗法國的第一次聯盟戰爭。此後六年駐防在新魯平（Neuruppin），並在菲德烈大帝之弟亨利親王（Prince Henry）創設的圖書館中，潛心研究軍事、哲學、政治、藝術、教育等各方面的知識，啓發了寬廣的學術基礎。

一八〇一年，克勞塞維茨獲准進入柏林新開辦，由沙恩霍斯特所主持的「戰爭學院」（War College）進修。沙恩霍斯特是德意志建國史上的關鍵人物，他是集思想家、政治家和軍事家，對政治改革和軍事改革都有重大貢獻。起而，從戰略思想的觀點來看，沙恩霍斯特最大的貢獻是發現和培養了克勞塞維茨。一八〇三年克勞塞維茨以第一名的優異成績於戰爭學院畢業，踏上軍事和政治的旅途[20]。

克勞塞維茨的著作很多，流傳最廣且足以代表其思想精華的是一八一九年左右開始撰寫，一八三一年十一月臨終前仍在修改，身後由其夫人整理後發表出版的遺著《戰爭論》（On War）。這部十萬餘言的巨著，共分八

篇一百二十五章。第一篇論戰爭本質、第二篇論戰爭理論、第三篇爲戰略通論、第四篇爲戰鬥、第五篇爲兵力、第六篇爲防禦、第七篇爲攻擊、第八篇爲戰爭計畫。整體而言，由最根本的「戰爭本質」起至最複雜的「戰爭計畫」，思想架構非常完整且合乎邏輯順序，能首尾呼應；與我國六千餘言的《孫子》十三篇似有類同。然而，必須要說明的是，這部書雖然是克勞塞維茨花費近十二年心血所著述，但因其染上霍亂而早逝，致使原訂的修改計畫尚未能夠完成，因此內容龐雜，瑜瑕互見。然而，以他自己認爲已經修改完成而定稿的第一篇第一章而言，則結構清晰，意涵明確深入。克勞塞維茨的早逝，對於軍事學術，實是一大損失。

《戰爭論》雖是一本著者尚未定稿的著作，但其中揭示的戰爭理論，仍備受推崇。綜論其基本觀點，或許有無法窺其堂奧之感，然卻爲大學生建立戰爭概念的有效方式之一。其重要觀點，綜論如下：

（一）論戰爭性質

1. 基本認知

- 戰爭是二者間決鬥的擴大；集合無數的各個決鬥，合成一體而爲戰爭。並且爲一種強迫敵人遵從我方意志的行動。是以，戰爭永無自主地位，經常爲政策的工具或手段。
- 戰爭或許爲原始的暴力、仇恨和敵意等盲目的自然力所肇發，但戰爭卻是一種互動（interaction），其發展並非某一單方所能單獨決定，必然是互動的結果。因此也就產生複雜的機率和精神力於其中。

2. 戰爭的迷霧與摩擦（the fog and friction of war）

- 戰爭中的景況，一切都像在「霧裡看花」，都是在不確定的情況下完成。沒有任何其他的人類活動是如此連續地或普遍地與機會連在一起。猜想和運氣在戰爭中扮演重要角色。死亡和疲勞緊張隨時存在，一切思考和行動都受到衝擊，沒有人能夠絕對清楚發生了什麼

事；這就是「戰爭之霧」。

‧從事戰爭的每一個部分都是由人所組成，它不是整片的。所以一旦
　戰爭開始進行，各個部分的不協調就都潛存著相互摩擦的因子。這
　使得戰爭中的行動好像在有抗力的物質中運動一樣。就像最簡單和
　最自然的步行，在水中不易做好一般。戰爭規模愈大，摩擦對整個
　系統產生的干擾亦相對加大。

‧想用原則、規律甚或體系來裝備戰爭指導，是具有積極努力的意
　義。然而，那只是一個「可欲的」目標，卻也是一個無法達到的目
　標。戰爭所涉及的無限複雜性，使其不可能會循著某種固定的原則
　或規律來運行[21]。因此，任何將自我設限於某種理則中的戰爭思
　考，必招致敗果。

（二）戰爭的分類

1.絕對戰爭

　　指在「理想」（ideal，指合乎邏輯、合乎自然）的狀態下，戰爭以總體
的固有性質面貌出現。亦即無任何邏輯上的限制，可以限制交戰雙方戰力
的發揮至極致。戰爭是一種力的行動，這種力的全然發揮，是戰爭的絕對
（抽象）型式。

2.現實戰爭

　　在現實世界中，所有的戰爭都無法達到絕對戰爭所要求的「理想環
境」，因為戰爭無法摒除外在因素的影響。除了交戰雙方的意圖及戰爭的發
展都不可能完全合於「理想」狀態的要求外，更有「迷霧」和「摩擦」在
其間作用。故沒有任何交戰的一方能夠完全發揮戰力。所以任何戰爭，都
是「現實戰爭」。

　　戰爭的絕對型式，可以成為一種思考的參考點，使學習戰爭的人，由
其認知戰爭的真實形貌。

(三) 戰爭的工具角色

1.戰爭是政策的工具（War is an instrument of Policy）

軍事是政治之從屬，政治上的企圖是目的，戰爭僅為達成目的的手段。「戰爭僅只是政治混合其他手段的延續」。（War is nothing but the continuation of politics with the admixture of other means.）。

2.戰爭須服膺政治的企圖

儘管近代戰爭已有多種不同的種類，但其主要路線還是由政府來決定。換言之，應該是由純政治而非軍事的團體來決定，以使戰爭目標完全符合政治企圖。

3.政治運作應完全配合戰爭的手段

政治家不應希望軍事行動產生不合於其本身性質的效果，而對作戰產生不利影響。此種情況常常出現，故主管全面政策的人對於軍事必須具有某種程度的瞭解。

雖然《戰爭論》至今為西方奉為戰爭寶典，克勞塞維茨亦被尊為西方兵聖。但是，清楚認知到戰爭的殘酷、血腥與暴力的克勞塞維茨卻不崇尚戰爭，更不追求暴力。反而是希望能夠藉由對戰爭非理性行為的認知，讓世人醒悟，進而制止戰爭的不當使用。畢竟，唯有透過瞭解戰爭，才能明瞭戰爭的殘酷與可怕，進而去思考方法來避免戰爭，反制戰爭。

三、毛奇與俾斯麥

(一) 毛奇

十九世紀普魯士的總參謀長毛奇（Count Helmuth Karl Bernhard von Moltke, 1800-91）將軍，是西方歷史中最成功的職業軍人之一。他是名將也是福將，每戰必勝，從未敗北，功業蓋世，道德文章亦為後人景仰。我國傳統以「立德、立功、立言」為三不朽，毛奇將軍實可謂兼此三者之英

豪。

毛奇是克勞塞維茨的信徒[22]，深諳政治與軍事間的互動關係，並且偶爾會從戰略觀點向政府提出政策性的建議。但毛奇終其一生卻堅持職業軍人不干涉政治的原則，並誠意地服從政治家的指導。

毛奇的戰略思想，可由其在普奧戰爭與普法戰爭之間所寫的《對高級部隊指揮官的訓示》（*Instruction for Superior Commanders of Troops*, 1869）及在普法戰爭後所寫的《論戰略》（*On Strategy*, 1871）[23]為代表。他非常重視歷史，認為只有歷史的研究，才能令未來的將領認清戰爭的複雜性。在其領導之下，軍事史的研究成為普魯士參謀本部的主要任務之一。除了重視歷史研究之外，毛奇在思想方面還有另一最大特點，那就是對技術因素極為敏感。例如毛奇發現鐵路可以提供新的戰略機會，利用鐵路來運輸部隊，比拿破崙時代的行軍速度快六倍，使得一切戰略基礎的時空因素都必須作新的計算。

毛奇也非常重視指揮組織的效率。他認為指揮權必須統一，切忌一國三公的現象。所以，戰爭不能用會議的方式來指導，戰術決定必須在現場作成，統帥不應該干涉戰術性的安排。各級指揮官必須養成習慣，只告訴其部下應該做什麼（what to do）而不管他們怎樣去做（how to do）。在毛奇的領導之下，德國陸軍發展成功舉世無雙的特殊指揮系統，也為德國奠立了強大的國力基礎。他的傑出成就，在古今中外的戰略家中，幾乎沒有人能和他比擬[24]。

（二）俾斯麥

從十七世紀到十九世紀的西方近代史中，幾乎所有的戰略家都是職業軍人，他們的思想嚴格說來，應稱之為軍事思想，並未達到所謂戰略思想的境界。到了十九世紀後期，文人戰略家（civilian strategist）德意志帝國的「鐵血宰相」俾斯麥（Otto von Bismarck, 1815-1898）的出現，才將思想提昇超出了軍事層次，進入了大戰略的境界。

一八六一年，在普魯士軍政部長羅恩（von Roon）的推薦下及力勸

下，威廉一世任命俾斯麥為首相。當時的普魯士，不算是個強國，而且同時面臨著內憂與外患。俾斯麥面臨此種情況，即引導民意要求民族統一，緩和了國內要求立憲的政治危機，從而化解了安內與攘外兩種互相衝突的狀況，以攘外為手段達到了安內的目的。

在國內情況略形安定下來之後，俾斯麥即開始其外交運用來為其統一日耳曼的大戰略奠定基礎。他一方面阻止奧國取得對日耳曼民族的領導權，另一方面則加強與俄國的合作。整個戰略開始是隱忍以待時，藏器以待用[25]。

機會終於來了，一八三六年丹麥宣布兼併日耳曼邦聯的兩個公國（Duchy），俾斯麥立刻抓住這個機會，引誘奧國一同出兵，發動了普丹戰爭（1864）。這是一場小型戰爭，但其勝利卻有重大政治意義：首先是確立了俾斯麥在普魯士政治上的地位；其次是提高了普魯士在日耳曼邦聯中的地位及在歐洲的地位；其三則是堅定了普魯士軍民的士氣。

普丹戰爭結束後，俾斯麥就開始為下一次戰爭作準備，這次是要解決奧國對日耳曼統一的雜音。一八六六年普奧戰爭發生，俾斯麥先以外交使奧國陷於孤立，再由毛奇迅速獲得勝利。獲勝後，俾斯麥獲得了奧國不再過問日耳曼統一問題，故在和約上對戰敗國異常寬大。這使得奧國後來不但不存心報復，反而變成德國的忠實盟友，直到一次大戰時為止。

國內的反對勢力在普丹戰爭後解決了，日耳曼聯邦內的反對勢力在普奧戰爭後解決了。現在只剩下歐洲反對日耳曼統一的勢力——法國。一八七○年俾斯麥激怒了法國，使其不計利害投入戰爭。又利用與俄奧兩國的友好關係，使所有歐洲國家保持中立，任普法兩國決鬥解決爭端，並決定戰後不以召開國際會議的方式來談判和約。一八七一年法國戰敗，俾斯麥在無異議的情況下，完成了日耳曼以帝國之名統一的大業。從一八六一到一八七一年，十年之間，鐵血宰相實現了他的大戰略，德意志帝國成為歐洲新強權。從現代戰略思想的觀點來衡量，俾斯麥雖無軍事論著留冊，卻實為大戰略家（grand strategist）的楷模[26]。

第三節 英國與海洋兵學的發展

一、海權思想的源流與發展

西方文明發源於地中海區域，與海洋有其不可分的關係。從羅馬的戰爭史中「海權」的基本戰略觀念始終穿插其中。據羅辛斯基所云，此一名詞原為修西提底斯所首創[27]。但古代西方並未曾產生能夠把海洋戰略當作整體來思考的海權思想家。雖然古代不乏海軍名將，也知道在海上如何作戰，但從未有人嘗試發現和建立有系統的海洋戰略思想。希臘和羅馬所留下的歷史著作中，雖有很多有關海洋戰略的紀載，但一般只是供作例證，並無綜合的結論。當歐洲進入中世紀（黑暗時代），海權仍經常是平時繁榮和戰時成功的來源，但還是很少有人對其性質和重要性，以及應如何運用，進行理論上的研究。

十五世紀海戰的場地由地中海擴展及大西洋，戰爭的工具由大划船進步為帆船，歐洲的海戰根本還是海上進行的陸戰，真正的軍艦（warship）幾乎不存在。儘管如此，技術的進步（其表現為使用風帆和裝置火砲的軍艦）不久即迫使歐洲人對於海洋戰術和戰略作出新的思考。首先發表的思考成果，為西班牙人沙維斯（Alonso de Chaves）。於一五三〇年左右寫成的《海員寶鑑》（*Espejo de Naviagantes*，英譯名*The Mirror of Seamen*）。他相信艦隊若知道如何行動，就會有較大的成功可能，而且可以合理地指導其趨向此目的。他的著作可能是首次企圖對於帆船時代的海戰，建立一套明確的戰鬥隊形和戰術原則[28]的嘗試。而在帆船時代的英國，培根（Sir Francis Bacon）和芮萊（Sir Walter Raleigh）等人，也都嘗試發展適當的海洋戰略。培根曾指出：「支配海洋的人享有巨大的自由，他對戰爭可任

意作或多或少的選擇。」芮萊則認爲：「只要握有制海權，則英國將永遠不會受到征服。」[29]

在伊麗莎白時代（1558-1603），很多英國人已在思考海洋戰爭的問題，但眞正有系統的海戰理論是到十七世紀末期才開始出現。最先提出此種理論的，是一位法國人而不是英國人，何斯特神父（Father Paul Hoste, 1652-1700）。他的《海軍演進論》和《海軍藝術》二書，被當時譽爲最佳的海軍戰術著作。何斯特把海戰中的雜亂無章情況簡化爲幾何形式，把那些隊形分爲「縱隊」（la ligne de file）、「橫隊」（la ligne de front）和「梯隊」（la ligne de relevement）三大類，並根據這些隊形來設計固定的行動法則，從而把艦隊變成一個能控制和有紀律的單位。

法國人早在英國人之前，即已認清應利用科學來替海軍服務。海軍軍官必須接受專業教育，艦船也應作特殊的設計。直到十八世紀中葉，法國在海軍理論的發展上領先英國的地位。

法國人對於海戰又還有另一種不同的觀念，他們認爲擊沉敵人的軍艦不一定就是海戰的主要目的，且認爲能引誘英國人離開某一位置或目標，有時比擊毀其兵力還要重要。依照傳統觀念來看，這似乎是違反了海上戰爭的基本精神。但此種的避戰戰略與高度戰術技巧的配合，常使英國人感到困惑，並引起長達一個世紀的海上游擊戰。而英國海軍堅持保持完整作戰線的戰術準則，更使其處於不利的地位。

爲了改進不利的情勢，英國一位愛丁堡的退休商人，克內克（John Clerk, 1732-1812），在一七八二年發表其第一版的《海軍戰術論》（*Essay on Naval Tactics*）。這本書不僅解釋了法國海軍的優點，而且還對英國海軍提出了一種革命性的建議，即集中兵力來攻擊敵方交戰線的一部分。他的理論對於英國海軍戰術曾經產生重大影響，納爾遜對他更是非常敬佩。

在拿破崙戰爭後，英國終於取得海上霸權的地位。海戰的型態變得比較符合英國的要求，且使英國人有了自我陶醉的心態。這種心態導致英國海軍開始墨守成規，而不再追求進步，遂又再度進入思想上的黑暗期[30]，直到富勒和李德哈特的出現。

二、富勒與李德哈特

第一次世界大戰後，英國出現兩位戰略大師，富勒和李德哈特，不僅在戰略思想領域中大放異彩，也開闢了一個新境界。

拿破崙戰爭之後的英國，在文化和思想上還保存著濃厚的啓蒙時代遺風，對約米尼的思想自然非常容易接受。第一次世界大戰對英國人心靈上的傷害比歐洲任何其他民族都更爲深刻。因爲在這場大戰中，英國放棄其傳統的海洋戰略，卻改採法國的大陸戰略。捨其所長而用其所短，雖終能獲勝，但卻付出極大的代價。尤其是大量的英國青年糊糊塗塗地戰死在西線塹壕之中，更令英國人心痛。痛定思痛之餘，戰後的英國廣泛地檢討戰略。思想的黑暗期終於結束。在這樣的大氣候中，富勒和李德哈特兩位戰略大師脫穎而出。

（一）富勒

富勒是正規軍人出生，第一次世界大戰期間官居上校，任英國唯一的戰車兵團（Tank　Corps）的參謀長。一九一七年坎布萊會戰（Battle of Cambrai）的計畫即由其負責。那是戰車這項新武器第一次成功運用，亦奠定了富勒其戰後思想發展的基礎。富勒在戰後提倡軍事改革，力主創建機械化部隊。但曲高合寡，受到守舊派的激烈反對，使其在英國陸軍中無處容身，而於一九三〇年以少將官階退休。退休後，富勒繼續用他的口和筆作孤軍的苦鬥，但英國政府和民間幾乎無人肯聽。晚年埋首著作，不問世事，卻開始聲譽鵲起，而其思想也受到廣泛的肯定。他一生著作四十五部，論文、講稿則多到無法計算。

富勒學問淵博，精通法文，曾閱讀拿破崙所留下的二萬二千件信函和文書，及其在聖海倫島上所口授的紀錄，由第一手的資料來研究這位軍事天才，其用力之勤實可以想見。

富勒把「大戰術」界定爲「透過戰鬥兵力的組織和分配以達成大戰略計畫和理想」，他又指出「大戰術所關心的是以破壞組織（disorganization）

和打擊士氣（demoralization）爲主，而不是實際毀滅（actual destruction），
後者乃小戰術的目標。」

富勒是一位典型的傳統戰略思想家，晚年以《西方世界軍事史》（*A
Military History of the Western World*）及《戰爭指導》（*The Conduct of
war, 1789-1941*）傳寫。富勒的《西方世界軍事史》前後一共花了三十多年
的時間，共分三卷，全書字數在一百五十萬字以上。論述起自希臘羅馬，
終至第二次世界大戰結束，在戰爭通史中，無人出其右。

（二）李德哈特

李德哈特生於一八九五年，比富勒小十七歲。第一次世界大戰爆發
時，他還是劍橋大學的學生，主修近代史。投筆從戎之後，一九一六年在
索穆河會戰（Battle of the Somme）中重傷，幾乎送命。一九二四年退
役，即以寫作維生，成爲世界聞名的軍事評論家。

李德哈特不曾受過正規軍事教育，可以算是一位文人戰略家。第一次
世界大戰末期即以步兵戰術的研究，受到英國陸軍部的重視。但他在最初
階段，對於戰略、戰史，尤其是機械化的觀念，則幾乎完全外行。他之所
以能成爲一代大師，實應歸功於富勒的提攜與指導。當富勒正在爲提倡機
械化發動而孤軍奮鬥時，有人認爲其最大的成功即爲收了李德哈特這樣一
位信徒，因爲當時李德哈特早已是英國第一流的軍事作家[31]。

李德哈特自此即接受富勒的思想，相信戰車爲未來戰爭中的決定性武
器後，便與富勒共同努力於機械化的提倡。雖然在細節上常有爭執，但大
體上意見仍爲一致。比較來說，富勒是一位創新的思想家，敢於提出上未
成熟而有爭論的意見；李德哈特則較溫和平衡，有平易近人之感。富勒對
於李德哈特的思想啓發不僅限於裝甲的領域。受到富勒的影響，李德哈特
提高了研究的層次，由戰術而戰略而大戰略。但李德哈特的思想並未受到
富勒的制約。而能青出於藍，卓然成爲一代大師。

李德哈特在三○年代即已展露頭角，但實至名歸則是在第二次世界大
戰之後。究其原因，竟是因爲德國名將對李德哈特推崇備至。古德林甚至

於還稱他爲「機械化戰爭理論的創始者」。事實上，創始者是富勒而不是李德哈特[32]。李德哈特本人也常感慨地說，他的「最佳弟子」（best purls）是德國人和以色列人，而不是自己的同胞。

李德哈特最著名的戰略思想是「間接路線」。儘管這個觀念早在一九二九年即已首次提出，但卻是經過長時間的磨練始臻成熟，一九四一年才正式以《間接路線的戰略》（*The Strategy of Indirect Approach*）爲書名。從一九四五年到第二次世界大戰結束，該書擴大再版，並成爲當時各國參謀學院的必讀書。一九五四年第一顆氫彈爆炸之後，李德哈特又把他的書修正再版，並且換了一個新書名《戰略：間接路線》（*Strategy: The Indirect Approach*）。一九六七年，他又把該書擴大再版，這也就是其生前的最後一版。

間接路線雖爲李德哈特畢生提倡的觀念，但他從不宣稱那是他的發明。事實上，他雖曾創造此一名詞，但觀念的本身則自古已有，只是在時代的變遷下，這種舊觀念被忽視或遺忘了，李德哈特在研究歷史時發現這個原理，並依照過去戰爭中的教訓加以綜合組織，有系統的解釋而成一家之言。依他自己的說明，那是他研究了三十個戰爭，二百八十多場戰役，發現其中只有六次，是用直接路線獲致決定性的戰果，其他則均屬於間接路線的勝利。

李德哈特的傳世之作《戰略論》（*On Strategy*），早已成爲經典，也是研究戰略的人必讀之書。李德哈特對戰略的定義爲：「戰略爲分配和使用軍事工具以來達到政策目標的藝術。」[33]把「戰略」的使用完全限制在軍事領域之內，而把軍事領域之外（上）的戰略則稱爲「大戰略」。就全體而言，李德哈特在戰略思想領域中的最大貢獻可能還是他的大戰略觀念，其對大戰略的重視可謂開風氣之先。[34]

問題與討論

一、西方古代戰略思想的孕育發源，以希臘及羅馬爲代表，其戰略思想的形成爲何？

二、古代羅馬興盛的原因有那些？其著名的羅馬兵團與希臘之方陣有何不同？

三、馬基維里所著的《戰爭藝術》成爲西方之「武經」，其書中主要的論點爲何？

四、試比較克勞塞維茨的戰爭觀，與孫子兵法的異同！

五、拿破崙戰爭中，在軍事組織、戰術、技術等方面，有那些創新的思維？

註釋

[1]方陣用近代術語來表示就是一種隊形（formation），那是由縱深為八人所構成的矩形，陣中的步兵都身穿盔甲，手執矛盾。

[2]鈕先鍾，《西方戰略思想史》（台北：麥田出版社，1995），頁26-27。

[3]Mark V. Kauppi and Paul R. Viotti , *The Global Philosophers: World Politics in Western Thought*（New York: Lexington Books, 1992）, p. 24.

[4]鈕先鍾，《西方戰略思想史》（台北：麥田出版社，1995），頁49。

[5]同前註，頁53-54。

[6]同前註，頁74-75。

[7]此四部書原書名收錄如下：《君王論》（*The Prince*）；《李維羅馬史論》（*Discourse on the First Ten Books of Titus Livius*）；《戰爭藝術》：Dell'arte della Guerra （*On the Art of War*）；《弗羅倫斯史》（*Istorie Fiorentine*）。

[8]所引述之語，見《戰爭藝術》，第三卷。

[9]鈕先鍾，《西方戰略思想史》（台北：麥田出版社，1995），頁121-122。步兵為骨幹的觀念，廣義而言，到今天尚稱正確。傳統步兵的角色，在某些地方，是具有不可替代性的。

[10]Michael Howard ,*War in European History*的第二章〈傭兵的戰爭〉（The War of the Mercenaries）。

[11]鈕先鍾，《西方戰略思想史》（台北：麥田出版社，1995），頁137。

[12]拿破崙戰爭（Napoleonic Wars），西元1805-15年間，法國在拿破崙一世的率領下，對英、普、奧、俄所進行的一系列戰爭。

[13]Carl von Clausewitz , *On War*（Princeton , 1984 ）, p. 518.

[14]Michael Howard, *War in European History*（Oxford, 1976）, p. 76。

[15]一七九三年八月二十三日，法國革命政府宣布：「即日起，到敵軍完全被逐出共和國領土時為止，所有法國公民都有服兵役的義務。」

[16]Michael Howard, *War in European History*（Oxford , 1976）, p. 80。

[17]J. F. C. Fuller, *The Conduct of War*, pp. 45-52.

[18]鈕先鍾，《西方戰略思想史》（台北：麥田出版社，1995），頁205。

[19]鈕先鍾，《西方戰略思想史》（台北：麥田出版社，1995），頁227-231。

[20]同前註，頁241-243。

[21]這一段認識與《孫子兵法・虛實》中所指「故兵無常勢水無常形，能因敵變化而制勝者，謂之神。」有異曲同工之妙。

[22]一八二三年，毛奇進入普魯士戰爭學院就讀，當時的院長就是克勞塞維茨。

[23]Helmuth von Moltke, *Gesammelte Schriffen und Denkwurdigketen*（8 vols; Berlin1891-3）.

[24]鈕先鍾，《西方戰略思想史》（台北：麥田出版社，1995），頁298-304。

[25]鈕先鍾，《西方戰略思想史》（台北：麥田出版社，1995），頁353-356。

[26]鈕先鍾，《前揭書》，頁363-364。

[27]鈕先鍾，《西方戰略思想史》（台北：麥田出版社，1995年初版），頁49。

[28]J. S. Corbett（ed.）, *Fighting Instructions, 1530-1816*（London: 1905）,p. 3-13.

[29]Quoted in P. Colomb, *Naval Warfare, 3rd ed.*（London: 1899）,pp. 22-23.

[30]鈕先鍾，《西方戰略思想史》（台北：麥田出版社，1995年初版），頁381-384。

[31]Irving M. Gibson, *Makers of Modern Strategy*（1952）, p. 376.

[32]Brian Bond, *Liddell Hart: A Study of His Military Thought*（Rutgers: 1977）, p. 235.

[33]B. H. Liddell Hart, *Strategy: The Indirect Approach,* p. 333-335.

[34]鈕先鍾，《西方戰略思想史》（台北：麥田出版社，1995年初版），頁467-480。

第八章　西方現代兵學思想與發展

第一節 軍事科技主導兵學發展的時代

一、科技發展對軍事作戰的影響

在這科技發展日新月異的時代，武器裝備在科技的結合下，不斷地更新。各式各樣的新科技，被運用到在軍事作戰上而成為國防科技，對軍事作戰產生決定性的影響。

舉例來說，今天先進國家都想要更聰明的武器，而其第一步就是研究新的高科技。美國的軍事規劃者，汲汲於尋求下一代的高科技感應器，以偵測遠在五百到一千哩之外的固定物體和移動動物。這種感應器可以裝在飛機、無人飛機，或太空飛行器上，更重要的是：這些感應器不再由中央集中控制，而由各戰區的指揮官控制，他們可以視需要予以調動，並調整自己所需的情報性質。不久的將來，這種聰明的感應器將可以把各種不同的精密數據集合在一起，或是予以「融合」、「合成」，並且和資料庫相互比對。其結果是獲得更好的早期預警，更精準的瞄準能力，與更精確的戰果評估。

科技發展的影響層面不僅深入現代人的生活，對軍事層面之影響尤其明顯。揆諸近世軍事發展史，從拿破崙、納粹德國以降，業已發生兩度重大變革，而今美國推行之「軍事革命」又將國防事務推進一個新領域。未來誰能掌握尖端科技，即可穩操制敵先機之勝券。本書將於第十七章到二十一章詳細介紹。

二、軍事科技發展改變用兵思想

軍事科技的發展除了會影響軍事作戰的型態與結果，還會改變各國將領的用兵思想。近世軍事史上最有名的「軍事革命」首推拿破崙之軍事構

想，當時拿破崙實施徵兵制、創設師團、以決戰戰爭取代有限戰爭的戰略構想，促使戰術、戰法和軍隊組織、編制的變革。由拿破崙催生的變革，延續至第二次世界大戰再度發生軍事革命，當時德國充分運用機械化部隊、通信技術和轟炸機發展而成的閃電戰術，使法國的馬其諾防線瞬間崩解。半世紀後，美國本土指揮中心在波斯灣戰爭時（一九九一年）即透過衛星偵知伊拉克預備發射飛彈之情報，迅速通令駐防波斯灣之美軍予以迎擊。至於龐大的後勤補給，美方更透過民間網路提供協助，迄此正式開啓第三波軍事革命的帷幕。現今由美國所引領的軍事事務革命（Revolution on Military Affair）係以資訊革命作爲整合技術及裝備的樞紐，藉以改變軍事組織及戰術運用方法，進而促使戰爭型態發生革命性的變化。

以資訊革命爲軍事革命核心，結合高科技以遂行情報蒐集、分析、研判及傳遞的能力和時效，勢將成爲掌握戰局優勢的關鍵。

第二節　冷戰時期的戰略思維與理論

一、蘇聯對中國大陸的圍堵和中國大陸之對策

從一九六〇年代開始，「中」蘇兩國間之爭執意識形逐漸增高，到了一九七〇年代中期，演變成軍事衝突。一九七三年越戰結束，美國從越南退後，蘇聯即開始拉攏越南，並在中國大陸南疆開闢第二戰場。

一九七〇年代的最後一年，中國大陸邊境上連續發生了三件大事，嚴重地影響了中共全球性的戰略思維。

第一是（一九七八年十二月底）越南出兵柬埔寨。越軍推翻了一向親華的波爾布特共黨政權，扶植了一個新的政權。

第二是（一九七九年二月十七日）的中越之戰。中國大陸出兵侵入越

南北方，以支援波爾布特游擊隊，中共稱之爲懲越自衛戰。

第三是蘇聯於一九七九年十二月二十五日的入侵阿富汗，推翻了原有政權，扶植另一親蘇政府。

此一發展，對中國大陸造成莫大威脅。鄧小平遂利用毛、周當年所開創之中美和解，進一步展開統一戰線，尋求戰略合作，對付蘇聯圍堵[1]。當時由於文革之破壞，中國大陸元氣未復，無法對外作戰。故一方面設法延緩戰爭，努力推行整軍與現代化工作；並同時準備於必要時仍以當時條件，進行人民戰爭以保衛國土。而這三件事情之結果，一方面加強了蘇聯對中國大陸之圍堵，一方面又促成了「中」、美的統一戰線，合作對抗蘇聯和越南。

二、「中」、美、蘇三角關係之形成

(一) 中美戰略合作關係之出現與發展

自一九七二年尼克森等一次訪問中共，開啓「中」、美關係和解之門後，經過八年之久，歷經三位總統，一九七九年元月雙方宣布正式建交。建交後鄧小平隨即赴美訪問，以促進兩國之合作。鄧小平在美期間，和美國達成了秘密協議，准許美國在新疆設立電子偵測站，蒐集蘇聯飛彈實驗資料，並且可能獲得對越戰爭默許，從而達成了初步之戰略合作。一九七九年可謂雙方關係之蜜月期。此時的中國大陸當局切望和美國建立友好關係，以獲得先進技術和武器，助其完成四個現代化。

(二)「中」、美、蘇三角對等關係之出現

雷根接任美國總統之後，因其親台政策而導致中共的不滿。爲了平息中共的不滿情緒，雷根曾派遣其副總統候選人布希先生訪問北京，解釋其未來之對華政策。然而，雷根卻未改變其親台政策，因此甫經建立之戰略合作關係，立刻惡化。爲免於雙方關係繼續惡化，雷根於就職後，先後於

一九八一及一九八三年派遣國務卿海格爾（A. Hail）和舒爾茲（G. Shultz）訪問北京，希望重修舊好，增進合作。但又爲武器售台問題，引起糾紛。美國雖已向中國大陸輸出科技和武器以換取諒解，雷根自己也親赴北京疏導，但雙方已失去信心，無法進一步合作。

當「中」美關係發生裂痕時，蘇共總書記布里茲涅夫抓住機會，於一九八二年在靠近中國新疆之塔什干城發表演說，向中國大陸招手，表示改善兩國關係之願望。雖然當時中共雖未作出積極回應，但在「中」美關係停滯不前之環境下，後來終於提出了改善關係之三條件——蘇聯從阿富汗撤軍、從「中」蘇及「中」蒙邊境撤軍，並且迫使越南從柬埔寨撤軍。

一九八五年戈巴契夫就任蘇共總書記後，開始實施政治改革，並在國際外交上採取和解姿態。不久即宣布由阿富汗撤軍，並開始逐漸減少「中」蘇邊界駐軍。等於同意了該三個條件，中共隨即開始和蘇聯接觸。截至一九八九年，蘇軍完全撤出阿富汗，越南亦宣布由柬埔塞撤退。「中」蘇兩國間之障礙解除，戈巴契夫親蒞北京訪問。三十年的交惡自此盡去。在中共一再聲明採取獨立外交，絕不倒向一邊的原則下，「中」、美、蘇等距離的三角關係終於形成，而中共亦開始擴展全面外交，不再拘泥於傳統的意識形態[2]。

三、中國大陸現實主義的戰略觀

一般人均將中國大陸的「人民解放軍」描述成一支落後的大陸型部隊，並認爲這支部隊就算到了二十一世紀都無法對其鄰國或美國構成威脅。許多研究「人民解放軍」的團體並認爲共軍的相關著述所中所顯示對軍事事務革命（RMA）的意圖，只是非分之想。

然而，近年中共在軍事上所改採的現實主義，卻有效地加速了軍事打繫打繫能力的發展。現在中國大陸對其電信基礎結構——堅固的太空、空中及地面基地感測器網路，正進行革命性的現代化，並將電子攻擊系統列爲優先建構的對象。未來共軍在發生在其週邊的武裝衝突中，預期可獲得雷戰

優勢。此種優勢輔以更精準且更具致命性的新一代戰區彈道飛彈,在未來的台海衝突中,將提供共軍決定性的優勢。

除此之外,中國大陸又利用蘇聯瓦解後陷入的經濟、困境,藉機向其採購高性能戰機,以快速建立空優,藉以壓制敵空軍及摧毀敵防空系統;中共藉由密集的外來科技援助,大力投資兩用太空基地系統,該系統完成後將可增強共軍的整體軍力。使其能確實掌握週邊地區,並將使美國是否介入台灣危機的問題複雜化。中共「新構想」的導能武器,包括高能微波和高能雷射,在不久的將來也可能成功。此種建立高技術條件戰爭工具的作法,充分展現了中共現實主義的戰略。

第三節　冷戰後戰略思維的變遷與理論發展

一、殲滅戰的式微,第三波戰爭興起

隨著第三波戰爭的興起,殲滅戰的式微,後冷戰時期將是第三波戰爭型態的擴大發展階段。然而,不論哪個國家或軍隊,要擬出適當的戰略,都得面對自己獨特的挑戰。對擁有全世界最先進軍力的美國來說,這也就表示他們在第三波戰爭興起的同時,對於他們的戰略思維,必須進行徹底的重整了。「第三波」軍事革命已經在波斯灣戰爭中實現,其所憑藉主要為電子科技及資訊科技對戰爭工具的影響,未來的戰爭,更將成為以新科技為主的高科技戰爭,高科技將支配戰爭局勢。

一九七○年艾文‧托佛勒(Alvin Toffler)出版他的《未來的衝擊》(*Future Shock*)以來,資訊社會正在逐漸形成。一九八○年他的第二本未來學著作《第三波》(*The Third Wave*)以及一九九○年的第三本未來學著作《大未來》(*Powershift*),指出了在第三波社會(第一波是農業社會,第二波

是工業社會，第三波是資訊社會）中，知識資產、知識工作者以及資訊力量的興起（與傳統的武裝力量、金錢力量鼎足而三）。而資訊處理工具，資訊的使用方式也正在改變武裝力量與財務處理的方式與結構，而使資訊力成為在資訊社會中影響力最大的一種力量。

　　資訊力不但影響到技術，影響到商業經濟，也影響到軍事和國防。針對此種趨勢和現象，艾文・托佛勒與其妻海蒂（Heidi）於一九九三年共同執筆出版了《新戰爭論》（*War and Anti-war*）。指出知識不但改變了武器（精準武器、智慧型武器、非致命性武器），也催生了新的戰爭型態（針對電腦通訊系統的戰爭、針對資訊系統運作的戰爭、針對資訊資產的戰爭）。同年由退役空軍上校艾爾・卡本（Al Campen）出版的《第一個資訊戰——波斯灣戰爭中通訊、電腦和情報系統的故事》正式宣告資訊戰時代的來臨。由於資訊革命將被視為軍事革命的核心要務，結合高科技遂行情報蒐集、分析、研判及傳遞的能力，勢將成為掌握戰局優勢的關鍵。

二、國際新秩序：一超多強架構形成

　　自冷戰結束後，國際局勢在「和平、和解、對話及合作」中演變，世局的戰略格局也朝向「一超多強」的方向發展，國際新秩序在隨著蘇聯在一九九〇年代初期解體，世界兩個敵對的意識型態陣營對抗已不復存在，各個地區強國興起國際情勢呈現出「一超多強」局面。

　　前瞻新世紀，亞太地區仍將是全球最活躍、經濟成長最快速的地區。區域內許多冷戰時期被忽略的問題如軍備競賽與主權爭議等，卻逐漸浮上檯面，可能破壞地區繁榮和穩定。如複雜的南海問題、台海兩岸危機、印巴衝突與中共積極擴張軍力等，皆將造成亞太地區權力結構之變化。

　　中國大陸近年來經濟急速發展，已被認為是最有可能成為美、俄的主要競爭者。而其因經濟力與軍力日益增長，正致力於提昇國際影響力，並基於現實利益，將戰略重點置於亞太地區以謀求成為區域霸權。故雖然中共一再重申對外的和平策略，仍不免予人有「赤龍崛起」之感。而展望未

來，二十一世紀的前二十年仍將是以美國爲首的「一超多強」局勢。

三、戰略重心的轉移：從積極交往到競爭合作關係

世界經濟形態對國家行爲和國際形勢產生重要影響，由於戰略重心遂由積極交往的關係演變到競爭合作的關係。在現代經濟生活中，雖然領土和資源占有的重要性仍不容忽視，但人才培養和使用以及社會環境的作用更形突出。這一代的青年，已將眼光放在全世界，不再局限於一國之境。這種人才環境變化和要求，對國家經濟產生重大影響，各國的國家利益追求方式也產生變化。

區域經濟合作和全球性經濟合作，近年有相當進展。區域合作的發展，對建立二十一世紀公正、合理、均衡的國際政經新秩序，將產生促進作用。歐盟經濟與政治一體化的推進、美洲自由貿易區的發展、非洲聯盟即將成立的宣告、東亞區域合作的加強以及跨區域歐亞合作的積極發展等，使全球政治、經貿、外交、軍事安全等關係重新整合。這種新的區域合作趨勢，將爲未來全球戰略型態帶來區域化基本的變化。對「一超多強」的戰略局勢，亦將產生衝擊性的影響。

問題與討論

一、由波斯灣戰爭的戰爭型態，引述科技發展對軍事作戰的影響？

二、試探討軍事科技發展與用兵思想的相互關係爲何？

三、由何處可看出中共改採現實主義的戰略觀？

四、第三波戰爭的興起，其決定性要素爲何？

五、「一超多強」的國際新秩序如何形成，應培養何種戰略思維以確保國家之長治久安？

註釋

[1] 趙倩，《中國大陸研究：「中蘇共和解與東北亞情勢」》（台北：1998年11月），卷五，31期，頁38。

[2] 鄧小平，《鄧小平文選：堅持四項基本原則》，頁158。

軍事戰略篇

第九章　軍事戰略的涵義與內容

你也許對戰爭不感興趣。但是，戰爭對你卻深感興趣

——托洛斯基（Leon Trotsky, 1877-1940）

　　中華民國政府於一九四九年底從大陸撤退來台之後，海峽兩岸之間的軍事衝突，就像孫悟空的緊箍咒一樣纏繞著雙方，蘇聯軍事學家托洛斯基曾說：「你對戰爭不感興趣，戰爭卻對你非常有興趣。」這句話應驗在台海兩岸這五十年來的軍事對峙，卻是最傳神的先知預言。所以中華民國政府在台灣這五十年間，國防預算的支出的比例一直居高不下，國防問題是我國最關切的問題，但是研究軍事問題的專家卻一直侷限於軍方（雖有少數民間學者參與），相對於先進民主國家的民眾及知識分子，對自己國家的國防事務關心及投入研究，是值得我國知識分子，尤其是大學生應該學習的。

　　在中國先秦以前或是古希臘羅馬戰爭，進行的方式是兩軍對陣，直接以陣仗、體力、武器在沙場逞凶鬥狠，往往一次交戰就決定勝負，戰略與戰術的分界相當模糊。但是隨著戰爭的發展、武器的改良和長期實戰經驗的累積，古代戰略家逐漸懂得在戰爭中使用謀略，如孫武之「孫子兵法」，並且歸納出指導戰爭的方法，於是慢慢凝聚成「軍事戰略」的概念。當前我國因台海軍事緊張源由，一直與美軍保持著良好的軍事合作關係，所以當前軍事戰略作為都與中國大陸、美國脫離不了關係，而軍事戰略是因應戰爭而準備的，並隨著敵情的威脅而開展的。

　　本篇所要探討的是，軍事戰略發展的過程以及制定的方法，並針對後冷戰時期當今世界主要國家的軍事戰略作一研究分析，以作為學者對軍事戰略有概括性的瞭解，並為爾後軍事戰略專研的跳板。

第一節　軍事戰略的涵義及制定方法

一、軍事戰略的涵義

何謂軍事戰略（military strategy）？在我國，早在商周時期就出現了「軍政」、「軍志」的軍事著作，而以孫子兵法為其代表性，根據統計我國迄今有關兵學的相關著作而存於現世者多達二千三百零八部、一萬八千五百六十七卷[1]。至於「戰略」一詞於西晉軍事思想家司馬彪就曾撰寫《戰略》一書，而北魏、明朝都有相關性著作出現，而在詩詞中也出現相關概念，如唐朝詩人高適曾寫道：「當時無戰略，此地即邊戍，兵革徒自勤，山河孰雲固。」所以大體來看，中國古代所指的戰略，一般指的是作戰謀略和帶兵打仗的方法，與現代的戰略幾乎相同。

在西方，軍事戰略就是「將道」（strategos; strategeia）[2]，而「戰略」正式成為現代軍語是十八世紀以後，從法國拿破崙大兵團橫掃歐洲、普魯士參謀學院的建立，以及十八世紀末的歐洲戰爭，促成了西方兵聖克勞塞維茨（Carl Von Clausewitz, 1780-1831）的誕生，克氏說：「戰術和戰略是在空間上和時間上相互交錯，但在性質上又不相同的兩種活動；戰術是『戰鬥本身的部署與實施，是在戰鬥中使用軍隊的學問』；戰略是『為了達到戰爭目的，對戰鬥的加以運用』。」[3]此句將戰爭的規則、現象及對應之道，一語道破。

從十九世紀迄今，戰爭面貌的不斷變遷，促成戰略思想的空前活躍，新的戰略學派和戰略思想不斷出現，加上科技進步引發武器的大革命，飛機、戰艦、坦克、飛彈、核子武器出現於戰場，讓軍事戰略理論的建構成為了現代西方的產物，更成為武力強國的實驗場，而讓全球都遵循這規則，形成了現代軍事戰略的概念。

職是之故，現在要認清軍事戰略的定義是十分重要。軍事戰略目前沒有一個統一的定義。「戰略」一詞在今天使用得很不嚴謹。有的人把在軍事地圖上畫的紅、藍線叫做戰略，有的人認為詳細羅列國家的各種重要目標就是戰略。弄清戰略的定義不僅僅是語義學上的問題，還關係能否適切的運用這軍事領域中這一最基本的工具。只有對軍事戰略所包含的內容取得一致的看法，我們才能更好地對戰略問題進行探討。世界各主要國家對軍事戰略定義見表9-1：

表9-1　世界各主要國家對軍事戰略定義

世界各主要國家對軍事戰略定義	
中華民國	為建立武力，藉以創造與運用有利狀況以支持國家戰略之藝術，俾得再爭取軍事目標時，能獲得最大之成功公算與有利之效果[4]。
美國	一個國家運用武裝部隊之武力或武力威脅，鞏固國家政策目標之藝術與科學[5]。
俄羅斯	軍事戰略是軍事學術的組成部分和最高領域，它包括國家和武裝力量準備戰爭，計畫與進行戰爭和戰略性戰役的理論與實踐。[6]
日本	軍事戰略是有關軍事力量的運用及計畫[7]。
中華人民共和國	籌劃和指導戰爭全局方針[8]。

從以上可以歸納出軍事戰略的實質涵義：

· 支持國家的戰略、政策目標。

· 籌劃、指導戰爭及軍事力量的計畫與運用。

· 為軍事學術的最高領域，是藝術亦是科學。

由此可知，軍事戰略是建構在國家戰略之下，服務於國家的政策目標，並籌劃、指導戰爭及軍事力量的計畫與運用，且為軍事學術的最高領域，是藝術亦是科學。

但是我們不應把軍事戰略與國家戰略（大戰略）混為一談。所謂國家戰略是指：「在平時和戰時，在組織和使用一國武裝力量的同時，組織和

使用該國政治、經濟和心理上的力量，以實現國家目標的藝術和科學。」[9] 軍事戰略只是包羅萬象的國家戰略的一部分。軍事戰略必須支持國家戰略，並服從於國家政策（一國政府為實現國家目標而採取的總行動方案或指導方針）。

　　冷戰結束後，世界進入了新的發展時期。世界大戰的可能性逐步減少，和平與發展成為時代潮流。許多國家都從過去注重於外部世界的軍事對抗轉為關注國內經濟建設。而在九○年代進行的兩場大規模高科技的區域戰爭——波灣戰爭和科索沃戰爭——凸顯出現代戰爭中高科技的重要性，所以在制定軍事戰略又面臨許多新問題，如軍事衝突的新特點為何？戰爭指導的變化為何？和平時期的軍隊應如何擴充整備等[10]。

　　從國際現勢及敵情威脅再加上國家經濟發展，在二十一世紀的今天，軍事戰略的制定更顯得重要及謹慎，稍有不慎則影響國家戰略，甚至讓國家走上敗亡之路。

> 　　第二次世界大戰期間，美國先歐後亞的軍事戰略方針的確定，對第二次世界大戰及爾後的世界和平，有極大的影響。
>
> 　　第二次世界大戰期間，美國在面臨德、義、日三個主要敵人，歐亞兩大戰場的情勢下，始終堅持先歐後亞的戰略方針。這一方針也稱為「歐洲第一」，是整個戰爭期間美國當局最重要的戰略決策，先歐後亞方針是從美國本身利益出發制定的，但形勢也有利於同盟國（英、美、法、中、蘇等為主），因為如果把兵力平均分散在東西兩戰場，只是將第二次世界大戰延長，而且誰贏誰輸尚未知曉，因為歐洲平原較易集中陸軍，所以英、美、法三國在西線，蘇聯在東線戰場分頭夾擊（外線作戰）德國，而太平洋戰場幾乎全靠美國海軍及中國支撐。而德國投降後，則美、蘇兩國轉用兵力配合中國分別從三個不同方向夾擊日本，迫使日本無條件投降（但主要原因，是日本遭受原子彈攻擊）。
>
> 　　美國的軍事戰略成功，讓第二次世界大戰不致延宕多時，讓世界人民免受戰爭荼苦，也讓美國人占盡了世界的優勢。

二、制定軍事戰略的方法

從以上探討可知軍事戰略是建構在國家戰略之下，服務於國家的政策目標，並籌劃、指導戰爭及軍事力量的計畫與運用，且爲軍事學術的最高領域，是藝術亦是科學。

所以在訂定軍事戰略時不僅要能達成國家政策的主要目標，還能運用於制定軍事計畫和遂行作戰行動。如以美國爲例，其制定軍事戰略的模式既要適用於制定全球性軍事戰略，也要適用於制定專門針對某一地區或某一國家的戰略，還要適用於制定短期的現行戰略和著眼於部隊發展的長期戰略。

基於以上著眼，必須做好三件事，就是：建軍、備戰和用兵[11]。這三個名詞相當的抽象，所以必須有一種制定戰略的標準作業程序（SOP），讓領導者、戰略家對當前情況有依循判斷的程序，也就是戰略構想[12]，是一種可以合理解決任何問題的可靠且正確的程序。此程序爲（見**表9-2**）：

「戰略構想判斷程序」的第一項內容是「規定任務」。任務可以是國家的方針大策，也可以是最高當局（如總統、國家安全委員會或立法院）提出的任何有關的指導方針。這些方針可以解決在制定軍事戰略時遇到的「爲什麼」的問題。指導方針有時以闡述我國國家利益的形式出現。國家利益可以解釋爲國家最關心的問題，如兩岸和平、防衛固守、獨立自主、國家完整、經濟繁榮等。

軍事戰略的主要目的在於保衛這些國家利益。不同的時期有不同的國家利益。隨著時間的變化，國家利益也發生變化。因此，我們的方針和軍事戰略也應該隨之變化。這個問題說起來容易，做起來難。常常有這樣的現象，就是情況已發生變化，但軍事戰略和國防計畫卻絲毫未變。指導方針有時也以政治目標或經濟目標的形式出現。這些目標必須轉換成軍事目標，也就是轉換成使用軍事實力去完成的特定任務。

「戰略構想判斷程序」的第二項內容是「判斷情況」。它要求領導者、戰略家研究有關地區的情況，並回答在「何處」，採取行動的問題。對準備

表9-2　戰略構想判斷程序

戰略構想判斷程序		
一、任務	國家政策（指導方針）	爲何
	國家利益（目標）	
二、情況		
1.作戰區域	地區	何處
（1）軍事地理		
（2）運輸		
（3）通信聯絡		
（4）其他		
2.雙方戰鬥力	軍事實力	誰
（1）敵人的能力與弱點		
（2）我方的能力與弱點		
三、行動方案	軍事目標	什麼
	軍事戰略方針	如何　何時
1.敵軍		
2.我軍		
3.分析和比較		
四、決定	軍事戰略	

採取行動的地區必須仔細加以分析。必須研究有關軍事地理、運輸條件和通信聯絡等問題的情報，弄清這些情況對我們的戰略會產生什麼影響。

　　下一個步驟是分析我方的戰鬥力和盟國或友好國家的現有軍事實力（如美國、日本等），還要分析那些可能危及我國利益的敵對國家的相應能力（如中國大陸）。這就可以回答「是誰」的問題。而在制定短期戰略，應想到當前可以用以推行這種戰略的軍隊，並瞭解敵我雙方的能力和弱點。我們不可能獲得有關作戰地區和敵軍的全部情報，因此還應對一些未查明的情況進行推斷。

　　「戰略構想判斷程序」的第三項內容是「確定行動方案」。此時，我們應該對幾種可供選擇的軍事目標與軍事戰略方針進行分析和比較。軍事目

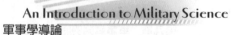

標就是使用軍事實力完成的特定任務，它產生於國家的指導方針。軍事目標規定了軍隊必須完成「什麼任務」（如有效嚇阻、防衛固守或是境外決戰）。軍事戰略方針是為保證軍事目標的實現而制定的軍事行動方案，它回答了軍事戰略中「怎樣做」的問題，也就是怎樣使用軍事實力的問題。同時，應該研究各種可能的方案，以確定我國應該在「何處」、「何時」動用軍事實力。

最後，「戰略構想判斷程序」的第四項內容是「作出決定」。我們必須選擇軍事目標、軍事戰略方針及軍事實力這三者結合在一起的最佳方案。此方案要符合理性、可行性和合算性這幾項標準。

軍事戰略並沒有什麼標準的框架，但要記住，它是由軍事目標、軍事戰略方針和軍事實力三部分組成的，三者缺一不可。「戰略構想判斷程序」，可以幫助我們制定軍事戰略。

最後一個步驟是明確戰略與計畫的關係。軍事戰略和軍事計畫關係密切，因為軍事戰略是「總計畫」。它是制定軍事計畫的源頭。軍事計畫則是為完成今後任務或應付未來緊急情況而預先確定的行動方案。軍事戰略是計畫和行動的基礎。總而言之，軍事戰略是國家安全政策與軍事計畫、作戰行動之間重要的環節。

第二節　軍事戰略基本內容

一、戰略學派

在軍事戰略家中，存在著四種相互衝突的「軍事思想學派」，即大陸學派、海洋學派、航天學派、革命學派[13]。這四派中有相當一部分觀點是相同的。例如，所有學派最終都要依靠陸地基地，然而，每個學派通常是從

不同的地理條件來考慮問題的，因此解決戰略問題的方法，也截然不同。
分述如下：

（一）大陸學派

　　強調陸上力量的人，即克勞塞維茨戰略的直接繼承者，傾向將全球分成若干獨立的戰區。他們認為，海軍和空軍的主要任務只是將部隊運送到戰場，爾後對在戰場上作戰的部隊提供支援。而陸上力量則以武力奪取決定性的戰果，即對敵人實行長期控制，必要時可以實際占領敵人的領土。

（二）海洋學派

　　海洋學派只強調控制被大陸分割的全球水域。贊成馬漢（Alfred Thayer Mahan, 1840-1914）和柯白（Sir Julian Corbert, 1857-1922）提出的理論，只要能控制住七大洋就能決定陸地上的事務。其目的是控制影響海上力量行動的海上重要交通線和咽喉要地。爾後，使用包括封鎖在內的間接壓力，或者有選擇地向內陸派遣部隊，以便牢牢控制住陸地。

（三）航天學派

　　航天學派的奠基人是杜黑（Giulio Douhet, 1869-1930），此派的基本理論是：第一，空軍能在沒有援助的情況下產生決定性作用；第二，如能放手讓空軍自由行事，就不會再有曠日持久的戰爭；第三，空軍的主要任務是掌握制空權和破壞敵人的戰爭潛力（主要指人口中心和工業基地）。對地面部隊提供空中支援只是空軍的次要任務。

（四）革命學派

　　第四種學派在性質上是「非傳統的」，其代表人物為馬克思（Heinrich Karl Marx, 1818-1883）、列寧（Vladimir I. Lenin, 1870-1924）、毛澤東、胡志明、格瓦拉（Ernesto Guevara Serna, 1928-1967）和武元甲等人。大陸學派、海洋學派和航天學派側重軍事方面，而革命學派則把重點放在政治、

社會和心理方面。革命學派運用的是間接方法和累積戰略而不是連續戰略。革命戰爭很少出現像克勞塞維茨所論述的那種大戰役。領土不是非常重要的。主要戰場是在人們的思想[14]。

二、戰爭原則

所謂戰爭原則，係指「用兵指導之共通法則」[15]，戰爭原則也可以稱之為戰爭原理，都是由戰略家根據對過去戰史的研究，所得的經驗與教訓，歸納而成的項目，用來指導戰爭獲勝的訣竅。當前世界主要國家的戰爭原則（見表9-3）。

三、戰略理論發展趨勢

數千年來，隨著歷史的變遷，以及戰爭形態的改變，為了適應戰爭需要而衍生了各種戰略理論。這些理論是兵家和戰略理論家從戰場上歸納戰爭經驗的結晶。二千五百年前春秋末期的《孫子兵法》，是影響力最大的一部戰爭理論（兵書）專著。它歸納了當時的戰爭法則，認為戰爭是關係國家生死存亡的大事，把道、天、地、將、法歸結為戰爭致勝的要素，並提出了許多駕馭戰爭的理論原則。成為世界上現存最早的一部戰爭理論著作，《孫子兵法》不僅影響中國歷代的帝王將相，而在西方一樣享有盛名，孫子被譽為「東方兵學的鼻祖」，《孫子兵法》被譽為「世界古代第一兵書」，在波灣戰爭期間甚至被美軍奉為圭臬。

克勞塞維茨的《戰爭論》（*On War*）和約米尼（Antoine Henri Jomini, 1779-1869）的《戰爭藝術概論》（*Summary of the Art of War*），是十九世紀最著名、最有代表性的軍事理論經典著作。它們從不同的角度歸納出拿破崙）時代的戰爭經驗，分別對戰爭本質、戰爭制約因素，以及戰略理論與作戰原則等問題進行了深入的研究，提出了許多符合戰爭規律的見解，對後來的戰爭和戰爭指導者產生了很大的影響。

表9-3 世界主要國家的戰爭原則

世界主要國家的戰爭原則	
美國	目標、攻勢、集中、節約、機動、統一指揮、合作、安全、奇襲、簡單[16]。
英國	目標、攻勢、集中、節約、安全、奇襲、彈性、行政、士氣[17]。
俄羅斯	後方安定性、軍隊的士氣、師的數量與質量、軍隊的武裝、指揮人員的組織能力[18]。
中共	1.先打分散和孤立之敵，後打集中和強大之敵。 2.先取小城市、中等城市和廣大鄉村，後取大城市。 3.以殲滅敵人有生力量為主要目標，不以保守或奪取城市和地方為主要目標。 4.每戰集中絕對優勢兵力。 5.不打無準備之仗，不打無把握之仗，每戰都應力求有準備，力求在敵我條件。 6.發揚勇敢戰鬥、不怕犧牲、不怕疲勞和連續作戰的作風。 7.力求在運動中殲滅敵人。 8.在攻城問題上，一切敵人守備薄弱的據點和城市，堅決奪取之。 9.以俘獲敵人的全部武器和人員，補充自己。 10.善於利用兩個戰役之間的間隙，休息和整訓部隊[19]。
戰略家柯林士 (John M. Collins)	目的、主動、彈性、集中、節約、機動、奇襲、擴張、安全、簡單、統一、精神[20]。
中華民國	目標原則與重點、主動原則與彈性、攻勢原則與準備、組織原則與職責、統一原則與合作、集中原則與節約、機動原則與速度、奇襲原則與欺敵、安全原則與情報、士氣原則與紀律[21]。

資料來源：作者自行整理。

　　在進入二十世紀後，因科技進步、戰具急速變化，相對地，現代化戰爭與戰略理論也一樣不同以往古典戰略理論。繼十九世紀末美國人馬漢提出「海權論」以後，「空權論」、「地緣戰略理論」、「機械化戰爭理論」、「總體戰理論」、「間接路線」、「核戰略論」、「軍備管制」、「有限戰爭理論」等新的戰略理論在二十世紀相繼出現。而在二十世紀末，「資訊戰理

論」也隨著人類資訊時代的到來和資訊戰的出現，形成新的戰爭型態，進而衍生出神出鬼沒的網路戰、駭客大戰等，讓人防不勝防。更極端甚至「超限戰」、「恐怖戰爭」讓二十一世紀充滿不確定因素。

所以人類踏入二十一世紀的門檻之時，又面臨著一次歷史性的大轉型，即由工業社會轉變為資訊社會。不僅科學技術與社會生活面臨革命性的變革，戰爭型態以及相對應的軍事思想與戰略理論也隨之發生變革。從人類文明史上看，戰爭型態與社會型態有著相當密切的關聯。因此，有關二十一世紀戰爭型態與戰略理論的問題，必須在立足在全球化下的資訊社會及高科技的軍事思維下來研究與思考。

第三節　軍事戰略演變

一、中國傳統軍事戰略思想

中國自有史以來，軍事戰略鼻祖為周朝初期的功臣太公望呂尚，其思想謀略，由當時的史官記錄，以後就編成《六韜》、《三略》、《陰符經》三部書，一直流傳至今，為我國最古的兵學著作[22]。但現存我國之兵書中，當以春秋時代之《孫子兵法》為最。而我國的軍事戰略思想也以先秦時期最為蓬勃，而秦國建立統一帝國，軍事戰略思想逐漸凋落，在此將先秦時期有關戰爭觀部分整理如下：

（一）儒家

在諸雄爭霸之時，至聖孔子對軍事也是相當注意，所以孔子在傳授弟子技藝時之六藝「禮、樂、射、御、書、數」中關於戰鬥技能就占了兩項，而在哀公十一魯國與齊國戰，汪錡戰死，錡為一童子，魯國以殯禮葬之，「孔子曰能執干戈，以衛社稷，可無殤也。冉有用矛於齊師，故能入

其軍，孔子曰義也。」[23]

然而儒家雖教授其弟子戰鬥技巧，但是其本質仍然持反戰觀點，所以孔子曰：「俎豆之事，則嘗聞之矣；軍旅之事未之學也。」（論語魏靈公篇）。「善人爲邦百年，亦可勝殘去殺矣。」（論語子路篇）[24]，而孟子更是一位反戰的激進者，孟子曰：「爭地以戰，殺人盈野，爭城以戰，殺人盈城。此所以率土地而食人肉，最不容於死。故善戰者服上刑，連諸侯者次之，辟草萊任土地者次之。」（孟子離婁篇）[25]

雖然儒家反戰但卻不避戰，在當時時空背景征戰惟諸侯王宮獲得利益的最佳捷徑，所以儒家思想中，在民信的前提下則可足兵。故孔子曰：「善人教民七年，亦可以即戎矣。」、「以不教民戰，是謂棄之。」（論語子路篇），所以吾人可知悉，儒家雖反戰但不避戰，且透過教化功能，使人民知戰爭，而達全民國防，一但戰爭爆發則以仁義號召，所以儒家爲爲義而戰[26]。

（二）道家

道家對戰爭是持完全否定的態度，「以道佐人主者，不以兵強天下。其事好還。師之所處。荊棘生焉。大軍之後。必有凶年。」（老子三十章）、「天下有道。卻走馬以糞。天下無道。戎馬生於郊。」（老子四十六章）但矛盾的是，研究戰爭爲主的兵家思想，卻多出於老子。孫子曰：「能而示之不能，用而示之不用。」（孫子使計篇）、「善攻敵不知其所守，善守敵不知其所攻。微乎微乎，至於無形，神乎神乎，至於無爲。」這種思想與老子吻合。

雖然道家思想否定戰爭，但仍有「不得已而用之」的時候，老子主張自然，排斥作爲，而以恬淡無慾爲最上，生物中爲求生存而從事戰爭殺戮，是自然現象，老子並不排斥[27]。他所否定的是人爲的戰爭，爭權奪利的戰爭。

（三）兵家

　　兵家的思想以孫子為其代表，其《孫子兵法》，極為含蓄而高遠，其所舉列的原理原則直到今天依然適用。在宋朝仁宗期間，為使將領學習兵家著作，曾公亮奉命編撰中國第一部的軍事百科全書《武經總要》，宋仁宗並為之作序；而到神宗，從其中選出七部，號稱《武經七書》，定為官書，為朝廷選拔將才的必用教材及考題。而我國國防大學目前也將《孫子兵法》列為進修深造的基本教材。《武經七書》為《吳子》、《司馬法》、《尉繚子》、《李衛公》等兵書，連同《孫子》、《六韜》、《三略》統稱為《武經七書》，為兵學家所一致傳誦。至今仍為我國軍事院校必研修之教材。

　　《孫子兵法》是戰國初期齊人孫武所著，並將此書獻與吳國君主闔閭，孫武處於春秋戰國之交年代，戰事頻繁的時代加上軍人的背景、軍人後裔的家族出身，促使孫武年輕就研究軍事政治，發奮著書寫成《孫武兵法》十三篇，起初沒有篇名，為後人冠之，依序為：

　　‧卷上五篇：計、作戰、謀攻、形、勢。
　　‧卷中四篇：虛實、軍爭、九變、行軍。
　　‧卷下四篇：地形、九地、火攻、用間。

　　卷上大體為戰爭總論，論述戰爭與政治、經濟、後勤等關係；卷中為戰略方針；卷下為戰術論。《孫子兵法》有別於《論語》、《老子》之「語錄體」性質，全書有總體邏輯，並能用於實際的軍事指導實用，為我國目前最好也是最完整的兵書。

孫子兵法精要

　　用兵最高原則：
　　凡用兵之法，全國為上，破國次之；全軍為上，破軍次之；全旅為上，破旅次之；全卒為上，破卒次；全伍為上，破伍次之。是故百戰百勝，非善之善者也；不戰而屈人之兵，善之善者也。

最高明的戰略家：

見勝不過眾入之所知，非善之善者也；戰勝而天下曰善，非善之善者也。故舉秋毫不爲多力，見日月不爲明目，聞雷霆不爲聰耳。古之所謂善戰者，勝於易勝者也。故善戰者之勝也，無智名，無勇功。故其戰勝不忒，不忒者，其所措必勝，勝已敗者也。故善戰者，立於不敗之地，而不失敵之敗也。是故勝兵先勝而後求戰，敗兵先戰而後求勝。

戰爭的實施：

故用兵之法，十則圍之，五則攻之，倍則分之，敵則能戰之，少則能逃之，不若則能避之。故小敵之堅，大敵之擒也。故知勝有五：知可以戰與不可以戰者勝；識眾寡之用者勝；上下同欲者勝；以虞待不虞者勝；將能而君不御者勝。此五者，知勝之道也。故曰：知彼知己者，百戰不殆；不知彼而知己，一勝一負，不知彼，不知己，每戰必殆。

將帥的弱點：

故將有五危：必死，可殺也；必生，可虜也；忿速，可侮也；廉潔，可辱也；愛民，可煩也。凡此五者，將之過也，用兵之災也。

二、西方近代軍事戰略

西方戰略思想，其發展遠較東方（我國）落後，直到十八世紀，西方開始認眞研究現代戰略。這個時期作戰型態比較簡單，作戰的地區、部隊和目標也都有限，國王維持一支忠於自己的職業軍隊，開支很大，因此很關心軍隊的安全，不願輕易冒險讓他們投入血腥的戰場。這時的戰略目標都很有限。有鑑於此，十八世紀在西方世界爆發的戰爭往往是軍人之間的小規模衝突，廣大的老百姓基本上並未捲入。當時軍事理論的特點是：主張不戰而勝，主張採取實施機動占領陣地的方法、角與線的作戰方法以及圍城的作戰型態等。幾何隊形和狡詐的計謀很受重視。十八世紀是啟蒙時代，這個時期的作戰型態符合這個時代的精神。和所有的作戰型態一樣，

戰略變得「精確」和「科學」了[28]。這時的理論家們認為，將帥懂得數學和地形學，就能以幾何學的精確性指揮部隊作戰，甚至可以不戰而勝，如畢羅（Adam Heinrich Dietrich von Bulow, 1757-1807）「高級戰爭藝術原理」（Principles of the Higher Art of War）的三角形幾何的戰略科學[29]。

拿破崙

但是，這種樂觀的看法不久便面臨法國大革命和拿破崙時代新戰爭型態的挑戰。當現代西方世界第一個偉大的軍事戰略家拿破崙突然在歐洲舞台上脫穎而出的時候，作戰樣式新紀元的基礎早已奠定。法國大革命產帶來的第一大改變就是「徵兵制」，一七八九年八月二十三日，法國革命政府宣布：「自即日起，到敵軍完全被逐出共和國領土為止，所有法國公民都有服兵役的義務。」結果一年之間，法國境內已無敵蹤，但是徵兵制仍達二十年之久，愛國的民兵代替了雇傭的職業軍隊。而拿破崙的大軍團是靠徵兵制才能建立起來，所以在這些變化的基礎上，對戰略、戰術進行了徹底改革。他的目的在於集中全部兵力，在關鍵的地點與敵軍交戰。拿破崙強調要進行認真的準備，組織強大的突擊力量，實施突然的進攻，採取大膽果敢的行動以及透過流血的會戰決定勝負。他的手段簡單直接，具有摧枯拉朽的力量，甚至可以說非常殘酷；他的目的只有一個，就是粉碎敵人的軍隊。

面對這樣強大的力量，依靠死板的幾何運算難以取勝，巧妙的計謀也毫無作用。拿破崙以密集隊形的軍隊打擊敵軍翼側，選擇對己方部隊有利的戰場交戰，將部隊展開進行會戰，一再顯示自己的軍事天才。他使透過會戰取勝的觀點得到了充分的體現[30]。

拿破崙採用的直接手段徹底推翻了十八世紀的戰略思想，引出了我們可以稱之為暴力學派的思想。他的戰略和戰術對繼他之後出現的軍事領袖和戰略理論家所產生的影響，竟長達整整一個世紀之久。克勞塞維茨主要是在研究拿破崙指揮的多次戰局的基礎上提出他的作戰理論。克勞塞維茨否定了十八世紀的樂觀主義和理性主義，認為戰爭不是科學的遊戲，而是

一種暴力行為（an act of violence）[31]。取得戰爭勝利的途徑就是作戰，不論這種作戰是多麼的殘酷。

　　從十九世紀一直到第一次世界大戰這段時間，拿破崙時期出現作戰型態得以復興。作戰型態與工業進步及民主發展緊密一起。「徵兵制」（動員）的原則從法國傳到了歐洲大陸的其他國家。十九世紀的後二十五年，歐洲普遍實行徵兵制。鐵路的修建為執行戰略計畫提供了新的基礎。處於第一次世界大戰前的歐洲各主要國家，都是根據迅速動員組成軍隊，並集中這支軍隊的兵力實施進攻，制定各自的戰爭計畫。對這些原則，每個國家都從戰略上給予高度重視。從拿破崙、克勞塞維茨、毛奇（Helmuth Carl Bernard von Moltke, 1800-1891）一直延續到希里芬（Graf Alfred von Schlieffen, 1833-1913）的這派思想在第一次世界大戰這場大屠殺中宣告結束。在二十世紀的前五十年，大規模戰爭的影響是如此之大，以致不僅各交戰國深有體會，就連整個世界都受到了影響。戰爭的結局已不像十八世紀那樣關係到國家的榮譽、領土的得失，而是關係到國家的存亡。由於過去兩個世紀中戰爭的規模增大，用於實施戰爭（現在來說，就是嚇阻戰爭）的人力和物力越來越多，因而，「戰略」一詞所包含的內容遠遠超出了早先的狹窄涵義，不再僅僅指戰局和會戰的指揮藝術了。

問 題 與 討 論

一、何謂軍事戰略？其涵義及制定方法及程序為何？試以此程序
　　討論適合我國的軍事戰略。

二、軍事戰略家中，存在著四種相互衝突的「軍事思想學派」，即
　　大陸學派、海洋學派、航天學派、革命學派，試解釋之？而
　　我國現況適用於何種學派？

三、何謂戰爭原則？試述我國的戰爭原則？

四、評論孫子兵法對軍事戰略發展的重要性？

五、儒家的軍事戰略思想為何？

六、何謂武經七書？

七、拿破崙軍事思想對十八、十九世紀歐陸之影響為何？

註釋

[1] 彭光謙、王光緒等著，《軍事戰略簡論》（北京：解放軍出版社，1989年9月），頁1。

[2] 鈕先鍾，《西方戰略思想史》（台北：麥田出版社，1999年12月1日初版三刷），頁14。

[3] 同前註，頁99。

[4] 國防大學國軍軍語辭典發展指導委員會編，《國軍軍語辭典》（龍潭：國防大學，2000年11月22日修頒），頁2-5。

[5] 三軍大學編譯，《美國國防部軍語詞典》（台北：三軍大學，1995年6月出版），頁409。

[6] 梁月槐主編，《外國國家安全戰略與軍事戰略教程》（北京：軍事科學出版社，2000年6月一版一刷），頁127。

[7] 王文榮主編，《戰略學》（北京：國防大學出版社，1999年10月一版二刷），頁21。

[8] 同前註，頁21-24。

[9] 鈕先鍾，《戰略研究入門》（台北：麥田出版社，1998年9月1日初版一刷），頁30。

[10] 梁月槐主編，《外國國家安全戰略與軍事戰略教程》（北京：軍事科學出版社，2000年6月一版一刷），頁128。

[11] 丁肇強，《軍事戰略》（台北：中央文物供應社，1984年3月），頁78。

[12] 戰略構想，爲完成戰略任務所策定之行動預想，應包括目的、兵力、時間、空間、手段、應變等要項及各時期（階段）之行動要領，爲計畫骨幹。

[13] 鈕先鍾，《國家戰略論叢》（台北：幼獅文化事業公司，1984年4月），頁57-58。

[14] John M. Collins著，鈕先鍾譯，《大戰略》（台北：黎明文化事業公司，1975年），頁46-47。

[15] 國防大學國軍軍語辭典發展指導委員會編，《國軍軍語辭典》（龍潭：國防大學，2000年11月22日修頒），頁2-1。

[16] 丁肇強，《軍事戰略》（台北：中央文物供應社，1984年3月），頁79。

[17] 同前註，頁79-80。

[18] 同前註，頁79-80。

[19] 景杉主編，《中國共產黨大辭典》（北京：中國國際廣播出版社，1991年5月1版1刷），頁153。

[20] John M. Collins著，鈕先鍾譯，《大戰略》（台北：黎明文化事業公司，1975年出版），頁54-65。

[21] 國防大學國軍軍語辭典發展指導委員會編，《國軍軍語辭典》（龍潭：國防大學，2000年11月22日修頒），頁2-1。

[22] 鈕先鍾，《中國戰略思想史》（台北：黎明文化事業公司，1992年10月初板），頁31。

[23] 薩孟武，《中國政治思想史》（台北：三民書局，1994年10月八版），頁32。

[24] 陳伯鏗，《先秦諸子政治思想探頤》（台北：黎明文化事業公司，1990年6月初版），頁236。

[25] 同前註，頁236。

[26] 同前註，頁238。

[27] 陳伯鏗，《先秦諸子政治思想探頤》（台北：黎明文化事業公司，1990年6月初版），頁232。

[28] 鈕先鍾，《西方戰略思想史》（台北：麥田出版社，1999年12月1日初版），頁159-185。

[29] 同前註，頁211。

[30] 同前註，頁191-193。

[31] 孔令晟，《大戰略通論》（台北：好聯出版社，1995年10月31日初版），頁47。

第十章　軍事戰略理論探討

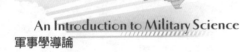
第一節　陸戰與大陸戰略

一、麥金德與大陸戰略

英國人麥金德（Halford J. Mackinder, 1861-1947）的「心臟地帶」（heartland）理論（一九〇四年首次提出）影響了二十世紀，亦已成爲美國在冷戰時期圍堵政策的理論根據。

> 誰統治了東歐誰就可以控制心臟地帶；
> 誰統治了心臟地帶誰就能控制世界島；
> 誰統治了世界島誰就能控制世界[1]。

麥金德的理論認爲，歐亞內陸是世界政治的樞紐地區（見圖10-1）。他提醒人們，統治世界上最大的一塊陸地心臟將是控制世界的基礎。麥金德

心臟地帶

圖10-1　歐亞內陸是世界政治的樞紐地區

認爲，陸地大國（不管是俄國、德國，還是中國）完全有可能控制這個樞紐地區，對海洋世界進行翼側包圍。

　　根據麥金德的「心臟地帶」理論，由於位居世界島之陸權國家的運行距離較僅能航行於其周圍的海權國家短，因此陸權國家在機動性上的增強，將使權力平衡的均勢有利於它們。麥金德基於下列五項理由，認爲位居心臟地帶的強權具備有利的地理位置：一、心臟地帶是不可穿透的；二、因科技所產生的新機動性使陸權國家大蒙其利；三、擁有較防衛邊緣地帶強權國更短的內陸運輸與通訊路線；四、蘊涵豐富的天然資源；五、爲世界主要土地、人口與資源所在地[2]。

　　而從英國地理學家麥金德提出（心臟地帶論）強調歐亞大陸（世界島）地緣戰略的重要性以來，幾乎所有的西方地緣戰略學者，都有一個共識，就是：歐亞大陸已成爲世界權力的中心，穩居全球地緣政治樞紐的世界島。也只有號稱世界島的歐亞大陸（ Eurasia ）有足夠的人口、資源、科技與文化，可以成爲一個強權與海洋強國抗衡。因此海洋強國必須透過外交政策以保持地緣政治的關切，運用在歐亞大陸的影響力，以創造穩定的歐亞大陸均勢[3]。

　　但是今天，地緣政治問題已不再是歐亞的哪個地理部分是控制整個大陸的出發點，或陸地力量是否比海洋力量更重要。隨著控制整個歐亞大陸成爲取得全球主導地位的主要基礎，地緣政治已從地區問題擴大到全球範圍。目前來自歐亞大陸之外的美國擁有世界的首要地位，美國的力量直接部署在歐亞大陸的三個周邊地區，並從那裡對處於歐亞大陸內陸地區的國家施加強有力的影響[4]。

二、地面部隊與大陸戰略

　　地面部隊從有戰爭以來幾乎都是最後決戰的關鍵因素，地面部隊在平時或戰時達成軍事戰略目標相當重要。下列戰史說明了此一關係：

　　一、西元一八〇五年十月二十日凌晨，英國與法國艦隊在西班牙海岸

附近的特拉法加（Trafalgar）海峽遭遇。這一天結束時，十八艘法國與西班牙戰艦永遠沉沒在海峽中。十九世紀最大的海戰在四小時內結束，英國皇家海軍上將納爾遜（Horatio Nelson, 1758-1805）贏得不朽的功勳。六星期以後的一八〇五年十二月二日，法國陸軍在中歐一個叫做奧斯特里茲（Austerlitz）的小鎮附近，遭遇並擊敗奧國與俄國聯軍。法國的戰略勝利完整而無可比擬，在後來的八年當中，其他國家一直無法成功挑戰法國的優勢主宰地位。他們總共花費十年時間，方以數國聯軍之力，擊敗法國的政治統治（英國贏得海權卻無法制衡拿破崙）。

二、西元一八四六年，美國與墨西哥因德州問題發生嚴重武力衝突，墨西哥宣稱如美國併吞德州就意味著戰爭，而在美墨談判之後，德州終於正式納入美國領土版圖。美國與墨西哥這個當時沒有海軍（沒有海權，只有陸權）的二等軍事國家，還持續苦戰達兩年之久。

三、英國皇家海軍征服德國公海艦隊之後，到第一次大戰之前，完全主宰整個世界的海洋。但是一直到美國參戰，在西戰場投入地面部隊加入英法陸軍之前，英國與法國卻一直無法擊敗德軍，且面臨可能戰敗的情況。

四、一九九一年一、二月間連續四十天不間斷的空中轟炸與飛彈攻擊，既未將伊拉克陸軍逐出科威特，也沒能摧毀其核子設施與機動飛彈發射器（註：根據戰後美國調查人員結論，盟軍的空襲只是讓伊拉克建造核子彈的計畫不方便一點而已）。壓迫向以美國為首的伊拉克盟軍無條件投降，是地面攻勢作戰[5]。

由以上四個戰史可知，地面部隊在現代軍事戰略中有著不可取代的地位，而中華民國以及對岸的中國大陸為何要保有如此強大的陸軍（地面部隊），就可以理解。

第二節　海戰與海洋戰略

一、馬漢與海洋戰略

　　馬漢將軍為世界各國公認海權論的鼻祖，也是海軍戰略的權威。其所著作《海權對歷史的影響》，透過理論的分析，闡述並歸納海權在人類歷史和國家發展中對地略的影響。「海權」是一個複雜的體系，包括了兩個體系：海上力量和海上武力（海軍），如海洋運用、經貿發展、國力延伸及交通線的掌控的重要性，乃至戰爭遂行之海洋策略與國家戰略的交互運作之必須性，包括如何善用全球五分之四的海洋利益，以爭取人類的生存空間。並列述有關國家發展海權所需具備的自然條件與基本因素，更為世人奉為圭臬。而其著作不僅標示了「新海軍」的崛起，更是創建了一個完整的戰略思想新學派。

　　馬漢把對海軍戰略研究分為四個方面：一、集中兵力；二、建立中央位置或陣線的必要性；三、實施與中央陣位有關內線運動的必要性；四、交通對部隊維持本身需要和進行活動能力的影響[6]。

　　馬漢闡述海權為：「廣義上海權不但包括以武力控制海上任何地點之海軍力量，亦包括平時之商業與航運。」其內涵與範圍包括「海軍的武力」、「商業的利益」、「海上航運的能力」，進而就理論與實際引申出海軍戰略的「集中、中央位置、內線運動及交通」諸項原則[7]。

　　馬漢海權論影響當時西方沿海國家甚至於東方的日本都渴望發展海權體系；但是事實上歷史證明，僅有少數國家能做到這一點，各個國家之間的特點均不相同，包括地理位置、地形地貌、幅員大小、人口數量和質量以及政治制度的性質。而這些因素都隨著時間和環境的推移而變化，所以

針對馬漢海權論及現實因素可以推論出：

> 如果一個國家方便進出海洋，而且也能控制主要貿易運輸通
> 路，那麼就能發展海權。
>
> 如果國家有港灣，而且能連接生產能力的腹地及海疆，那麼就
> 有發展海權的動力。
>
> 而最重要的是需要國家領土廣闊及多樣性，且人口眾多兼具活
> 力，其政治結構有助於發展助力，那麼在軍事上、商業上就會發展
> 成海上力量及海上武力。

這樣，一個真正的海權國家就誕生了，只要時間、環境和其政策的相
互幫忙，海權環境就會增長，並會成為顯著的特徵，海權成為國家民生與
軍事武力相結合的體系。而最為顯著的例證則為十八世紀的英國。在整個
十八世紀中，和平時期運用海上力量不斷獲得財富；在戰爭年代憑藉著海
上武力持續統治武力的國家，將海權活動基地擴大到全世紀各地用以保護
它的貿易行動及殖民行為。

而在第二次世界大戰之後，美國、蘇聯取代了英國的地位，在世界各
地均有其軍事基地，並隨著海外商業的擴展，對海運航道和基地的控制及
安全已成為大國外交政策的首要目標，因此所有先進國家都大力競相發展
海權。

二、現代戰爭中的海上艦隊

在一七九八年拿破崙時代，英法尼羅河海戰中，英國名將納爾遜與法
國布律耶斯（Francois Paul Brueys d' Aiguilliers）將軍在埃及亞歷山卓港外
的海戰中，納爾遜重挫法國艦隊，法軍三千人傷亡，另有三千人被俘，納
爾遜奠定了近代史來最偉大的海戰。

在尼羅河之役顯示了海戰中的六項要點，此六項要點對於海軍有重大
的影響：

・領導統御、士氣、訓練、實體與心理狀態、意志力量及耐力，乃為作戰中的最重要因素。
・準則是良好的領導統御的要素。
・戰術與科技的發展，兩者的關係是密不可分的。
・雖然敵人的艦隊是我方的直接目標，但是更遠大的目標，海戰的目的在陸上。
・軍艦與岸上的堡壘作戰是一件愚不可及的事。
・先行展開有效的攻擊[8]。

　　海軍的目標在於處理海上的運動、運輸與勤務；相形之下，陸軍則是在獲取與擁有陣地或固定目標。因此，海軍從事的是點的連結工作；陸軍從事的是點的占領工作。從此一觀點視之，海軍只不過是在從事以下四種任務中的一種或多種任務。此等任務為：

> 在海上，確保運輸與勤務的安全。
> 使敵人的運輸與勤務難以確保安全。
> 從海上，確保對陸上的運輸與勤務的安全。
> 阻止敵人對陸上的運輸作業[9]。

　　海軍係達成掌握陸上敵人之目的的一種手段，戰爭的重心很少是在海上或空中的。擁有海權最大的好處是能在公海上有效地將「後勤與軍隊」運送到友邦或敵人的領土上。甚至可以保護海上貿易的安全性。世界上大部分的海軍都強調第四種任務，也就是阻止敵人的海上運輸（運送士兵、陸戰隊隊員及裝備）與勤務（從海上發動飛彈與空中攻擊）。在近岸水域，一支小規模的海軍或許無法癱瘓一之強大的海軍，卻可使後者的海上運輸任務成為一項重要負擔。

> ### 護航制度
>
> 　　第二次世界大戰中，德國的潛艇部隊司令鄧尼茲以一群潛艇所組成的「狼群」（Wolf-Pack），對在大西洋的船團進行集中連續的攻擊，就是史稱的狼群戰術。
>
> 　　而當時的盟軍以軍艦（驅逐艦為主），混編各型軍艦組成護航艦隊，白天護航隊在商船的前方及側翼，晚上則在後方，而且常常變換隊形，以應付德國潛艇的襲擊。

第三節　空戰與空權戰略

一、杜黑與空權戰略

　　西方第一次紀錄有汽球升空是在一七八三年十月十五日，而第一次成功的動力推動的飛行是在一九〇三年。當時飛機僅是一種新奇的機器，無論是運動員、冒險家、一般大眾，都對這新奇的玩意，充滿興趣，但是當時只有窮兵黷武的政府卻對它沒興趣。

> 　　一九〇三年十二月十七日，美國俄亥俄州兩名自行車技工以行動證明了，用動力來推動飛行是可行的。萊特（Orville and Wilbur Wright）兄弟在具有歷史意義的那一天，在光禿的沙丘上進行了四次飛行，第一次飛了一百二十英呎，歷時十二秒，在空中停留時間最長的一次是五十九秒。

　　但是當時義大利的杜黑（Giulio Douhet, 1860-1930）將軍，他認識到這個新奇的機器將會使現代戰爭發生革命性的變化，因為飛機將會使戰爭進入新的空間——空中。他於一九○九年發表了空軍重要性與初步的觀點。一九二一年發表了讓世人奉為經典的「空權論」，系統地闡述了建設空軍和使用空軍的思想，創立了最初的空權理論。

> 　　朱里奧・杜黑，義大利著名的軍事理論家，其代表作《空權論》是一部專門論述空軍戰略理論的著名軍事著作，是地緣政治理論中空權論的奠基之作，在軍事學術史上占有重要地位。杜黑一八六九年五月三十日出生於義大利南部域鎮卡塞塔，先後畢業於都靈軍事工程學校和陸軍大學。一九一二年至一九一五年任義大利陸軍第一個航空營營長。一九一五年五月義大利參加第一次世界大戰時，任步兵師參謀長。一九一六年因激烈批評義大利陸軍當局錯誤的戰略指導而被軍事法庭判處一年監禁。一九一八年義大利政府認為杜黑當年對軍事當局的批評是正確的，為其恢復名譽，並任命為陸軍部航空處主任。一九二一年晉升少將，由陸軍部出版他的第一本著作《空權論》。一九二二年法西斯黨上台後，他出任航空部部長。一九二三年辭職，專事著述。一九三○年二月十五日病逝於羅馬，終年六十一歲。

　　杜黑的論點涉及面很廣，包括經濟、戰略、組織、戰術、政治、工程和技術。但他所有論點的中心主題都是「空權」及其涵義細節。他的論點的主要前提是：

- ·作為戰爭的工具，飛機是強有力的，獨特的。
- ·空戰中進攻是最重要的。
- ·面臨空中轟炸時，民心將迅速瓦解。
- ·擁有優勢的空軍部隊，將迅速贏得完全的勝利。
- ·防空是沒有用的，因為防空所產生的消耗敵軍作用還沒有得到充分發揮，戰爭就結束了。

．地面作戰中，防禦是有利的方式，未來戰爭中，地面戰場將是靜
　止。

根據上述這些設想或前提，現將他的主要結論概括如下：

．哪個國家能奪得制空權，哪個國家就能贏得戰爭的勝利。
．制空權是透過消滅敵人的空軍取得的，消滅敵人空軍的最好方法是
　轟炸敵人在地面上的飛機和設施。
．奪取制空權後，應採取進攻性行動，切斷敵人地面部隊與其支援基
　地的聯繫，攻擊敵人國內的工業和居民中心。
．飛機的基本類型應是雙用途的「作戰飛機」，這種飛機既可進行空
　戰，又可實施空對地的進攻。
．所有資源應分配給進攻性的空軍，分配給陸軍和海軍水面部隊的資
　源只要能進行適當的防禦就夠了。
．要求有一支「獨立空軍部隊」，陸、海、空三個軍種應隸屬於一個
　「最高司令部」，這個「最高司令部」應有充分的權力確定各軍種的
　需要，使當地分配各種資源。

　　杜黑論點的主要缺點是，他關於連續空襲會使民心鬥志迅速瓦解的看
法，迄今沒有被歷史證明是正確的。
　　第二次世界大戰中，倫敦和柏林的居民的恐怖和痛苦，令人欽佩地堅
持下來了。而日本的廣島和長崎那樣被徹底摧毀，但這樣不會造成一個國
家社會結構的崩潰。根據美國於一九四一年十一月三日成立的「美國戰
略轟炸調查委員會」的調查報告發現「空襲並沒有使德國人的士氣瓦解」，
這種士氣低落與杜黑所假設的「迅速瓦解」，是有很大差別的。
　　但是空中攻擊可以摧毀物資財產和消滅民眾，這點已被充分證明。所
以利用空軍施行戰略轟炸導致國家迅速崩解，顯然主要不是依靠威懾的心
理作用，而是依靠人們所能忍受破壞的程度。所以杜黑的這一論點，從一
個國家沒有足夠的空軍力量就不能取勝這個意義上說，空軍是具有決定性
的。

> 　　如第二次世界大戰中聯軍對德國的戰略轟炸證明，「即使是第一流的軍事強國，在國內心臟地區遭到肆無忌憚的、大規模的空中武器攻擊的情況下，也是不能持久生存下去的。」
>
> 　　而在波灣戰爭，美軍對伊拉克軍事設施及物資生產工廠的大轟炸，導致伊軍物資的嚴重匱乏，而使軍隊陷如無法忍受的地步，所以美軍的地面攻勢在僅一百小時的時間中就能瓦解敵人，足可證之。

　　而杜黑的另一重要觀點——關於制空權，這個對獲得勝利是絕對重要的觀點，這個觀點是杜黑理論的重要基石，且獲得了大多數戰略家同意，杜黑的這一觀點：「取得制空權的最好方法就是以進攻性襲擊，摧毀敵人地面上的空軍和設施。」

　　在一九六七年的以阿戰爭，以色列空軍實施了一系列的突然襲擊，摧毀了三百七十四架敵機，這些飛機大部分是在地面上被摧毀的。而在一九九一年的波灣戰爭美軍又以同樣的手法摧毀伊拉克飛機。所以在戰爭的一剎那，如能迅速利用空軍發起突擊，直接摧毀敵人地面的空軍及設施，確實是掌握制空權的重要因素之一。

二、現代戰爭中空中武力

　　從波灣戰爭之後，空中武力（air force）就是世界各國積極發展的目標，而我國也一直將空中武力列爲我國在軍事戰略的首要目標[10]。但是在講求高科技戰爭的今日，掌握空權在戰爭中究竟有何優勢呢？依據戰略學家葛雷（Colin S. Gray）表示空中武力具備的七項軍事戰略優點，如下：一、具有眞正的全球支配能力；二、必須採取與運用「制高點」的頂上側翼攻擊；三、在前進基地與空中加油的支援下，具有無遠弗屆的能力；四、執行任務時具有其他軍事力量無可比擬之速度（彈道飛彈與太空梭除外）；五、由於不受地理，環境影響，可從各個不同的方向對敵施予威脅；六、對於目標及動態掌握，具有卓越之視界；七、具有無可比擬的兵

力投射彈性以獲致決定性之兵力集中[11]。

針對以上七點優點，歸納出以下三點：

（一）全球支配能力

由於空中環境的無障礙本質，現代的軍用飛機可飛抵世界任一地方，例如，美國位於本土懷特明（Whiteman）空軍基地的B-2轟炸機，可在二十三小時內經由印度洋上的狄亞哥加西亞（Diego Garcia）與太平洋上的關島等中繼基地飛抵全球任一地方，並利用配備的精靈彈藥遂行「銀色子彈」（silver bullet）任務。而我國在五○年代與美軍合作成立的黑貓中隊，也曾從桃園基地起飛直抵大陸新疆，執行偵察任務後再返航，可以全盤監控中國大陸；而現今美國也從日本沖繩的嘉手納基地起飛EP-3電偵機沿著公海，偵測中國大陸沿海的軍事動態。

而在二○○一年911事件之後，美國與阿富汗恐怖組織開戰，也是從歐洲基地起飛B-52H、B-1B、B2轟炸機持續飛行了半個地球，對著阿富汗投下數量驚人的炸彈，而其無人飛行載具全球之鷹（RQ-1）、掠奪者（RQ-A4）更是發揮極大功效。所以掌握空權其實就等於掌握了世界的主動權，而當今世界也只有美國能掌握全球性的空權布局，其餘國家也只是在自己的國力範圍內掌握局部空中優勢，包含我國及中國大陸。

（二）移動的速度

陸地與海洋因為自然的因素，對於軍隊的運動產生相當程度的阻礙，但是航空器與空中無阻礙的環境使得空中遠征作戰具有獨特的價值，在作戰時，速度就是時間，速度決定一切。空中武力或許無法於同一時間發射足夠的打擊力，但是它通常都是第一個抵達戰場，當反應速度為因應衝突的重要條件時，空權的戰略效應至為顯著，如果能夠即早介入區域衝突，空中武力可限制地面侵略者獲取戰果的進度。

實際上，飛機航線受政治、作戰、戰術、技術及天候因素等所限制，但就一般原則而言，飛機在空中活動的自由度，遠非陸地、海上或太空載

具可以比擬，空中活動不受地理障礙之限制。敵人的空中威脅雖然可來自四方，但不管其選擇的航線為何，它仍須接近有價值的目標，換言之，我們可能無法得知敵人的來向，但它的目的地則能夠加以預測。

（三）優越的觀察力

針對陸上或是海上的衝突而言，空中及太空環境猶如一「制高點」，空中及太空載具最有價值的軍事用途即為超越地形或水平線的視野，此一優越的視界不但利於空中部隊本身，亦為陸地及海上部隊重要的「千里眼」。

早期偵測與觀察敵人的能力隨技術而轉變，美國在一九六二年的十月十六日陷入「古巴危機」，起因也是因為U2高空偵察機帶回了蘇聯的工作人員在古巴建造中程核子飛彈的照片，讓甘迺迪（J. F. Kenney）總統有十三天因應的準備；一九九一年波灣戰爭直前，盟軍經由空載雷達偵獲伊拉克大批部隊與車輛行動事實，而採取殲滅性的空中攻擊，從而導致戰爭的勝利；空中武力是否為重創敵人的最大功臣倒在其次，重要的是經由空中（或太空）載具的觀察，可對敵實施定位、追蹤、掌握、轟炸等行動，對戰爭之影響至為深遠。空中或太空武力的戰爭原理與實務乃嚇阻或擊敗敵人，但非由其獨立完成該等任務。

三、空權的限制因素

根據戰略學家葛雷（Colin S. Gray）表示，空權的限制因素有地心引力、成本與數量之複雜關係、天候、作戰區兵力展現的短暫性、依據高度及領空限制等衡量之作戰距離等因素，茲分述如下[12]：

（一）地心引力及氣壓

簡單的說，飛行就是對抗地心引力及氣壓。建造可以對抗地心引力、氣壓並獲得戰鬥能力（如距離與速度）的飛行器，其經費甚為昂貴。在第一次世界大戰爆發前，世人普遍認為空中戰鬥的實現有其實際的困難，由

於高估了飛機的物理限制，那時的主流觀念均認為飛機無法攜帶炸彈成為遂行戰爭的獨立或半獨立工具，但爾後的發展證明空權的夢想者還是正確的。

杜黑有感於飛機能力的發展，而於其一九二一年出版的《空權論》之著作中提及：「以往沒人會想像有朝一日能以汽輪橫渡大洋，就像今日無人以帆船橫渡大洋一般。」[13]這也許是一種過度期盼與不合理的判斷。空中與太空環境的地理限制對於飛航機器的運作，的確十分重要。就長程運輸或重型運輸而言，空運確實比不上海運或陸運，這並非對空中或太空載具的貶損，而是實際瞭解地理上持續力的經濟因素。經驗顯示，飛機設計的效能需求在每一時期均有其實際上的限制，或許可以根據未來空中與太空技術的發展，設計出最佳的飛航機器，但飛行載具的實際設計與應用目的，仍然受空中環境的本質所限制[14]。

(二) 精巧、昂貴與量少

戰鬥機數量的多寡一向是空權強大的指標，尤以我國為最，空權限制因素係以政治因素、情報能力、製造技術為主。將人員配置於現代戰機上的成本總是十分昂貴的，而此一昂貴成本僅能依據所望獲致之軍事效應加以評估。

對於現代飛機的高昂成本[15]，許多國家係以高／低（成本／能力）組合的方式達成建軍的目標。數量多，應用彈性自然增加；數量少，應用彈性亦減少。現代飛機具備的軍事效能或可抵過十架或百架老式飛機的能力，但不管F-16、IDF或幻象-2000等飛機功能如何的強大，它也僅是地面或空中的一個目標，而同一時間也僅能在一個地點出現。

技術的精巧使得少量的飛機即可遂行以往賦予整個機群的任務，因此導致數量少、單價高、軍事價值分配於少數載台的必然代價。第一線的戰機通常均為珍貴稀少的資源，錯誤運用的代價亦高，因此對於未來空中武力的運用優先次序必須十分審慎。

（三）天候

　　科學技術可以彌補數量的不足，同樣地它亦可克服天候上的許多不利因素。空中武力已越來越不受天候的影響，但仍然無法完全擺脫天候的限制，諸如我國幻象戰機，剛到我國服役時，就都因為我國屬於亞熱帶海洋型氣候，濕氣相當重，所以就發生在飛行任務訓練時，座艙有起霧現象，後來還是由法國技術人員來協助改善這一現象，而部署在中國大陸東南沿海基地的的蘇鎧（Su-27）也有同樣的現象。

　　大氣中的濕氣、颱風、雪、沙暴、狂風、惡劣海象、火山煙灰、太陽黑子，甚至低雲層等對於空中活動均有負面的影響。不僅作戰飛機本身須具有全天候與日夜飛行能力，其攜帶的武器亦須具有相同的能力。

（四）兵力展現的短暫性

　　在遂行持續攻擊時，整個空中武力可能鎖定陸上或海上的某一目標，但由於飛行的物理與後勤因素限制，相對於作戰區陸上部隊或海上艦船的持續力而言，每架飛機之滯空時間均甚為短暫。

（五）高度

　　飛機可執行高空觀測、轟炸、低空掃射、空投補給品、空中戰鬥與有利於陸上及海上部隊的所有任務，同時亦可鞏固作戰區的空中優勢，但飛機卻無法持續地掌握敵人動態。飛機與地面或海上、水下的衝突，總是相隔一段距離，空中武力雖可投擲炸彈、觀察結果（轟炸損壞評估），但欲從空中評估此類行動的軍事效應，一般而言卻很困難，這是大家所認同的事實。

（六）空中的政治線

　　空中武力與陸上及海上武力相同，受限於領空的政治需求，強權國家經常將國力較弱的中立國家領空視若無睹，但多數的國家均具有某種程度

捍衛領空的能力。

以我國與中國大陸的空中政治線為例，在一九四九年雖然中共已經占領中國大陸，但是空中優勢還是在國軍，國軍還派遣B-24轟炸北京、上海、杭州、南京等地，一直到中共與蘇聯建立防空網後才停止，但是空中的偵查及台海戰爭卻未停止，國軍與美軍合作的偵查任務即使用了RB-57D、U2，直到六○年代末期中國大陸的空中政治線一直是屬於我國的。而台海之間的制空權戰爭從以一九五八年間八二三砲戰期間三個半月為最，雙方損傷見表10-1：

表10-1　八二三砲戰雙方損傷統計

共軍			國軍	
空軍	米格-17	毀32架	F-86	毀2架 傷1架
		傷四架	C-46運輸機	毀3架 傷2架
		重創8架	C-47運輸機	毀1架
			PBY民航機	毀1架
	毀32架 傷12架		毀7架 傷3架	

而在一九七九年中美建交後，台海之間的軍事衝突已停止，而台海之間的空中政治線也在雙方默契以台海中線為界[16]。

問題與討論

一、麥金德的大陸戰略理論為何？歐亞大陸為何是世界權力中心？

二、討論麥金德的大陸戰略在當前的適用性？大陸軍主權是否可行？

三、何謂「海權」？試申論之。

四、從馬漢的海權理論中，試討論我國海軍在兩岸對峙下的作為？

五、杜黑的空權論中主要論點為何？主要缺點為何？

六、現代戰爭中空中武力具備那些軍事戰略優點及缺點？

七、空權限制因素為何？

八、集體討論，空權論中，大量轟炸屈服敵意志的可行性，及台灣面臨敵方大量轟炸時的反應？

九、從陸、海、空戰略探討，最佳的台灣防禦戰略為何？

註釋

[1] 布里辛斯基著，林添貴譯，《大棋盤》（台北：立緒出版社，1998年4月初版二刷），頁46。

[2] Sir Halford Mackinder，黑快明譯，《麥金德及地緣政治與二十一世紀政策制定間的關係》（*Geopolitics, and Policymaking in the 21st Century*）（台北：國防譯粹，2000年9月1日出版），第二十八卷第一期。

[3] http://www.owowusa.com/america/Government-3.htm。

[4] 布里辛斯基著，林添貴譯，《大棋盤》（台北：立緒出版社，1998年4月初版二刷），頁47。

[5] Douglas A Macgregor著，蔣永芳譯，《擊碎方陣》（台北：麥田出版社，初版，2001年9月1日），頁24-25。

[6] 彭光謙、沈光吾主編，《外國軍事名著選粹》（北京：軍事科學出版社，2000年5月一版），頁285-297。

[7] 同前註。

[8] Wayne P. Hughes Jr.著，國防部史政編譯局譯，《艦隊戰術與海岸戰鬥》（台北：國防部史政編譯局，2001年9月），頁12-15。

[9] 同前註。

[10] 我國的軍事戰略目標「防衛固守、有效嚇阻」，其具體展現的策略為制空、制海及反登陸，所以獲得台海上空的制空權，一直為我國建軍的主要目標。

[11] Colin S. Gray著，國防部史政編譯局編印，《戰略探索》（台北：國防部史政編譯局，1999年8月），頁108。

[12] 同前註，頁110。

[13] 彭光謙、沈光吾主編，《外國軍事名著選粹》（北京：軍事科學出版社，2000年5月一版），頁367-380。

[14] Colin S. Gray著，國防部史政編譯局編印，《戰略探索》（台北：國防部史政編譯局，1999年8月），頁112。

[15] 我國現行服役的飛機的IDF一架約台幣七億元，

[16] 馬鼎盛，《國共對峙五十年軍備圖錄──台海戰線東移》（香港：天地圖書，2000年），頁32。

第十一章　冷戰後軍事戰略的變遷

第一節　核子威懾下的軍事戰略

一、核戰略的發展

在第二次世界大戰即將結束之際，美國於一九四五年對日本廣島、長崎投下令全球震驚的原子彈，以一個僅僅不到五十公斤的鈾，卻釋放出相當於二萬噸黃色炸藥，日本平民遭受核攻擊，瞬間傷亡數百萬，核輻射災禍延綿數代，至今未了。人們由此認識了核武器的威力，對核武器的恐懼也與日俱增。

而核武器馬上成為第二次世界大戰後在美蘇兩大集團對峙下的最重要的戰略武器系統，所謂戰略武器，就是以武器就可以直接投射威脅敵人本土，摧毀敵人的武器裝備設施，迫使敵人無法持續戰爭。洲際性的核子武器射程在五千五百公里以上；反之僅為使用於戰場的核子武器，稱之為戰術核武。

核子武器在美國發展成功之後，在核子時代的初期，只有美國擁有原子彈且十分笨重，很難投射，而且數量少，所以都是以城市為攻擊目標，而在當時美國約有一百枚原子彈，並且這種早期的原子彈需要二十四人組成的小組工作兩天才能裝配一枚，且投射工具只有長程轟炸機B-29，於一九五〇年蘇聯試爆原子彈成功，美國優勢逐漸消失，不過一九四八年至一九五五年之間，美國享有絕對性的核子空權、海權以及製造能力，領先於蘇聯，但是在一九五七年十月蘇聯發射第一枚人造衛星史波尼克（Sputnik），蘇聯首先具有製造洲際彈道飛彈的能力，並超越美國，發生了所謂「飛彈差距」（missile gap），美國全面直追，引發了第二次世界大戰後的核子武器軍備競賽，並逐漸發展成相互保證毀滅（mutual assured

destruction）的致命戰略。對於當時廣大的群眾心理認知，核子戰爭意味著世界毀滅，但是對於美蘇的軍人卻不這樣認為，雙方都認知可以在第一擊將對方摧毀殆盡或是擁有第二擊的迅速報復能力，所以無限制的核子武器製造就成為美蘇兩國的第一任務。

而在美俄之後，英國、法國和中國大陸也迅速的取得核子武器，雖然它們的資源不能跟美俄相比擬，但是國際上的核子俱樂部已不被美蘇獨攬，各國之間的力量相互拉扯，當國家獲致核子武器時對於此過程是採取何種看法，季辛吉（Kissinger）認為過程可分為三個階段：

- 在最初階段一方面學習新武器特性，但另一方面仍然堅持傳統主義者的觀念，即相信核子武器並不能改變戰略和戰術的基本原理。
- 當對於現代武器威力已有較佳瞭解時，觀念通常也就會發生完全反轉：對於新技術的最絕對化應用日益信賴，對於攻擊性的報復能力寄予以無限關切。
- 最後，當認清了全面戰爭所帶來的危險與大多數爭執的價值不成比例之後，於是就會企圖對新技術尋求一種中間性的應用，並使權力與所爭的目標能夠配合[1]。

而這三階段過程，忠實的描述了當時核子大國的心態，所以這些核子俱樂部成員都到達三階段時，其軍事戰略就從完全毀滅主義轉變成威懾、嚇阻的消極性戰略。

二、核威懾下的軍事戰略

所謂的「威懾」，顧名思義，是以實力懾止或遏制對方使用武力，換言之，是以展示實力以遏制危機的爆發和升級亦即人類社會內部一種普遍的相互制約關係。它起源於人類互相間的利益交往和利益衝突。而國際關係中的威懾，是指國家間憑藉可以構成報復的力量，從心理上遏制敵國侵犯自己利益的可能。所謂「嚇阻」乃企圖達成「間接」影響他人行為的目

標，相對於此，直接效應則可能是實際上的武力壓制。

　　但嚇阻並非一個新觀念；第二次世界大戰前，國家維持一個軍隊是既可以嚇阻戰爭，而當嚇阻失敗戰爭爆發時，又可以實際投入戰鬥，但是在核子時代是否已經不存在，最初核子武器是一種有效的嚇阻，但如何運用在戰爭卻頗有疑問？核子武器的威力太大、太可怕了，於是就成為威懾雙方的最後一種武器，而因為威力太大在國與國間小衝突中就變成不可信的威脅，所以也衍生戰術（低當量）核武的發展。職是之故，假如要使用核武，則必須越過一道「核子門檻」，其涵義也就可能暗示衝突已經達到即將喪失理性的階段[2]。

核子陰影

　　一九四六年八月六日，第一顆原子彈落在日本的廣島。至少有六萬六千人立即喪命。三天之後第二顆原子彈落在長崎，立即喪命的人約有四萬。

　　這兩顆原子彈的爆炸力分別相當於一萬四千噸和兩萬噸TNT（黃色炸藥），所以也分別稱之為十四KT及二十KT。KT是千噸（kiloton）的簡寫。

　　而今天核子國家所擁有的核子武器已經不是第二次世界大戰末期的型式，所謂熱核（thermonuclear）武器，也就是俗稱的氫彈（hydrogen bomb），威力都是百萬噸（megaton）為單位。所謂一MT的意義就是相當於一百萬噸黃色炸藥的威力，而一顆二十KT的原子彈所產生的爆炸威力相當於四百萬門野戰砲同時發射。而一MT的氫彈則相當於二億門野戰砲的威力，而且在其爆炸點（如在台北總統府附近）約五·六公里的半徑內所有東西全毀（從東區到萬華，從士林到台大全部夷為平地），在九·六公里的半徑內大多數的纖維和紙都會立即燃燒（整個台北市變成大火爐），在十八公里的半徑仍可產生二度灼傷（大台北【板橋、中永和、三重、新莊、蘆洲、土城、新店等】的居民均被灼傷）而在二十公里半徑內為半毀（整個台北縣成為廢墟）。

　　而放射線的殺傷效力將延續數月之久，而且在浩劫之後整個社會組織崩潰，疾病、飢餓伴隨而來，影響至深且禍延子孫。

　　冷戰時期美俄雙方之間核子大戰無異於全球的毀滅，所以雙方挑起的動機趨近於零，導致六〇年代美國戰略家幾乎都一致相信，巨型報復的威脅只能嚇阻蘇聯對美國及西歐的攻擊，而對於美國在世界上其他地區的外交政策並不能提供有效的支援，甚至對西歐的嚇阻可信度也逐漸有人懷疑[3]。而導致核武器從氫彈（熱核武器）轉變發展成小量的戰術核武並進而發展中子彈[4]等先進核武器。

三、戰術核武戰略

　　「戰術核武」係指配置在明確限定在作戰地域使用的核武系統，也是為了區別具有洲際射程所謂戰略核武系統的區別[5]。而戰術核武是為了何種狀況使用呢？以美國陸軍學院的論述為：

（一）有限防禦性使用

　　有限防禦性使用的目的是顯示決心，獲得更有意義的軍事效果，以及明確表示對繼續侵略進行防禦的意圖，此案是強調地緣政治邊界所提供的界線。可以使用戰術原子彈來增強天然障礙，來補充對付即將進攻之敵的防禦活動（利用物質破壞或殘餘輻射）。

（二）戰場使用

　　戰場使用是指有限度的使用戰術核武，這種使用足以將使用一方的堅強意志以及被攻擊的慘狀同時提供給被攻擊的國家，讓敵人知難而退或是投降。在防禦時，這種有限度的巨大破壞，使敵人先遣攻擊部隊未達成目標就被擊潰，而主要的目的是使進攻停止或延遲一段相當長的時間，以便與之配合的外交活動便能見效。

　　另一個重要的考慮是用戰術核武直接攻擊敵人，而攻擊的正面寬度則應根據敵人對我最具威脅的位置而定，核子火力的打擊縱然應當有效的直接打擊有生力量，包括攻擊部隊的預備隊以及直接有關的火力支援系統。

也可以使用在扭轉局部不利的形勢或是擴張戰果。

（三）戰場遮斷

戰場遮斷是指在戰場中超出戰鬥地境線以外的區域使用戰術核子武器，其目標選定在敵軍的駐地及關鍵性的野戰設施，如第二梯次攻擊的主力部隊、地對地飛彈、機場及周邊設備等。

（四）戰區的使用

此案主要目的是消除戰區內敵人的威嚇以及爭取主動權，以迫使敵人屈服。這是使用戰術核武中最高的等級，僅次於全面性核子大戰。主要的攻擊目標：已投入的部隊、關鍵性的後勤設施、縱深遮斷目標及核武器系統。此案將影響到敵人的國土並將使敵人整個軍事力量幾乎消滅，但是造成的結果是敵人可能要向更加激烈的核戰爭挑戰，進而可能爆發全面的核子大戰[6]。

戰術核子武器的效能和作戰能力太大了，不能輕忽，有效的使用能夠迅速改變戰鬥和縱深的速度，以致於一支不具有戰術核武的軍隊，很可能在擁有戰術核武軍隊的面前全面崩潰。但是，戰術核武也帶來相同的問題，核武器的基本目的是嚇阻敵人使用使用類似的武器，戰術核武的使用權決定還是在國家最高領導人手中。而擁有戰術核武的國家的領導人捫心自問一個問題：「什麼東西可以代替核攻擊防禦呢？」這個答案放諸四海皆知是：「沒有」，所以要進行一場有限的核戰爭，從第二次世界大戰至今沒有發生過。

第二節　軍備管制

根據雷特利（Gregory Rattray）教授定義軍備管制（arms control）為：

「一個由國家宣稱、透過與他國合作，以加強安全的特定步驟與程序。」[7] 而這些步驟程序是單邊的、雙編的或是多邊的，合作方式可以公開及秘密。但是一般人都會把軍備管制與裁軍劃上等號。如前所示軍備管制是強化國家安全手段之一，可能因應對方要求裁軍，但亦可能增加軍備來穩定國家面臨的國家安全危機；而裁軍論者，就是簡單的把軍備管制的目標當作縮小軍隊規模、預算、破壞力……等[8]，兩者是有區別的。

　　而軍備管制使用的手段如下：一、限制軍備生產及貿易；二、限制核子武器之發展；三、限制核子武器之試驗；四、防治核子擴散；五、重視防禦性而非攻擊性的武器系統和戰略；六、減少核子存量；七、局部裁軍；八、建立非核地區[9]。

西方軍備控制的過程

　　首先是在一九五五年，美國與莫斯科談判中，莫斯科幾乎一反過去所宣傳的立場，接受了西方的許多重要觀點。但是美國卻堅持其遏制蘇聯擴張的路線，拒絕做出少量犧牲以取得優勢。因此，一系列喪失良機的可悲事件再次發生。冷戰的對決衝到高點，對此，美蘇雙方在戰後年代裡都須負有很大的責任。

　　六〇年代初期，莫斯科提出了一項稱為「全面徹底裁軍」的計畫。美國疑心很重，提出了一項「西方計畫」做為答覆，要求在銷毀武器的每一階段都建立無否決權的聯合國維護安全機構。從此，「全面徹底裁軍」就變成了許多國家的基本信念和超級大國間定期談判的題目。

　　在當時，任何一個國家之間還沒有達到協議。這些協議開始是在莫斯科與華盛頓之間達成的，而最後幾乎牽涉到所有國家。如一九五九年簽訂的一項「南極洲大陸繼續非軍事化」條約；一九六三年的「禁止核試驗條約禁止在水下、大氣層和外層空間進行核試驗」；一九六三年，超級大國之間建立了熱線；一九六七年的「禁止在外層空間使用大規模毀滅性武器」條約；一九六七年，核武器在拉丁美洲被宣布為非法；一九六八年，核武

器被禁止擴散；一九七一年的「禁止在海底部署大規模毀滅性武器」條約；一九七二年的美國總統尼克森（R. Nixon）蘇聯領導人布列茲涅夫（L. L. Brezhnev），簽署了第一階段限制戰略武器會談協議，規定雙方武器的上限，限制雙方防衛性反彈道飛彈（而在二○○二年小布希（G. W. Bush）總統推翻此協議），及凍結若干攻擊性武器標準。

從此，軍備控制進入了一個新階段，制止了一項凶多吉少（而且是代價昂貴的）的新行動，因為該行動非常可能打破靠相互威懾才得以維持的脆弱均勢。在附加的臨時協定中還第一次對雙方戰略系統的進一步發展作了限制，從布列茲涅夫——福特（Gerald Ford）一九七四年十一月的海參崴協議開始，同意限制戰略武器第二階段原則，規定雙方各自只能擁有一個反飛彈基地並延長一九七四年限制地下核爆的協議。一九八一年美蘇中程核子武器會談在日內瓦舉行，美國總統雷根（Ronald Reagon）保證，如果蘇聯拆除歐洲的SS20飛彈，北約將撤銷部署美國飛彈的計畫，而一九八六年第二次高峰會未達成任何協議，一九八七年十二月華盛頓第三次高峰會簽署「裁減中程核子武器條約」，一九八八年五月第四次高峰會未獲得具體結論。

一九九○年六月，布希（G. Bush）總統與戈巴契夫（N. Gorbachev）在華盛頓雙方就削減核子武器，銷毀化學武器儲存達成協議，將戰略核武削減百分之五十，隔年在莫斯科簽署削減核子武器條約，將雙方戰略核子武器儲存各裁減三分之一，並且達成將地面短程戰術核武拆除銷毀。核子「恐怖平衡」的時代將告終止[10]。

蘇聯解體之後，美國成為世界超級強國，在以往兩大勢力旗鼓相當，在軍事對抗下，相互的軍備控制有助於彼此的國家安全，但是美國獨大之後，軍備控制卻成為鞏固其世界強權的手段，從美國現任布希總統終止反彈道飛彈（ATBM）條約即可瞧出端倪，因布希政府要推行全球TMD系統，來鞏固其國家安全，但這系統相對於擁有核武的俄羅斯及中國大陸而言，是一個不對稱的飛彈系統，如果美國發展成功，就破壞了現有的飛（核）彈恐怖均衡的現狀，這是值得持續觀察的現象。

第三節　有限戰爭與軍事戰略

　　第一次及第二次世界大戰的交戰國打的是為達目的，不惜手段的「無限戰爭」，無論是同盟或是軸心國都是傾全國一切資源來從事總體戰（total war），但是第二次世界大戰之後，韓戰爆發，聯合國派兵介入，雖東西陣營已壁壘分明，但是蘇聯的未直接介入，以及美國未將戰爭恣意擴大，導致戰爭只在朝鮮半島進行，並未擴及中國大陸及亞洲而成為第三次世界大戰，韓戰也就成為二十世紀「有限戰爭」的濫觴。

　　「有限戰爭」的明確定義為何？根據我國軍語詞典解釋：「為達有限目標通常使用傳統武器，在有限的時空所遂行的戰爭。」[11]而美國參謀首長聯席會議定義為：「除全面戰爭外，不包括偶然事件在內，由兩個或兩個以上國家的軍隊公開進行的交戰。」[12]我國強調的是有限目標及有限時空的傳統戰爭較美國定義的較為嚴謹，美國認定較為寬鬆，除全面戰爭外就是有限戰爭，所以以我國的定義可說較為適切，因為以「理性」的思考可以更精確的劃分：戰爭目的（目標）的有限性；激烈程度（武器）的有限性；持久性（時間）的有限性以及範圍（地理）的有限性，更可以達到克勞塞維茨說：「戰爭是一種強迫敵人遵從我方意志的力的行動」（War is thus an act of force to compel our enemy to do our will）[13]，更說：「戰爭僅為政策用其他手段的延伸。」（War is merely the continuation of policy by other means）[14]，是以理性為戰爭根基的考量。

一、有限戰爭的歷史回顧

　　西方近代史公認有限戰爭的兩個時期為：第一個時期為一六四八年來，所簽署的「西發利亞」（Westphalia）條約，確立民族國家在歐洲的興

起至一七九二法國大革命時期，及一八一五年維也納會議至一九一四年第一次世界大戰前時期。這兩個時期所進行的戰爭一般都有特定的目標，這些目標對雙方的生存都不構成為威脅，對雙方的人力財力也不造成過度的損失。產生衝突的原因大致有：「為改變力量對比而進行的領土掠奪，修改貿易條款或改變各國內部（君王）政權的繼承權。」戰爭大多是通過協商而結束，戰爭雙方不致於打的精疲力竭，甚至亡國。

戰爭行動儘量減少對平民和經濟的影響，並著眼於儘量不徹底殲滅敵軍。主要採取機動戰與陣地戰，儘量避免決戰，不提倡殲滅戰，以消耗戰為主。軍事行動目標主要是切斷敵軍的交通線，並破壞其供應基地，使敵人疲憊不堪，最後迫使敵人最高當局走向談判桌。英國富勒（J. F. C. Fuller, 1878-1966）將軍寫道[15]：

> 有限戰爭時代，在這些持久作戰中，消耗戰是主要的。因為財力總是有限的，常備軍不同於民兵，前者是終年要養者。對於現代有素養的軍人而言，耗盡敵人的財力是取得戰爭勝利的有利手段，較之在戰鬥中消滅敵人，自身的損失那就小得多。

而為何會導致成「無限戰爭」呢？首先就是工業革命的興起，後勤物質的製造、運輸有相當程度的改進，機械代替了人力、獸力，其次是拿破崙的影響，全民皆兵使兵源補充不虞匱乏再加上民族主義的興起，逐步導致於無限的戰爭。

在普法戰爭中，普魯士在俾斯麥（Otto von Bismarck, 1815-98）嚴格的率領下，在鐵血的信念下，受到嚴格訓練，徹底的擊敗法軍併吞並了阿爾薩斯及洛林二省，法國的潰敗這事件激起法國民族主義，歐洲各國也感受到他的影響，各國紛紛採取徵兵制，轉而重視和平時期的戰備，接受了在處理國際爭端時全民動員的原則（即拿破崙原則）[16]，而法國也恢復全國總動員，導致有限戰爭的衰落，全面戰爭的爆發幾乎是不可避免的。

二、總體戰時代的悲哀

根據歷史學家普遍認為，第一次世界大戰發生的根本原因是：陷入聯盟困境、德國與歐洲主要大國經濟上的衝突、強烈的民族主義以及軍國主義[17]。

在第一次世界大戰之前，歐洲因戰爭及經貿關係形成了兩大聯盟的對立，首先是德、義、奧因邊境及經貿合作關係形成三國同盟，英國雖保持中立，但是與德國在海上經貿上發生摩擦導致與德國進行海上軍備競賽，並尋求與德國對立的法國建立協約關係來抵制德國，而這一合作最後擴及俄國，使得協約國的力量足以跟同盟國對抗。

接著，因德國在普法戰爭後工業高速的發展急欲尋求海外市場，結果不可避免的與海外有殖民地的俄國、英國、法國發生經濟上的衝突，導致英國對於德意志帝國在歐洲大陸以外的崛起產生了特別的警惕，因此德國的擴張成了大戰的主因之一。

再則，是民族主義的作祟。法國人在一八七○年普法戰爭的慘敗導致全國陷入復仇運動；德國在鐵血宰相俾斯麥的領導下引起德意志人對國家的獻身精神及狂熱的泛斯拉夫運動，是當時各國普遍流行的國家區域狹隘觀念的代表，各國對國家利益越來越重視，削弱了和平解決的可能。

最後，是軍國主義加溫，歐洲工業革命促進了軍事技術的發展，更豐富各國經濟實力，進而使各國在武器、裝備及人力方面進行巨額的投資。各國都擬定了動員計畫，在民族主義的推波助瀾下高估自身的力量，點燃戰爭狂熱的種子。在這樣的狀況下，戰爭的危機迫在眉睫，超出人們所能控制。

李德哈特（B. H. Liddell Hart, 1895-1970）寫道：「讓歐洲步向爆炸，過程花費五十年；引爆他，卻僅需要五天。」[18]而戰爭突然爆發以及兩個陣營的民族主義狂熱，使雙方喪失明確的政治目標，確切的說就是為戰而戰，只想消滅對方，榮譽、威望的抽象概念成了各國的目標，戰爭理想成為戰爭目標[19]，而這些抽象概念是難以解釋其價值的。第一次世界大戰是

一個典型的沒有具體目標及對戰爭進行價值評估的戰爭，因為情緒、激憤及熱情讓理性消失在戰爭的評估中。

所以第一次世界大戰說明了，如果不能將軍隊置於政治控制之下或是與國家的政治目的相同，其後果是非常危險且要付出慘烈代價。沒有明確目標的戰爭，決策者對戰爭的代價、風險及可能的利益無法適切的評估。

三、第二次世界大戰

因第一次世界大戰的慘況，使英法對於德國在戰敗後由希特勒（Adolf Hitler, 1889-1945）領導的擴張採取姑息主義，而德國的擴張軍備及一九三六年占領萊茵區及爾後陸續對蘇台德地區、捷克侵略歐洲各國並無武力的介入，只是口頭的警告，而直到入侵波蘭後才點燃第二次世界大戰歐洲的戰火。

而在第二次世界大戰中，盟軍以德、日兩國「無條件投降」為其戰略目標，但卻導致了軸心國的政府、軍隊與民眾參與戰爭的決心，使得戰爭張力延伸到一般民眾，更使第二次世界大戰成為人類有史以來武力衝突造成最多財產損失及人員傷亡的戰爭。

而在日本遭受原子彈攻擊後第二次世界大戰突然落幕，而核武器的誕生及蘇聯的擁有，使得第二次世界大戰後，以美蘇為首的兩大集團，顧忌對方使用核武器導致世界末日來臨，有限戰爭理論沉寂了五十年多年後再度復活，而根據這理論，加上各國對全面戰爭的懼怕，所以政府對武裝力量服從政治目的的控制提高，使得武裝部隊的使用是實現外交政策的合理工具，以致於爾後的韓戰、越戰、波灣及美阿戰爭並未擴及為全面戰爭，成為「為達有限目標通常使用傳統武器，在有限的時空所遂行的戰爭」。

一、國際核戰略發展的過程為何？其階段為何？

二、戰術核武的戰略為何？

三、從當前全球核戰略的發展及戰術核武部署，討論強權國家的角色如何以及我國有發展核子武器的條件？

四、何謂軍備控制？兩岸之間有無訂定軍備控制條約的可能性？

五、西方軍備控制的過程為何？

六、何謂有限戰爭？假如台海發生衝突，是屬於有限戰爭還是全面戰爭？

七、何謂無限戰爭？試舉例之。

註釋

[1]Kissunger. H. A, *Nuclear Weapons and foreign Policy*（New York: Haper & Row, 1957）

[2]泰勒等著，鈕先鍾譯，《國際關係中的學派理論》（台北：商務印書館，1984年初版），頁233。

[3]鈕先鍾，《現代戰略思潮》（台北：黎明文化事業公司，1985年6月），頁169。

[4]中子彈，根據國軍軍語辭典解釋爲：「一種在爆炸時爆風及熱度較小而輻射線效果極強的小型戰術核子武器，由於放出大量中子，所以俗稱中子彈。中子彈被稱爲第三代核子武器」。

[5]美國陸軍學院編，軍事科學外國軍事研究部譯，《軍事戰略》（北京：軍事科學出版社，1986年6月），頁467。

[6]同上註，頁480。

[7]Jeffrey Larsen, Gregory Rattray，國防部史政編譯局譯，*Arma Control Toward the 21 Century*（台北：國防部史政編譯局印，2000年6月），頁11。

[8]同前註，頁11-12。

[9]John M. Collins，鈕先鍾譯，《大戰略》（台北：黎明文化事業公司，1975年6月），頁320 。

[10]李正中，《國際政治學》（台北：正中書局，1991年初版），270頁。

[11]《國軍軍語辭典》（台北：國防大學，2000年修頒），頁2-1。

[12]美國陸軍學院編，軍事科學外國軍事研究部譯，《軍事戰略》（北京：軍事科學出版社，1986年6月），頁547。

[13]Carl Von Clausewitz, Edited and translated by Michael Howard and Peter Paret , *On War*（London: David Campell Publisher Ltd., 1993）, p. 83.

[14]同前註，p. 99。

[15]美國陸軍學院編，軍事科學外國軍事研究部譯，《軍事戰略》（北京：軍事科學出版社，1986年6月），頁555。

[16]同前註，頁558。

[17]同前註，頁559。

[18]李德哈特，林光餘譯，《第一次世界大戰戰史（上）》（台北：麥田出版社，

2000年4月初版一刷），頁1。
[19]同前註，頁561。

第十二章　中共與美國軍事戰略探討

中共自一九四九年以來就是我國最大的軍事威脅，並與我直接發生許多次的軍事衝突，而美國相對的從五〇年代開始就是我國的軍事夥伴且曾直接派兵協防台灣，所以瞭解這兩大強權的軍事戰略發展過程及未來走向，有助於學者對我國軍事戰略的制定有更深刻的體會，而我國軍事戰略則在本書的〈國家安全篇〉中有詳述。

第一節　中共軍事戰略

依據美國蘭德公司（RAND）研究，中共的軍事演變概分三個時期，首先是「人民戰爭時期」，其次是「現代條件下的人民戰爭」，目前是「高技術條件下的局部戰爭時期」[1]，而從中共軍事戰略演變觀察似乎可以得到與美國蘭德公司同樣的答案。

一、人民戰爭時期

人民戰爭的基本特點為「以農村包圍城市」，其特點為：

- 中國革命的中心任務及最高形式，是發動人民群眾武裝奪取政權，並使各種鬥爭形式緊緊配合起來。
- 堅決依靠人民，實行正確政策，形成最廣泛的統一戰線，動員人民群眾參軍參戰，武裝人民群眾配合軍隊作戰，組織人民群眾努力發展生產，積極支援前線。
- 建立一支以農民為主體的、密切聯繫的、具有高度紀律性的人民軍隊。
- 實行主力兵團、地方兵團與游擊隊、民兵相結合的武裝力量體制。
- 在敵人統治力量薄弱而地形有利的農村地區，建立鞏固的革命根據地。

‧運用適應於中國革命戰爭特點的人民戰爭的戰術戰略，實行正確的戰爭指導[2]。

在這六項特點中，可充分的瞭解到中共就是靠著「人民」起家的，以各種誘因動員、武裝並組織群眾參與其對國民黨的戰爭。在一九四九年中共在與國民政府內戰後取得中國政權，國民政府被迫轉進台灣，當時中共能順利奪取政權主要的是靠著「人民解放軍」，人民解放軍對中共政權的誕生，有著莫大的貢獻，在所謂毛澤東軍事思想的指導下，以長期的游擊戰跟國軍周旋，等實力壯大後，則以「人民戰爭」模式擊退國軍，取得勝利。

根據人民戰爭戰術戰略指導及總結以往的經驗，毛澤東於一九四七年十二月在「目前形勢和我們的任務」中，提出了人民戰爭的作戰十大原則如下：

‧先打分散和孤立之敵，後打集中和強大之敵。
‧先取小城市、中等城市和廣大鄉村，後取大城市。
‧以殲滅敵人有生力量為主要目標，不以保守或奪取城市和地方為主要目標。
‧每戰集中絕對優勢兵力。
‧不打無準備之仗，不打無把握之仗，每戰都應力求有準備，力求在敵我條件。
‧發揚勇敢戰鬥、不怕犧牲、不怕疲勞和連續作戰的作風。
‧力求在運動中殲滅敵人。
‧在攻城問題上，一切敵人守備薄弱的據點和城市，堅決奪取之。
‧以俘獲敵人的全部武器和人員，補充自己。
‧善於利用兩個戰役之間的間隙，休息和整訓部隊[3]。

共軍剛奪取政權後而尚未完全改造解放軍，韓戰就在一九五〇發生了，緊接著在同年十月，中國大陸就派遣由解放軍組成的「人民志願軍」參戰，與美國交手後，獲得了現代戰爭的經驗，認識到了現代武器與現代

軍事技術的重要性。在另一方面共軍也見識到了，美軍壓倒性的火力與空軍的轟炸與密集攻擊，讓共軍戰無必勝的「人民戰爭」受到嚴重的挑戰，甚至無用，瞭解到若要跟現代化軍隊對決，必須徹底改變「解放軍」使之現代化。

一九五三年韓戰停戰，共軍在國防部長彭德懷的指導下，開始了共軍現代化的改革，而彭德懷於一九五四提出以下主張：

· 建軍方針：建立現代化、正規化部隊。
· 工作重點：加強正規訓練，革新武器裝備，反對編訓民兵。
· 領導體制：主張「一長制」，反對以黨領軍與黨委集體領導。
· 軍隊任務：強調「軍隊僅是單純的打仗，搞生產是不務正業」。

而這四點主張與毛澤東一貫主張的「黨指揮槍」及「人民戰爭」背道而馳，慘遭毛澤東於一九五九年盧山會議整肅，導致「解放軍」只在武器裝備的更新並隨著與蘇聯的密切合作，獲得了大量的更新，甚至取得製造原子彈的技術，但是在軍事戰略上還是以「人民戰爭」為概念，來因應中國大陸所擔心兩大超級強權的攻擊（一九五〇年代至一九六〇年代是美國；從一九六〇年代末期到一九八五年則是前蘇聯）[4]。而後林彪繼任國防部長，為配合毛澤東意願更提出新的主張與政策：

· 建軍方針：建立革命化戰鬥化軍隊。
· 工作重點：著重基層連隊，展開「四好連隊」、「五好戰士」運動。
· 部隊訓練：實施「少而精」方針，強調突出政治，進而政治建軍。
· 編定訓練條令，統一共軍戰術思想。
· 發展國防工業：從軍隊補充配套，到發展海空新裝備與氫彈尖端武器。

文化大革命使中國大陸陷入瘋狂，所有人都在尋求「政治正確」，解放軍也不例外，再加上俄援中斷，更是將解放軍停留在「思想教育」階段。

二、現代條件下的人民戰爭

　　一九七六年九月毛澤東死亡後，中共內部開始修改「人民戰爭」，向「現代條件下的人民戰爭」路上前進，加上與前蘇聯交惡並與美國重修舊好，使中蘇邊境承受很大的威脅，更明確的說，「現代條件下的人民戰爭」係為因應蘇聯可能越過大陸北方邊界發動攻擊所引發的安全挑戰[5]。而蘇聯和美國軍備競賽的結果，在核武器與傳統武器上領先中國大陸多達數十年，且在華沙集團中累積無數次的現代武器下的實兵操演，其傳統部隊實力於當時為世界第一，可以直接對中國大陸進行攻擊，並且其本身的核武也足以對付。

　　而一九七九年的「懲越戰爭」的失敗更促使共軍對軍事戰略的重先檢討與修正，當時的共軍軍事學院開始修改毛澤東的「十大戰爭原則」，其認為以往制定的「堅壁清野，誘敵深入，撤開兩手請你進來的戰略方針，已難適應現在狀況」，必須研究「現代條件下的人民戰爭」。

　　而中國大陸中央軍委於一九八五年強調：「要把我軍建設成為具有中國特色的現代化、正規化的革命隊伍，從而進一步從全局上決定了軍隊長遠建設的根本大計。」[6]而在這變革中，共軍強調提高諸兵種協同作戰能力為必要條件。

　　而共軍「現代條件下的人民戰爭」的意涵根據約非（Ellis Joffe）寫道，大概有七點：

- ・除了發動大規模地面進攻外，雙方必須對敵人後方深處的目標，特別是那些「用於突襲的遠程武器」發動戰略空襲。
- ・現代戰爭的初級階段比以前更為重要。現代戰爭爆發的突然，開始階段也縮短了，其規模更大且比以前更有破壞力。
- ・現代戰爭的戰區範圍比以前大，情況也與過去完全不同。
- ・由於現代戰爭可以在陸地、空中和海上進行，又由於所使用的武器比過去的破壞力更大，因此更難區分後方和前方。

- 對後勤的依賴性更強。這也包括保養、維修和醫療設施。
- 指揮和控制方式也完全不同，對戰爭的結果產生決定性的作用。現代指揮方式要有電腦和自動控制系統，還要有尖端的電子偵查和通訊系統。
- 「人的因素」依然很重要，但這是由於操作現代化武器需要先進技術，而且因為全體人民都將受到現代戰爭的影響，而不是因為「人的因素」可以取代現代手段和方法[7]。

從其戰略演變可以得知，「現代條件下的人民戰爭」是為了擺脫文革時期「思想領導全部」及對抗國際政治演變的結果的過渡性產物。

三、高技術條件局部戰爭

一九九一年的波斯灣戰爭，使共軍開始思考高技術條件下局部戰爭之可行性，企圖從波斯灣戰爭中獲得經驗與教訓。共軍將高技術戰爭加上戰爭的局部性，形成了所謂的「高技術條件下局部戰爭」的戰略指導原則[8]。在此原則下的現代化過程，也面臨歐美「軍事事務革命」（Revolution in Military Affairs, RMA，中國大陸稱之為「新軍事革命」）趨勢的衝擊，而朝向「高技術戰爭」的理論與戰略研究發展。

所謂「軍事高技術」，依據共軍的看法，是指現代高科技中運用於軍事領域的高技術[9]。具體的說，軍事高技術是建立在現代科學技術成就基礎上。大陸學者認為，當今世界軍事高技術競爭有十點[10]，分別為：軍用微電子技術、電子計算機和人工智慧技術、軍用光電子技術、軍用航天技術、軍用新型材料技術、軍用生物技術、C^3I系統技術[11]、電子對抗技術、隱身技術及定向能技術。另一方面，軍事上的新需求又促進了高技術的發展。由於軍事高技術是高技術在軍事上的應用，因此中國大陸採用高技術的分類方法，將軍事高技術劃分為六大領域，見表12-1。

而其高技術戰爭的特點見表12-2。

中國大陸所指稱的「高技術局部戰爭」，是指具有現代生產技術水平的

表12-1　軍事高技術的類別

類別	內容
軍事信息技術	主要包括微電子、光電子、計算機、自動化、衛星通信和光纖通信技術。
軍用新材料技術	主要包括信息材料、能源材料、新型結構材料和功能材料技術。
軍用新能源技術	主要包括核能、太陽能、風能、地熱能、海洋能和生物能技術。
軍用生物技術	主要包括基因工程、細胞工程、發酵工程技術。
軍用海洋開發技術	主要包括海水淡化、海水提鈾、海底採礦及海底工程建設技術。
軍事航天技術	主要包括航天器的製造、發射和測控技術、航天遙感（空間偵察、監視）、空間通信以及空間工程技術等。

資料來源：《軍事高技術知識教材（上冊）》（頁5～6），中國人民解放軍總參謀
　　　　　部軍訓部，1997，北京：解放軍出版社。

武器系統及與之相適應的作戰方法，在作戰目的、目標、戰鬥力、空間、時間等方面都有所限制的高技術作戰體系間的武裝對抗。這個作戰體系包括以戰略核武器作後盾的常規武器系統、支援保障系統、管理系統等[12]。同時，中國大陸對於高技術條件下局部戰爭的特性之認知有以下幾點[13]：

· 政治對戰爭的制約力增強，戰爭的目的、規模受到嚴格限制。
· 高新技術在戰爭力量中的地位日益突出，戰爭能量迅速膨脹。
· 戰爭更多地表現為系統與系統的對抗，對戰爭系統結構的防護與破壞成為對抗的焦點。
· 戰爭實施的節奏加快、進程縮短，但準備時間增長。
· 戰爭的直接（兵力）交戰空間縮小，但戰爭的相關空間擴大。
· 戰爭對抗重心轉移，作戰樣式明顯增多。
· 戰爭的投入高、消耗大，依賴雄厚的經濟基礎和有效的綜合保障。
· 戰爭的牽動面大，關聯對手多，容易導致「國際化」的複雜局面。

表12-2　高技術戰爭之特點

戰爭形態	特點內容
注重武器裝備技術優勢的較量	高技術武器裝備本身所具有的巨大效能，使其成為左右戰場形勢和制約戰爭勝負的重要因素。擁有高技術勢力的一方，可以靈活選擇打擊目標、範圍、方式，有效控制戰爭的規模和進程，更多的掌握著戰爭的主動權，軍隊的作戰行動已由側重人力、物力數量優勢的對抗，轉向側重人員素質和技術優勢的較量。
戰場的高立體、大縱深、全方位特徵突出	戰爭在過去陸海空三度空間的基礎上進一步向太空和深海擴展，形成多層次的立體對抗；導彈等遠程火力打擊手段的運用以及軍隊機動能力的大幅提高，使戰場縱深空前加大，前方後方模糊；精確制導武器和特種作戰手段的使用，交戰雙方的行動呈現全方位、多方向的特徵。
作戰行動向高速度、全天候、全天時發展	高技術手段的運用，使用兵力、火力具有高速機動能力，從而使戰爭的發起更加突然，作戰節奏加快，戰爭進程大為縮短。新型光學電子設備和夜視器材的大量運用，使軍隊能夠實施全天候、全天時的連續作戰，作戰時效顯著提高。
作戰方式發生重大變革	導彈戰、電子戰等許多新的作戰樣式出現，並在戰爭中發揮重要作用。空中作戰的地位和作用上升，遠戰、夜戰的比重增大，機動戰、聯合作戰成為基本的作戰型態。作戰行動更加強調縱深突擊和整體打擊。
C^3I對抗成為軍隊指揮活動的焦點	以電子計算機為核心，集指揮、控制、通信、情報於一體的C^3I系統的發展和運用，使軍隊指揮效能和整體作戰能力大幅度提高。C^3I對抗日趨激烈，奪取戰場信息控制權成為軍隊指揮的前提與焦點。此外高技術更加重視軍事、政治、經濟、外交、文化等多種手段的綜合運用，對人的素質要求更高，對後勤的依賴性空前增大。

資料來源：《中國軍事百科全書》（頁126～127），中國軍事百科全書編審委員會，1997，北京：軍事科學出版社。

　　中國大陸為在二十一世紀爭取戰略主動權，俾在未來國際戰略格局中占有一席之地，在其「理論要先行」的認知下，積極重新調整共軍軍事戰略、精進軍事思想、理論。目前，共軍之軍事思想理論，已由人民戰爭思想向高技術條件下的人民戰爭思想逐漸演變，由應付一般條件下局部戰爭向打贏高技術條件下的局部戰爭轉變。

第二節　美國軍事戰略

　　美國歷代總統之中，自第一任華盛頓總統以來，有如艾森豪（Dwight D. Eisenhower）總統等多位軍旅出身者，即便是國務卿包威爾（Colin Powell）（前參謀首長聯席會議主席）也是軍人。在美國歷史上，軍事文化向來都擔負重大任務，多數美國人認為打倒獨裁政權，將自由與民主主義推廣到全世界是美國的使命，也是社會主流的意識型態。

　　在第二次世界大戰期間，動員一千六百萬人兵力，領導同盟國對抗德、日、義等法西斯極權，取得勝利的美國，於二次世界大戰後，成為世界擁有最大軍事力量的超級大國。而在戰後，更是領導西方民主國家與蘇聯為首的共產集團展開對抗，美國從一九四五年到一九八九年為止的冷戰期間，共發動了十次軍事行動。最後因蘇聯自行解體，共產國家紛紛垮台而取得勝利。冷戰後，美國雖然確立了為世界霸主的地位，但是從一九八九得到二〇〇二年的現在，卻也發動了三十五次的軍事行動，與長期和平（Long Peace）的冷戰期間相比，冷戰後的世界在東西對立之中，過去被塵封的歷史性區域紛爭經常發生，如巴爾幹半島、中東、恐怖主義問題等，是屬於不穩定的時代，因此以美國扮演的世界警察角色出動機率有增加的趨勢。

　　而美國紐約在二〇〇一年九月十一日年遭受恐怖分子的攻擊，是美國本土有史以來遭受最嚴重的攻擊，美國也在十月七日（美東時間）發動對

阿富汗蓋達（AL-Qaeda）組織的攻擊，誠如美國布希總統所描述的「新型且另類的戰爭」（a new and different war），而這戰爭更牽動了美國軍事戰略的改變及未來走向。

一、從美西戰爭到第一次世界大戰（海洋戰略及啟蒙）

　　十九世紀末，美國開始試探著走向世界舞台。在這個階段，美國的軍事計畫有兩個主要目標——保護本土和保護在太平洋的屬地。第一個目標早已有之，第二個目標則標誌著美國已成為世界強國和海外帝國[14]。所以目標找上西班牙，這時西班牙的國力已日暮西山。一八九八年四月，美國與西班牙因殖民地問題發起長達三個月的戰爭，僅造成少數人員傷亡（不到四百人），被稱為「輝煌的小勝利」（splendid litter war），而這次戰爭不以攻擊西班牙本土為目標，而以攻擊西班牙的殖民對目標[15]。而此次的勝利，讓美國不到一年的時間就將領土擴及到夏威夷、古巴、波多黎各、關島、威克島、薩摩亞群島及菲律賓群島，成為一個擁有海外殖民地的海權強國。而挾著美西勝利的餘威，美國於一九九○年五月二十四日參加八國聯軍來瓜分中國利益，並陸續的取得多明尼加、巴拿馬的主導權，控制了加勒比海海域。

　　美國的海軍在傳統上是防禦的主力，現在則主要用以掠奪與保護美國在太平洋的利益。當時海軍的軍事思想亦即馬漢提出的戰略學說——海權論占了主導地位。這個時期的美國戰略實際上由幾個自成體系的部分組成：美國本土戰略、加勒比海戰略和太平洋戰略。但是在第一次世界大戰爆發時，美國陸、海軍的決策者們都未預料到美國會參加何種類型的戰爭。

　　而在英國戰略家李德哈特所著的《第一次世界大戰戰史》上，根本就沒有美國的戰略構想，只有搭配歐洲軍隊的作戰構想而已[16]。第一次世界大戰是美國軍事戰略發展的重要里程碑。它標誌著美國開始參加由國家聯盟實施的戰爭，它使美國第一次經歷了二十世紀出現的大規模聯盟戰爭。導致軍事戰略重視進攻，重視民兵制度和掌握雄厚的作戰物資[17]。

二、第二次世界大戰（先歐後亞與正面進攻戰略）

隨第二次世界大戰的爆發，美國戰略思想和戰略計畫發生了變化。幾乎每一種作戰原則或思想都在第二次世界大戰中得到了體現，如集中兵力原則、全面勝利思想、半球防禦思想、戰略轟炸思想、聯盟作戰原則，甚至還包括有限戰爭思想。

第二次世界大戰對美國而言是一場組織戰，一場有各國領導人共同負責的戰爭，一場在各國首都和各戰區司令部均設有制定作戰計畫的龐大參謀機構的戰爭。在美國的軍事史上，制定戰略第一次成爲國家軍事當局的一項很重要的正式任務。每天都必須制定新的計畫，並需取得各方面的同意。各軍種內部、軍種之間以及國家之間成立的各種委員會，使得領導人和專家能坐在一起共同商討和選擇作戰方案。相互間就各種問題達成妥協是這種國際會議的主要內容，因爲各國經常需要討價還價、調整目的和手段。儘管人們對「原則」是重視的，但同盟國的戰略到頭來卻成了一種混合物，是妥協且是互賴的[18]，成了一種主要是根據實際需要制定出來的東西。往往是時勢（國際情勢）造戰略，而不是戰略造時勢。

總而言之，第二次世界戰爭加快了美國戰略決策者們成熟的腳步，他們在兩次戰爭之間的時期已開始成熟。在戰略藝術上，第二次世界大戰給美國的決策者上了重要的一課。這第一次眞正的全球性衝突，使美國重視全球戰略問題並擺脫歐洲的影響而宣告獨立。雖然美國的第二次世界大戰的戰略還稱不上爲解決戰爭與和平問題而周密制定的新型的大戰略，但是它卻能夠適應不斷變化的軍事需要。從兩次大戰之間的時期到後來以大規模使用兵力和實施機動作戰爲特徵的第二次世界大戰，軍事技術和戰術不斷發展，美國人成功地利用了這兩個方面的革命。當美國經歷的一場最大的戰爭考驗結束時，它便成了西方世界的第一軍事大國。

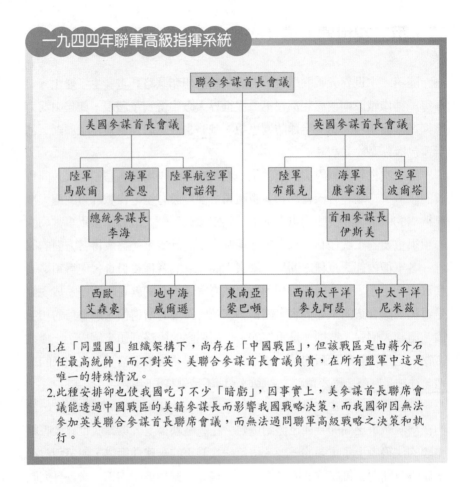

一九四四年聯軍高級指揮系統

1. 在「同盟國」組織架構下，尚存在「中國戰區」，但該戰區是由蔣介石任最高統帥，而不對英、美聯合參謀首長會議負責，在所有盟軍中這是唯一的特殊情況。
2. 此種安排卻也使我國吃了不少「暗虧」，因事實上，美參謀首長聯席會議能透過中國戰區的美籍參謀長而影響我國戰略決策，而我國卻因無法參加英美聯合參謀首長聯席會議，而無法過問聯軍高級戰略之決策和執行。

三、冷戰開始

美國在戰略上面臨的困境在第二次世界大戰結束時已顯露出來，戰後，國際局勢發生變化，首先，由於戰爭破壞，英、法、德等原先歐洲大國的力量受到了嚴重的削弱，美國變成了世界力量最強大的國家。其次，由於在戰爭中，美國軍隊在歐洲、亞洲及太平洋等地區戰場介入，美國的力量順勢擴展到世界各地，戰爭結束後，美軍為了維護戰爭的成果，不僅沒有撤出，反而淪為美國的保護傘。第三，蘇聯意識型態的差距及在東歐

擴展勢力問題[19]。

　　在這個動盪不安的世界上，美國對本身國家安全、戰爭以及和平的傳統看法受到前所未有的挑戰。軍事技術的革命性變化、人口的激增、一些大帝國的解體、新興國家的崛起以及形形色色的共產主義的出現，這一切部迫使美國尋求新的途徑來保障國家的安全。

四、圍堵時期（1947-1957）

　　為了適應第二次世界大戰後的形勢，並保護美國友邦國家免受以蘇聯為首的集團侵略，美國總統的杜魯門（Harry S. Truman）於一九四七年六月對國會演說，發表有名的杜魯門主義（Truman Doctrine）即「防堵共產主義在歐洲的流竄」，特別是希臘及土耳其，所以美國於戰後對土耳其、希臘的四億美元援助，並為保護西歐，美國則訴諸「大規模報復」（massive retaliation）的戰略手段來對抗蘇聯，並於韓戰中以聯合國名義直接出兵干涉（防堵中國共產黨的擴張）。韓戰雖然成功的將共產主義圍堵在38度線，但是因為韓戰的傷亡過大，還是引起美國民眾反彈，厭戰心理瀰漫，繼任的美國總統艾森豪（Dwight David Eisenhower）簽訂停戰協議後，則開始揚棄傳統武力的嚇阻，而採取「大規模報復」戰略，將核子武力作為嚇阻蘇聯勢力在第三世界擴張的手段，而這一戰略，排擠了傳統武器的購買及地面部隊的兵力，其特點為：

- ・側重準備與蘇聯打「閃電」式的核子大戰。
- ・在第三世界，主要依靠當地政府的武裝力量，來進行對共產主義叛軍的局部戰爭。
- ・擴張海外軍事基地，建立對共產集團國家的「核軍事包圍圈」[20]。

　　直到一九五八年美軍登陸黎巴嫩後，才出現所謂的「艾森豪主義」（Eisenhower Doctrine），即「授權美國可以軍事行動來防堵共產勢力對中東國家的控制」，又恢復到「韓戰」模式，直接派兵干涉問題。

五、高度干預時期（1957-1973）

此時美國的軍事戰略是直接以軍事干涉來圍堵共產主義，如黎巴嫩（1958年）、多明尼加（1965年）、越南（1962-1973年），其目的包括：圍堵共產主義擴張、幫助新興國家免受共產主義傳染。

因此在一九六〇年以後甘迺迪（J. F. Kenney）政府提出「彈性反應」（flexible response）的主張，主要的倡導者是參謀首長聯席會議主席泰勒（M. Taylor）將軍，其認為美國想要採取嚇阻一場全面性戰爭的發生，就必須抑制小規模或區域性的侵略行為，而這現實主義戰略家的主張，更使得傳統武器大量的擴張。

雖然高度干預戰略初期確實的防堵了共產主義，但是因為越南戰役付出的代價極為慘痛，不但無法防堵共產主義擴張，而且美軍陣亡人數高達五萬八千人，造成了美國人民對捲入國際衝突的恐懼，改變了美國軍事戰略的轉向。

六、新孤立主義時期（1973-1980）

對美國人民及國會而言，越戰是一個慘痛的經驗，不但是美國立國以來與外國持續最長的軍事衝突，也是美國的第一次失敗，導致國會對行政部門（Johnson & Nixon）的不信任，而於一九七三年通過戰爭法案（War Power Act）、Clark 和 Tunny 的修正案，來限制行政權力的擴張，就是沒有美國國會同意，美國軍隊將無法擴張海外駐兵兵力。

在這限制之下，在福特（Gerald Ford）總統與卡特（Jimmy Carter）總統開始對第三世界的衝突保持不直接軍事介入狀態，除了暗中的金錢資助外。尤其是卡特時期，導致了伊索匹亞、安哥拉、莫三鼻克以及尼加拉瓜成為蘇聯新的附庸國（client state）。而在這時期，蘇聯急劇擴張其實力，一九七九年聖誕節入侵阿富汗，蘇聯的目的是覬覦波斯灣，並想在波灣占得優勢地位。而此卡特總統發表了聲明卡特主義（Cater Doctrine）：「我

們的立場是絕對清楚的，任何外在的軍事力量企圖控制波斯灣地區，將被視爲對美國國家利益重大攻擊，對此行爲，美國將盡一切手段包括軍事力量來加以反擊。」[21]但是美國並未派兵援助阿富汗，只是由CIA暗中資助。

七、雷根─布希時期（1981-1993）

這一時期的特色是防堵共產主義勢力的蔓延和擴張，如持續援助阿富汗、安哥拉及尼加拉瓜反抗軍等。一九八一年雷根（Ronald Wilson Reagan）總統提出以二兆美元的軍事建構預算，以發展武力投射能力的軍事戰略爲優先，在陸軍成立特戰單位；美軍增強航空母艦和兩棲能力；空軍則加強長程運輸機能力。

在雷根總統眼中蘇聯是擁有共產意識型態的「邪惡帝國」（evil empire），莫斯科散布共產主義，給政局不穩定的國家或支持西方陣營的國家，所以爲了對抗蘇聯的威脅，美國首先在歐洲部署新的潘興飛彈及巡弋飛彈，其次是資助革命團體來摧毀共產主義政權。美國援助了尼加拉瓜、高棉、阿富汗等國家。而後更是直接以武力干涉，如派遣軍事顧問團及軍隊前往薩爾瓦多、格瑞那達、黎巴嫩、巴拿馬，授權空軍對利比亞的轟炸，更派遣海軍建隊進駐波斯灣。

蘇聯垮台後，從一九九〇年八月到一九九一年二月爲止的波斯灣戰爭，給冷戰後的美國軍事戰略帶來莫大影響，伊拉克取代蘇聯成了美國敵國的模式，世界政經情勢的變化與高科技的快速進步，促使美國的軍事戰略有了大改變，其關鍵詞是「軍事事務革命」（RMA）。

八、柯林頓時期（1993-2001）

柯林頓政府特別強調處理兩個大規模戰區戰爭（major theater war）能力的必要性。在其國防計畫檢討報告，認爲到二〇一五年爲止，安全保障

環境的特徵如下：「世界上並無任何一個國家在兵力上能與美國相抗衡；而且不管什麼樣的區域勢力，今後十年到十五年之間，在紛爭處理上都無法和美國所能部署的兵力相抗衡。」、「作爲擁有世界利害關係的全球勢力，在目前以及可預見的未來，美國必須要有能力制止或擊退同一期間在相隔兩地的戰區所發生的大規模越境攻擊」。

並認爲二十一世紀的安全課題，在質和量方面，不同於冷戰時期，要求美國在二○二○年以前，國家安全機構、軍事戰略，以及國防體制進行徹底改革。在未來的國家安全環境之中，以美國將面臨的課題而言，得重視處理不對稱的威脅（asymmetric threat），因此以潛在敵國可能採取的戰術，而指出下列幾點：一、採取對美軍隊以及一般國民帶來大量傷亡的軍事作戰，以阻止美國的軍事介入，或提高其軍事介入之成本；二、癱瘓前方陣地，以及裝備集結地，並且使用毀滅性武器、彈道飛彈、巡弋飛彈，造成美國及其同盟國民的大量傷亡；三、攻擊美國的資訊系統；四、在主要海峽及沿岸大量布置水雷，並以彈道攻擊來挑戰美國的海上優勢；五、以超音速武器和大量的對空系統來挑戰美國的航空優勢；六、攻擊在物質及精神上支援美國軍事作戰的支援組織；七、活用恐怖戰術以打擊美國及其同盟國的意志，並使其分散資源以保護攸關存亡的設施、基礎建設、國民安全。

另外，美國今後最有可能面臨的威脅，並不會是伊拉克型的侵略者，因爲波灣戰爭的教訓，所以不會以傳統戰爭與美國交戰，而是處理將會採取低度衝突，不敢引起美國軍事制裁的「街頭巷戰式侵略行動國家」等問題。美國的敵國，所瞄準的不是以美國期望的傳統兵力交鋒來解決的紛爭，而應該是以恐怖行動及毀滅武器等不對稱形態來對抗的「不對稱紛爭」。

九、反恐怖戰爭時期（2001－）

而當布希政府，剛上任時提出了軍事戰略的轉變，其特色爲：

　　第一、由重視綜合性安全轉為強調軍事安全。布希的閣員明顯以處理冷戰時期國家安全的背景為主，注意到的是美國的長程威脅，不願受多邊主義、聯合國的限制。

　　第二、布希主張要減少美軍在海外的任務，認為美國本土遭受外來攻擊的可能性，沒有隨著冷戰結束而減少，飛彈是主要的威脅，需早日建立飛彈防禦體系，因應波斯灣及台灣海峽危機，則是主要的任務。

　　第三、布希政府由「抑日揚中」改變為「抑中揚日」，也有較多瞭解台灣困境的決策班底。他們希望日本在亞太扮演猶如英國之於歐洲最堅強盟邦的角色。布希對中國大陸採取的是既圍堵又交往的「圍和」政策，聯合日本、印度防止中國大陸成為二十一世紀的蘇聯。中（共）美軍機擦撞意外使布希加速放棄與中國大陸的「戰略夥伴關係」，而隨後公布的對台軍售及飛彈防禦計畫，進一步為此競爭對手關係奠定了基石[22]。

　　但是克勞塞維茨曾經說過：「在戰略上一切都非常簡單，但是並不因此就非常容易。」在二○○一年九月十一日美國本土遭恐怖分子攻擊，美國政府隨即在十月十七日發動反恐怖戰爭，對全世界的恐怖分子宣戰，美阿戰爭透過電視傳媒將戰場上赤裸裸、暴力式的攻擊，成功展現在世人的眼前時造成了全世界的震撼，為何英軍、蘇聯慘遭滑鐵盧之地，美軍打來不費吹灰之力，這正是美軍「軍事事務革命」（Revolution in Military Affairs, RMA）的成功的延續。

　　美國在這次恐怖攻擊中雖在經濟、心理上有受到嚴重的創傷，但是反而透過反恐戰爭更提昇了美國主導全球事務的份量。首先，美國的軍事戰略並沒有本質的變化，正將反恐戰爭納入它的全球戰略之中。再來，美國反恐怖戰爭的非黑即白強烈理念，重新讓美國主導當前的國際情勢，如北約是在韓戰後第一次啟動共同防禦條款，法國以往是軍事上較有獨立的思考，但這次出兵也不甘人後；日本則是第二次世界大戰後首次往海外派兵；而俄羅斯，也在軍事行動上對美國提供情報、基地方面的合作或援助。這是冷戰以來沒有過的局面，甚至是在美國建國以來從未有過的局面。透過反恐怖戰爭，美國超強的地位更加鞏固[23]。

二十一世紀進行戰略抉擇從來就不是一件容易的事情，而且，觀察美國建國二百多年間，其軍事戰略變化之大，可能連美國人自己都無法預料，而以後，在這個動盪不安的世界上進行戰略抉擇更是事關重大，美國如今已經成為世界的超級強權，而美國軍事戰略已經恢復全球化的趨勢，並在塑造另一強權（中國大陸），而台海問題更是美國關注的焦點。

「兵者國之大事，死生之地，存亡之道，不可不察。」、「不戰而屈人之兵，善之善者也。」孫子的至理名言為東方世界所極至推崇，不輕易開啟戰端一直為東方民族奉為圭臬，因為「殺人一千，自損五百」；而西方兵聖克勞塞維茨則認為「任何形式的衝突，最後終必以戰爭解決一切」，影響了西方民族認為只有戰爭才能嚇阻戰爭，唯有暴力的屈服才能在政治上取得優勢，而人類的思維邏輯永遠跳脫不了這個真理魔咒，唯有以暴力屈服恐怖分子，才能完全徹底消滅之。而從911事件中，美國總統更在國會宣示「只要不是美國朋友，就是敵人」這種二元論的簡單思維，更是在這複雜多變的國際關係環境中，讓世界各國堅信唯有擁有軍事實力，才是解決政治利益的最佳手段。

而軍事戰略畢竟服從於政治的指導，只是完成國家政治目的的手段，而如軍事戰略超出了政治的控制，純為軍事而軍事，則如第一次世界大戰一般，各國忽略了當初戰爭的理由及目的，追求的是民族主義炒作下的民族「榮譽」、「尊嚴」等抽象的概念，造成戰爭失去控制，參與戰爭者全部都是輸家。

所以軍事戰略除了服從政治指導及贏的勝利以外，其重要功能就是控制戰爭，明確戰爭目的、方法、手段，不能為戰而戰，窮兵黷武，荼害生靈，造成難以彌補的遺憾。

一、何謂中共人民戰爭的十大原則？

二、請描述中共軍事戰略的變遷？

三、解釋中共高技術條件下的局部戰爭的涵義？

四、描述美國第二次世界大戰前的軍事戰略變遷？

五、討論美國後冷戰軍事戰略與我國的關係？

六、何謂杜魯阿、艾森豪主義？

七、911事件之後美國軍事戰略的轉變。

註釋

[1] Mark Burles Abram N. Shusky編，國防部史政編譯局譯，《中國大陸動武方式》（台北：全球防衛雜誌，2001年5月初版），頁39-51。

[2] 景杉主編，《中國共產黨大辭典》（北京：中國國際廣播出版社，1991年5月一版一刷），頁153。

[3] 同前註。

[4] Mark Burles Abram N. Shusky編，國防部史政編譯局譯，《中國大陸動武方式》（台北：全球防衛雜誌，2001年5月初版），頁40-41。

[5] 同前註，頁46。

[6] 同註2，頁152。

[7] 沈明室，《改革開放後的解放軍》（台北：慧眾文化出版有限公司，1995年），頁76-77。

[8] 譚傳毅，《中國人民解放軍之攻與防》（台北：時英出版社，1999年），頁2。

[9] 中國人民解放軍總參謀部軍訓部，《軍事高技術知識教材》（北京：解放軍出版社，1997），頁2。

[10] 喬松樓，《軍事高技術ABC》（北京：解放軍出版社，1999），頁115-132。

[11] C^3I或C3I系統的名稱首先起源於美國，它是取英文的指揮（Command）、控制（Control）、通信（Communication）和情報（Intelligence）四個單詞的頭一個字母縮寫而成的。而C3I的演變係因「軍事事務革命」使美國國防部傳統指揮（Command）、管制（Control）、通信（Communication）、情報（Intelligence）系統（C^3I），增列由電腦（Computer）所發展而出的資訊權而成為指揮、管制、通信、電腦系統（C^4I），並進而演變為指揮、管制、通信、電腦、情報、監視（Surveillance）、偵察（Reconnaissance）的整合系統（C^4SR），其目的就在建立並維持資訊優勢作為，以支援軍事作戰與國家安全戰略。就是要取得資訊作戰的優勢作為，支援軍事作戰而獲取勝力。請參閱喬松樓，《軍事高技術ABC》（北京：解放軍出版社，1999），頁55。

[12] 蘇彥榮主編，《軍界熱點聚焦——高技術局部戰爭概論》（北京：國防大學出版社，1994年4月），頁13。

[13] 戴怡芳，〈高技術條件下局部戰爭的特點和規律〉，《中國軍事科學》（北京：1999年第1期，1999年2月），頁82-86。

[14]美國陸軍軍事學院編,軍事科學院外國軍事研究部譯,《軍事戰略》(北京:軍事科學院出版,1986年6月),頁18-39。

[15]梁月槐編,《外國國家安全戰略與軍事戰略教程》(北京:軍事科學出版社,2000年6月初版),頁137。

[16]B. H. Liddell Hart,林光餘譯,《第一次世界大戰》(*History of the first World War*)(台北:麥田出版社,2000年初版),頁27-93。

[17]同註14,頁18-39。

[18]林碧炤,《國際政治與外交政策》(台北:五南圖書公司,1990年3月初版),頁246-249。

[19]唐士其,《美國政府與政治》(台北:揚智文化,1998年10月初版),頁362。

[20]同註15,頁139。

[21]New York Times, January 24, 1980, text of Carter address.

[22]《聯合報》,2001年5月1日,13版。

[23]新華社2001年12月5日報導,〈恐怖主義影響世界軍事形勢——全新戰爭形式已形成〉。

軍事戰史篇

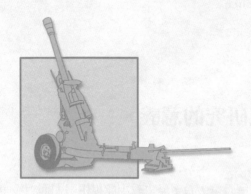

第十三章　戰史研究概說

第一節　戰史研究的意義

　　研究戰史是爲了瞭解戰爭，希望歷史教訓能提供我們面對戰爭時的依循或者某些啓發。

　　戰爭帶來大量死傷與心理上重大衝擊；付出那麼高的代價，到底從戰爭中獲得什麼？我們檢視古往今來的諸多戰爭史例，雖然戰爭的發生都不是沒有原因，也都有冠冕堂皇的理由，戰勝者也或多或少達到政治目的。但長期來說，除了勝利本身之外，戰爭目的並未能眞正從勝利中獲得滿足。

　　回顧數千年歷史：爭奪領土或權力的戰爭，戰勝者贏取的或許在幾十、百年後又輸回去；爲宗教而戰的戰爭，戰勝者宣揚的宗教未必從此成爲普世信仰；爲意識型態的戰爭，戰勝者贏得的勝利，或許最後反證明其意識型態的錯誤……。人們不得不懷疑：發動戰爭者時主張冠冕堂皇的理由，是否眞值得犧牲那麼多人命？

　　雖然不斷地有思想家對戰爭的意義與目的提出質疑，但是戰爭並沒有從人類歷史中消失，因爲人類戰爭的眞正理由並非表象那麼單純；不僅出於政治的延伸，更有其特殊的社會或心理學上的意義。人類爲何而戰並非本篇所探討的主題，在此是要說明：如果戰爭眞的不可避免，又未必能滿足戰勝者的原始目的；那麼，戰爭帶給人們的眞正利益是什麼？或者我們這麼說吧：在付出那麼高的代價——殘酷的殺戮、無限生命財產的損失——之後，人類總要獲得些什麼吧！

　　獲得什麼？這是個非常大的問題。我們在此提出一個觀點。不過這只是從軍事學角度看，並非唯一解答；在政治、心理、社會、人類等不同學門下將有不同觀點。

　　從軍事學角度，以往戰爭所貢獻於人類的，不在戰爭結果促成人類社

會的任何變化（無論政治、經濟或生活方式），而在戰爭勝利或失敗本身所累積的經驗。這些以無數鮮血換得的經驗教訓指引人們避免戰爭；或者，如果避免不了，則有更好的機會獲得勝利。也就是說：「我們得到的是歷史那面鏡子」。

　　戰史研究本質就是戰爭研究，我們從以往的戰爭經驗中研究戰爭。戰爭研究與其他科學研究不同之處，在於戰爭是太嚴重的事（Too serious a business.，這是前法國總理克里蒙梭的名言），不能以一般學習科學的態度來面對。戰爭沒有實驗室，錯了不能重來；而每一個錯誤所帶來的後果，都是數、十、百萬生靈的喪生，甚至國家或民族的淪亡。事實上，無論我們以多麼嚴謹的態度面對，戰爭帶來的殺戮與破壞都會改變其本質而難以預測。如果不能有戒愼恐懼及悲天憫人的胸懷，就算再深入的研究，也不見得能掌握戰爭眞正的內涵。戰國名將趙奢對其子趙括的評論非常值得我們參考：「兵，死地也，而括易言之。使趙不將括即已，若必將之，破趙軍者必括也。」眞正的戰爭絕非電腦戰略遊戲，不能在戰爭前存檔，戰敗載入再打。研究戰史必須置身於當事者的情境，才能體會戰爭決策的困難。如果以輕挑的態度質疑前人名將所犯的錯誤，很容易犯了與趙括相同的錯誤。

　　懼愼與悲憫，是我們研究戰史必須先建立的態度。

一、什麼是戰史

　　戰史乃舉國家人力物力投入戰爭的血史，換言之，即對過去戰爭史實作有系統的記述與研究之書[1]。如果將人類歷史看成一個求生存及發展的奮鬥史，那麼整部人類歷史就是一部戰爭史。在過去人類生活方式與社會分工還很單純的時期尤其如此；這是爲什麼《左傳》一書會被視爲中國最早戰史的理由[2]。不過這個範圍太大，在今日歷史學分支愈來愈多的情況下，戰史研究的範圍有必要更精確的劃分。所以狹義來說，置重點於作戰階段，分析戰爭本身直接的經驗教訓，自戰爭形成至戰爭結果與影響，摘其

顯著者做扼要敘述，俾明瞭戰爭對整個歷史的重要性，及戰爭之直接行動與如何受到間接的影響[3]。

簡單的說，戰史是記述戰爭發生的原因、過程與結果的歷史。更單純的戰史僅描述事實經過；但比較完整的戰史就要分析「為什麼」，要回答一連串的問題，包括：戰爭為什麼會發生？主觀而言雙方統帥為何會如此決策？客觀而言戰爭為何會如此發展？勝者為何勝？輸者為何輸？對爾後的影響為何？戰爭的成敗因素才是戰史研究的主要內涵。

戰史研究應本於客觀的精神求真，不過實際上很難避免主觀。選擇論述材料就出於研究者的偏好，解釋「為什麼」更完全出於研究者的主觀心得。譬如馬漢（Alfred Thayer Mahan, 1840-1914）研究英國海軍戰史，提出「海權論」；李德哈特研究世界戰史，提出「間接路線」；皆出於他們主觀認知。「海權論」與「間接路線」的理論都不是沒有爭議，但這不僅無損，反而更彰顯兩位大師的地位。另一方面，戰史同樣受「史觀」影響，所以相同的戰史，台灣與大陸就有不同的論述與解釋。但這並沒有誰對誰錯的問題。我們必須理解，戰史與其他的歷史研究一樣，必須揚棄「定論歷史」（Ultimate History）的信念[4]；任何戰史論述都不是定論，都有再研究的空間。我們承認戰史研究主觀的本質才能真正客觀地去研究戰史。因為如果我們堅信某些權威的戰史論述是客觀事實；這種態度就會成為研究戰史的最大障礙。

戰史研究另一個困擾之處是研究標的——戰爭——的內涵不易界定。舉例而言，第二次世界大戰算一個戰爭？還是算幾個？起於何時？終於何地？西方的著述通常從一九三九年九月一日德國進攻波蘭開始[5]，但第二次世界大戰同時也包括亞洲的中日戰爭、中南半島的戰爭與太平洋戰爭。中日戰爭在我國的正式名稱為「抗日戰爭」[6]，雖然始於一九三七年七月七日的盧溝橋事變，但史家慣例從一九三一年九月十八日的九一八事變開始記述[7]。如此，九一八事變到太平洋戰爭爆發的這一段中、日間武裝衝突，是算在第二次世界大戰內？還是另一場戰爭？我國軍事教育體系習慣上以「戰役」作為單元[8]，這是因為「戰役」可定義為：「在一定空間與時間內

的作戰」（見本書第三章〈戰爭的外顯特性〉），界定容易。但西方學界則習慣用決定性會戰（decisive battle）爲單元[9]。事實上，無論以戰爭、戰役或會戰爲論述單元都有優缺點。以整個戰爭爲對象較爲宏觀，但影響因素已不限軍事，因此在論述時必須論及政治、國際關係、經濟、文化、社會及心理等方面。以會戰爲對象較微觀，只探討軍事，甚至僅論述戰略、後勤與地理等直接因素；連軍制、武器系統等間接因素都不觸及。

二、為什麼要研究戰史

　　研究戰史的目的何在？我們引述一段文字，這是擔任《中國歷代戰爭史》編纂委員兼秘書的陳廷元將軍，說明編纂該戰爭史的緣起。這段文字討論的正是研究戰史的目的，值得我們參考：

　　　　第一，因為有這部書，才能有系統地顯現出中國歷代戰爭史實，看出中華民族在遭受內憂外患時，勝敗興亡的因果關係……。第二，因為從戰略觀點去分析，才能有系統地顯現中國歷代對戰爭指導的藝術，從中獲取教訓，增加我們的智慧與力量，以便運用於當前的實際工作中……。嚴格說來，上述兩項重點，第二項才是研究戰史的真正目的。因為吸取過去戰爭指導藝術，加以實際運用，較瞭解過去戰爭史實尤為重要。但是不瞭解戰爭史實，就不易吸取戰爭指導藝術。所以這兩項重點，相輔相成[10]。

　　這段文字說明研究戰史的目的，就是要「吸取過去戰爭指導藝術，加以實際運用」。事實上也確實如此，我們摘要幾位名將的名言就可以明白這個道理：

　　　　拿破崙（Bonaparte Napoleon, 1769-1817）：「熟讀亞歷山大、漢尼拔、凱撒及其他名將的戰史並模倣之，此為造就將才，窺探軍事藝術的唯一方法。」

約米尼（Antoine Henri Jomini, 1779-1869）：「我研究戰史，方知道它是一切戰爭科學的鎖鑰。」

希里芬（Alfred Von Schlieffen, 1833-1913）：「我深知讀戰史，才可以尋得若干啓發心靈之事實。」

興登堡（Paul Von Hindenburg, 1847-1934）：「戰史是高級軍官最好的老師。」

但是，從戰史中吸取戰爭經驗以爲實際運用，是將領們的思維；研究戰史的眞正目的其實不僅於此。戰史絕非僅是將軍們教科書而已，否則除了將軍們外，其他人何必學戰史？戰史除了提供將領們吸取戰爭經驗以獲得屬於個人的體認外，還提供一個更高層次地研究戰略的基礎；只有在這個基礎上，才可以逐漸建築起戰略學術的殿堂。偉大的戰史學者雖然通常都是戰略學者，但未必是好將領。如馬漢、戴布流克（Hans Delbruck, 1848-1929）、李德哈特、富勒等戰史及戰略學大師，雖然大多具有軍職身分，但不以戰功稱著。正如同企業管理理論研究學者與經營事業企業家間的區別，研究戰史與運用戰史研究，其實是兩個直接相關但本質並不相同的領域。

事實上，偉大的戰史學者往往以戰略理論的成就而爲人稱頌；他們從解釋戰爭成敗的過程中終於產生了其獨特的戰略理論，這些理論可供進一步探討戰略的運用；無論將領、政治家、企業家……都可以從中獲得事業上的指導。因爲戰略與戰術不同，不會隨著時代的更迭而改變，而且在軍事外的廣大領域中也能有相同的作用。

三、戰史與軍事史的區別

雖然都是以戰爭爲研究對象，但概念上戰史與軍事史是兩個不同的領域。

「戰史」研究戰爭的成敗因素，以個別戰爭爲對象，以解釋爲主要內

涵；分析戰爭之直接行動與如何受到間接的影響。「軍事史」則綜觀影響戰爭發展因素的演進，以描述爲主要內涵；敘述個別時期軍事制度、軍事思想、軍事人物、兵器及戰術戰法的演進等。嚴格來說，戰史的屬性是「軍事學」，軍事史則是「歷史學」。一位軍官不涉獵軍事史並不妨礙他成爲偉大的將領；但是不研究戰史，沒有機會帶兵打勝仗。

　　但實際上區別並不那麼明確，尤其在宏觀地研究某一文明的戰爭史時，幾乎無法區分。「中國戰爭史」與「中國軍事史」之間的界線就很不清楚。因爲軍事史是戰爭通史，與通論的戰爭史當然不易區分。

　　戰史雖然以個別戰爭（或戰役、會戰）爲對象，但通論的戰爭史仍有獨特價值。這是因爲分析戰爭並非想像中那麼容易；每場戰爭都可能受另一場戰爭的影響。戰史研究如果僅以單元戰爭爲對象很容易有不周全的缺失。同時，戰爭是人類的社會現象，不同文明會產生不同的戰爭型式，獨特的戰爭文化，必須以通論戰史的研究概念才可以理解。譬如中國戰爭多屬內戰，所以對敵軍俘虜可以「卒善而養之」，以至於「勝敵而益強」《孫子‧作戰篇》。這在強調消耗戰略（Strategy of Exhaustion）的西方戰爭史中絕難以想像。

　　因爲必須長期觀察某一文明的戰爭史才能發現某些一以貫之戰略原理；所以偉大的戰史著作通常是通論性的；譬如馬漢的《海權對歷史的影響1660-1783》、戴布流克的《戰爭藝術史》、富勒的《西洋世界軍事史》等。

　　如果一定要簡要劃分（對初學者而言或許是有必要的）；那麼，以戰爭、戰役或會戰作爲單元論述者，就是戰史；以時期爲單元者，屬於軍事史。

第二節　戰史研究的方法

　　戰爭是社會現象，戰史研究也適用社會科學的研究方法；因此歸納

法、演譯法或者質化與量化研究的概念都可以運用於戰史研究上。雖然軍事教育體系對戰爭過程的敘述有固定格式，此一格式也有化繁爲簡掌握重點的優點，但並不表示一定要遵循此一格式才能完成研究。研究方法的概念遠比格式重要。本節探討戰史研究須掌握的重點。我們再一次強調：「戰史研究是科學，必須揚棄『定論歷史』信念，更不能受意識型態束縛，才能以更客觀、更寬廣地創造新的研究成果。」

一、戰史資料的蒐編

戰史研究第一步就是蒐集與鑑定史料，建立史實，以爲研究基礎。但這也是最困難的一步。原則上，距史蹟發生愈近者愈爲可信，與史蹟關係愈深者，愈爲可信。因此，戰爭中一般人的紀述不如隨軍記者，記者紀述不如在營官兵，在營官兵不如指揮將校，指揮將校不如綜攬全局的高級參謀。譬如第二次世界大戰後日軍大本營高參服部卓四郎所編撰的《大東亞戰爭全史》一書，就成爲研究日軍在太平洋戰爭中行動的最佳史料[11]。

除此之外，因爲作戰時訊息極爲混亂；且當事者在面臨生死存亡的情緒衝擊下，不僅認知可能有誤，某些特殊的情感及關係甚至不願或不能眞實敘述；因此史料很容易出現矛盾，必須很小心地相互比對後才算可信。譬如國共戰爭史料，矛盾衝突之處太多，眞實面貌到現在仍缺乏一個權威性的論述予以釐清。

至於古時留下的紀錄常過於誇大，許多紀錄不可相信。德國史學家戴布流克曾提出「經驗判斷」（sachkritik）的概念，這種綜合的研究方法很值得參考。例如，如果知道過去會戰戰場的地形，就可以利用現代地理科學的知識核對古人的紀錄；如果知道使用武器裝備的類型，就可以把當時的戰術予以合理重整，因爲每一種武器都有一定的戰術法則[12]。戴氏根據十九世紀德國陸軍的行軍長徑：三千人行軍時長三哩，以此推算希羅多塔斯（Herodotus）記載西元前四八○年入侵波斯大軍達二百六十四萬一千六百一十人的不可信。因爲如此行軍長徑將長達四百二十哩[13]。

這種方法也可以用來研究中國古戰史。譬如西安秦始皇兵馬俑出土後，一個具體而微的秦國強大軍團完整的呈現在今人眼前，對進一步研究先秦戰史有相當大的助益。

無論如何，比較其他歷史研究，戰史研究者更需要有更多的耐心、勇氣，以及從混亂的資訊中創造秩序的能力，才能鑑定出真實史料。

蒐集與鑑定史料後，接著是編纂。

史料記述可用「記事本末」，戰史也不例外。但任何事件的發生與發展都是整個社會與文化交互影響下的結果，不可能單獨存在。因此在撰述時不僅要注意事件本身的來龍去脈，還要注意事件發生的背景。背景所形成的客觀環境很可能限制主觀意志的運作而成為影響事件發展的主因。至少，不清楚客觀環境將無法理解事件發展的原委。譬如抗日戰爭中期以後，國軍士氣明顯地較抗戰初期低落；如果不敘述國軍在一九四一年時，一個少尉月薪才法幣四十二元，下士二十元，還要扣除副食費，街上吃一碗麵就要三元[14]，就很難讓讀者理解當時國軍薪資的嚴重不足而產生錯誤理解。

因此，要編纂一部好的戰史，必須兼顧縱、橫兩個方向的論述。不僅記事本末，分析具有影響力的背景因素，尤其不可缺少。

二、戰史的研究

戰史研究以解釋戰爭的成敗因素為主要內涵。而影響戰爭的成敗因素雖多，卻可分為客觀因素與主觀因素兩個途徑。

從客觀因素著眼，認為決定戰爭勝負的是戰爭發生時的客觀環境，不因人的意志而轉移。人只是客觀環境的一項因素而已，至多影響戰爭過程，但不一定決定其結果。比起如經濟、地理、科技等其他因素，並沒有什麼特別重要之處。每一場戰爭的決定因素並不相同，研究者的責任就是要從這些諸多因素中，歸納出具決定性的一項。

譬如美國耶魯大學的保羅‧甘迺迪教授（Pual Kennedy），他研究近五

百年的經濟變遷與軍事衝突，著作《霸權興衰史》一書。結論是：霸權興衰決定於經濟發展及其產業結構。一個國家工業生產力愈高，經濟愈富裕，就愈能成就其霸權。至於哪一位將領在什麼時候打了哪一場勝仗，造成什麼重大影響，不是重點。因為就算打輸了，只要有強大的工業生產力，就可以再重組軍隊，最後終究是贏家。

又如托佛勒夫婦（Alvin and Heidi Toffler）研究波斯灣戰史，編撰《新戰爭論》一書。認為生產方式決定戰爭方式。伊拉克軍隊以工業化時代大量生產的模式從事戰爭，當然不是美軍數位化部隊對手。戰勝的功勳並不在美軍統帥史瓦茲柯夫將軍身上，他只是剛好擔任統帥罷了，換了別的將領結果也一樣。

簡單來說，這種觀點主張「時勢造英雄」。大勢所趨，順應時勢而成功者沒什麼了不起；逆勢而為，失敗了也不算他的錯，因為趨勢不會因為任何個人意志而轉移。

至於從主觀因素著眼，則強調「英雄造時勢」。認為戰爭的過程與結果源自雙方決策者的「決心」。客觀環境只是決策者必須注意與運用的背景因素。決策者在面對不同的背景因素，考量對方決策者可能採取的行動，選擇最有利的途徑以爭取勝利。決策者的「決心」才是決定戰爭結果的唯一因素。

軍事教育體系的戰史研究都採取此一觀點。因為，如果戰爭的結果不因人的意志而轉移，那要將領們做什麼？如果誰領軍打仗都一樣，就不必談什麼「戰爭的藝術」，「戰史研究」毫無價值。

以上兩種觀點其實並沒有對錯的問題。只是研究的途徑不同，適用的範圍也不一樣。「時勢造英雄」學派從宏觀的角度研究戰爭，採長期觀點，以國家的生存發展為研究主體。而「英雄造時勢」學派則從微觀的角度，研究個別戰爭，基本上是個案研究。就如同經濟學有「總體」與「個體」的區別，並不表示彼此矛盾，而是相輔相成。

第三節　戰史中的典範（爲什麼選擇這些戰史？）

本篇論述一個戰爭、兩個會戰。選擇這三個史例，是因爲它們在戰史研究中具有典範意義，略述於後。

一、坎尼會戰

坎尼會戰（The Battle of Cannae）是西方戰史中的經典之作。西元前二一六年，迦太基名將漢尼拔在坎尼附近的奧非達斯河（Aufidus River）以五萬的劣勢兵力擊潰羅馬八萬大軍，並殲滅七萬餘衆，本身損失僅五千七百餘人。創造極輝煌的紀錄，漢尼拔也因此名垂青史。

坎尼會戰是西方戰史極爲著名的會戰，研究戰史或戰略者幾乎無人不曉。這場二千餘年前的戰史也留下極爲詳盡的紀錄，二十世紀初德國著名的戰史學者戴留克及希里芬元帥都曾經對其有非常深入的研究。長年擔任德國參謀總長的希里芬元帥並且大力提倡，幾乎使之成爲流行的軍事教條（military doctrine）。他本人也參考此一戰史而擬定著名的希里芬計畫（Schlieffen Plan）[15]，成爲第一次世界大戰德軍攻打法國的藍本。雖然時序進入二十一世紀，坎尼會戰仍有極高的參考價值，是研究戰史者不能不知曉的。

二、長平會戰

長平會戰是中國歷史上最重要的會戰之一，發生在戰國時期。秦國與趙國各自傾全國之力決戰於長平。趙軍大敗，四十餘萬降卒全被秦軍坑殺。這是一個駭人聽聞的戰果，是人類四、五千年歷史中僅見。也因爲死

傷數字過於龐大，引起某些戰史學者的懷疑[16]。

傷亡重大並非我們選擇此篇戰史論述的理由，所以坑殺數字是否可信並非重點。重點是這場會戰中秦軍統帥白起（？- 257 BC）所採取的戰略非常具有典範意義。他在截斷趙軍補給線後圍而不攻，讓趙軍處於飢餓狀態，終於完全喪失戰力。使得趙軍最後不得不發起突圍攻擊，卻讓秦軍坐收防禦的戰術利益，終被全殲。這個戰略在兩千兩百多年後的國共戰爭中多次為共軍採用。尤其是徐蚌會戰中的雙堆集決戰及陳官庄決戰，共軍採取此一模式全殲國軍精銳近四十萬。長平模式在中國戰史上的地位，與坎尼模式在西方戰史中的地位，足以相提並論。

三、波斯灣戰爭

波斯灣戰爭是發生在一九九一年，美國與伊拉克之間的戰爭。是二十世紀末，冷戰結束後規模較大的戰爭。這場戰爭因伊拉克入侵科威特而起，美國的干預行動雖獲得軍事上的輝煌戰果，但政治面的影響並未因軍事結束而結束。

對戰史研究而言，這場戰爭的政治影響並非重點，甚至雙方戰略運用也並沒有非常特殊而值得稱道之處，但是這場戰爭的戰果卻非常值得我們注意：美軍擊潰了號稱百萬的伊拉克軍隊，奪回科威特，卻只陣亡一百四十五位官兵，其中還有三十五人是死於友軍誤擊[17]！

這個驚人的戰果遠超過戰前的預測，顯示美軍的戰術與戰法有了新的突破。這場戰爭因而被視為「前導戰爭」，預示了未來戰爭的型態[18]。雖然戰術與戰法在戰史研究中一向被視為背景因素，只略述而不討論；但是當戰術與戰法的變動影響戰略運用時，就成為決定勝負的主要因素，也就有很高的研究價值。這是我們選擇波斯灣戰爭論述的理由。

一、戰史研究的目的為何？

二、戰爭史與軍事史的區別為何？

三、戰爭史料的蒐集其可信順序為何？

四、為什麼戰史研究必須注意背景因素？

五、戰史研究有「英雄造時勢」與「時勢造英雄」兩種觀點，它
　　們區別何在？

註釋

[1] 張明凱，〈戰史之蒐編研究與運用〉，中華學術院編，《戰史論集》（台北：華岡出版公司，1976年），頁573。

[2] 鈕先鐘，《戰略與戰史》（台北：麥田出版社，1997年），頁161-162。

[3] 張明凱，《前引書》，頁573。

[4] 第二次世界大戰後歐美歷史學界已揚棄「定論歷史」的信念，戰史爲史學分支，自不能免。見黃俊傑〈從方法論立場論歷史學與社會學之關係〉，黃俊傑編譯《史學方法論叢》（台北：學生書局，1984年增訂三版），頁7-10。

[5] 譬如李德哈特的《第二次世界大戰戰史》就是以波蘭戰役開始。該書爲探討第二次世界大戰戰史的權威之作。見李德哈特，鈕先鍾譯，《第二次世界大戰戰史》（台北：軍事譯粹社，1992四版），頁1。

[6] 國防部史政編譯局出版的戰史就是以「抗日戰史」爲名；但也有學者從歷史觀點稱爲「第二次中日戰爭」。譬如吳相湘編著的《第二次中日戰爭史》（台北：綜合月刊社，1973）。

[7] 見吳相湘，《前引書》，頁17。

[8] 譬如國防部編《中國戰爭大辭典——戰役之部》（1989）就是以戰役爲撰述單元。

[9] 譬如富勒（J. F. C. Fuller）編，鈕先鍾譯，《西洋世界軍事史》（台北：麥田出版社，1996）。原書名爲：*Decisive Battles of The Western World and Their Influence on History*，直譯爲：西方世界的決定性會戰及對歷史的影響，就是以決定性會戰爲撰述單元。事實上，西方並無「戰史」的綜合概念。西方傳統對戰爭、戰役、會戰等概念區分明確，或者是戰爭史、或者是戰役史，要不就是敘述決定性會戰；這與東方綜合成「戰史」一個詞彙的概念不同。

[10] 陳庭元，中國歷代戰爭史的編纂與貢獻，中華學術院編，《戰史論集》（台北：華岡出版公司，1976年），頁615。

[11] 該書國防部曾經翻譯，由台北軍事譯粹社譯行，1978年。

[12] 鈕先鍾，〈戴布流克——本世紀最偉大的戰史學者〉，載於《戰史研究與戰略分析》（台北：軍事譯粹社，1988年），頁215。

[13] 同前註。

[14]這是歷史學者黃仁宇先生在抗戰時的親身經歷。見黃仁宇，〈闞漢騫和他的部下〉，《地北天南敘古今》（台北：時報文化，1991年），頁142。

[15]鈕先鍾，〈從希里芬計畫說到馬恩河會戰〉，《歷史與戰略——中西軍事史新論》（台北：麥田出版社，1997年），頁272-274。

[16]譬如鈕先鍾就採取懷疑的立場。見〈從戰略觀點看戰國時代〉，《歷史與戰略——中西軍事史新論》，頁37。

[17]資料引自：包威爾〈友軍誤擊問題之探討〉，《波斯灣戰爭譯文彙集（二）》（台北：國防部史編局譯印，1993），頁126。

[18]Randall Whitker "The Revolution in Military Affairs"。引自《軍事革命譯文彙輯》（台北：國防部史編局譯印，1998），頁200。

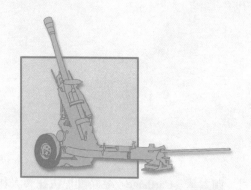

第十四章　坎尼會戰

第一節　前言

　　西元前二一六年八月，伽太基（Carthage）名將漢尼拔在義大利半島南部坎尼（Cannae）附近的奧非達斯河（Aufidus River），以五萬餘的劣勢兵力擊潰羅馬八萬多大軍，殲滅七萬餘眾，本身損失僅五千七百餘人。這個輝煌戰果使漢尼拔名垂青史，被列為西方四大名將之一。坎尼會戰（The Battle of Cannae）也成為西方戰史中的經典。

　　在結構上，這場會戰屬於第二次「布匿戰爭」（Punic War）。這是發生在西元前二六四年至西元前一四六年之間，羅馬與非州北部的迦太基，爭奪西地中海霸權進行的長期戰爭，史稱「布匿戰爭」。這是因為布匿是腓尼基人的拉丁文名，而迦太基是腓尼基人建立的國家。所以羅馬人稱迦太基人布匿人（Punicus），含有鄙視的意義。在這兩雄爭霸延續一百多年的歷史中，共發生三次戰爭：

　　　第一次布匿戰爭：西元前二六四至西元前二四一年。
　　　第二次布匿戰爭：西元前二一八至西元前二〇一年。
　　　第三次布匿戰爭：西元前一四九至西元前一四六年[1]。

　　其中以第二次布匿戰爭最為激烈和具有決定性的影響，因為都是漢尼拔個人的作戰，所以又稱漢尼拔戰爭。

一、戰爭背景

　　西元前四世紀，迦太基不斷擴充海權，成為西地中海的強大帝國。到了西元前三世紀，羅馬人統一義大利半島，與迦太基海權發生直接衝突；兩強爭霸遂不可免。西元前二四一年，羅馬艦隊在愛加迭斯群島（Aegates

Islands 即今埃加地群島 Egadi Island）附近全殲迦太基艦隊。迦太基求和，被迫割地賠款。第一次布匿戰爭結束。

西元前二二一年，漢尼拔以二十二歲之年，接續其被刺殺而死的姐夫赫斯杜魯巴（Hasdrubal, ? - BC221）繼任迦太基的西班牙總督。西班牙總督是在西元前二三六年，迦太基為向西班牙半島擴張領土而設立。首任總督是漢尼拔之父漢密卡・巴卡（Hamilcar Barcas, ? - BC229 / BC228冬），為迦太基名將，西元前二二八年戰死。總督之位乃由其女婿赫斯杜魯巴繼任。漢密卡愛國心極強，往西班牙赴任時曾命漢尼拔（時為九歲）跪在祖廟祭壇前立誓：「永遠與羅馬為敵，雪國恥」。他親自教導漢尼拔戰略、戰術；死後，赫斯杜魯巴繼續教導。漢尼拔就是在這樣的家庭中長大，不僅培養出優異的軍事智能，也堅定了與羅馬不共戴天的復仇意志。

漢尼拔繼任西班牙總督後，即著手遠征義大利。西元前二一八年七月，他在鞏固後方後，率領步兵五萬、騎兵九千、一個戰象隊，進入高盧（Gaul——今法國）。為避免羅馬人封鎖阿爾卑斯山險路；隨即在十月的多天向阿爾卑斯山前進。因其部屬多來自非洲，不耐寒冷，通過後僅剩步兵兩萬、騎兵六千，以及部分高盧同盟軍（遠征義大利圖見圖14-1）。

漢尼拔進入義大利後，分別在十一月，提西那斯河（Ticinus）；十二月，特里比亞河（Trebia）；第二年（西元前二一七年）四月，塔西米尼湖（Lake Trasimene）；連續三次會戰中擊敗羅馬軍。造成羅馬人的恐慌。羅馬元老院於是選出一個全權的獨裁官（dictator）總攬軍政大權以應付危機；選中者為費比阿斯（Ouintus Fabius Madimus）。費比個性穩健，他深知漢尼拔士氣正盛，羅馬數敗之餘實力大損，不宜力敵。於是採取另類戰術，以非正規的小部隊擾亂敵軍，避免決戰，拖延時間以恢復實力。這種戰術後來被西方稱為「費比戰術」（Fabian tactics），且被用作政治策略的名詞。

漢尼拔大軍遠征，不利久戰。但因其擅長就地徵集，糧食補給尚不成問題。但因無法捕捉羅馬軍主力決戰，形成僵局。

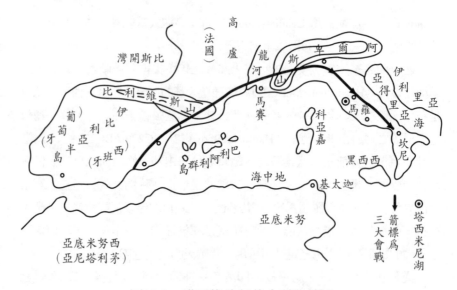

圖14-1　漢尼拔遠征義大利路線圖

資料來源：《中外戰爭全史（一）》（頁383），李則芬。

二、雙方優缺點與限制因素

迦太基是個富裕的商業國家，基本上人民對服兵役的意願不高，因此採募兵及傭兵制。其兵源大多數來自非洲或南歐，迦太基人反而是少數。漢尼拔率領的大軍其實是個雜牌部隊，彼此間語言不通，武器及戰術不同。其中比較優秀的部隊是非洲人所組成的重步兵和努米地亞（Numidia）部落的騎兵[2]。

羅馬人則是尚武的民族，其公民以服兵役為榮。羅馬軍的組織比迦太基好太多。羅馬軍團（Legion）是西方古代史中最優秀的戰鬥單位，通常由四千二百名步兵與三百騎兵組成。羅馬軍的重步兵不僅訓練精良，紀律嚴明，而且採取標準化戰術，幾乎無需指揮就能適切而彈性的作戰。騎兵素質則不如步兵且數量甚少。羅馬經常依賴同盟國提供騎兵，但組織與戰術聽任其指揮官各自為政[3]。

其次就人數而言，漢尼拔也居劣勢。由於迦太基元老院的無能與忌妒，漢尼拔的遠征並未受到本國一兵一卒的支持，僅有來自西班牙的增援。繼任的西班牙總督為漢尼拔的弟弟，名字與其姊夫相同，也叫赫斯杜魯巴。除此之外，漢尼拔在西元前二一七年初，特里比亞會戰後，募集了相當數量的高盧兵編入自己軍中。雖然如此，坎尼會戰前，他的兵力也不過五萬餘人，除四萬步兵外還包括一萬騎兵；遠低於羅馬軍的八萬步兵及九千三百騎兵[4]。

漢尼拔真正的優勢在他的情報工作做的極佳。在羅馬城內有他許多的間諜，羅馬軍隊的計畫與行動他都瞭如指掌，所以能針對羅馬軍的弱點採取行動。

羅馬軍隊雖然在質量與數量上都擁有優勢，但在軍事思想上卻有弱點。羅馬人把戰爭視為機械化的行動，全憑勇敢、紀律與操練來取勝。羅馬沒有專業的高級指揮官，每個公民都自以為勝任此一職務。羅馬元老院每年選舉兩位執政官（consul），在戰場時也就是野戰軍的指揮官。假使兩人同在軍中，則隔日輪流指揮[5]。如果兩人用兵理念不同，對需要連續性的作戰計畫來說，會產生相當大的矛盾。

第二節 作戰過程

西元前二一六年，羅馬的「費比戰術」雖具成效，徵集兵力已達八萬餘人。但長期採取守勢，卻使一向慣於攻擊的羅馬人愈益不滿。他們稱費比阿斯為「慢吞吞」（cunctator，英文為delayer）。因此元老院決定免除費比阿斯的全權獨裁職務，恢復原來辦法——選出兩名執政來指揮戰爭。新選出的執政官，一位是包拉斯（Aemilius Paullus），另一位是發祿（C. Terentius Varro）。前者是貴族，謹慎保守；後者是平民，專橫傲慢，好大喜功。發祿急欲求戰，但每為包拉斯所阻。

　　六月初，漢尼拔得知羅馬軍更易統帥，又知軍中新兵占三分之一，決心誘使羅馬決戰。他奪取了義大利半島南部坎尼附近羅馬的補給倉庫，並占領亞浦利亞（Apulia）南部產糧地區。於是羅馬軍不得不採取行動，尾追至奧非達斯河南岸；與漢尼拔軍隊相隔六十英哩處紮營，準備決戰。

一、作戰地區分析

　　雙方決戰的奧非達斯河附近是一個平坦地形，非常適合騎兵作戰。這可能是漢尼拔選擇此地決戰的理由。因為羅馬軍兵力雖占優勢，但主要表現在步兵上，迦太基軍則在騎兵上占有明顯優勢。羅馬軍執政官之一的包拉斯雖然發現此一現象而力主謹慎，但急欲報仇立功的發祿則求戰心切，並不重視這個警告。而羅馬官兵也都渴望一戰，視包拉斯的謹慎為怯懦。

　　至於奧非達斯河本身雖然在戰術上形成障礙，但並不能限制兩軍渡河。

二、雙方作戰指導

　　對參加坎尼會戰的雙方來說，其大軍統帥同時也扮演國家領導人角色。羅馬軍指揮官也就是元老院執政官；漢尼拔雖非迦太基執政，但他以西班牙總督身分遠征，既沒有接受迦太基的支援，也不受節制。因此兩軍統帥都可以自由遂行其意志。

　　羅馬軍不僅面臨補給倉庫被奪，也背負著民意壓力，必須速求戰果。漢尼拔的迦太基以遠征之師，更必須求戰。因此兩軍都基於求戰心切，所以都取攻勢，列陣決戰是很自然的選擇。只是如何尋求適當時間與地點而已。在這點上，漢尼拔再度採取主動，誘使羅馬軍追隨其行動。

　　漢尼拔深知羅馬軍的慣例，也知道兩個指揮官的個性與輪值時間，於是選定發祿輪值之日，在凌晨渡過奧非達斯河，佯攻北岸該處一個羅馬營壘。

　　得知消息的發祿，也立即率領羅馬軍主力渡河。他留下一萬一千人在南岸營地，並且令其在北岸決戰之際，攻擊漢尼拔的營壘。

　　漢尼拔在奧非達斯河北岸選定了一個河川彎曲部列陣，如此伽太基軍的兩翼就都能依托奧非達斯河，而不必擔心優勢羅馬軍的包圍。

　　在戰術部署上，他先按兵不動，僅以一部輕步兵正面襲擾，等瞭解羅馬軍部署後再調整自己的部署。

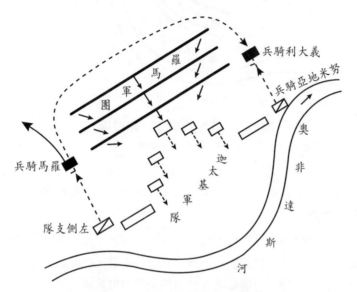

圖14-2　坎尼會戰第一階段圖

資料來源：《中外戰爭全史（一）》（頁391），李則芬。

　　發祿見漢尼拔背水為陣，以為是殲敵良機。由於地形無法實施包圍，於是採取中央突破，增大正面兵力密度，企圖以壓倒性的優勢兵力粉碎敵軍。羅馬軍的戰術部署是將步兵軍團分為三列，輪番攻擊或休息，所以他將重步兵置於在中央，十五個軍團分為三列。但由於戰場狹窄，兵力太多，正面寬度不夠；所以他將羅馬軍慣例之每隊正面十二人、縱深十人的標準隊形，改為正面十人、縱深十二人，並縮減各隊間隔[6]。騎兵方面，羅

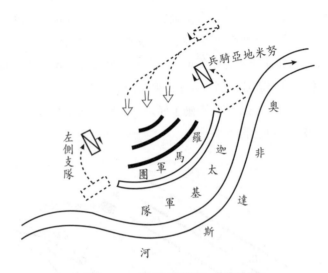

圖14-3　坎尼會戰第二階段圖

資料來源：《中外戰爭全史（一）》（頁391），李則芬。

馬騎兵二千四百名在右，義大利騎兵四千八百在左。其餘輕騎兵則位於戰場前方擔任掩護。

　　漢尼拔看清發祿的部署後，乃針對其弱點部署。他以素質較差的西班牙及高盧兵置於中央，精銳的非洲重步兵置於兩翼，如此就有脆弱的中央正面與強大兩翼。騎兵也同樣部署於兩側：左方以重騎兵八千五百名編組為左側支隊；右方則是二千五百名剽悍善戰的努米地亞騎兵，數量雖少，戰力卻強。他企圖以脆弱的中央正面引誘羅馬軍主力集中攻擊，在誘入己方陣內後，再以重裝步兵打擊其脆弱側翼。兩翼的強勁騎兵則在殲滅羅馬軍騎兵後，迂迴敵陣後方，形成包圍形勢。

三、會戰經過

　　決戰之日是八月二日。雙方部署完畢後，前方警戒的輕步兵先行接觸。漢尼拔位於正面中央，親自指揮向前推進，強大兩翼則按兵不動，於

是整個隊形向前形成凸字形。

　　雙方主力開始戰鬥。羅馬軍團全力前進，迦太基中央正面則且戰且退，逐漸後退成凹字型。

　　雙方兩翼騎兵也開始接觸。迦太基軍右翼二千五百名的努米地亞騎兵面對羅馬軍義大利騎兵四千八百名，雖居劣勢，卻仍能穩助陣線。迦太基軍左側支隊則以重騎兵八千五百名的極優勢兵力，迅速擊破當面二千四百名的羅馬騎兵；而後繞過羅馬軍戰線後方，攻擊右方的義大利騎兵。義大利騎兵正以優勢兵力尋求擊破努米地亞騎兵之際，後方突遭奇襲，震撼之餘也迅即崩潰。迦太基軍隨即以努米地亞騎兵追擊羅馬騎兵，騎兵主力的左側支隊則調整態勢，準備攻擊羅馬步兵後方。

　　在步兵方面：發祿見攻擊前進順利，為突破迦太基軍中央防線，於是要求第二線各隊填補第一線空隙，第三線各隊也隨後推進，以加大正面壓力。因為迦太基軍兩翼戰力較強，羅馬軍隨著中央正面的推進，兩翼也自然向中央靠攏。因此中央正面的羅馬軍愈擠愈多，無法展開。於是開始互相推擠，甚至連武器都無法使用，各隊逐漸混亂，失去掌握。

　　漢尼拔見時機成熟，下令全線反攻。騎兵左側支隊也開始攻擊羅馬軍後方。羅馬軍兵多的優點反成致命缺失，全擠在中央陷入混亂，無法展開作戰。迦太基軍全面包圍，層層砍殺。戰至黃昏，羅馬軍屍橫遍野，全軍覆沒。發祿僅以身免，反而力主謹慎的包拉斯戰死。留在南岸的萬餘部隊也全被俘虜。

　　這就是著名的坎尼會戰。羅馬軍以優勢兵力反被包圍殲滅。八萬多大軍被殲七萬餘人，只逃出一萬餘。而以五萬餘兵力卻獲得如此輝煌戰果的漢尼拔，只損失五千七百餘人。

四、尾聲

　　獲得決定性勝利的漢尼拔並沒有立即進攻羅馬城。這也是一個不可解的謎。他的手下騎將馬哈拔（Maharbal）曾經強力建議，但卻被拒絕。馬哈

拔因而生氣的說：「這的確是個眞理，上帝對一個人的賜予是不完全的，他不會讓同一個人具有一切的天才。漢尼拔呀，你知道如何獲得一個勝利，但你卻不知道如何利用一個勝利。」[7]漢尼拔喪失了攻滅羅馬的機會。爾後在義大利轉戰各處，終至勢窮力絀；在西元前二〇二年的撒馬會戰（Battle of Zama）中，敗於羅馬後起之秀，曾參加坎尼會戰逃得一命的大西庇阿（Africanus Scipio, 236BC-183BC）[8]從此再以無法恢復往日光環，最後流亡到小亞細亞。西元前一八九或一八八年，羅馬人東征亞洲，擊敗敘利亞帝國後，要求交出漢尼拔。漢尼拔雖逃到黑海南岸的俾斯尼亞（Bithynia），但仍受羅馬人威脅；因不願受辱，服毒自殺。至於迦太基，則在第三次布匿戰爭時，被小西庇阿攻破，迦太基遭屠城而滅國。

第三節　決勝因素的探討

本節探討坎尼會戰的決勝因素。因爲這是一個會戰的戰史，所以探討的重心在雙方的野戰戰略，但也會往上論及軍事戰略，以及下一階層有關戰術方面的討論。

一、軍事戰略的相關決策

以下討論雙方在軍事戰略上影響勝負的相關決策。

（一）費比戰術的探討

羅馬獨裁官費比阿斯的「費比戰術」，一度困擾漢尼拔，應該算是一個成功的戰略。但是對驕傲的羅馬人而言，一再敗於其鄙視的迦太基人之手，甚至在兵力恢復後都不敢決戰，毋寧是無法忍受的屈辱[9]。因此當兵力恢復後尋求決戰是很正常的。「費比戰術」既被視爲階段性做法，費比阿

斯如仍堅持其不決戰的戰略，就會因違逆民意而遭撤換。

（二）羅馬執政官輪流指揮的傳統

羅馬人對軍事很重視。依照法律規定，羅馬市民都必須服兵役，期限是十六次戰役。當時戰爭大多發生於夏季，如果每年打仗也要經過十六年[10]。這使羅馬軍團的戰鬥力極強，戰術也標準化，幾乎不必指揮就能自動向前推進。因此制度上羅馬沒有專業的高級指揮官，羅馬公民都知兵，也都喜歡談戰略，每個公民都自以為勝任此一職務。既然軍隊指揮與一般行政沒有不同，由兩位執政官輪流指揮也是合理的選擇。但軍事指揮畢竟與一般政務不同，標準化的戰術不能取代指揮官臨機的戰略運用。輪流指揮更嚴重違反「統一指揮」的戰爭原則。在戰爭規模小，變化少的時代，面對弱小敵人或許還可應付，但對漢尼拔這位偉大的將領而言，這個缺失明顯暴露出來，成為羅馬軍以優勢兵力卻慘遭殲滅的主要原因。

（三）漢尼拔未趁勝奪取羅馬城

漢尼拔為何沒有趁勝追擊奪取羅馬城？是一個謎，他本人並沒有對此詳加解釋。後代史家因此有許多推測。合理的判斷有二：一是他缺乏攻城工具，羅馬城牆高城厚，沒有攻取把握。二是他選擇間接策略，藉由剝奪羅馬屬國，希望孤立羅馬而迫降。因為在坎尼會戰後，羅馬另一個集團軍在波河被高盧叛軍擊滅，義大利半島西南的加菩亞（Capua，在那不勒斯附近）與部分盟邦都有脫離羅馬同盟的行動。只要能獲得包括迦太基本國、馬其頓及西西里盟軍、西班牙殖民地或義大利南部原羅馬屬國在內的任何支援，成功的機會很大[11]。但關鍵仍在迦太基本國的支援。可惜迦太基元老院既無能又忌妒，居然未提供任何援助。其他援助又不可靠，只能為臂助而不能依賴。譬如馬其頓國王腓力五世（Philip Ⅴ）雖然看到漢尼拔戰功而見獵心喜，與迦太基締結同盟並對羅馬宣戰，但因缺乏海軍，無法突破羅馬海軍封鎖，強大陸軍也只能望洋興嘆無法與漢尼拔會師[12]。其他西西里島盟軍與西班牙殖民地也陸續遭羅馬軍入侵而無法支援。漢尼拔勢力不

能壯大,獲得羅馬屬國支援就不易成功,只能繼續轉戰各地。此時縱使屢戰屢勝,也已喪失消滅羅馬的最佳時機。

消滅羅馬的最佳機會就是在坎尼會戰獲勝後趁勝攻取羅馬城。因為坎尼會戰是個徹底的殲滅戰,八萬多羅馬軍只剩一萬餘,這些殘破兵力很難在短時間重整組織建立戰力,也不能做為有效抵抗的兵力。更重要的,羅馬人在勝利預期下居然面臨此一不堪戰果,心理的震撼更難以短期撫平。此時漢尼拔縱然缺乏攻城工具也應趁此良機攻城。中國的長平會戰,秦將白起在長平獲勝後不顧國虛民飢仍企圖強攻趙都邯鄲,就因此理。否則日後攻城準備完成,敵人也從危疑震撼中恢復,爾後勵精圖治,就很難再攻下了[13]。漢尼拔手下騎將馬哈拔(Maharbal)對他說:「你知道如何獲得一個勝利,卻不知道如何利用一個勝利。」的評論確有道理。

二、野戰戰略的運用

漢尼拔在坎尼會戰中運用的野戰戰略,是先以後退誘敵,使敵方脆弱側翼暴露,爾後再張兩翼包圍殲滅。這個戰略經過多位名將學者的充分研究,在以後的多次戰爭中引用,已經有個固定型態,可算做模式(model)。

坎尼模式雖然以後退包圍為基本型態,但根本精神並不僅止於此,所以並非所有的後退誘敵都是坎尼模式。漢尼拔戰勝的主要關鍵,在於面對擁有數量優勢敵軍時如何限制其戰力發揮?河灣的特殊地形就成為他完成這個構想的主要因素。正面狹窄使羅馬軍難以展開,而且隨著攻擊前進愈受限制。換言之,羅馬軍攻擊的成果反成為降低戰力的因素。當羅馬軍戰力已降低到與迦太基軍正面兵力相仿時,行動自由的迦太基左側支隊騎兵所發動的後方攻擊,就成為決戰時壓斷駱駝背的那根羽毛。

至於如何完成後退誘敵的作戰指導?我們沒有任何證據證明他直接命令中央正面的步兵且戰且退。事實上,心理上已準備撤退的第一線士兵是無法且戰且退,亦即無法順利完成後退誘敵的關鍵任務。比較可能的做

法，是減低中央正面兵力或部署戰力較弱的部隊，使他們在敵人強大壓力下自然後退。這也是後世將領要誘敵深入時通常採用的部署。

三、戰術的運用

戰史研究通常將戰術視爲背景因素。因爲它是戰力形成的機制；如果雙方機制類似，形成的戰力相當，當然就沒有特別論述的必要。但是如果戰術運用有突破性發展，影響戰力形成，那就是戰略問題了。本篇因爲研究「會戰」，所以在探討野戰戰略的同時，也必須探討雙方戰術運用。

羅馬軍團的戰鬥隊形與希臘軍的方陣不同，不是密集的重疊橫隊，而是疏開隊形；各隊間隔距離很大，整個軍團隊形有點像棋盤格子。攻擊時較方陣更有彈性，防禦時又有方陣的防禦特性。

羅馬軍的標準化戰術是將各軍團採三列部署。先以第一列軍團之輕裝步兵編成無數小攻擊群，向敵人實施擾亂攻擊，當敵人陣容凌亂時，再由重裝步兵接戰。先投以短矛或標槍，再揮動長矛或劍與敵人肉搏。當第一列重裝步兵戰至精疲力竭或被敵人擊退時，第二列各軍團則由間隙前進，接替第一列戰鬥。第三列軍團中的重裝步兵通常是年齡最大，戰鬥經驗最豐富的老兵，具有預備隊性質，隨時準備作戰，用於第三次突擊[14]。

當羅馬軍指揮官發祿面臨作戰正面太窄，兵力太多時，可以選擇採取四列部署，或者縮短各軍團及軍團內各隊的間隔。發祿選擇後者。由於還是嫌窄，他再將每隊正面十二人、縱深十人的標準隊形，改爲正面十人、縱深十二人。這種部署使羅馬軍疏散隊形的優點全失，部隊既不習慣，也喪失作戰時的彈性。

迦太基因商業立國，所以海軍較強，陸軍組織不如羅馬軍甚遠。迦太基陸軍基本上與希臘軍相仿，這是因爲與希臘鬥爭長達三百年而相互模仿的結果。希臘陸軍的戰鬥隊形是方陣，他們的方陣是由重裝步兵組成大縱深的密集橫隊，一般是十二列，但也有少至八列或多至十五列，使用長矛。這種方陣戰力雖強，但反應極不靈活，遠不如羅馬軍團。第一次布匿

戰爭失敗後，迦太基人已開始改進，吸收了羅馬軍不少的優點[15]。加上漢尼拔的軍團來源複雜，種族、組織、戰術不一，然而漢尼拔能以最大彈性加以編組，以發揮各軍團優點；並且充分運用較強的騎兵，化缺點為優點，終於在會戰中獲得意料之外的豐碩戰果。

四、結論

坎尼會戰是西方軍事史上的第一個後退包圍戰，漢尼拔充分發揮了他的軍事天才和指揮藝術，創下了古代戰爭史上的傑作。坎尼模式也成為西方將領或戰史學者最感興趣的研究主題，並且經常在其他會戰的研究中套用對比。

坎尼模式的要旨，是面對具優勢敵軍的攻勢行動，先採守勢再伺機轉移攻勢的作戰。初期雖採守勢，但卻以「後退誘敵」的方式掌握戰場主動。敵軍深入某一程度後其側翼自然暴露，並且因深入而使戰力衰弱，此時就可以張兩翼完成包圍，只要中央正面在完成包圍前不被突穿就可以達成。所以完美的坎尼模式通常是個以少勝多，以寡擊眾的作戰。

創造坎尼模式的漢尼拔，在西方史學界是個深受推崇的名將，英國克芮賽爵士曾有一段中肯的評論：「漢尼拔完全遮蔽了迦太基；相反的，費比、馬西拉斯、尼祿，甚至西庇阿本人，若與羅馬的精神、智慧與權力相比，簡直微不足道。」[16]他本人也自信滿滿。據說，漢尼拔流亡小亞細亞時，擊敗他的大西庇阿一度也因羅馬的政治風暴流亡小亞細亞，與其比鄰而居，而且來往甚密。有一次，兩人聊天正談得高興時，大西庇阿突然問漢尼拔：

> 「你認為，誰是世界上最偉大的將軍？」
> 「亞歷山大，他曾經以那麼少的軍隊，橫掃亞洲，未逢敵手。」
> 「第二位又是誰呢？」
> 「皮洛士，他首創紮營築壘的方法。」

「第三位又是誰呢？」大西庇阿再追問下去。

「就輪到敵人我了。」漢尼拔回答。

至此，大西庇阿含笑問到：

「那如果當初閣下戰勝敵人，那又應當列在第幾位呢？」

漢尼拔毫不遲疑地回答：

「在亞歷山大之上，在皮洛士之上，在所有大將之上！」[17]

　　傳說中並沒有記載大西庇阿的反應，歷史也很難對「如果」作評論，但西方歷來的戰史學者，一向將漢尼拔排在四大名將的第二位，在亞歷山大之後，凱撒與拿破崙之前。不管他是否曾戰敗過。至於皮洛士與大西庇阿，並沒有列入排名。

問題與討論

一、羅馬軍戰敗的關鍵之一是由兩執政輪流指揮，這種制度的缺失為何？

二、論述迦太基軍組成之分子與戰爭成敗的關係。

三、論述羅馬軍與迦太基軍之戰鬥隊形為何？差異為何？

四、坎尼會戰要完成「後退包圍」的部署方式為何？

五、坎尼模式的要旨為何？

六、請論述個人對漢尼拔的評價。

註釋

[1] 三次布匿戰爭的起始時間有不同說法，這是因爲史家看法不同之故。譬如有學者認爲第二次布匿戰爭始於西元前二一九年。因爲漢尼拔在那一年不宣而戰，進攻位於西班牙的希臘人城池薩干坦；戰爭即已開始。但當時羅馬並未出兵，僅向伽太基提出抗議。雙方是在談判破裂後才正式宣戰；時在西元前二一八年。本文史料及譯名，依據李則芬，《中外戰爭全史（一）》（台北：黎明文化事業公司，1985年），頁372-414。

[2] 本段對伽太基軍隊的敘述引自：鈕先鍾，〈論坎尼模式〉，《歷史與戰略——中西軍事史新論》（台北：麥田出版社，1997），頁181。

[3] 本段對羅馬軍隊的敘述引自：鈕先鍾，《前引書》，頁181-182。

[4] 古戰史對各方兵力的記載經常誇大與矛盾。《劍橋古代史》就對這一點提出相當多質疑。漢尼拔與羅馬兵力到底多少，二千二百年後的今天我們已經無法對當時眞相作考證，況且這種差異並不影響坎尼會戰的精髓；因爲漢尼拔的步兵數量遠低於羅馬，但在騎兵上占優勢的論述，眾所公認。

[5] 本段對羅馬軍隊的評論，引自：鈕先鍾，《前引書》，頁181-182。

[6] 發祿爲何要縮減各隊正面，增加縱深，並縮小各隊間隔？史家有不同看法。某些學者認爲是要增加重步兵攻擊時衝力。這當然也不無道理，因爲如此改變確實會增加攻擊正面的壓力（見鈕先鍾，《前引書》，頁184）。但更大的可能是戰場狹窄，如果以慣例出擊，就會有多餘兵力，必須編到第四列，這與羅馬軍戰術部署不符。發祿爲避免這種情況，再考慮可以增加攻擊正面的壓力，所以縮減每隊正面及間隔。因此也有學者認爲，如果發祿仍維持原隊形，而將正面多餘兵力控制爲預備隊，或許坎尼戰史就要改寫。見李則芬，《前引書》，頁390。

[7] 見富勒（J. F. C. Fuller）著，鈕先鍾譯，《西洋世界軍事史》，頁197。

[8] 西元前二○五年，這位西庇阿當選羅馬執政官後，不顧當時還在義大利的漢尼拔，直接遠征非洲。迦太基不得不調回漢尼拔，於是在距離迦太基城西南方六天行程的撒馬遭遇，羅馬軍大勝。西庇阿擊敗漢尼拔後，獲得第二次布匿戰爭的完全勝利。迦太基一蹶不振，再也不能威脅羅馬。這位西庇阿於是獲得非洲征服者（Africanus）的稱號。其孫小西庇阿（Scipio the Younger，原名Scipio Aemilianus, 184BC-129BC，原爲坎尼會戰中戰死的執政官包拉斯之孫，過繼

給大西庇阿之子）在第三次布匿戰爭中消滅迦太基，歸國時也被賦予Africanus的稱號。兩人因此同名。爲了區別，歷史學家稱擊敗漢尼拔的爲大西庇阿，消滅迦太基的爲小西庇阿。

[9] 迦太基人雖以商立國，但商業道德很差。羅馬人有一句諷刺的話：「布匿人的信用」（Punic fides）可見羅馬人的不屑。我國戰史學者李則芬認爲，這個心理因素是促成「布匿戰爭」發生的原因之一。見李則芬，《前引書》，頁375。

[10] 李則芬，《前引書》，頁360。

[11] 李則芬，《前引書》，頁393。

[12] 李則芬，《前引書》，頁418-419。

[13] 有關長平會戰的戰史將在下一節敍述。

[14] 李則芬，《前引書》，頁360-361。

[15] 李則芬，《前引書》，頁376。

[16] 李則芬，《前引書》，頁409。

[17] 李則芬，《前引書》，頁409-410。

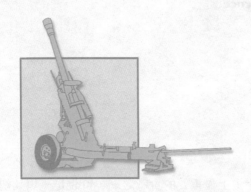

第十五章　長平會戰

第一節　前言

長平會戰是中國歷史上最重要的會戰之一，可說是一場「決定性會戰」。作戰的規模極為龐大，如果《史記》及《戰國策》的記載可信，那麼雙方動員兵力合計可能接近百萬。這種規模不要說在兩千三百年前，就算在現代也非常可觀。綜觀當時各諸侯國國力，如此規模表示雙方已經動員全國力量遂行總體戰了。雖然在戰國末期，秦國與趙國間陷入長期戰爭，但這種足以滅國的總體戰也是極少見的。

從戰爭的結構來說，這場會戰應該屬於秦趙長期戰爭中的某一戰役。這場戰役乃是秦國與趙國為了爭奪上黨地區歸屬而起，因此可以稱為「上黨戰役」。整個過程，從西元前二六四年，秦國攻擊韓國陘城，企圖截斷韓國本土至上黨的交通線，以奪取韓上黨郡開始；至西元前二五七年，趙國在「邯鄲保衛戰」中獲勝，秦將鄭安平降趙為止，共歷時七年。戰役的核心，就是這場「長平會戰」。

一、戰爭背景

長平會戰的主因，是「上黨地區」的爭奪。秦國企圖控領此一地區，趙國也企圖擁有，兩國傾力以赴，大戰因此爆發。要探討這場會戰的背景，就必須先理解這個地區戰略上的意義。

上黨地區是位於今山西高原上的高台地，其地理位置，東邊以太行山俯視趙國首都邯鄲，南有中條山連接韓國腹地，西有太岳山接魏國西疆，北有五台山斷匈奴南下之路。山高嶺峻，地勢險要，為韓、趙、魏三國交界地帶。這一地區源於歷史因素，分屬韓、趙兩國；因為戰略位置重要，兩國在此都設立上黨郡。雙方以濁漳河為界，以南屬韓，以北屬趙。控領

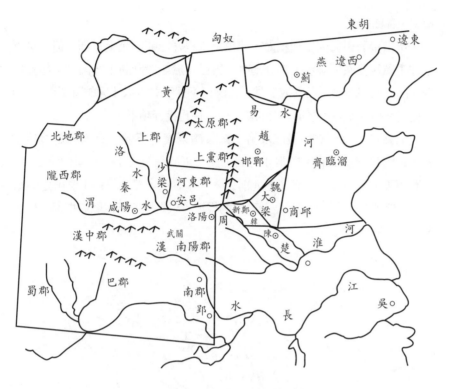

圖15-1　七國疆域判斷圖

上黨地區即取得控制太行山的基礎。太行山是中國北方的脊樑,控領之後不僅足以威脅三晉,再進一步可以席捲整個黃淮平原。

　　西元前二七○年,秦國在閼與會戰中敗給了趙國名將趙奢,遭到近百年來非常少見的挫敗。秦國如果要繼續向東發展,上黨地區就顯出極高的戰略價值。

　　不過秦國並沒有直接奪取上黨,採取了:「北斷太行之道,則上黨之師不下」(《史記・范雎列傳》) 的迂迴方式。西元前二六八年,攻取魏國河內。西元前二六四年,進攻韓國,奪取太行道附近的五個城池,斬首五萬(《史記・白起列傳》)。第二年,攻取太行山東南的南陽。第三年,再攻取太行道上的要點——野王(今河南省沁陽縣);至此韓上黨郡與本土間的

聯繫全部斷絕。

　　秦國接著對韓國施加壓力。韓桓惠王只好忍痛割讓上黨郡。但上黨軍民卻不願接受秦國統治，郡守馮亭不得已，於是設計將上黨歸趙；趙國接受，因而激怒秦國，發兵取上黨。趙國也不甘示弱，以「廉頗將軍軍長平」（《史記‧趙世家》），堅不入秦的韓上黨軍民也投奔趙軍。

　　但秦軍並沒有立即發起攻勢。鑑於趙軍實力不弱，秦國於是增兵上黨；趙國也同樣增兵。所謂「悉其士民，軍於長平之下，以爭韓之上黨」（《戰國策‧秦策三》）。到了西元前二六○年春天，雙方已在上黨附近集結各四十餘萬的兵力[1]。這是空前龐大的規模；只是雙方均無戰勝把握，仍在對峙中。

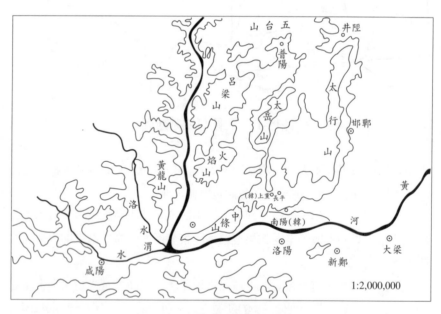

圖15-2　上黨地區地形圖

二、雙方優缺點與限制因素

雖然當時各國都是徵召農民作戰，但秦國軍隊自從商鞅創「首功制」後，戰力卻最爲強大。這是因爲軍功可以改變社會地位，所以農民平時會自我訓練。再則軍官都是依據軍功累積升遷，因而作戰經驗豐富。荀子認爲秦國的軍隊「最爲眾強長久」（《荀子・議兵篇》），因爲荀子是趙國人，因此趙國軍隊的戰力顯然不如秦國。

其次分析後勤，雙方各有限制。

秦、趙雙方傾全國之力長期對峙於長平，對後勤補給將產生嚴重問題：一方面在生產，一方面在運輸。

就生產而言：徵召農民作戰，耕作的人力就相對減少[2]。從西元前二六二年到二六○年的三年間，雙方陸續動員已達四十餘萬，這表示已減少四、五十萬人的生產力。秦國尚感到「國虛民飢」（《戰國策・末章》），趙國糧食缺乏的情形或許更嚴重。

就運輸而言：秦國補給線無論是：咸陽—安邑—長平（經山西高原南部）；或是：咸陽—南陽—長平（經黃河以南）；距離都超過五百公里。就算某些地段利用水運，運輸上也極爲困擾。趙軍的補給線雖短，卻必須越過太行山，容易被截斷。

第二節　作戰過程

西元前二六○年四月，秦軍終於發動攻勢。雙方前哨部隊接觸，趙軍小敗，俾將茄被斬首。僵持兩年多的局面終被打破。此時秦軍的統帥是王齕，趙軍的統帥是廉頗。

一、作戰地區分析

　　作戰地區的長平（今山西省高平縣）附近地區，是一個通往上黨的走廊地形。寬處約十餘公里，狹窄處不足一公里。以太行道連接韓國的上黨郡及首都新鄭。北出關與東進即達趙國邯鄲。南接右行道可達魏國舊都安邑，不過安邑此時已被秦國所奪取。區內山巒起伏，溪流密布，交通不便，並不適合大規模的部隊野戰。

二、雙方作戰指導

　　對秦軍而言，部隊遠來，當然希望速戰速決。而國內糧食缺乏，也期待戰爭迅速結束，因此王齕將軍與秦昭王的作戰指導都是「戰略速決」。

　　於是在西元前二六〇年六月，秦軍發起全面攻勢。順利地攻取了趙的兩個警戒堡壘，俘獲四名都衛。七月，廉頗將軍築壁壘，轉採守勢；秦軍強攻，擊敗趙軍的陣勢，奪取西壁壘，又俘虜了兩名都衛。這之後，「廉頗堅壁以待秦，秦數挑戰，趙兵不出」（《史記‧白起列傳》）。

　　廉頗到底準備怎麼打這場仗？

　　對趙軍而言，秦軍戰力強，野戰既然屢次戰敗，只能暫採守勢。秦軍補給線長，不利久戰。因此廉頗的作戰指導採「戰略持久」，避不決戰。希望秦軍終因補給困難而不得不撤退，此時再縱兵追殺，有機會獲勝。

　　但廉頗的持久戰略卻不為趙孝成王接受。趙國糧食生產不足，不得已曾向當時較富裕的齊國借糧，但齊王建不借[3]。趙王因此也希望戰爭趕快結束，使戰士們得解甲歸田，解決糧荒。對於廉頗避戰的做法相當不諒解，「趙王數以為讓」（《史記‧白起列傳》），多次派人責備。但是廉頗仍堅持其戰略。

　　從軍事觀點，廉頗的「戰略持久」是至當的戰略指導。但是從政治觀點，趙孝成王速戰速決的期待也不算錯。趙國國家元首與大軍統帥間作戰指導的矛盾，是長平會戰失敗的重要關鍵。

三、會戰經過

西元前二六○年七月，廉頗決心以「戰略持久」避免決戰；無論秦軍如何挑戰，堅守壁壘不出。秦軍一時間難以攻下，於是也構築壁壘，雙方對峙，形成僵局。雖然糧食問題都不容許雙方長期不決，但對秦軍卻更爲不利。

秦相國范雎於是建議秦昭王行使反間計，聲稱：「秦國只怕馬服子趙奢之子趙括爲將，廉頗很容易對付，而且即將降秦。」趙王早對廉頗不滿，果然中計。七月底，以趙括取代廉頗爲大軍統帥；雖然在藺相如甚至趙括母親的勸諫下，仍執意易將。

藺相如的說法是：「王以名使括，若膠柱而鼓瑟耳。括徒能讀其父書傳，不知合變也。」趙母也上書趙王：「括不可使將。」當趙王決定易將後，甚至要求：「王終遣之，即有如不稱，妾得無隨坐乎？」（《史記·廉頗藺相如列傳》）

趙母對趙括軍事才華的認識顯然來自其父趙奢。因爲趙奢曾對趙母談到：「兵，死地也，而括易言之。使趙不將括即已，若必將之，破趙軍者必括也。」這是相當重要的評論，也說明優秀將領與軍事理論家的區別。戰爭沒有實驗室，錯了不能重來，但軍事理論的探討卻可以反覆論辯，錯了再加修正。趙括長期研究理論，卻缺乏實際作戰的經驗，不知道因時因地制宜的變化，也不理解統帥下決心時的困難。換言之，趙括當個軍事評論家或許不錯，但當個軍事統帥卻非常危險。

秦國獲知趙國易將後，也更換統帥。以戰無不勝、攻無不克的名將白起取代王齕。同時，爲了避免趙括獲悉後懾於白起的威名，也同樣採取「戰略持久」；「令軍中有敢泄武安君將者斬！」（《史記·白起列傳》）。

白起是秦國的平民出身，郿（今陝西省郿縣東）人。他的成就，可說是商鞅「軍功制度」下的產物。

白起的戰功確實非常驚人；秦以斬首論軍功，雖然極不人道，卻是評論軍功的客觀標準。我們在此算一算白起在長平會戰前的軍功，順便統計

一下六國戰士死在白起手中的數量[4]。

- 西元前二九三年：伊闕會戰，擊潰韓、魏聯軍，斬首二十四萬，拔五城。
- 西元前二九二年：攻取魏的垣城（今山西省垣曲縣東南）。
- 西元前二八二年：攻趙，取茲氏（今山西省汾陽縣南）、祁（今山西省祁縣）。
- 西元前二八一年：續攻趙，取藺（今山西省離石縣西）、離石（今山西省離石縣）。轉攻大梁，因趙、燕出兵救魏，未取。
- 西元前二八〇年：攻趙，取代（今河北省蔚縣東北）、光狼（今山西省高平縣西），斬首三萬。
- 西元前二七九年至二七八年：攻楚，取鄧（今湖北省襄樊市）、鄢（今湖北省宜城縣東南），以水灌城，軍民死者數十萬。續取藍田（今湖北省鍾祥縣西北）、楚首都郢（今湖北省江陵縣西北）。續而兵分三路：向西攻到夷陵（今湖北省宜昌市東南），向東攻到西陵（今湖北省新洲縣西），向南攻到洞庭湖。以軍功封武安君。
- 西元前二七六年：攻魏，取兩城。
- 西元前二七三年：華陽會戰，擊潰魏、趙聯軍，斬首十三萬，沉趙卒兩萬。
- 西元前二六四年：攻韓，取陘城，斬首五萬。

在秦國「首功制」下，白起的軍功得以「量化」，我們可以很清楚的計算其軍功。長平會戰前，死在他手中的六國軍民已經在五、六十萬以上[5]。就算在人口膨脹的今天這也是極恐怖的數字，何況當時。面對這樣一位對手，就算趙括再怎麼驕傲，也不免畏懼避戰。秦國封鎖白起取代王齕的消息並非過慮。

趙括抵達戰場後，即大幅更易人事，同時改變戰略，對秦軍發動攻勢。一接觸，白起即詐敗撤退。趙括於是率軍追逐至秦軍壁壘，強攻，但秦軍堅守，無法攻取。

　　白起此時利用趙軍攻擊時部署了兩支奇兵：「奇兵兩萬五千人絕趙軍後」(《史記・白起列傳》)，將趙軍的補給線截斷；「又一軍五千騎絕趙壁間」，奪取地形要點，分離趙軍。當「趙軍分而爲二，糧道絕」之後，則編組輕裝部隊，改採游擊戰術襲擾。趙括面臨此一不利態勢，縱然想尋求秦軍主力決戰也不可得。只好另築壁壘，固守待援。

　　白起在截斷趙軍補給線後並沒有馬上發起攻擊。他包圍趙軍，利用糧食壓力消耗趙軍戰力，以最少損失收最大戰果。同時不斷以小部隊襲擾，爭取主動，支配戰場；使趙括不得不追隨其意志。

　　補給線被截斷，應求迅速恢復；趙括理應知道這個戰略原理。而且趙孝成王也不會坐視大軍被圍，必然設法打通糧道。爲確保已掌握的戰果，秦昭王於是親至河內，以賜爵位一級的激勵，徵發年十五歲以上原屬韓、魏的人民赴長平作戰，隔離趙國援軍及糧食。

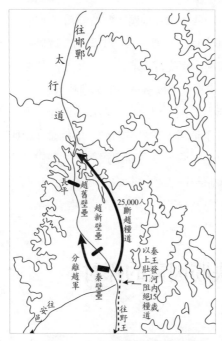

圖15-3　長平會戰經過判斷圖

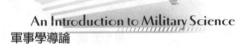
　　到了九月，趙軍斷糧達四十六日之久，暗中已經出現人吃人的景況！崩潰在即。趙括不得已，只好做最後一擊。他將部隊編組為四個兵團，分別突圍。但攻擊四、五次都不能突破。趙括自己則在衝鋒時被秦軍弓箭射殺。糧食耗盡，突圍失敗，統帥陣亡，白起趁機發起總攻，趙軍鬥志全失，四十萬人全部投降。

四、尾聲

　　秦軍大獲全勝，俘虜四十萬趙軍，會戰結束。白起若就此班師回國，有四十萬俘虜作為奴隸，將大幅增加秦國的生產力。但白起有意繼續東進，進軍邯鄲，這四十萬俘虜就很棘手。如果陣前叛亂，將影響大局。白起於是使詐全部坑殺！只留下年紀幼小的二百四十人歸趙，向趙國報訊。

　　到了十月，秦軍略事休整後，兵分三路[6]，繼續攻勢。以司馬梗率兵團北定太原（泛指今山西省中部地區，當時屬趙之上黨郡）。一則鞏固軍團翼側，避免趙上黨郡守軍的奇襲；二則準備出井陘關南下，配合主力作戰。另外以王齕率領前衛兵團先行攻取武安（今河北省武安縣西南）。白起本人則率主力略定韓上黨郡，準備繼續向邯鄲進兵。

　　驚恐的趙國無力抵抗，只能採取非軍事途徑，派人遊說秦相范雎，提醒他：「白起若滅了趙國，其蓋世功勳，地位必在范雎之上；不如同意趙國割地求和。」范雎接受，以「國虛民飢」的理由說服秦昭王。因為缺糧問題仍未解決，秦昭王同意趙國割六個城求和，在西元前二五九年一月撤回白起軍團[7]，長平會戰結束。

第三節　決勝因素的探討

　　本節探討此一會戰的決勝因素，當然，最後也會產生某些經驗與教

訓。我們再一次強調：戰史研究沒有標準答案，所有析論僅供參考。如果有其他不同看法，只要有創意且符合邏輯，是非常值得鼓勵的。

一、軍事戰略的相關決策

以下討論雙方在軍事戰略上影響勝負的相關決策。

（一）趙國接納韓上黨郡

趙國接納韓上黨郡，一般認為是這場戰役發生主因。秦國謀奪韓國上黨郡已久，在即將到手之際，豈能容忍趙國坐享其成？戰爭必不可免。歷來史家因此都認為趙國決策錯誤。司馬遷甚至以「誤信馮亭邪說」《史記·趙世家》來形容趙孝成王的不智。但是接納上黨只是戰役起因，與會戰成敗並無直接關聯；戰後「王悔不聽趙豹之計，故有長平之禍焉」只是卸責說法而已。從戰略的觀點來看，接納上黨並非錯誤。雖然趙孝成王「發百萬之軍而攻，踰年歷歲未得一城也。今以城市邑十七幣吾國，此大利也」的思維錯誤，但誤打誤撞結果反而正確。

為何？因為上黨是秦國攻打趙國的必經之路。接納上黨並不是單純的國土擴張，而是要掌握此一重要的戰略要域以增加戰略縱深。不接納上黨，戰爭同樣不可免。今日若無決心與秦國決戰於上黨之長平，明日就得決戰於邯鄲之郊。

（二）趙國更換大軍統帥

趙王以趙括取代廉頗領軍，是導致會戰失敗的主要因素。然而國家領導人更換戰爭指導不同的大軍統帥，不算錯誤，也不見得會導致戰敗。譬如韓戰時美國總統杜魯門撤換麥克阿瑟將軍就是最明顯的例子[8]。趙王的錯誤在由只會紙上談兵的趙括取代廉頗。趙奢雖然去世，但當時趙國並非沒有別的將領可用。這正是秦國謀略的重點。秦國的范雎顯然比趙國的國君更瞭解他的臣子。

(三) 白起屠殺四十萬趙國降卒

趙國四十萬降卒回到秦國可增加很大的生產力，爲何要全部殺戮？白起的理由是：「趙卒反覆，非盡殺之，恐爲亂」《史記‧白起列傳》。的確，白起如有意趁勝攻取邯鄲滅趙，確實要擔心降卒爲亂。那麼龐大的降卒很難要求他們擊殺原屬國家的軍隊。既不能隨軍作戰，也不能餉回，加上糧食壓力，不全部擊殺怎麼辦？

因此，問題的核心是白起進一步滅趙的決策。顯然這並非秦昭王的意圖，否則不會在范雎建議下同意撤軍。

單就軍事觀點，白起企圖滅趙是正確的。以當時態勢而論，順利攻下邯鄲並不令人意外。如不能趁趙國軍民震撼之餘一鼓作氣，復仇意念將堅定趙國意志而很難攻下。邯鄲保衛戰以秦國戰敗告終足以印證這個論點。白起在長平會戰獲勝後所面臨的情況其實與漢尼拔在坎尼獲勝後一樣；如果西方戰史學者對漢尼拔的批判：「大家都認爲這個時間上的延誤，已經救了這個城市與這個帝國。」[9]成爲定論，那麼他們會以同樣的理由，讚許白起迅即攻滅邯鄲的決策。

二、野戰戰略的運用

白起在長平會戰中運用的野戰戰略，有人認爲是先以一部後退，誘敵棄堅壘出而攻擊，並張兩翼以包圍之，因此是典型的後退殲滅戰[10]。換言之，視之爲變形的坎尼模式。但也有人不同意這種看法。李則芬先生就認爲：「兩翼包圍戰的比喻不太適當，是靠斷糧道困敵而致勝的初例。」[11]

事實上，雖然同樣是包圍敵軍以獲得徹底殲滅的戰果；長平模式與坎尼模式的確在本質上有相當大差異。坎尼模式以後退誘敵，爾後張兩翼包圍殲滅；關鍵是迫使敵軍無法展開，打擊其脆弱側翼。長平模式雖然同樣是後退誘敵，但並非兩翼包圍，而是出兩奇兵分離敵軍並截斷其糧道。獲勝的關鍵則在維持敵軍補給的斷絕，迫使敵軍在飢餓中逐漸喪失戰力，最後不得不發動突圍攻擊，反而讓包圍軍擁有在壁壘防禦的戰術利益。

　　長平模式在戰史的典範意義，不在殲滅四十餘萬大軍的數量震撼，而在他以最少損失殲滅全部敵軍的原始創意。我們不知道白起在接受任務到產生作戰構想的思維過程，但他在這場會戰中的作為，的確已經達到戰爭藝術的顛峰。

三、戰術的運用

　　這場會戰的戰術運用，最值得注意之處在白起對地形的掌握。秦軍以「奇兵兩萬五千人絕趙軍後」，「又一軍五千騎絕趙壁間」；以那麼少的部隊分離並斷四十萬大軍退路，非充分利用地形不可。

　　我們可以想像，當白起抵達戰場後的第一步就是偵察地形，以他豐富的作戰經驗，選出地形關鍵。兩支奇兵早已選定了接近路線與要控領的地形要點，只等趙括中計出兵而已。這種戰術運用顯然與春秋時代車、步聯合作戰的方式大不相同[12]，反而與現代控領地形要點，發揚火力以阻絕敵軍的戰術類似；只是遠射武器由槍炮取代弓弩而已。就算在現代，這種戰術運用也有參考價值。

四、結論

　　長平會戰「斷糧道困敵而致勝」已成為一種作戰模式。國共戰爭中，共軍在徐蚌會戰中的雙堆集決戰及陳官庄決戰，就是採取此一模式而殲滅了四十萬火力遠占優勢的精銳國軍。在戰史研究的意義其實不亞於坎尼模式的「後退包圍」。

　　此一模式的要旨，是在面對實力相當的敵軍，在強攻難以取勝的情況下，以斷其糧道方式予以削弱，進而尋求徹底殲滅。這必須充分利用地形以包圍敵軍主力，並壓縮在狹小空間內，使其兵力難以展開；而自己本身，在包括外交、內政、經濟等客觀環境，都能容許長時間的維持包圍。此一模式才有成功可能。

　　創下此一模式的白起，雖然因坑殺降卒四十萬的惡名爲後世儒家學者所不齒；但以那個時代而論，無論東西方戰爭中的殺戮都是很驚人的。紀元前西方諸名將中，亞歷山大大帝曾毀滅五個城市[13]，漢尼拔遠征義大利後期也曾大肆殺戮[14]，小西庇阿攻破迦太基城後，屠殺全城四十萬人僅餘五萬做奴隸[15]，凱撒平定高盧的八年戰役，屠殺包括婦孺在內的二百萬人[16]。西方史家已同意，「殘酷」正是當時戰爭的特性[17]。

　　雖然西方名將的類似作爲並不足以洗刷白起殘暴之名，但就軍事層面而言，他的成就仍值得我們推崇。

問題與討論

一、趙國接納韓上黨郡的決策是否正確？

二、請描述秦國「農戰合一」的「首功制」爲何？

三、請比較廉頗、趙奢、趙括及白起的領導風格。

四、長平模式與坎尼模式的差異爲何？

五、長平模式的要旨爲何？

六、請論述你個人對白起的評價。

七、請論述中西戰史上有關糧道補給線被截斷的相關戰例。

註釋

[1] 沒有任何史料記載秦軍的兵力，只有《戰國策‧末章》秦昭王與白起的對話中提到秦國「國虛民飢」，研判秦軍也動員相當多兵力。而且雙方既形成對峙，實力應差距不大。趙軍如有四十五萬，秦軍亦應不少於四十萬。

[2] 當時徵召農民的年限是十五到六十歲。見楊寬《戰國史》（台北：商務印書館，1997增訂版），頁245。

[3] 依據《史記‧田敬仲完世家》的記載，長平會戰時趙國曾向齊國借糧；但是在趙軍被圍之後，還是被圍之前？各家有不同看法。不過，趙軍被圍的危機在補給線被截斷，解決之道是打通補給線而不是借糧。因此趙軍被圍才向齊國借糧的說法缺乏說服力。趙國長期而且大量的農民被徵召作戰，造成糧食生產不足，因而向齊國借糧的觀點較合理。

[4] 本段記述依據楊寬的《戰國史》，與《史記‧白起列傳》記載略有不同。

[5] 大陸學者林劍鳴統計白起共斬首九十二萬（含長平會戰）。見《秦史稿》下冊，頁333。

[6] 《史記‧白起列傳》：「秦分軍為二，王齕攻皮牢，拔之。司馬梗定太原」。秦本紀：「秦軍分為三軍，武安君歸，王齕將，伐趙武安、皮牢，拔之。司馬梗北定太原，盡取韓上黨。」王齕兵團的作為很奇怪，武安在今河北省武安縣西南，距離邯鄲很近；皮牢則在今山西省翼城縣東北，兩地各自在上黨的東方與西方。如果王齕兵團確如秦本紀記載，先往東伐武安，再回師取皮牢，只有一種解釋：那就是在奪取武安後停止攻趙，回師秦國時順便攻取皮牢。否則不能理解其作戰先東向攻趙，再回師攻韓（皮牢當時屬韓國）的目的何在？司馬梗兵團奪取太原的作為即很合理。此一兵團可以東出井陘關南下；如此與王齕兵團經邯鄲與出太行山奪取武安後，相互配合，才能以外線作戰的態勢，「即圍邯鄲」。

[7] 《戰國策‧末章》中記載秦昭王與白起的對話，其中有：「前年國虛民飢，君不量百姓之力，求益軍糧以滅趙。」顯見影響秦昭王決策的關鍵還是在糧食上。

[8] 兩人作戰指導的衝突是：杜魯門總統不希望美軍越過中韓邊境作戰，以免引起蘇聯與中國大陸正式的軍事介入（中國大陸進入韓國的軍隊是用「自願軍」名義）。但身為聯軍統帥的麥克阿瑟認為，限制用兵的範圍不符軍事原則，不能

獲得眞正勝利。杜魯門總統於是撤換麥帥。

[9] 見富勒（J. F. C. Fuller）著，鈕先鐘譯，《西洋世界軍事史》（台北：麥田出版社，1996），頁197。

[10] 三軍大學編著，《中國歷代戰爭史（第二冊）》（台北：黎明文化事業公司，1976年修訂一版），頁217。

[11] 李則芬，《中外戰爭全史（一）》，頁214。

[12] 當時作戰方式是：雙方在平坦地形上，排列成橫隊對陣，隨後一方先發動攻擊，一方迎擊。雙方在矢力所及距離上開始互射，及抵近時，互相揮動戈、矛等格鬥兵器刺殺，並驅車衝破對方車陣。見高銳，《中國上古軍事史》（北京：軍事科學出版社，1995年），頁350。

[13] 李則芬，《中外戰爭全史（一）》（台北：黎明文化事業公司，1985），頁328。

[14] 李則芬，《前引書》，頁394。

[15] 李則芬，《前引書》，頁413。

[16] 李則芬，《前引書》，頁451-452。

[17] 李則芬，《前引書》，頁381。

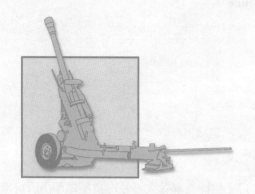

第十六章　波斯灣戰爭

第一節　前言

　　一九九〇年八月二日，伊拉克軍隊入侵並占領了鄰邦小國科威特。在拒絕接受聯合國安理會退兵的決議後；一九九一年一月十七日凌晨，以美國爲首的三十六國組成聯軍對伊拉克發動軍事攻擊，波斯灣戰爭（Gulf War）爆發[1]。經過一個多月的作戰，將近百萬又擁有豐富作戰經驗的伊拉克軍幾乎被撤底摧毀，而聯軍傷亡卻微不足道的。這種出人意料之外的輝煌勝利，使世人眞正理解高科技戰爭的意涵。這場戰爭因而被視爲二十一世紀新戰爭型態的前導戰爭，值得我們重視研究。

一、戰爭背景

　　一九八〇到一九八八年，伊拉克與伊朗長達八年的戰爭在伊拉克獲得戰役勝利下停火。經過長期的建軍與戰爭考驗，伊拉克擁有中東地區最龐大的武裝力量；擊敗強敵的驕傲更帶來前所未有的自信。但負面效應也無法避免，那就是國家財政的惡化。

　　伊拉克財政收入絕大多數來自石油輸出，是中東地區的主要產油國。一九八九年石油稅入達一百三十億美金[2]，但一九九〇年軍事支出就高達一百二十九億美金，平均國民每人一千九百五十美金[3]，這是非常驚人的負擔。事實上，兩伊戰爭中伊拉克龐大的軍事支出必須依靠不斷地向外舉債才能維持。戰爭勝利後外債國不願意再借新還舊，累積的驚人外債迅速成爲拖垮財政的來源。僅償付非阿拉伯國家外債的利息就占了石油稅入一百三十億的一半以上；這還不包括向阿拉伯各國所借貸的三百七十億美金利息[4]。伊拉克曾以「保衛阿拉伯半島免於伊朗擴張主義的威脅」爲理由，要求阿拉伯債主國將借款一筆勾銷，但被拒絕。一個面臨破產邊緣，卻經過

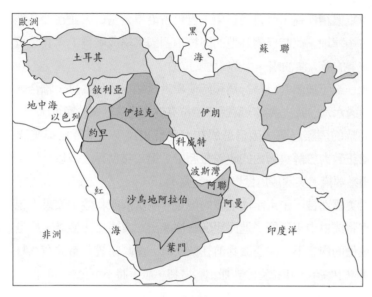

圖16-1　波斯灣地區要圖

八年戰爭洗禮而成為地區最強大的軍事強國，企圖以武力解決債務是可以理解的。

　　伊拉克最富裕的鄰國是科威特；兩伊戰爭期間曾大力支持伊拉克，借款高達一百五十億美金。伊拉克與科威特有相當複雜的歷史糾葛，原本都為鄂圖曼帝國的一省。一九六一年，英國結束對科威特的控管，伊拉克即要求合併科威特，但在英國的武力干預下不得不承認科威特獨立。雖然如此，伊拉克從未正式接受兩國現有的疆界。這給伊拉克在一九九〇年指控科威特偷採該國石油，並要求賠償的藉口。

　　一九九〇年七月，兩國緊張情勢升高。八月一日，阿拉伯各國安排兩國會談以解決歧見，但伊拉克代表卻態度強硬地退席。此時，約八個師的兵力已經往伊科邊界集中。不過，世界各國都研判伊拉克只是想藉此施壓，迫使科威特在談判中屈服而已。

　　八月二日凌晨一時，伊拉克軍越過邊界向科威特發動奇襲。科威特兵力僅二萬餘人，又在毫無預警下無法有效抵抗。下午七時，科威特市被占

領。伊軍繼續前進，八月三日中午已攻占沿岸各港口，並在沙烏地阿拉伯邊界占領陣地。此時已對其他的阿拉伯國國家構成威脅，尤其是可能即將兵臨城下的最大產油國──沙烏地阿拉伯。

此一毫不掩飾的侵略行為頓時使舉世譁然。八月二日，聯合國安全理事會通過六六○號決議案，除譴責伊拉克外並要求無條件撤軍。

此時的國際局勢，因為蘇聯在戈巴契夫民主改革下已與美國達成和解，並正致力於解決國內的政經難題中，第二次世界大戰以來兩極對抗的世界體系解構，美國成為世界唯一超強。

對美國而言，中東產油地區的穩定攸關其國家利益。如果坐視不理，伊拉克將成為中東霸權，進而壟斷石油產出，美國無法接受。於是在沙烏地阿拉伯的同意下，決心派兵前往波斯灣。美國總統布希並在八月八日在電視演說中宣示，伊拉克除非撤出科威特，戰爭將不可免。

二、雙方優缺點與限制因素

經過戰火洗禮的伊拉克軍實力是中東地區最強大的。五千五百多輛戰車，五千多輛裝甲運兵車，三千多門口徑超過一百公厘火砲的地面部隊，實戰經驗豐富。能深入敵境執行聯合兵種作戰，參謀群能規劃及協調各種複雜作業，並發展出極佳的作戰安全與欺敵能力。其中戰力最堅強的精銳是共和衛隊司令部所屬的八個師，約占地面部隊的20%；擁有包括俄造T-72戰車之類最現代化裝備。除了從事作戰任務外也具有停止叛亂的政治功能。可說是身兼總統、武裝部隊最高指揮官及復興黨總書記的伊拉克強人──沙丹·胡辛──的統治工具。

正規陸軍有五十多個師，大部分是步兵師，也有數個裝甲及機械化師，但裝備及訓練並不整齊，落差甚大。

伊拉克空軍在中東地區同樣首屈一指。擁有七百餘架作戰飛機，一半以上相當美國F-4或F-15等級，包括俄製MiG-23、MiG-25、MiG-29、Su-24及法製F-1等。這些飛機的駕駛員素質不錯，而且實戰經驗豐富非其他國家

飛行員可比。至於其他的老舊飛機則乏善可陳。

伊拉克的防空能力也相當不錯。首都巴格達附近由飛機、各式飛彈及防空火砲等結合的防空網具有多重防護、重疊配置、電腦管制的特性，能有效防衛其重要目標。

整體而言，伊拉克軍擁有強大而且實戰經驗豐富的作戰部隊；但各部隊素質參差不齊；武器裝備來源複雜，保養不易；加上準則保守，因此難以真正整合發揮戰力。雖然如此，在波斯灣地區仍相當令人矚目且深感威脅。

戰爭中的另一方是美國等三十六國所組成聯軍，整體實力遠遠超過伊拉克。因此比較雙方軍事力量沒有意義。有意義的是各國部署在中東地區的兵力，這與兵力投射能力有關。參戰雖有三十六國，但主要的作戰任務與指揮管制都由美軍負責，因此有必要理解美軍。

美軍是當代最強大的隊伍。越戰失敗的教訓使美軍開始一連串的改革，世界第一的國防預算也能夠支持美軍在武器、裝備、訓練與作戰準則的更新。因此論數量美軍並非世界第一，但論戰鬥單位的整合戰力卻首屈一指，而且遠遠地超過其他國家。

美軍雖然分別設立了陸、海、空三個軍種部會，但只負責教育訓練；作戰任務由各統一司令部（unified command）及特設司令部（specified command）擔任[5]，透過參謀首長聯席會議主席直接受國家指揮當局（Nation Command Authorities, NCA）指揮[6]。當時美軍五個有責任地區的統一司令部，分別是：大西洋司令部（Atlantic Command, ANTCOM）、歐洲司令部（European Command, EUCOM）、中央司令部（Central Command, CENTCOM）、太平洋司令部（Pacific Command, PACOM）及南方司令部（Southern Command, SOUTHCOM）[7]。另外具有全球責任的三個統一司令部及兩個特設司令部：太空司令部（Space Command, SPACECOM）、運輸司令部（Transportation Command, TRANSCOM）、特種作戰司令部（Special Operation Command, SOCOM）、戰略空軍司令部（Strategic Air Command, SAC，單一軍種——空軍）、武裝部隊司令部（Forces Command,

FORSCOM，單一軍種——陸軍）。

因為事件發生在中央司令部轄區，因此順理成章地由當時中央司令部指揮官史瓦茲柯夫將軍（General H. Norman Schwarzkopf）率領聯軍作戰。

統一司令部只是指揮機構，直屬部隊有限，作戰時須靠各單位提供兵力。美軍當時除戰略核武外的兵力為：

> 陸軍：十個現役師、八個備役師。
>
> 海軍：十四艘航母、四百四十八艘各型艦艇。
>
> 空軍：十五個現役戰鬥機聯隊、十二個備役戰鬥機聯隊。
>
> 陸戰隊：三個現役陸戰師、二個備役陸戰師。

這些全球最精銳的部隊雖然裝備整齊訓練精良，但分散部署於全世界，而中東地區幾乎沒有美軍的蹤影。美軍要對伊拉克動武，必須運輸足夠的作戰部隊到波斯灣地區，這是個非常龐大的工程。

運輸作戰部隊的後勤作業是非常繁複且驚人的，因為除武器及戰鬥人員外，其他彈藥、養護人員與零件都必須同步運到才能發揮作用。幸好美國已發展一套後勤電腦作業系統，使這些作業可以依需要自動排定日程表，各單位只要依據類似下列的電腦報表：「把Y旅X營的第一三三號戰車經鐵路運往維吉尼亞洲的諾福克，裝上Z艦，Z艦行使二十天後，可在八月三十日抵達達蘭港」行事即可[8]。

美軍是否能順利而且即時的將足夠兵力投射到波斯灣，是決定勝負的關鍵。

第二節　戰爭過程

從結構上來說，波斯灣戰爭只有一場戰役，一場會戰。美軍贏了這場會戰，就贏了這場戰役，也贏了這場戰爭。雖然「波灣戰爭檢討報告」將

美軍的攻勢區分為空中戰役、海上戰役與地面戰役，但這種區分法很容易讓人以為這些作戰行動間並不相關。事實上，空中攻擊轟炸伊軍陣地及指管通情設施，海軍行動封鎖伊軍海上補給途徑，都是削弱伊軍戰力的作為；為美軍地面攻勢創造有利條件。所以應視為整個會戰，不宜分割[9]。

　　從美國角度觀察這場戰爭，整個戰爭區分為兩個部分，一個是守勢階段的「沙漠之盾」（Desert Shield）行動。在這個階段中，美國緊急部署兵力以嚇阻伊拉克發動對沙烏地阿拉伯的攻擊。而後不斷地將兵力投射至中東。當戰力天平倒向美軍時，則轉為另一個攻勢階段的「沙漠風暴」（Desert Storm）行動。至於伊拉克軍，則在美軍強勢作為下，幾乎完全處於被動的捱打狀態，作為乏善可陳。

一、「沙漠之盾」行動

　　「沙漠之盾」行動的部署開始日（C-Day）是八月七日。行動的目標是：[10]

- ・在波斯灣地區部署防衛性武器，以嚇阻胡辛進攻沙烏地阿拉伯。
- ・如嚇阻失敗，則有效防衛沙國。
- ・建立有效之軍事聯盟，並將聯軍納入作戰中。
- ・對伊拉克執行聯合國決議案第六六一號及六六五號之經濟制裁[11]。

　　這些目標是美軍擬定作戰構想的依據。

　　美軍最初的軍事行動，是要確保後續部隊能繼續投入，也就是確保一個進入半島的灘頭堡。此時是最危險的階段，因為缺乏重裝部隊，除了正趕往波斯灣的獨立號及艾森豪號兩個航母戰鬥群擁有的空中優勢外，地面兵力將很難抵擋伊拉克龐大的裝甲及機械化部隊的攻擊。

　　但美軍展現了驚人的兵力投射能力。

　　空軍第一戰術戰鬥機聯隊的F-15機群飛行十五個小時，空中加油七次，直接抵達沙國，一天內就完成部署。八月九日，已開始在沙科邊界執

行巡邏任務。著名的八十二空降師的一個旅同樣在八月九日抵達沙國，八月十三日即在達蘭機場完成作戰部署。八月十二日，101空中空擊師開始空運沙國。不過這些快速反應部隊雖屬精銳卻缺乏重型戰車。重裝的地面部隊必須透過海運運輸；第二十四機械化師雖已於八月十日起航，但要運抵沙國仍有橫渡太平洋及印度洋的的漫漫長路。

海軍陸戰隊的海上預置部署此時發揮功能。八月七日，停泊在迪亞哥嘉西亞（位於印度洋）及關島的海上預置艦隊即開始啓航，這批載有M-1戰車等重武器的海上倉庫抵達港口後，配合空運抵達的陸戰隊員即可完成編組。八月七日，海軍陸戰隊第四遠征旅抵達阿拉伯海北方。九月十二日，整個海軍陸戰隊第一遠征軍完成部署。九月二十三日，第二十四機械化師全師抵達。十月初，美軍中央司令部對防衛沙國已經有相當信心，而整個作戰部署仍持續進行中。

十一月七日，聯軍第一階段部署完成。海、空軍之外，地面部隊兵力包括：四萬沙軍、四萬二千阿聯軍、七千英軍、四千法軍及十五萬美軍。

隨著兵力的增加，防衛計畫也不斷調整，但原始構想並未改變。基於有效運用兵力的考量，仍決定採取誘敵深入的戰略。將戰力薄弱的波斯灣國家軍隊置於前方及中央，戰力強大的美軍部署於後方及右翼。如果伊拉克軍發動攻擊，將引誘其裝甲縱隊深入沙烏地阿拉伯沙漠，之後出動阿帕契與A-10攻擊進犯的敵軍，並轟炸其補給線。等到伊拉克軍遭遇美軍強大的主防禦陣地時，已遠在科威特邊界以南一百二十哩，再也無力保持兵力優勢[12]。

或許是嚇阻生效，也或許原本就沒有此一企圖；伊拉克並沒有在兵力優勢時對沙烏地阿拉伯發動攻擊。此一防禦計畫是否能達到美軍預期效果，無法驗證。

二、「沙漠風暴」作戰

當部署初步完成，美國即開始對伊拉克施壓。一九九○年十一月二十

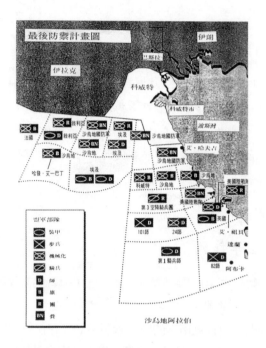

圖16-2　沙漠之盾最後部署圖

資料來源：《身先士卒（下）》（頁529），史瓦茲柯夫。

九日，美國利用輪值聯合國安理會主席的最後兩天通過第六七八號決議案
[13]，對伊拉克下最後通牒：

「如伊拉克在一九九一年一月十五日前仍拒不從科威特撤軍，授權聯合
國成員使用一切必要手段維護，執行安理會有關決議。」

這個十二票贊成，二票反對，一票棄權的決議案，是聯合國繼韓戰之
後第二次授權會員國實施制裁。美國因此取得動武的正當性。

「沙漠風暴」的作戰開始日（D-Day）是一九九一年的一月十七日，正
是動武期限結束後的第二天。目標包括[14]：攻擊伊拉克政治及軍事領導中
心及指揮管制中心、奪取並維持空中優勢、摧毀伊拉克核武及生化武器之
生產、儲存與運送能力、摧毀科威特戰區內之共和國衛隊、收復科威特

市。

依據此一目標，美軍中央司令部擬定之作戰構想爲[15]：

> 執行周密協調之多國、多軸線之海陸空攻擊；戰略攻擊之重點在敵之重心——伊拉克國家指揮當局、核生化生產能力、共和衛隊部隊指揮部；空中作戰漸轉爲科威特戰區之地面作戰，以孤立科威特戰區——切斷伊拉克之補給線；摧毀共和國衛隊；與阿拉伯部隊共同光復科威特市。

「沙漠風暴」作戰分爲四個階段：

(一) 戰略空軍作戰

第一波攻擊是由101空中攻擊師所屬的AH-64戰鬥直昇機開始。他們低空飛越以地獄火飛彈摧毀伊拉克的預警雷達。緊接著一架F-117隱形戰轟機無聲無息地摧毀了伊拉克南部的防空管制中心。在伊拉克防空能力暫時喪失後，大批F-117與其他戰機開始攻擊，對巴格達的通信中心大樓、指揮管制設施、保安本部及情報本部扔下重達二千磅的導引炸彈；戰艦也發射戰斧巡弋飛彈加入，摧毀伊拉克的電力設施通信系統。在最初的二十四小時，聯軍就出動一千三百架次（定翼機八百餘架次）的空中攻擊，發射了一百六十餘枚的巡弋飛彈（包括戰艦與B-52發射的空射型）。這堪稱第二次世界大戰以來規模最大的空中攻擊任務，除了美軍之外沒有任何一個國家有那麼大的攻擊能量。

(二) 爭取科威特戰區之制空權

對戰略目標的攻擊很快達到效果。巴格達政府的指、管、通、情能力受到重創，無法發揮統合防衛能力。聯軍隨即展開第二階段任務，對科威特境內伊軍的防空設施展開猛烈攻擊。在喪失雷達與戰管設施後，伊拉克空軍完全無力對抗，部分戰機還被迫逃往伊朗。到了第D＋10天（一月二十七日），聯軍已完全掌握制空權。伊拉克與科威特的上空已成不設防城市，

聯軍戰機自由進出，對伊軍的攻擊予取予求。

（三）戰場準備

第三階段是要為地面攻勢作戰預作準備，空中攻擊的主要目標是伊拉克的地面部隊。

早在十一月中旬，中央司令部在擬定地面作戰條件時，除了要求「擁有空中優勢，聯軍可以在戰區自由活動」外；特別強調：「空軍要成功攻擊伊拉克裝甲及機械化部隊。目標是減低其一半戰力；並選擇性攻擊伊軍旅級部隊，使該存活部隊不大於一個營。」[16]

當空中攻擊進行到第三周（一月三十一日），美軍中央司令部開始將攻擊重點轉到伊拉克共和衛隊及科威特戰區內的部隊。首先攻擊運補車隊及伊軍的指、管、通中心，隨後攻擊伊軍的裝甲部隊以減低其戰力。

為因應美軍的空中攻擊，伊拉克軍將戰車及砲兵分散藏匿，深埋沙中僅餘砲塔。但美空軍運用熱影像儀或紅外線追蹤裝置轟炸卻戰果輝煌。因為在接近黃昏時，裝甲金屬的冷卻較周圍的沙堆慢，所以仍能找出。

聯軍也丟下數以百萬張的心戰傳單，不僅呼籲伊軍投降，也警告他們遠離裝備。

空中攻擊的成果是顯而易見的。在出動達十萬架次及二百八十八枚戰斧飛彈、三十五枚空射巡弋飛彈後，伊軍士氣低落，逃亡情形嚴重，戰力大為縮減。中央司令部估計，在地面攻勢展開前，伊拉克軍後方部隊戰力已削減25%，前方第一線部隊戰力已削減一半[17]。地面作戰條件成熟。

（四）地面攻勢作戰

地面作戰開始日（G-Day）是一九九一年的二月二十四日。

此時完成部署的地面部隊，美軍約五十萬，其他聯軍部隊約二十五萬。至於在科威特境內的伊拉克軍，美國國防部情報局估計約五十四萬人。

聯軍陸軍部隊的任務編組（僅戰鬥部隊）是：

第十八空降軍轄：

第八十二空降師（欠一旅）

第一○一空中攻擊師

第二十四機械化步兵師

第三裝甲騎兵團

    法國第七輕裝師（配屬八十二空降師的一個旅）

第七軍轄：

    第一裝甲師

    第二裝甲師（欠一旅）

    第三裝甲師

    第一機械化步兵師

    第三步兵師第三旅

    第二裝甲騎兵團

    英國第一裝甲師

戰區預備隊：

    第一騎兵師

海軍陸戰隊任務編組（僅戰鬥部隊）是：

    第一陸戰遠征軍

    第一陸戰師

    第二陸戰師（配屬第二裝甲師的一個旅）

    第五陸戰遠征旅

    第二十四陸戰師（預備役部隊，擔任後方警戒）

    各軍的任務是：第十八空降軍從西方突入敵陣二百六十公里外的幼發拉底河，切斷伊軍到巴格達間之交通線，孤立科威特戰區的伊拉克軍。第七軍負責主攻，任務是摧毀共和衛隊的重裝甲部隊。在十八空降軍之後發動攻勢，先向北突穿進入伊拉克，隨即右旋向東，配合十八空降軍捕捉共和衛隊各師。陸戰隊遠征軍則由東向科威特發動攻擊，任務是吸引伊拉克最高司令部的注意力，使其疏忽了西方所可能遭受的圍攻。

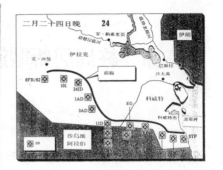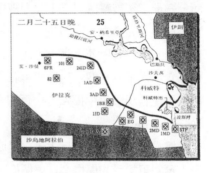

圖16-3　地面攻勢一百小時進展圖

資料來源：《身先士卒（下）》（頁684-685），史瓦茲柯夫。

　　二月二十四日凌晨四時，陸戰遠征軍與第十八空降軍同時展開攻擊。陸戰遠征軍雖然遭到最強的防禦戰鬥，但進展仍算順利；到了當天晚上已深入科威特境內二十哩，俘虜八千名伊軍。更重要的是他們成功誘敵，使西方左勾拳的攻勢進展異常順利。

　　十八空降軍幾乎在沒有遇到抵抗的情況下前進。由於進展的太順利。原訂二十五日發動攻勢的第七軍不得不提前十五個小時。經過兩周以上的轟炸，西線伊拉克軍的防禦體系已經崩潰，大多數部隊幾乎一看到美軍出現即放下武器投降。零星的戰鬥完全無法阻擋美軍有組織的前進。基於政治的考量，美國不願徹底摧毀伊拉克而予以伊朗崛起機會，因此在地面作戰開始一百小時，美軍完成所有任務目標後，停止攻擊。

第三節　終局與新型態戰爭

波斯灣戰爭在一百小時的地面攻勢後結束。以美國為首的聯軍獲得空前大勝。在伊拉克空軍原有的七百餘架定翼機中，一百五十一架毀於地面，三十三架被擊落，三十一架被俘或毀於地面部隊；其他都因指管通情系統被毀，完全喪失戰鬥能力。陸軍方面，摧毀或俘獲伊拉克戰車三千八百四十七輛，裝甲運兵車一千四百五十輛，火砲二千九百一十七門，俘獲伊軍八萬六千名，四十三個伊軍戰鬥師中，仍有戰鬥力者僅五到七個師。而美軍在整場戰爭中僅陣亡一百四十八名，其中還有17%是死於友軍誤擊（friendly fire）[18]。

雙方損失差距如此巨大，這是戰前所完全不能想像的。尤其是美軍，原先預判可接受的傷亡率是一個旅不超過三個連[19]。所有傳統的論述都很難圓滿解釋這個現象。這是否表示一個新型態的戰爭已經出現？如果是，這種戰爭的真面貌是什麼？未來戰爭是否都是這種型態？

一、決勝因素分析

探討這場戰爭決勝因素的論述很多，一般最為世人所重視的是高科技武器的運用。「高科技武器」精確打擊能力是影響這場戰爭結果的直接因素，也是吾人認為這場戰爭成為預示未來戰爭之前導戰爭的主要理由。

但什麼是高科技武器？必須要具備什麼條件的武器才算是高科技？這是很難定義的概念。用「最新」、「先進」、「精確打擊」等抽象概念或「資訊」、「微電子」等技術概念定義都不能掌握高科技武器的本質。因為伊拉克擁有的MiG-25、MiG-29戰機及T-72戰車等武器未必不先進，也運用大量電子技術，具有相當的精確打擊能力，卻完全不堪一擊。

　　傳統戰爭中，殺傷敵人本身要付出相對代價；所謂「殺敵一千，自損八百」，但這場戰爭中卻完全沒有這種現象。伊拉克軍完全沒有反擊能力。這是因為伊拉克軍的先進武器，被更先進的美軍武器完全反制，不能發揮任何作用。這突顯了高科技武器的兩個特性：

　　・相對性：所謂高科技武器其實是相對的，並沒有絕對標準。列出某些具體量表測定武器的高科技性，沒有意義。必須針對敵人武器系統判定。

　　・勝者全贏：高科技武器能使敵人武器完全喪失作用，只要科技性較敵人武器系統略高，就可以完全消除敵人武器系統的功能。這是高科技武器與傳統武器本質上的差異。

　　但僅強調武器的科技性仍不能掌握這場革命性戰爭的本質；因為作戰所須的不僅是武器，而是整個作戰系統。這是為什麼這場戰爭所帶動的軍事革命不被稱為「軍事技術革命」（military technical revolution），卻被稱之為「軍事事務革命」（revolution in military affairs）的理由。

　　有關「軍事事務革命」的概念在本書其他篇中已多次提及，不贅述。在此僅就戰史觀點探討這場戰爭的典範意義。

二、戰史研究的典範意義

　　波斯灣戰爭既被視為未來戰爭的前導戰爭，那麼要瞭解未來戰爭，顯然就必須仔細觀察這場戰爭。

　　美軍在波斯灣戰爭的作為，事實上已經成就了一個特殊模式。這個模式是以高科技武器為基礎，國家財力為後盾，整合成先進的作戰系統，形成龐大戰力打擊敵人。因為雙方差距太大，甚至不須運用任何戰略藝術，只要直接將龐大戰力加諸敵人之上即可。

　　此一模式的重點是利用空中優勢，實施大規模且長時間的空中攻擊，以徹底摧毀敵軍的反抗能力；爾後再出動地面部隊補殲敵軍。由於敵軍武

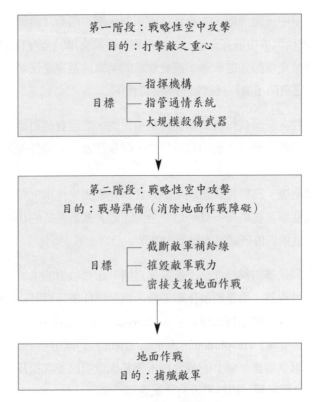

圖16-4　波斯灣模式

力已被摧毀，所以地面部隊的作戰只形同整理戰場而已。甚至在某些情況下，不待出動地面部隊，敵軍就會因損失慘重而屈服。

　　美軍會發展出這樣的作戰模式，是因為軍事科技發展，智能武器的出現，使其有能力完成這種作戰。又有足夠的經濟實力，可以不計成本的大量使用這種武器。

　　另一方面，美軍目前實力已遠遠超過其他國家，作戰勝利已經是理所當然；因此，檢驗美軍作戰成功與否的標準，不在勝利，而在勝利付出的代價，也就是其子弟兵在戰鬥行動中的傷亡狀況。在這種思維下，美軍因此必須發展這種特殊模式以減少傷亡。

三、第三波戰爭的誕生

在所有解釋這場戰爭的論述中，最有參考價值的理論是未來學者託佛勒夫婦（Alvin and Heidi Toffler）所提出的。他們在*War and Anti-War*一書中的論述，超越了資訊戰、知識戰等現象的思維，而用「波」（wave）的概念予以統整。他們認爲，在人類文明發展的過程中，農業文明是第一波，工業文明是第二波，目前的資訊文明則爲第三波。

「伊拉克軍隊其實只是一支傳統的『戰爭機器』。機器，代表第二波文明的粗拙科技，雖然力量強大卻笨拙。相對的，聯軍並不是機器。聯軍是一個系統，這個系統具備遠爲龐大的內建回饋系統、通訊及自我調整的性能，事實上，就某部分而言，這已經是一個第三波的『思想系統』。」[20]

「第三波戰爭」理論的統整性很高。這個理論可以解釋爲什麼伊拉克的軍隊（第二波文明）在美軍（第三波文明）之前不堪一擊；也可以解釋爲什麼十七、八世紀的歐洲軍隊（第二波文明），能以區區數千人的部隊橫掃亞、非洲（第一波文明）。

在這個理論的統整下，必須探討的就是第三波文明的特徵，以及第三波軍隊的特色。這個答案目前已逐漸出現，那就是全球化、知識經濟與「數位化」（digital）部隊。波斯灣戰爭的意義其實不僅是個戰爭；它促使人們思考未來，不只在軍事層面，還包括整個生活方式。在這種思維下，美軍在波斯灣運用成熟的新戰術：空地戰（airland operation）、資訊戰（information warfare）、心理戰（psychology warfare）等，就只是技術性的問題了。

一、伊拉克在戰爭前夕形成爲中東霸主的原因？

二、美軍在波斯灣戰爭中的行動區分爲兩部分？主要任務爲何？

三、高科技戰爭的特性爲何？

四、請描述美軍的「波灣戰爭模式」。

五、第三波戰爭論的要旨爲何？

註釋

[1] 中國大陸將此戰爭翻譯成「海灣戰爭」。由於中國大陸極為重視此一戰爭，研究資料很多。讀者如進一步研究，以「海灣戰爭」字串在網路上搜尋比較容易獲得更多資料。

[2] 陳孝燮譯，《波灣戰爭檢討報告書（一）》（台北：國防部史編局，1994），頁45。

[3] 同前註，頁44。

[4] 同前註，頁45。

[5] 它們位階一樣，都「具有廣泛持續不斷的使命」，區別只在「統一指揮部」是由兩個或以上的軍種組成，「特設司令部」只有單一軍種。見美國國防部，《一九九一年美軍聯合參謀作業手冊》（台北：政治作戰學校譯印，1994），頁46。

[6] 指總統及國防部長或其職務代理人。

[7] 它們的責任區概略是：大西洋司令部：大西洋及美國本土；歐洲司令部：歐洲、非洲西北部；中央司令部：中東、非洲東北部、太平洋司令部：太平洋、印度洋；南方司令部：南美洲。

[8] 史瓦茲柯夫，譚天譯，《身先士卒（下）》（台北：麥田出版公司，1993），頁473。

[9] 在這方面有兩種不同看法。尤其是空中攻擊長達38天，從戰略層面看，似乎並不單純是地面攻勢的「攻擊前準備轟炸」。「空中戰役」（air campaign）的說法是強調其獨立的戰略意涵。有關這方面討論，請參閱李啟明將軍著，《孫子兵法與波斯灣戰爭》（台北：黎明文化事業，1995），再版，頁91-93。

[10] 同註2，頁85。

[11] 聯合國第661號決議案，一九九○年八月六日通過，決定對伊拉克進行強制性經濟制裁與武器禁運。第665號決議案，一九九○年八月二十五日通過，授權美國及其他國家海軍，必要時採取具體情況相稱措施，以確保661號決議案得以實施。

[12] 史瓦茲柯夫，譚天譯，《身先士卒（下）》（台北：麥田出版公司，1993），頁530。

[13] 因為十二月安理會輪值主席是葉門；葉門同情伊拉克（在第678號決議案中

投反對票），可以利用議事技巧干擾美國運作；因此必須在十一月底通過。
長達四十五天期限的最後通牒其實沒有太大意義。

[14]陳孝燮譯，《波灣戰爭檢討報告書（二）》，頁14。

[15]同註14，頁16。

[16]同註14，頁9。

[17]同註14，頁106。

[18]有關波斯灣戰爭的統計數據有多種不同說法，譬如美軍友軍誤擊率還有24%
及31%的版本，以及伊拉克軍死亡十萬的說法。這些數據各有來源卻又互不
相同。這是因為除了統計者不同外，某些只是暫時估計，日後又經多次更
新，版本因而眾多，而且不確定哪個才算最後版本。這是可以理解的，戰時
訊息混亂，統計難免誤差，況且對敵人兵力統計又僅是估算，加上某些政治
因素的考慮，要求數據精確無誤十分困難。事實上，歷來所有戰史的統計數
據都有類似狀況。但只要誤差不大，這些統計數據對建立概念仍極有幫助。
本篇使用數據主要依據美國國防部一九九二年四月出版的《波灣戰爭檢討報
告》（該報告台北的翻譯本是陳孝燮譯，《波灣戰爭檢討報告書》台北：國
防部史編局，1994。有關伊拉克空軍損失部分，見《波灣戰爭檢討報告書
（二）》，頁119。有關伊拉克陸軍損失部分，見《波灣戰爭檢討報告書
（三）》，頁140。有關美軍陣亡統計及友軍誤擊數據，見包威爾〈友軍誤擊問
題之探討〉，《波斯灣戰爭譯文彙集（二）》（台北：國防部史編局譯印，
1993），頁126。

[19]陳孝燮譯，《波灣戰爭檢討報告書（二）》，頁9。

[20]Alvin and Heidi Toffler，傅凌譯，《新戰爭論》（台北：時報文化，1994），
頁105。

國防科技篇

第十七章　國防科技基本概念

　　國防科技是確保國家安全的重要因素，亦是國防力量物質基礎的重要根基。在時代的進步下，依賴低科技與高人力的戰爭方式已經過去。從面對面的殺伐中脫胎出來，現在使用的是「視距外」、「高速度」、「超精準」、「強殺傷」的高科技武器；以後的人們則可能更進一步地使用「心靈控制」、「光武器」、「機器（複製）人」、「基因武器」等工具作戰。這些高科技的戰爭工具，粹取了各種尖端科技於一身，是國防科技的目標。正確地認識及推展國防科技，對國家安全維護不可或缺，更是「不戰而屈人之兵」的憑恃。

　　「國防科技」的介紹，除應注重武器裝備知識，亦應討論較深層的「工業基礎能力」；對更加深入的議題──「科學與技術的真義和精神」，及其與國防科技之關係，亦應加以闡釋，方能建構對國防科技完整的認知。否則容易造成重視表面而忽略根基的觀念，使國人在心理上對國產武器產生不信任感，進而懷疑國防能力[1]。

　　本篇探討國防科技各個層面的基本概念。期能透過完整體系的介紹，建立國人對國防科技正確的知識。國防科技為軍事學領域之一，其所涉及的許多專門科技，均自成一專業學科。本篇以概論方式，儘量摒除艱澀的專有名詞及背景知識，而以最淺顯之方式呈現，使符合建立基礎概念之旨意。

第一節　科學與技術的涵義

　　科學（science）與技術（technique）的涵義與區別，容易令人混淆。許多人把日常接觸到的科技產品如電腦、電視、汽車、音響，或是由傳播媒體中得知的太空梭、複製羊、戰鬥機等視為是科學。感官層次──看得見、聽得清、摸得著、用得到的器物與應用學理如電子、電機、化學、生物等，模糊地構成了對科學的認知。然而，科學注重「對知識的真求」，技

術卻是注重「製造器物」。

　　近代科學從清代鴉片戰爭後的「師夷長技」、「中體西用」進入我國[2]。一百多年來，「實用」一直被當成科學的主體價值，「製造器物」被當成發展科學的主要目標。以「用」為目的，自然孕育出以「用」為主的文化，「技術」（或科技）自然變成科學的代名詞。至於「致用」的基礎結構如「科學的精神與方法」、「務本求實的作風」、「循序漸進的規範」等，因無立竿見影之效，往往不被重視。

　　漠視基礎的後果，明顯的顯現在產業成果中──我國產業幾乎一路尾隨他人之後：別人發明，我們仿冒；別人出版，我們盜版；再不就是拾人牙慧，買版權、買技術，卻受制於關鍵的技術或組件。

　　科學發展重心錯置了！

　　我們必須知道，技術上輸人，實根源於科學上落後。現今科學史家研究我國科學落後的原因，已公認過分的重視實用乃是主因[3]。

　　導正對科學的迷思，打破以專門技術為主要軸線的價值模式，認清科學的真義、精神、方法，使其成為文化價值，科學方能生根，科技才有動力。

一、科學的定義、精神及方法

（一）　科學的定義

　　科學，是對事物有條理的知識與對有條理的知識有方法的探求。科學的主要目的在於獲得新知識，也就是創造知識[4]。

　　所謂事物，泛指一切事物，並不限於某一類別。拉丁語詞Scientia（Scire）廣義地說，指的是學問或知識。德語中的科學Wissenschaft，意為「知」或「學」，包含了一切有系統的學問如歷史、語言、哲學等。雖然英語中的science主要指的是nature science（自然科學），但究其字源，乃係來自拉丁語的Scientia[5]，故其廣義上亦包含了「知識」與「學問」的意涵。

科學一詞是概括性的用語，只要是針對某一事物（自然、歷史、語言、心理、人際、哲學……等問題）求得「合乎邏輯」、禁得起「重複驗證」並能「旁通適用」的學問，即符合科學的旨趣。

探求科學的知識，就是做學問。學問之道在《中庸》裡講得很清楚，要「博學之、審問之、慎思之、明辨之、篤行之」。經廣泛仔細觀察蒐集事情（博學之），揀選其中有用之資訊（審問之），用心形成概念並建構理論（慎思之、明辨之），然後付諸應用（篤行之）[6]。這就是科學知識探求的基本步驟。

（二）科學的精神與方法

科學精神是做學問（做事）的基本態度，可分為「務實」、「明理」、「善用」三方面[7]。這三個基本態度，是科學方法的根基！

1.務實

無徵不信、精益求精、知所先後、適可而止、誠實無欺，就是「務實」。

‧「無徵不信」：做事或做學問時，任何的觀察、實驗、歸納或推理，都應依據所求得的「證據」；科學以實證為基礎。對力學有重大貢獻的伽利略（Galileo Galilei, 1564-1642）在研究重力時，發現了以均勻速度滑過光滑桌面的金屬球，滑出桌緣後是以一條曲線的路徑（稱為拋物線）落到地上。金屬球在這條曲線上的任一點時有二個速度，一個是與滑過桌面相同的向前的水平方向的速度，另一個是向下受重力作用的垂直速度。伽利略由此導出了砲彈飛行的路徑是一拋物線，推翻了亞里斯多德（Aristotle, 384-322BC）認為的「砲彈飛行是呈二條直線」（見圖17-1、17-2）的傳統觀念[8]。

‧「精益求精」：科學講求確實的證據。任何的觀察、測度、調查都會有誤差，完全的「真確」是不可能的，但是必須要「精益求精」！十八世紀瑞典藥劑師席利（Carl Wihelm Scheele, 1742-1786）

在研究空氣的時候，發現空氣中含有兩種氣體，一種是助燃的氧、一種是不助燃的惰性氣體。他將這個結果告訴了開啟近代化學革命的法國科學家拉瓦錫（Antoine Laurent Lavoisier, 1743-1794）。拉瓦錫研究之後，於一七八〇年指出大氣中有四分之一體積的氧、四分之三體積的氮。現在我們則熟知空氣的組成是由氮（78.08%）、氧（20.95%）、氬（0.93%）、氮（78.08%）、二氧化碳（0.03%）以及極少量的其他氣體如氖、氦等所組成[9]。由求得空氣中含有二種氣體開始，到現在的小數點下二位的精確測度，精益求精，是務實的表現，也是科學的基本精神。

「知所先後、適可而止」：科學要掌握重點，適應需求。前面提到「精益求精」與「完全真確」的不可能。在蒐集資料或描述的過程中，應該要「知所先後」，對事物優先性加以取決；還要「適可而止」注意適用程度，避免過度或不足。為小學一年級學生述說空氣的組成：「氮、氧及其他氣體」就夠了，因為一年級的小學生還無法理解「分數」或「小數點」的概念。不分先後次序及適當程度，無止盡地要求真確與大意地過於粗略，都是不務實！

圖17-1　亞里斯多德的砲彈飛行觀念

資料來源：《近代科學的發展》，洪振方，2001，台北：台灣書店。

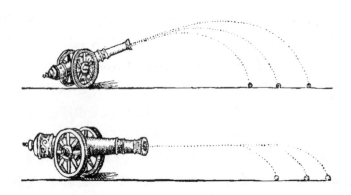

圖17-2　伽利略1638年著的書中指出砲彈飛行的正確模式

資料來源：《近代科學的發展》，洪振方，2001，台北：台灣書店。

・「誠實無欺」：有幾分證據、資料說幾分話。依據不充分的證據下判斷，是臆度而不是科學。為了得到預設的結果而製（捏）造證據，是欺騙與犯罪，不是學術。科學要的是依證據而立論，不是誇大或欺騙！

2.明理

所謂「明理」，指依據觀察所得的現象與事實而建構闡明作用原理的抽象理論。這個抽象理論應該要能「執簡馭繁」──以簡明的原理來解釋複雜的現象，並且要能「綱舉目張」──執其要領，條理分明。

一個現象的發生，其作用原理，研究者常依個人的經驗和知識背景構思出一套理論。不同的研究者所提出的理論，常有差異甚或是相互背離。理論的產生，是經由人的思維，也就是研究者藉由縝密的思考、演算、推論、實驗，將理則由現象之中抽離出來，最後構思出解釋現象的抽象理論。不同的研究者提出不同的理論，只不過是反映他們思維的不同而已。這就是宋朝大儒王陽明的「心即理」！

從這個觀點來看，科學研究建構理論的過程，在某種程度上就像是說故事。科學家說一個故事，故事「成理」，是因為能夠吻合地解釋自然現

象。其他研究者無法提出更好的理論或事實證明它是錯的，所以只有相信
這個理論。然而無論信或不信，任何「理論」皆有被推翻的可能。我們讀
科學史，常見到後來的研究者發現了前人理論的錯誤，那些曾為人們相信
是「真理」的錯誤。

牛頓（Sir Isaac Newton, 1642-1727）所提出的力學三定律[10]，自發表
後，有效解釋並推測星體運行及海洋潮汐等自然現象，一直為人們所深信
不移，並視為是「運動規則的全部」。但是，牛頓力學是不是「真理」呢？
愛因斯坦（Albert Einstein, 1879-1955）於一九〇五年提出了相對論之後，
大家才突然明白，原來人們相信了二百多年的牛頓力學，僅僅對速度慢的
運動有效，用於接近光速的運動會產生很大的偏差[11]。

任何理論都是思維的產物，都是經由思維構建出來的，都有其適用的
範圍。因此，以相信某種理論是永恒不變的「真理」的態度來談科學，是
對科學的迷信，與其他的迷信並無太大差異。

3.「善用」

「善用」與「誤用」，常僅相隔一線。

科學的知識無分善惡，是在人的運用下，才產生了造福或引禍的問
題。所以，應用任何的科學知識，必須先要存善心，才能致善用，也才能
利用厚生。這也就是王陽明所謂的「致良知」與「知行合一」！

二、技術的定義

「技術」，指製造或控制某種器物的方法，為實用經驗的累積。

傳統的觀念中，技術一詞與「人的工作技巧（藝）」有極大關係。例
如，百步穿楊的射箭技術、賽車手的駕駛技術等。主要指人的技藝、技能
或工夫。與「操作者」和「操作的感官經驗」相互連結存在。傳統上「技
術」一詞，植基於人在「感官界」所獲得的經驗與控制。

現在的概念，技術一詞除了包含前述的「人」與「經驗」外，更包含
了「知識」這個因素——抽象的、跳脫人類感官經驗所能察覺的知識如「原

子核帶有正電、原子軌域帶有負電[12]。」這種人類感官已無法感覺的知識。由科學家所建構出來的理論和知識，加入或應用到技術的層次，將原本以操作者及其感官經驗爲限制的領域，推展到理論方能達到的領域。這使現代技術與傳統技術有很大的不同。

現代技術與傳統技術的差異，首先是在「精細度」上。過去藝匠們憑藉著不斷練習與實作累積經驗，靠工作技巧，以靈巧的雙手製作器物；現在人們使用極精密的機器執行一連串的工作來製造產品。從電腦零件到組合家具，從布料到速食麵，各種生活所需幾乎無一不用機械生產。人工手製的產品，幾乎已經成爲「藝術品」（手工藝品），放在特殊的商店裡了。

其次，在「發展方法」上，現代技術與傳統技術有很大的不同。現代技術往往是在原理已知的情況下爲人們刻意地發展出來；過去的技術則常是在碰巧和不清楚作用原理的狀況下發明的。半導體發明前，研究者就已經知道不導電的純矽（silicon）與純鍺（germanium）兩種物質的原子外層結構有四個電子，要使它們導電，就必須與外層爲五個電子的物質相結合，製造一個自由電子；或是與外層爲三個電子的物質相結合，製造一個自由電洞。在不斷地尋找後，找到了砷（arsenic）和鎵（gallium）。知識累積了、整合了、創新了，人們不斷用新的技術，造出新的事物。

由此，結合科學與技術（學）的科技（technology）一詞，應運而生。

三、科學與技術的關係

科學與技術在觀念上可視爲一連續體。一端爲純科學（pure science），另一端爲實用世界，而中間爲應用科學（applied science）與技術[13]（見圖17-3）。應用科學指尋求純科學的實際使用，是由純科學出發，向右往實用世界推進的科學；而技術在早期爲實用經驗之累積，近世紀才在科學基礎的擴大下而成爲「科技」。

如果將科學與技術視爲單純而簡單的兩個個體，研究其相互關係，則彼此間有啓發、支持和引導的交互作用。

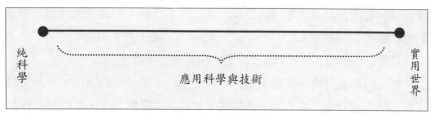

圖17-3　科學與技術之關係

　　一八六○年代，人們製造出了合成苯胺染料。它可以將生物的組織結構染上顏色，使其在顯微鏡下很容易地被識別出來。這種染色技術打開了人類對微生物世界的視野，使人能夠認識和區別各種各樣的細菌，進而開創了細菌學的時代。一八八二年，科赫（Robert Koch）發現了導致肺結核的細菌，隨後又發現了霍亂的病原體。這些病原體的發現，漸漸使得人們與傳染病間的鬥爭起了革命性的變化——過去數百年來，人們生病時常以為是鬼神作祟或上天懲罰。為求解決應該找巫師求神問卜或由法師作法；病原體發現後，人們明白生病時應該去找醫生了[14]。英國自然科學史家丹皮爾（1867-1952）在他所著的《科學史》的開頭寫了一首詩「自然如不能被目證那就不能被征服」[15]，其中第一、二段可為上述狀況的概括描述：

> 最初，人們嘗試用魔咒
> 　　來使大地豐產，
> 　　來使家禽牲畜不受摧殘，
> 　　來使幼小者降生時平平安安。

> 接著，他們又祈求反覆無常的天神，
> 　　不要降下大火與洪水的災難；
> 　　他們的煙火繚繞的祭品，
> 　　在鮮血紅的祭壇上焚燃。

　　科學的發現和進展，常是在某種技術成功地使人能夠對前人所未能觸

及的領域實施目證時，才開始發展起來[16]。而技術上的推進和精緻，亦在科學的研究中不斷地強化。

技術與科學相互啓發著、支持著、引導著。

然而科學與技術在本質上是不一樣的！科學是求知的過程，其結果往往是一個理論的報告或公式。技術則是製造的程序和方法，其結果往往是一項實用的產品。科學在其過程或結果中，可能誘發技術的發展；同樣地，技術在使用或發明後，亦可能開創學問的新頁。

第二節　科技與國防

一、科技的意涵

(一) 科技的定義

整合運用科學知識、技術能力、系統管理、資訊與工具，運用於特定領域，使能達成組織目標和創造競爭優勢者，稱爲科技（見圖17-4）[17]。

(二) 科技的結果

科技的結果是造出某個「人造事物」，包含了實體及非實體的物件。運河、布料、汽車、電腦、潛艇等，是實體的物件；而情報分析、組織結構、訓練程序、電腦軟體等等，則屬於非實體的物件。

自古以來，科技即影響著人類文明。許多研究者將歷史上使用的建築、水利、風力、耕作、天文、航海、醫學、曆法等等，均視爲科技的成就。事實上，前人創造的許多事物（如舟形橋墩），至今看來，仍是非常進步的。

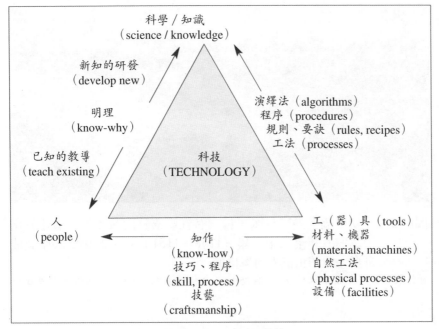

科學 / 知識
（science / knowledge）

新知的研發
（develop new）

演繹法（algorithms）
程序（procedures）
規則、要訣（rules, recipes）
工法（processes）

明理
（know-why）

科技
（TECHNOLOGY）

已知的教導
（teach existing）

人
（people）

工（器）具（tools）
材料、機器
（materials, machines）
自然工法
（physical processes）
設備（facilities）

知作
（know-how）
技巧、程序
（skill, process）
技藝
（craftsmanship）

圖17-4　科技的定義

（三）科技的用途

　　科技的用途，主要是在競爭中創造或取得優勢，以避免落為失敗或被消滅的一方。

　　對生物而言，取得優勢是極重要的生存利益，是自然界中最普遍的價值。從動物界看，人不是勇猛的動物。獅子比人兇猛、熊比人粗壯、豹跑得飛快。人類生存在弱肉強食的自然界、物競天擇的環境中，要生存，就得創造競爭優勢，就要運用周遭的一切──石變石器、木削成刺、火燒陶窯、鐵鑄斧砍。從遠古的大自然中走來，人類以其聰明才智，慢慢習得了各種知識，發明各種技術，用以利用、用以厚生，也用以殺伐。「致用」的科技，呈現著不同的面貌！而競爭的優勢，已經存在於人類潛意識的期待中，並成為科技快速發展的主要動力之一。

圖17-5　「安平橋」長2251米，據《晉江縣志》記載：安平橋建於南
　　　　宋紹興八年至二十一年（1138－1151）年。該橋墩底座做成
　　　　舟形，能防止洪流衝擊橋墩。
資料來源：《中國古代科技》（頁159），金秋鵬主編，1999，鄭州：大象出版
　　　　　社。

（四）科技的世紀

　　二十世紀，人類的文明迅速地變化，相對於以往的十九個世紀及其以
前的歲月而言，這種變化的速度與幅度，可以說史無前例：在這個世紀：

　　　人類僅花了六十五年就登上了月球[18]；

　　　人類發現原子的結構和比原子更小的許多粒子；

　　　人類算出了E=mc2的公式；

　　　人類發現了原子核分裂的現象，造出了原子彈；

　　　人類發現了地球僅僅是宇宙中的一個微粒，而宇宙原來一直在

　　膨脹；

　　　人類把數以千萬計的電子小零件縮在一個晶片上；

　　　人類破解了基因密碼並於世紀末將自己的基因圖譜定了序；

　　　人類把巡弋飛彈射進了千里以外碉堡的通氣孔中；

> 人類不管在何處都能夠和遠方的親友：「喂～～！」

這是二十世紀的特色，也是科學知識與技術能力因資訊普及而散播全球的結果。科技，使得人類文明不回頭地飛速發展著。但是，不知道它會帶我們去向何方。

二、科技與國防的關係

科技與國防之間，有應用的必然性、需求的必要性與改變的必定性等三種關係。

（一）應用的必然性

科技應用在國防上是必然的，一如科技也應用在農、工、商、教育、醫學等各個領域。

國防事務以戰爭及準備戰爭為重心，狹義而言指的是國家的軍事武力；廣義而言則不限於軍事方面。國家的各種因素如政治、外交、經濟、軍事、心理、社會、自然環境、資源、社會安全等，均包含在國防事務的範圍內。在這些領域內，科技都扮演著重要角色。

（二）需求的必要性

科技是國防必要的需求。忽略了科技的國防，不足以憑恃。

清末列強憑藉船堅砲利的優勢科技，在戰爭中屢敗清軍。鴉片戰爭、甲午戰爭、八國聯軍，每一次戰敗，就簽訂不平等的條約，損失巨大的經濟利益。為什麼呢？國家主政者自閉自傲地漠視了科技對國防的必要性，建海軍的錢移去建頤和園，國防的需求變成了美輪美奐的御花園。而這個御花園，在戰爭中被摧毀了！

（三）改變的必定性

科技的進步會改變戰爭的型態，進而改變國防型態（戰略目標、組織架構、武器裝備、準則教令等等）。

科技進步對戰爭型態的改變，大部分是以漸進的方式慢慢地造成轉變。從石器時代過渡到金屬器時代，經過了數千甚至上萬年的漫長時間，人們的生活方式與戰爭的方式才改變。但是，科技也可能是以迅雷不及掩耳的方式造成戰爭型態的突變。原子彈毀滅了長崎、廣島，除了迫使帝國主義的日本投降外，也將戰爭以突變的方式帶入了核子時代[19]。

第三節　國防科技的內涵、範疇與特性

一、國防科技的內涵

(一) 狹義觀——武器科技

狹義的國防科技，指的是製造武器的科技。一般而言，這類科技通常是當時最新、最先進的技術，甚至是只有一個前瞻的規劃，實際的技術尚待創新與突破科技[20]。因此，常被人稱爲「尖端科技」。

武器，泛指軍事上用來攻擊或防禦敵人的實體裝具，是構成國防力量重要的物質要件，更是軍隊戰力的基礎之一。然而不論武器在戰爭中扮演何種角色，其終極的本質不脫爲一種「工具」——戰爭的工具！

武器是工具，不是國防科技。國防科技的本質是「人」整合了「科學知識」與「工具」去創造，武器僅是其產品！誤認武器等於國防科技的全部，是捨本逐末的。其結果爲一昧追求世界先進、炫麗、高價、高性能武器，無法實事求是地建立自有的國防科技。現在國軍武器裝備多半購自國外，國造裝備不受青睞的情形，可謂爲此註解。

（二）廣義觀——戰爭工具科技

廣義的國防科技，包含了完成某個「戰爭工具」所需要的所有科技。換句話說，只要是應用在研製或創造某種器物以供戰爭使用的科技，都可以含括在廣義的國防科技之內。

戰爭工具，除了武器外，更包含了非武器但用來從事戰爭行為、達到戰爭目的的物件；它們的型式有實體的也有非實體的。

「波音767商用客機」不是武器，但是卻在二十一世紀第一年的九月十一日，被恐怖分子駕駛，撞上了美國紐約曼哈頓區的世界貿易中心（World Trade Center）的兩棟超高大樓以及位於華盛頓的國防部五角大廈，造成嚴重損失和動盪恐慌。767商用客機，雖是設計用來搭載運送旅客，但是一架裝滿飛行燃油剛從機場起飛的767客機所潛在擁有的強大破壞力，卻絕對符合武器的標準。設計、發展、製造波音767這項工具的科技，隸屬於廣義國防科技。戰時它更可以直接變成運送部隊的工具！這是實體非武器的戰爭工具最典型的例子。

一九九一年波斯灣戰爭初期，有位科威特的少女突然來到美國國會作證，聲淚俱下地控訴伊拉克軍人在侵占科威特後，將未足月的早產兒由保溫箱中拿出來，任其在空氣中死去。這幕畫面經由全球最大新聞網CNN的現場轉播，即時地在全球的電視螢光幕上呈現，激起了一致的同情與憤慨。大家認為伊拉克是殺人不眨眼的劊子手……。現在我們知道，原來這一幕令人鼻酸的國會作證畫面，只是一場由「希爾與諾頓」（Hill & Knowlton）公關公司代表科威特政府所安排的「戲」，目的就在激起大家的仇恨與敵愾。那位唱作俱佳的演員，是科威特駐華盛頓大使的女兒[21]。精心設計的心理戰手段，非屬武器也非屬實體，只是一個放在真實世界中刻意創造出來的正義對抗邪惡的情節。不論它是否為事實，卻是不折不扣的非實體戰爭工具！

人們使用的戰爭工具，從未限於專門為戰鬥而設計的武器。任何在戰爭面能被用來提昇優勢或是攻擊敵方的事物，都會被運用。

二、國防科技的範疇

　　國防科技的範疇相當廣泛。從不同的角度與時間切入，會看到不同的架構或分類。例如，從工業類別的角度切入，可能看到電子、電機、化工、機械、核能、航空等不同的工業類別；由武器製造的角度切入，則可能看到輕兵器、重型火砲、戰車、砲彈、飛彈、生化武器，甚至是軍用服裝等兵工類別。不同的科技世代，國防科技有不同的外貌。

　　無論如何複雜多變，任何科技都是基本自然現象的組合運用。因此由應用面切入，不如由基本自然現象及原理來分析（如聲、光、電磁、材質、能源、生物等等），更能認識國防科技的範疇。

　　例如，利用聲波傳遞時遇到阻礙會產生折射、反射、繞射[22]的現象，可以製造出蒐集聲音的裝備。這樣的裝備在軍事上可以用於偵察、探聽。古代有一種稱為「地聽」的裝備，形狀像大肚小口的花瓶切掉底部，置於地面時，可將經由地表傳播來的遠處馬蹄或部隊行軍的聲音，蒐集到頂端的小口；經驗豐富的偵察人員即可據以估計敵人的遠近、方位、數量。現代的偵察密蒐裝備中，亦有類似的聲波蒐集器，可將蒐集到的聲波訊號以電子方式放大，於遠距側錄他人談話（見圖17-6）。

　　除了使用人類聽覺頻率範圍的聲波，超高頻或極低頻率的聲波，也在運用之列。超高頻的聲波具有分辨率（解析度）極佳的特性，可以用來「看」東西。醫學界所使用的超音波檢驗儀器，可以看到孕婦體內的胎兒或病患體內的腫瘤，就是運用這個原理。國軍於二〇〇二年二月解密公開展示的海軍永豐級獵雷艦，其所使用的超音波聲納，更可以直接「看」到海床上物體的大致形狀。而在極低頻聲波的範圍中，有段人耳無法聽到但人體能感應到的超低頻音波波段，會引起人體產生方向感錯亂、嘔吐、大小便失禁等反應。美國、法國及一些國家，都已測試過能夠製造該種超低頻音波的音波製造機[23]。

　　前述有關音波的應用，僅為國防科技範疇中的一小部分。其他有關於光、電磁、材質、能源等等，不在此一一敘述。

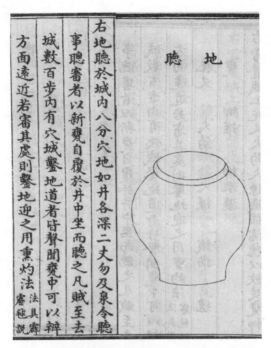

圖17-6　宋朝《武經總要》中的「地聽」

資料來源：宋朝《武經總要》。

三、國防科技的特性

國防科技的特性為何，是否與一般科技不同？

首先，我們必須明白「技術的發展是累積式的，不是英雄憑空創造的。技術發展與個人的發明天才關係不大」[24]。大發明家愛迪生（Thomas Alva Edison, 1847-193），在嚐試多種不同的物質後，終於找到「鎢」來做成燈絲，發明了白熾燈泡。那是在一八七八年十月二十一日；大家不知道的是，其實一八四一年到一八七八年間，別的發明家已經發明燈泡並取得專利，愛迪生所做的，是加進自己的創意，改進他人的發明[25]。每一件技術都是在其既有的基礎上累積發展出來的，這是科技所具有的「累積性」。

其次，任何一項科技，都需要整合其他領域的技術才能完成。以古老的青銅劍爲例：要造一柄青銅劍，先要整合礦冶的技術將青銅取出，加以敲打或鑄鍛成形；然後用到將劍身與劍柄結合的鑲嵌技術。成劍後，要將其開鋒，需要磨刀的技術，而這又牽涉到了磨刀石材選用的材質技術。有了這些技術的整合，才能造出一柄青銅刀具，這是科技的「整合性」（見圖17-7）。

累積與整合，是一般科技皆具有的特性。它們當然也是國防科技的特性。然而，國防科技更包含了以下三種一般科技不一定具有的特性：

‧尖端性：國防科技常是當代最新科技甚至是由尚在發展與整合中的科技所構成。
‧機密性：沒有國家會希望分享或洩露國防科技，因爲那具有直接傷害到自己的潛在危險。
‧前瞻性：國防科技的發展必須至少前瞻十至二十年，以免發展完成

圖17-7　明朝天工開物中的煉銅圖

資料來源：明朝《天工開物》。

時已經落伍。

一九七三年，第四次中東（以阿）戰爭爆發，埃及在蘇伊士運河西岸設置了五十多個蘇俄製薩姆飛彈（SAM）營，在運河兩側形成了一個二十公里的空中走廊，守株待兔地等著以色列的戰機。以色列則仍沿用第三次中東戰爭成功的經驗，用空軍對部署在運河附近的埃及部隊猛攻，在薩姆飛彈的殺傷下，第一天就被擊落了三十多架；整場戰爭中約有二百餘架被擊落，遭到重大的損失。一九八二年黎巴嫩戰爭時，以色列學乖了。當時敘利亞在黎巴嫩的貝卡山谷部署的十九個薩姆-6型飛彈陣地，以色列在開戰前便以遙控的偵察機引誘敘利亞將薩姆-6雷達開機。等到雷達頻率掌握後，立即以電戰機實施電子干擾，使薩姆飛彈雷達無法使用；同時以大批的F-15、F-16對山谷內的飛彈基地攻擊。結果，敘利亞斥資二十億美元建立的飛彈陣地悉數被毀[26]。

國防科技的機密一旦為敵人所掌握，以各種尖端技術所匯集成的精密武器系統，很可能立即變成無用的廢鐵。而國防科技的尖端性與前瞻性更是重要！薩姆-6型飛彈已經在一九七三年以阿戰爭中使用過，若當時敘利亞將眼光前瞻，採用更先進的防空飛彈，或許在黎巴嫩戰爭中不致如此慘敗。

問題與討論

一、「科學」的概念中有許多內涵，請將其條列並討論。

二、請概述科技的定義與「國防科技」的內涵。

三、請思考並討論科學與國防之間的關係。

四、請由廣義國防科技的角度切入，論證國防科技所具有的「尖端性」如何表現在戰爭工具中？

五、請依國防科技的範疇、探討光、電磁、材質、能源等的最新發展。

註釋

[1] 華錫鈞著，《戰機的天空──雷霆、U2、到IDF》（台北：天下文化，1999初版），頁253-258。我國自製IDF戰機，一度為少數政治人物戲稱為I Don't Fly，並經媒體報導，致使研發單位承受非常大的壓力。

[2] 陳宗照，〈國防科技教育發展之研究〉，《國軍九十年度軍事教育研討會論文》（國防部、教育部，2001年12月28日），頁5。一八四一年，魏源受林則徐委託，分析鴉片戰爭的經驗教訓而著了《海國圖誌》並提出「師夷長技」的主張，後來在朝廷中演為「中學為體，西學為用」。

[3] 劉源俊，〈對修改科學技術發展方案的一點意見〉，《科學月刊評論選集第二冊》（台北：科學月刊社，1984年11月）。

[4] 〈科學的目的在於創造新知識〉，《牛頓雜誌中文國際版》（台北：牛頓雜誌社，2002年2月），第222期，頁36-39。

[5] 李珩譯，W. C. 丹皮爾著，《科學史及其與哲學和宗教的關係》（台北：明文書局，1992初版），頁1

[6] 劉源俊著，〈科學的真精神〉，東吳大學校長於教育部軍訓處第五督考分區演講講稿（台北：東吳大學軍訓室網站http://www.scu.edu.tw/military/，2001年3月）

[7] 同前註。

[8] 洪振方著，《近代科學的發展》（台北：台灣書店，2000年1月初版），頁12-16。

[9] Alan Issacs BSc, *The Macmillan Encyclopedia, 2nd ed.*（Hong Kong, 1983），p. 92.

[10] 牛頓力學三定律：「第一定律」：每一物體都始終維持其靜止或等速直線運動的狀態，只有受了外加的力，才被迫改變這種狀態。「第二定律」：運動的改變程度，與外加的力的大小成正比例，且發生於外力所作用的直線方向上。「第三定律」：反作用力與作用力是相等而且相反；亦即兩物體間的相互作用力，是大小相等，方向相反。

[11] Brigitte Rothlein著，朱章才譯，《科技革命：1969・7・20寧靜海》（台北：麥田出版：城邦文化發行，2000初版），頁83-85。

[12] 恩內斯特・拉塞福（Ernest Rutherford）於一九一一年提出原子由原子核和原

子軌域組成的主張，並於一九三二年在《自然雜誌》上發表：「原子的核心，應該由一個很小的，但是實心的核所組成，這個核帶正電，被一定數量的電子所圍繞，構成一個中性的原子。」這是至今仍有效的原子模型。

[13] 李國鼎，〈我國科技政策與管理〉，《重點科技之發展策略與計畫管理》（台北：台灣大學管理學院，1992年11月），頁12。

[14] 朱章才譯，Brigitte Rothlein著，《科技革命：1969‧7‧20寧靜海》（台北：麥田出版社：城邦文化發行，2000初版），頁217。

[15] 李珩譯，W. C. 丹皮爾著，《科學史及其與哲學和宗教的關係》（台北：明文書局，1992初版），序前。

[16] 目證指人類感官的「觀察」、「體驗」等行為，使人能感受到那些實質存在。

[17] De Wet, G., *Course Materials of Technology Management I and II,* University of Pretoria, RAS, 1996. "Technology is the synthesized application of scientific knowledge, technical capability, system management, information, and tools on specified areas to accomplish an organization's objectives and create competitive advantage."

[18] 從一九〇三年十二月十七日十點三十五分美國的萊特兄弟（Wilburg Wright and Orville Wright）成功地將他們自造的「飛行器一號」飛離地面十二秒鐘四十公尺開始，到一九六九年七月二十日德州休士頓時間晚上九點三十五分，阿姆斯壯（Neil Armstrong）打開登月艇，爬下梯子到月球表面為止，二十世紀的人類僅僅花了六十五年七個月又三天，就從地面到了月亮上。阿姆斯壯踏上月球表面時說：「這是我個人的一小步，但卻是全人類的一大步。」

[19] 若從一九三九年八月二日愛因斯坦寫信給羅斯福總統要求開始研究原子彈起算，到一九四五年七月十六日第一顆原子彈試爆成功，前後時間不到六年。以科技改變戰爭型態的時間軸線來看，六年直如滄海之一粟！

[20] 胡裕同，〈國防科技政策與管理〉，《重點科技之發展策略與計畫管理》（台北：台灣大學管理學院，1992年11月），頁161。

[21] 傅凌譯，艾文‧托佛勒／海蒂‧托佛勒著，《新戰爭論》（台北：時報文化，1994初版），頁222。

[22] 繞射（diffraction），也稱「衍射」，指波在傳播中遇到有很大障礙物或大障礙物中的孔隙時，會繞過障礙物或孔隙的邊緣，呈現路徑彎曲而在障礙物或孔隙邊緣的後方展開的現象。

[23] 傅凌譯，艾文·托佛勒／海蒂·托佛勒著，《新戰爭論》（台北：時報文化，1994初版），頁173。

[24] 王道還、廖月娟譯，賈德·戴蒙著，《槍砲、病菌與鋼鐵——人類社會的命運》（台北：時報文化，1998初版），頁258。

[25] 同前註。

[26] 韓叢耀、高半虎編著，《百年兵器檔案》（台北：世潮出版社，2001年2月），頁201-203。

第十八章　國防科技與戰爭

國防科技與戰爭間存在著非常密切的關係：新科技與新武器的出現，可直接導致戰爭型態產生變化。《新戰爭論》的作者艾文‧托佛勒認為是戰爭規則、部隊組織、訓練、後勤、理論、戰術、戰略等一切與戰爭及社會的關係[1]。這種現象，前蘇聯稱之為「軍事技術革命」（Military Technical Revolution），美國則稱之為「軍事事務革命」（Revolution in Military Affairs, RMA）。

美國國防部效益評估辦公室（Office of Net Assessment）對軍事事務革命的定義為：「因軍事準則的重大變革、作戰及組織觀念的徹底改變，以及新科技的運用等而造成戰爭本質的重大改變，即為『軍事事務革命』。」[2]這個定義，不只包含了物質科技對戰爭所產生的影響，也包含了思想變革對軍事本質的影響，是較為完整客觀的定義。

美國在「2010年聯戰願景」（2010 Joint Vision）規劃中，希望藉由「科技」（電腦網路、資訊科技）及「準則規範」來整合各個軍種。使軍事作戰時能夠擁有「優勢機動」（dominant maneuver）、「精準接戰」（precision engagement）、「全方位防禦」（full dimensional protection）與「重點後勤」（focused logistics），而達到戰場上的「全面優勢」（full spectrum dominance）[3]。

科技本身是無法獲得勝利的。致勝的重點不僅在科技本身的完美，更在運用上的完美。這就是科技與戰爭間關係的重點所在。

本章由科技的角度，觀察戰爭型態演進的情形。武器科技的發展，可以由其材質、專門化、產量以及製造精細度來分析。從遠古時期的「冷兵器」年代開始，到新近的第三波「精準武器」，以期由回顧過去，進而展望未來！

第一節　冷兵器

一、何謂冷兵器

「冷兵器」，指單純以肌肉能或將肌肉能轉化爲機械能而產生推進力或殺傷力的作戰用工具（武器）。其與火藥發明以後，使用「化學能」的「火器」或「熱兵器」不同。

冷兵器主要如刀、劍、矛、戟等「手持兵器」；弓箭、弩、拋石機等「投射兵器」。冷兵器時代，專指火藥發明使用於戰爭之前的長久時間。雖然在火藥應用於戰爭後，冷兵器仍是作戰時使用的主要兵器，但因火藥對武器的型態造成了本質的改變，故以此作爲分代的基準。至於馱獸運用工具如戰車、馬車、轡、鐙、鞍等，雖不具「兵器」之名，但實際上應用於作戰，故亦應列入冷兵器時代之戰爭工具。

手持揮舞的冷兵器，主要作用是增大四肢所能掌握的範圍，可說是手臂的延長。而以機械方式投射的弓箭、弩、拋石機等，是將人或獸的肌力轉化爲機械彈力後瞬發，使能超越肌力極限所達的距離；仍爲肌力運用的方式，無法如火藥般產生爆發的力量。因爲使用肌力，所以冷兵器時代的戰爭對「博殺技巧」與「陣法隊形」非常注重；且基本上以人力的多寡作爲戰力強弱的基礎。

二、冷兵器的發展

冷兵器在兵器發展史上是屬於較早期的、簡易的、科技層次較低的一段。

　　材質複雜化是觀察的第一個重點，考古學上發現最古老的石器，約於兩百五十萬年前。約經過了兩百四十萬年後，到距今五到十萬年前，有了骨角器及用途專門的石器；而直到約一萬四千年前，燒製的陶器才出現；銅器出現在距今五到六千年前；青銅合金的時代，則約出現在至今三千到四千年前[4]。人類運用來當作工具的材質，是由天然材質，到經過加工的質料（陶瓷、合金等），最後才是技術複雜的複合材料。使用的材質從簡單到複雜，是很自然的現象。

　　工具的專門化是另一個重要觀察點。根據考古的證據，雖然無法確知兵器是何時發明（部分學者認為中國的兵器是由蚩尤或黃帝所發明），但可以確定，兵器是由生活或生產工具中分化出來。以重要的原始狩獵工具弓箭為例，考古證據發現：「弓箭的出現至少距今二萬年前，但是直到距今約五千六百年的新石器時代，才出現人被箭殺傷的證據——被骨鏃射中的人骨。」[5]專用於戰爭的工具與生產工具分家，是兵器發展的一個重要轉捩點。此後在社會專業化發展下，終於使人類在戰爭時，不再持著自己耕種或狩獵的工具，而是使用專業人員所製造出來的各種兵器。兵器與生產工具分家，是人的專業分工後工具專門化的一個現象。這是一個普遍的現象，人類運用的其他工具，也都有專門化的現象——像耕地用的犁，也是專門化的工具。

　　在產量及製造精細度部分：當某種材質用於製造兵器時，剛開始產量都較小，品質較差；之後，隨著對材質的熟悉及需求的增加，產量與製造精細度不斷進步。當新的、更好的材質出現，這種現象又會再重複一次。銅兵器取代石兵器、鐵兵器取代銅兵器，都是經過相同的流程。科技的進步，經驗與知識的累積是一個非常重要的因素。

第二節　火器

一、何謂火器

火器，泛指運用火藥爆炸之能量以殺傷或推進之兵器。

火藥的出現，是人類歷史上的一件大事。約在西元第八、九世紀的時侯，中國的煉丹家已發現將硝石、硫磺、木炭等物質混合後點火，能夠引發猛烈燃燒或爆炸。雖然當時煉丹家的主要目的是發明一些方法將硫磺改性[6]，避免其燃燒爆炸以作為藥用。但是能引起爆炸的火藥基本成分硝、硫及炭，已被煉丹家發現。硝、硫磺等都是中醫所用的藥物，故這種混合物遂被稱為「火藥」。火藥是人類所掌握的第一種爆作物。

使用「火」來作戰，應該是人類能掌握火後不久的事情。《孫子兵法》〈火攻篇〉第十二，詳細地討論了「火」的運用方式和戰術。然而「火」與「火器」是不同的。「火器」的發明開啟了兵器在「爆炸性化學能」領域的大門；在此之前用「火」的方式是「縱火」，並非像火藥是以人工調配且以「爆炸」的方式使用。

二、火器的發展

（一）早期火器及使用紀載

火藥最早是用於辟邪、驅鬼和娛樂方面。用於軍事方面，最的紀錄是在第十世紀的北宋（960-1127）初期。成書於北宋慶歷四年（1044）的《武經總要》，記述了宋朝以前的各類軍事知識，其中記載了早期火藥的配方及

火器。有行煙[7]用的煙毬、毒藥煙毬；守城用的火藥鞭箭（見圖18-1）、蒺藜火毬（見圖18-2）、鐵嘴火鷂、竹火鷂、霹靂火毬等多種火器的製造方法及使用時機[8]。由此可知，火器最晚在北宋早期即已出現，而最早運用的地方是在城池攻守作戰。根據記載的火藥配方及火器用法，可知早期火器仍是以縱火的方式為主，發煙和放毒方式為輔，要等到火藥性能改進後，才發展出利用爆炸性能為主的火器。

火藥的性能，在西元十到十四世紀不斷提高。北宋在汴京（今河南省開封）建立的「火藥作」，是官方的火藥製造工廠[9]。其嚴格的規程及保密方式，可以說明官方對火藥的重視。此期間火藥性能的提高，由原先的縱火放煙性能，進步到「瞬間產氣推送」及「猛烈爆炸」。現代槍砲的前身，南宋時期發明的竹製「突火槍」及元朝時出現的金屬製「火筒」（火銃）

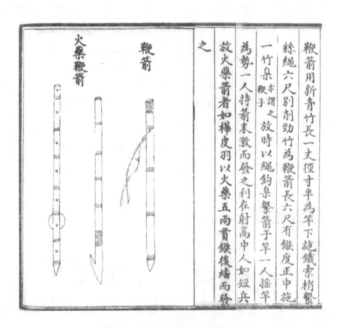

圖18-1　鞭箭與火藥鞭箭

資料來源：宋朝《武經總要》。

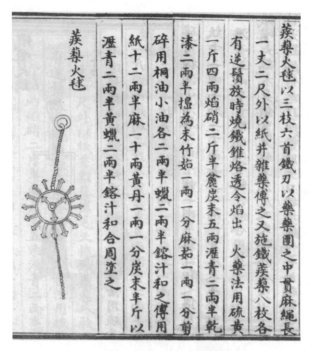

圖18-2　蒺藜火毬

資料來源：宋朝《武經總要》。

（見**圖18-3**），更顯示出火藥已發展到一個新里程——作爲管型射擊火器的發射藥。

　　火器的另一個發展是由沖天砲發展來的「火箭」。北宋時期，民間已將沖天砲用在娛樂方面，當時稱之爲「流星」或「起火」。這是利用火藥燃氣的反作用力將物體推向空中的科技。楊萬里的《誠齋集》卷四十四，記載南宋紹興三十一年（1161年）宋金采石之戰中，宋軍所使用的帶著火光升空、爆炸後散出石灰煙霧的「霹靂砲」，據說是一種早期載石灰彈的火箭。十三世紀蒙古所使用的多管火箭（見**圖18-4**），與現代多管火箭的基本構型，幾乎並無二致。元朝能夠建立橫跨歐亞大陸的大帝國，武器科技的先進，應是重要的原因之一。

圖18-3　元代碗口銃

資料來源：《中國古代科技》（頁133），金秋鵬主編，1999，鄭州：大象出版社。

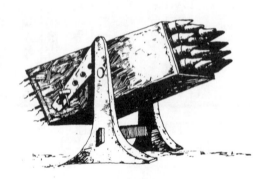

圖18-4　元朝時的多管火箭

資料來源：《火箭與太空旅行史》（*History of Rocketry and Space Travel*），飛彈發明人馮布朗（Wernher von Braun），1969，New York: Crowell。

（二）火藥的西傳及發展

隨著通商及蒙古西征，火藥約在十二至十三世紀間傳入了阿拉伯及歐洲地區。在歐洲，火藥、火筒及突火槍遇上了文藝復興時期的人文與科學，火器工藝飛快進步。從一五六〇年到一六六〇年的一百年間，火器取代了弓矢，成爲歐洲戰爭中主要的工具。火砲（cannon）、槍械（small arms）

的製造技術，更是遠遠超過了東方發明火藥的中國。一六二六年，明朝大將袁崇煥以西洋火砲大敗後金努爾哈赤之後，朝廷非常重視，遂召來外國傳教士如湯若望等，開始師法西方，仿製西洋火砲[10]。

　　槍械在西方的發展，從十四世紀由槍管後方火門點火的火門槍，到十五世紀以硝酸鉀浸過的陰燃火繩點火的火繩槍，再進步到十六世紀以燧石擦碰點火的燧石槍；此期間槍枝進步主要在發射機構（見圖18-5）。燧石槍在軍隊中使用了三百多年後，十九世紀初，含擊發藥的底火被發明，打擊底火即可點燃發射藥，擊發式槍枝開始發展。在此同時，法國發明了定裝式槍彈（彈頭、發射藥和彈殼連成一體的槍彈），使槍枝可由槍管尾部裝彈，改進了由前方裝彈（前膛槍）的笨拙。一八七一年德國的毛瑟步槍，口徑為十一毫米，具螺旋膛線，發射定裝式槍彈，射手以拉「拉柄」[11]帶動槍機的方式重新裝彈。這些改進，使得槍枝的射速與彈頭的初速[12]都進一步提高，也因而提高了它們在戰場上的效能。

　　除了手槍、步槍外，能夠連續發射子彈的機槍（machine gun）也是槍械發展的目標。然而直到一八八三年美國人馬克沁（Hiram Maxim）發明馬

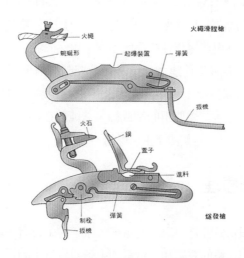

圖18-5　火繩槍及燧石槍的擊發機構

資料來源：《科技證明史》，Williams, Trevor I.，1990，香港：中華圖書。

克沁重機槍以前,大部分的嘗試都因為有嚴重的缺陷(如太笨重、裝彈困難等)而不成功。例如,英國的單管手搖機槍,一七一八年即已在英國取得專利,但因重量及裝彈問題而未能普及。馬克沁機槍是第一款實用的機槍,其猛烈的火力,在第一次世界大戰(後稱「一戰」)期間之一九一六年九月十五日的索姆河(Somme)會戰中,曾創造極大的殺傷效果[13]。

第三節　核武器

一、核武器定義

核武器是利用爆炸性核反應造成殺傷破壞效果的武器。爆炸性核反應,是利用原子核連鎖的分裂反應或融合反應,在瞬間產生巨大能量而爆炸,是為「核爆」。核爆所產生的能量,是相同質量TNT(黃色炸藥)的數萬倍。因此,核武器的大小是以「當量」(yield)來分類[14]。

爆炸性核反應與非爆炸性核反應不同,雖然二者都是利用核分裂的連鎖反應。核能的非爆炸性連鎖反應是在受控制的情形下,將能量慢慢釋出,與核爆的瞬間釋放不可類比。因此,以核能驅動的潛艦、航空母艦等,並非核子武器。核爆使用的鈾或鈽,其純度在99%以上,核能使用的「燃料」則在3%以下,是無法產生核爆的。

二、核武器原理

世界上各種物質都是由原子所組成,原子的中央有一個粒子叫原子核(核子),是由帶正電的質子和不帶電的中子兩種更小的粒子組成,為原子大部分的質量所在。不同原子的原子核中有不同數量的質子和中子,數量

愈多的愈重，愈少的愈輕。氫原子核中只有一個質子，是最輕的原子，也是宇宙中最基本的原子；較重的原子如鈾原子，有九十二個質子，一百四十六或一百四十三個中子。原子核中質子的數量稱爲「原子序」；質子的數量加上中子的數量叫做「質量數」，前面所說的鈾，其質量數爲238、235；「鈾238」及「鈾235」即以此得名。

核分裂（nuclear fission，又稱爲核裂變）反應，指原子核分裂爲兩個較小的破片，釋出中子，部分質量轉換爲能量的反應。這個反應可藉高速中子轟擊原子核而產生。其所釋出的中子，在適當條件下，會撞擊其他原子核，使之分裂，而產生一連串的核分裂反應，稱爲「連鎖反應」。

理論上，任何原子核都可以進行核分裂反應（氫原子除外，因爲它的原子核中僅有一個質子），只是難易度不同。有些元素如鈾（uranium）的同位素鈾233及鈾235、鈽（plutonium）同位素鈽239等，非常容易誘發分裂反應，因此稱爲「易裂變核」。以人工方式引發鈾235或鈽239產生快速的核分裂連鎖反應，在幾個微秒間產生巨大的能量而發生爆炸，這就是原子彈的原理。若將其連鎖反應的速度控制住，使其慢慢分裂、緩緩產生能量，再加以利用，即成爲一般所說的「核能」。

核融合（nuclear fusion，又稱爲核聚變），是指兩個原子聚合成爲一個新的原子並損失部分質量的反應（質量轉爲能量）。這種反應只能在一些較小型的原子之間發生，因爲它們的原子核中質子所帶電量較小，當原子核相互靠近時，靜電排斥力較小，只要原子核運動的動能夠大，就可以發生碰撞而相互結合。自然界中最輕的元素「氫」，是核融合反應的最佳人選 [15]。

要使原子核運動的速度克服原子核間的靜電排斥力，把它們推撞在一起，須要把它們加熱到非常高的溫度。一九四四年，科學家費米（Enrico Fermi）算出，使氚原子發生融合反應的「點火溫度」高達四億度K；如果是以氘─氚來做的話，溫度則較低，一億度。要獲得這種溫度，有一個辦法，就是利用核分裂時所產生的高溫，來使氘─氚發生融合反應，這就是氫彈的原理。

三、核武器的使用及類別

　　核爆的能量，以四種不同的型式釋放：爆震、熱輻射、核射線（含初發射線及副產射線）及電磁脈衝。釋出能量的當量等級可由千萬噸級一直小到十噸級。依作戰目的，核武器可分為戰略性及戰術性二個層次。一般而言，戰略性核武器的當量大，戰術性則較小，但並沒有一個一定的切分點，說多少噸級的核武器就一定是何種用途。

（一）第一代的核武器：原子彈

　　原子彈是以鈾235或鈽239的核分裂反應，為產生爆炸能量武器，一般認定是第一代的核武器。美國丟在廣島的原子彈，代號Little Boy，使用六十公斤的鈾235，當量為一萬五千噸。而丟在長崎的代號為Fat man，使用八公斤的鈽239，當量為二萬二千噸，原子彈（見圖18-6）。

（二）第二代的核武器：氫彈

　　氫彈是以氫的同位素氘及氚的核融合反應，放出爆炸能量的核武器，

圖18-6　代號「三合一」裝在二百噸重，長八米的容器中的第一顆原子彈

資料來源：《科技證明史》，Williams, Trevor I.，1990，香港：中華圖書。

一般認為是第二代核武器。氫彈是以氘化鋰的外殼包覆著一顆原子彈，以原子彈爆炸釋出的中子射線將氘化鋰中的鋰原子分裂為氚和氦，並利用其爆炸時產生的高溫，點燃氘和氚的融合反應。因此，氫彈又稱為熱核彈。多數氫彈以鈾238製成的外殼來吸收氘與氚融合時所釋放出的大量高能中子，引發鈾238的核分裂反應。氫彈在此分裂（鈾235或鈽239）——融合（氘及氚）——分裂（鈾238）的三重核反應（稱為3F）[16]的過程下，威力可較原子彈大出百倍之多。

（三）第三代的核武器：中子彈、電磁脈衝彈

「中子彈」是把氫彈的鈾238外殼拿掉，使融合反應時產生的大量高能量中子放射出來，形成貫穿力非常強但範圍小且消失快的致命中子射線，又稱為「強輻射彈」，這是它的第一個特點。中子彈的第二個特點是「低當量」，因為只有當量低於一千噸的核爆，其中子射線的輻射殺傷半徑才能大於其衝擊波的破壞半徑。因此，中子彈幾乎沒有其他核武爆炸時所產生的爆震、熱輻射以及落塵等效應與污染，但高能中子射線能穿透裝甲等掩蔽，可直接殺傷人畜而不損害裝具（或損害的程度低）；相對於其他核武器而言，它是相當「清潔」的。

「電磁脈衝彈」又稱為EMP彈，是利用核爆產生強大的電磁脈衝，產生強大電場（可達每米五萬伏特，EMP彈的第一個特點），來燒燬電子系統中的電路及電子元件。EMP彈的作用範圍非常大（第二個特點）：一九六二年六月九日，美國在距離夏威夷歐虎島外一千二百多公里的地方實施核子試爆（當量一百四十萬噸），造成歐虎島上電話中斷、收音機斷訊、電子儀器故障等損害；而其對電磁波的干擾，則覆蓋了非常寬的頻率範圍（EMP彈的第三個特點），包含軍用、民用的通訊波段，都會受到影響。

核彈是「骯髒」的武器，除了核爆當時的殺傷效應外，殘餘的輻射更會造成生態環境的破壞。一九五四年三月一日，美國在馬紹爾群島（Marshall islands）的比基尼島礁（Bikini）試爆了一顆當量一千五百萬噸，名為「喝采」（Bravo）的氫彈。這一顆加入鈾238外殼的3F彈，炸出了一個

深約二百四十呎（七十三公尺）、寬約六千呎（一千八百二十八公尺）的彈坑，而其放射性落塵量也較原子彈大幅增加。兩星期後，遠在一百海浬外的日本漁船上全體二十三名船員，因放射線致命。

隨著核武器的當量愈來愈大，核能運用的愈來愈多，人們開始反思人類文明是不是應該如此下去。就在「喝采」試爆後的一個月，美國原子彈計畫主持人歐本海默（Julius Robert Oppenheimer, 1904-67），因為反對氫彈而遭取消機密參與許可。隔年，一九五五年八月六日，反核武研討會在廣島召開。一九五七年，九千二百多位世界各地的科學家簽署了「反對核子試爆宣言」。然而，反核武的呼聲終究敵不過人類文明已經走到的軍備競賽的壓力。為了確保國家安全，英、法、德、中共、印度、巴基斯坦等國亦分別造出了自己的核彈。

核彈這種骯髒、毀滅性的武器，實為人類文明最大的傷害。

第四節　精準武器

直接命中瞄準的目標才能算數！

二十世紀末葉，是精準武器（precision-guided stand-off weapons）的擅場時代。精準武器泛指使用高精確度導引系統，於遠距投射，直接命中目標機率很高的導彈、砲彈和炸彈等武器；美國稱為PGM（Precision-Guided Munitions），中國大陸則以「精確制導武器」稱之。

精準武器一般採用傳統彈頭（非核彈頭），主要用於打擊「點目標」如地面上的車輛、建築（指揮中心、雷達站、橋樑等）、海上的艦艇、天上的飛機等。美國的BGM-109戰斧巡弋飛彈（tomahawk），以慣性及地表比對方式導引，可於二千五百公里的距離外發射，命中目標的誤差範圍不超過十數公尺。雷射或電視導引的精靈炸彈，從幾十公里外的空中丟下，可以直接命中地面上的戰車或建築物。相較於以往僅有裝藥和引信的炸彈等無法

準確命中目標的武器，這些武器顯得比較「聰明」或「智慧」，因此也有人以「智慧型」武器稱之[17]。

一、精準武器的出現與科技發展運用類別

一九五四至一九七三年發生在中南半島的越戰，是早期精準武器的試驗場。之前的武器，基本上是不太準確的。一九四一年英國做了一個著名的實驗：當英國皇家空軍（Royal Air Force）的轟炸機組員自以為投彈命中目標時，實際上只有三分之一的炸彈投射到了距目標半徑五英哩的範圍之內[18]。因此為了獲得較高的命中機率或目標殺傷率，大裝藥（二千磅）的炸彈和大量且密集地投射成為那個年代的作戰手段。

這一切到了一九七二年終於有了改變。一九七二年，美國空軍在炸毀北越Thanh Hoa橋的任務中，派遣了四架F-4幽靈式戰鬥機（F-4 Phantom）攜帶著一種叫paveway的早期雷射導引炸彈（Laser Guided Bombs, LGB），一次就把橋給炸掉了[19]。

雷射導引科技及電視導引科技是較早使用在精準武器上的科技。其他的發展則有線控、紅外線、雷達、地表比對及整合數種不同導引方式的複合式導引等。射程較遠的武器通常採用複合式導引：先以一般方式導引，等接近目標時再用精準導引。最新的趨勢是毫米波尋標器（Millimeter Wave Seeker, MMW）、GPS全球定位、合成孔徑雷達（Synthetic Aperture Radar, SAR）等新式科技[20]。隨著光電、電子、微波、積體電路、電腦等科技的迅速發展，精準武器的關鍵組件如導引系統、感測器、伺服馬達等不斷地小型化，擴大了它們的適用層面。現在，連砲彈都能裝上一組「GPS全球定位」的精確導引系統（如我國即將採購的A-6自走砲即是）。

二、精準武器的本質與對戰爭型態的影響

回歸到精準武器最根本的本質：精密、遠距、準確。

　　第一項本質引起了軍隊組成、組織型態與人才需求方面的重大改變。後二項本質在對敵戰力殺傷方面，產生了「效率」與「人道」[21]二種效應，加速了戰果的取得與確認。

　　精準武器的發展，賦予了戰爭者全新的能力。與以往武器最大的差異是——效率。一九九一年的波斯灣戰爭，摧毀敵方戰力的效率被精準武器一次提昇到了令人嘆爲觀止的地步——「今天，一架F-117只要出勤一次，扔一枚炸彈的效果，就可以抵得上第二次世界大戰時，B-17轟炸機出動四千五百次，扔九千枚炸彈的效果，或是越戰時出動九十五架次，扔下一百九十枚炸彈的效果。」[22]艾文‧托佛勒夫婦在其名著《新戰爭論》中如此描述波斯灣戰爭中使用的精準武器。這樣的精準武器，在全球激起了「科技建軍」的旋風。連一向主張「人民戰爭」[23]的中國大陸，都在檢討中發現，自己竟是「短手慢腿」的部隊。除非敵人較共軍更「短手慢腿」，否則無法重擊敵軍。此後，中國大陸開始定期舉行軍事演習，模擬對抗美軍的高科技作戰[24]。

　　精準武器是複雜的國防科技產品，它必須整合電子、航太、電腦、電機、控制、化工等各方面的科技才能完成。隨著愈來愈專業的科技應用在軍事事務當中，軍隊的組成與人才的需求與訓練也發生了結構性的變化：專業人才占軍隊組織的比例漸漸提高，拿槍士兵的比例則漸漸降低。以往軍人訓練中具有高度價值的「雄壯威武」、「嚴肅剛直」、「勇猛頑強」、「體力耐力」等訓練項目，就必須退居到專業與知識之後，否則無法適應軍隊事務專業化的需求。現代的軍人應以專業與知識，來達成軍隊的價值，而非以困苦的磨難訓練來完成。

　　精準武器使得兼顧人道考量與有效殺傷的武器成爲現實，也使人類從核彈玉石俱焚的相互恫嚇的陰霾中漸漸走進了「如外科手術般精準」的精殺武器時代。雖然在可預見的未來，核威嚇能力並不會在戰爭中被束之高閣，但是相對於核子的毀滅性而言，精準武器帶給人們的是相對地降低傷亡及「有效地」打擊目標的效能。

圖18-7　艱苦的訓練對未來的軍隊將不似以往一般具有高度價值
資料來源：政府出版品。

一、國防科技與戰爭間存在著密切的關係,請略述其中之要點。

二、冷兵器與火器、核兵器、精準武器的差異何在?試製一比較表。

三、何謂「核武器」?其大小如何計算?

四、何謂核分裂及核融合反應?

五、中子彈、EMP彈有何特點?

六、為何核武器是「骯髒」的武器?

七、精準武器是現代國防科技發展的主流之一,請說明其對戰爭型態有何重大影響。

八、以火藥的發明來看,我國古代科技是先進的!為何會由先進的地位快速落後,請試由「科學發展」的角度研究探討。

註釋

[1] 傅凌譯，艾文·托佛勒／海蒂·托佛勒著，《新戰爭論》（台北：時報文化，
1994初版），頁34-38。

[2] 陳克仁譯，〈軍事事務革命〉，《國防譯粹月刊》（台北），27卷第6期，2000
年6月1日，頁36-47。

[3] Wayne M Gibbons, "Joint vision 2010: The road ahead", *Marine Corps Gazette*
（Quantico）, Vol. 81, No. 9, Sep 1997, pp. 76-80.

[4] 王道還、廖月娟譯，賈德·戴蒙著，《槍砲、病菌與鋼鐵——人類社會的命
運》（台北：時報文化，1998初版），頁284-287，363。

[5] 同前註，頁2。

[6] 如史稱藥王的唐初醫學家孫思邈（581-682）所撰的《孫真人丹經》中記載的
「伏火硫磺法」。

[7] 行菸：《武經總要》前集卷十一火攻篇記載的攻城法，利用在大風時，於城
的上風處放菸以逼城。其中毒藥菸毬配方除火藥的基本成分外，還包含劇毒
的砒霜等許多其他的物質；使用時被菸熏到的人會「口鼻血出」。

[8] 見《武經總要》前集卷十二。

[9] 見宋敏求所著《東京記》。

[10] 陳宗煦，〈國防科技教育發展之研究〉，《國軍九十年度軍事教育研討會論
文》（國防部、教育部，2001年12月28日），頁4。

[11] 「拉柄」是步槍「進彈機構」的一部分：拉柄時，槍管後端的封口機構（稱
爲「槍機」）後退，並將槍管開啓，此時可將子彈塞入；當拉柄前推時，槍機
即將子彈封在槍管尾端（稱爲「閉鎖」），而完成進彈動作，可以扣扳機發
射。

[12] 彈頭離開槍口的速度稱爲「初速」。

[13] 見中國大百科全書智慧藏·軍事分科光碟，詞條「機槍」。

[14] 核爆「當量」（yield），指核爆時放出的能量相當於多少噸TNT爆炸所放出的
能量。一公斤的鈾發生核爆，約能產生二萬噸TNT的爆炸能量。

[15] 實際上是以氫的同位素「重氫」（即氘）和超重氫（氚）來進行核融合反
應。氫原子核中有一個質子，氘原子核中有一個質子一個中子，氚原子核中
則又多了一個中子，爲一個質子二個中子。

[16]三重核反應（3F）：指經過分裂──融合──分裂（Fission-Fusion-Fission, 3F）三次核反應。

[17]這是一般翻譯英文Smart Weapon的詞彙，筆者認為將戰爭工具與「智慧」或「聰明」等詞彙作連結其實並不恰當，真正的智慧應是維持和平。因此，不論Smart Bomb所指為何，更加妥適的譯詞應為「靈巧武器」。

[18]Merrill A McPeak, "Precision strike-The impact on the battle space", *Military Technology*（Bonn）, Vol. 23, No. 5（May 1999）, p. S20.

[19]同前註。

[20]Antonio Cucurachi, "Precision Strike - A look at the Future", *Military Technology*（Bonn）, Vol. 25, No. 7（July 2001）, pp. 58-53.

[21]相對於準頭不佳的漫射濫炸與核子武器的毀天滅地，精準武器具有不濫殺的人道性。

[22]傅凌譯，艾文‧托佛勒／海蒂‧托佛勒著，《新戰爭論》（台北：時報文化，1994初版），頁94-95。

[23]聶榮臻，詞條人民戰爭，中國大百科全書智慧藏分科光碟‧社會科學類‧軍事篇（台北：遠流出版，2001年10月）。人民戰爭指被壓迫階級或被壓迫民族為謀求自身的解放，發動和依靠廣大人民群眾所進行的戰爭。其戰略戰術，是在承認武器裝備和總兵力對比上敵強我弱的條件下，充分地利用敵方的一切弱點，發揚我方一切優點，靈活地進行作戰。把戰略上劣勢，逐步轉變為優勢，奪取最後勝利。

[24]謝安豐譯，〈中國大陸精實軍備以因應美國的高技術挑戰〉，《國防譯粹月刊》（台北），29卷第1期，2002年1月1日，頁39-47。

第十九章　高度複雜的現代國防科技

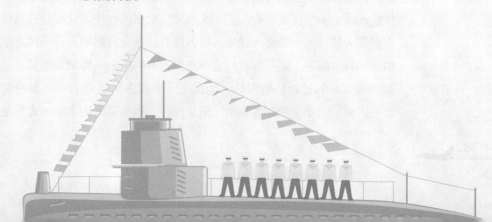

　　任何現代的國防科技，皆是累積出來的。近代科技高速發展，更提昇了高科技武器的複雜度。

　　美國將運用在國防武器上的科技，以 "cutting edge" 來形容，意思是這些科技是走在「刀鋒邊緣」，亦即「最前緣」或「最先進」的科技。中國大陸以「高技術」、而台灣則以「高科技」或「尖端科技」來統稱。這些形容詞，令人有一種高深莫測、不易親近的感覺。然而，國防科技實質的內容並非如此難以瞭解。只要掌握最基本的原理原則，明白發展歷程，即能正確認識國防科技。

　　本章由最基本的項目——國防科技所要掌握的空間為起點，繼以在這些空間中使用的主要武器以及非武器科技發展的歷程簡介，最後再從戰爭工具需求的基本面來分析國防科技發展的趨勢。期能將高度複雜的國防科技從最簡單的基本原理原則來討論，而得到一宏觀、完整的認識。

第一節　掌握的空間

一、空間的占有

　　空間是優勝劣敗發生的地方，是物競天擇，適者的生存場所。空間，存在著資源或利益。占有空間，則代表了占有生存發展的憑藉和權力。

　　人類何時學會占有空間？見諸文字的歷史，是已然的爭權奪利和兵戎傾軋。因此，早在文字發明前，人類就已明白占有空間或領域的重要。考古發現人類穴居、築巢、建屋，用各種方法在大自然中占有一席之地。而由生物界來觀察，則可以發現這種空間占有的現象、習慣或慾望，並非人類所獨有。各種動物皆習於占地為王，並設法保疆衛土，防禦侵犯。因此，占有空間是生物在圖繁衍、求生存時，與生俱來的本能。人類是眾多

生物中，最會運用知識與工具來達到此目的的生物。

二、實體空間及非實體空間

人類所爭奪的空間，可概分爲「實體空間」及「非實體空間」二類。「實體空間」，泛指物質實際存在的空間。太空、天空、陸地、海洋、海中，是實體的空間。山的那一側、牆的另一邊、夜晚的森林裡、廣大的草原上、地下的洞穴中等等，也都是實體的空間。陸地，是人類最早知覺到的實體空間，亦是最早的爭奪標的。控制陸地的權力稱爲「陸權」，然後是「海權」、「空權」。當人類對空間的掌握能力增加，爭奪的空間也隨之增加，現在連太空也成爲爭奪的空間之一。「誰控制了環地球的太空，誰就掌控了地球。誰控制了月球，誰就掌握了環地球的太空。誰控制了L4與L5，就掌控了地球──月球體系。」美國國會圖書館資深分析員柯林斯（John Collins）在其研究報告中這樣說[1]。

「非實體空間」指容納「非物質型態的實際存在」的空間。非物質型態的實際存在，指沒有形體、質量，亦不占有實體空間的實際存在。電磁波、電腦網路上的聊天室、銀行網路中傳遞的訊息、政治的支持度、戰士的個人情緒等，皆未具型體，但卻實際存在；存在我們的思考、認知或感覺中，各自構成了非實體的空間。電磁空間，是二十世紀後期的戰爭主要的戰場之一。「制電磁權」代表對電磁空間的掌控權；「電磁對抗」或「電子戰」（electronic warfare）則代表交戰國爭奪使用電磁空間的權力。

隨著科學技術的進步，人類對空間的使用能力不斷增加，新的空間型態亦不斷地被「變」出來。未來，更多更精緻、更有效的工具，會被創造出來掌握各種空間。然而，問題在於：「這些工具會被用來造禍，還是用來造福？人類會把對空間的掌握，看成是文明的成果，還是將其表現爲戰爭野蠻行爲的實踐？」思考研究之後，我們可能會驚異地發現：「如果不掌握造禍的工具，文明的成果居然是難以維持！」

第二節　主要武器系統的發展

一、陸戰之王——戰車

　　戰車，又稱爲坦克（見圖19-1）。是從第一次世界大戰後至今仍活躍於戰場上的武器，有「陸戰之王」的美譽，更是爭奪陸上空間的利器。

　　二十世紀初期，歐洲戰事頻仍，機槍強大的殺傷力，讓當時英國的海軍大臣邱吉爾支持研發一種主要目的爲「衝破敵人機槍陣地」的「陸上巡洋艦」，又稱爲「機槍破壞器」；爾後，爲了保密，這種裝備以"tank"爲代號參與了她的第一場戰爭——索姆河會戰，後來即被稱爲「坦克」[2]。

　　坦克原始的設計，是將牽引機與厚厚的防護裝甲結合，使其能抵抗子彈的射擊，衝破敵方機槍陣地與戰場防禦工事。在加上火砲及槍械後，坦克成爲陸戰戰場上第一個具有良好防護力、強大火力，以及迅捷機動力的

圖19-1　坦克的組成

資料來源：中國大百科全書智慧藏光碟，2001年10月，台北：遠流。

戰爭工具。各國均非常重視並競相發展。第二次世界大戰中，德國的II型、III型、虎式、豹式，英國的馬克系列，法國的B型戰車，美國的格蘭特、M-4，俄國的T-34等各式戰車相互競技——馬力速度、火砲口徑、防護裝甲、行程距離等，戰車技術的比拼進入了戰國時代。

　　現代的戰車組成複雜，基本上可分為火力系統、承載推進系統、防護系統、通信指揮系統、控制系統及其他特種裝備。一九六〇年代以來，多數國家將戰車按用途分為主戰坦克和特種坦克。主戰坦克為裝甲兵的主要戰鬥兵器，取代傳統的中型和重型坦克，用於完成多種作戰任務。特種坦克則是用於專門任務如偵察、運兵、空降、指揮、救援等的戰車，其設計與配備和一般主戰坦克有很大差異。

　　由於科技的進步，各國新近推出的戰車，增加了許多精密的配備；熱像儀、夜視鏡使戰車能在夜間遂行戰鬥；GPS等導航設備提供戰車精確的位置；射控瞄準系統儀提昇了射擊命中率；新式裝甲（反應裝甲、間隙裝甲、複合裝甲等）強化了車身的抗擊能力；電戰系統能在戰車遭到雷射照射時釋放出干擾物質，以免被反戰車飛彈命中。戰車藉著科技走向精密複雜的未來。

二、嘯傲長空——戰機

　　經過了數個世紀的夢想、思索與研究，一九〇三年十二月十七日美國的萊特兄弟（Wright brothers, Wilbur and Orville Wright）所製造的飛機，終於在以「比空氣重」、「具動力」、「能控制」的情形下，飛上了天空。當天的飛行，最久的一次飛了五十九秒，二百六十公尺[3]。這五十九秒與二百六十公尺，開創了嶄新的航空新時代。以往的飛行裝置：汽球或飛船，雖然都能飛上天空，亦都曾用在戰爭之中[4]。但在人類學習飛行的過程中，它們畢竟只能算是陪襯。

　　最早將飛機用於軍事上的是義大利陸軍，一九一一至一九一二年間的義土戰爭（Italo-Turkish War），用來偵察土耳其軍隊的調動。一九一五年，

德國人福克爾（Anthony Herman Gerard Fokker, 1890-1939）以一個小小的凸輪軸（見圖19-2）及一根連到機槍板機的連桿，解決了於螺旋槳後方發射機槍時可能會擊中螺旋槳的問題，「同步機槍」終於問世。在此之前，飛行員們開飛機作戰時，是帶著手槍、步槍、小炸彈，甚至是磚頭上飛機的。

戰機的發展非常快速，飛機作戰的理論發展亦不分軒輊。一九一八年英國皇家空軍指揮官曲察德（Hugh Trenchard, 1873-1956）提議發展空權；一九二一年義大利第一個飛行隊指揮官陸軍軍官杜黑（Giulio Douhet, 1869-1930）出版了《空權論》（*Command of the Air*）一書，提出「戰略轟炸」等概念，對後世產生了深遠的影響。第二次世界大戰時，戰略轟炸、敵後空降等空軍主要作戰方式，皆為杜黑空權理論的實踐。

第二次世界大戰的天空，各國戰機耀武揚威：德國的Me-109、容克-87G，英國的噴火式、颶風式，日本的零式，美國的A-20、P-38、P-40、P-51（野馬，Mustang）戰鬥機及B-17（空中堡壘，Flying Fortress）、B-29（超級空中堡壘，Superfortress）轟炸機（見圖19-3），以及蘇聯的IL-2，都是第二次世界大戰時著名的戰機[5]。一九四五年八月六日與九日，分別於日本的長崎和廣島丟下原子彈的，是美國的B-29轟炸機。

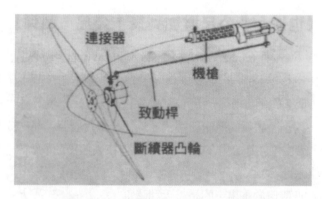

圖19-2　福克爾設計的小小的凸輪軸

資料來源：《百年兵器檔案》，韓叢耀、高半虎編著，2001，台北：世潮出版。

圖19-3　往投彈途中的B-29

資料來源：Jacob W. Kipp & Lester W. Grau（2001）．"The fog and friction of technology"，*Military Review*（Fort Leavenworth），Vol. 81, No.5.

　　一九四二年七月二十六日，德國噴射戰機ME-262首次試飛成功，時速達到每小時八百五十公里，螺旋槳飛機難望其項背。這個劃時代的空戰利器，德國本應將用於掌握制空權；但當時希特勒下令將其改為轟炸機，使其量產推遲了十個月。等到一九四四年七月噴射機正式參戰時，德國已失去大勢，離敗戰不遠了。

　　第二次世界大戰後，戰機的發展在各國重視制空權的影響下，無不傾全力發展航空科技。在「速度」上面：由一九四九年次音速的F-84，到一倍音速的F-100，再到一九五八年二倍音速的F-104，不到十年的時間，飛機已比聲音快二倍，真可謂名符其實的「飛」快。在「高度」方面：用急躍升的方法所能達到的最大飛行高度[6]，有的軍用飛機已達三萬五千米（距地表三十五公里）或更高一些。在「航程」方面，動輒三千公里以上的航程。而空中加油機（tanker）技術的發展，更使飛機燃油不受限制——飛行航程主要考慮因素變成飛行員的耐力、氧氣儲量及滑油量等因素。在「戰鬥性能」方面，武器系統改進、雷達系統、電戰系統、隱形構型及塗裝、逃生系統的運用等等，使飛行員連敵人也不需要看到，就可以交戰[7]。

　　除前述的是定翼飛機的發展，另一個向青天挑戰的是旋翼的直昇機家族。直昇機不同於定翼機要靠速度來產生升力，它是直接以旋轉的螺旋槳向上產生拉力。因此，直昇機不需要跑道，可以垂直升起、向前、向後、向側邊飛行，亦可以於空中定點停留（hovering）。

　　最早設計載人的旋翼飛行器並繪成設計圖的人是十五世紀義大利的達文西（Leonardo da Vinci, 1452-1519），他的設計是以人力驅動，不可能達到足夠的動力需求；這個理想在四百多年後，由二十世紀初的法國工程師保羅（Paul Cornu, 1881-1944）來實現。一九○七年十一月十三日，保羅所建造的直昇機，成功地載著一個人飛上天空[8]。但當時旋翼旋轉時產生的扭力問題卻無法克服，直到一九三六年德國工程師福克（Heinrich Focke, 1890-1979）才以「尾旋翼」（機尾螺旋槳）的方式解決了這個難題，設計出第一架真正成功的直昇機。此後，直昇機的發展像它垂直起飛的能力一樣聳然拔起——三年後，一九三九年美國航空工程師席科斯基（Igor Sikorsky）的VS-300型直昇機正式生產。又三年後，第一次跨美洲飛行成功[9]。到了越戰（1954-1973）時，美國使用的直昇機已達兩千架之多。著名的第一代正規攻擊直昇機——眼鏡蛇（Cobra，代號AH-1G），機身兩側攜帶著火箭發射器及機砲，即於此期間（1965）誕生。到了一九六七年，兩架HH-3型直昇機以空中加油的方式由紐約越過了大西洋飛到巴黎。

　　現代戰鬥直昇機的發展有多種改進，例如，加裝夜視、紅外線等偵搜裝備，機砲、火箭、飛彈、感應頭盔控制系統、防護裝甲、匿蹤構型及塗裝、電子反制系統等，樣樣不缺。其強大的火力，可隨處起降飛行的機動力，以及良好的防護力，較之「陸戰之王」的戰車，可以說是有過之而無不及。在波灣戰爭中，曾有一架阿帕契攻擊直昇機擊毀八輛俄製T-72戰車的紀錄[10]；難怪在「超限戰」中會有「誰是陸戰之王」的疑問[11]。

三、乘風破浪——艦艇

　　艦艇是在水面及水中使用的軍用船艦，可概分為「戰鬥用艦艇」和

「勤務用艦艇」兩大類。戰鬥用艦艇指用於海上對抗、潛艦對抗、封鎖與反封鎖、向岸攻擊、登陸等作戰的艦船，又可大部區分為水面艦與潛艦二類。航空母艦、主力艦、巡洋艦、驅逐艦、飛彈快艇、佈雷艦、掃獵雷艦以及潛艦等，都屬於作戰用艦艇。勤務用艦艇指執行特殊勤務如水文測量、運輸、偵察、醫護、補給、試驗、維修、海洋研究等任務的艦艇，此種艦艇配備的裝備主要係依據其任務，武器則僅為輔助。

　　艦艇發展的歷史，可追溯至二、三千年前，而中國和東地中海一些國家是古代戰船建造的先驅。一般而言，早期的船艦是用木料建造，大部分為平底船，以人力划槳或風帆扯風為推進動力，僅適合在內河、江湖或沿岸活動，在羅盤發明以前，尚無法遠洋航行。在這個時代，海上作戰所用者皆為輕型武器如弓箭、矛、拋石器，而其戰術尚包括撞船及登船肉搏[12]。

　　整體而言，早期西方的船艦科技與我國相比，實在不值一提。明朝鄭和下西洋所用的「寶船」長四十四丈四尺（約一百三十七米）、寬十八丈（約五十六米）、張十二帆，是當時世界上最大的海船。但到了十六世紀，地理大發現時代來到、資本主義出現、殖民主義興起，使海上戰鬥增加，船艦科技發展迅速。除了噸位發展到一千噸以上，更出現了二、三層甲板的船體結構；而一般戰艦更可安裝數十門到上百門火砲。回頭看當時的中國，航海技術早已荒廢，處在被淘汰的邊緣而不自知。

　　十九世紀初，蒸汽機技術成熟，這項新的動力來源立即應用到了艦船上[13]。初期的艦艇，真的是「輪船」，因為它兩側裝有撥水推進的大輪子。直到一八四○年代，以俥葉（螺旋槳）推進的蒸汽艦艇才出現。蒸汽機與俥葉，對船隻的動力是一大改進。此時期艦用火砲也有大幅度的改良：砲管由「滑膛」進步到「線膛」[14]，增進了準確度；彈藥從「球形實心」進步「圓錐裝藥」，加強了殺傷力；砲座更從固定的「舷側式」發展成為可旋轉的「炮塔式」。這些改變，增進了艦炮的射程、命中率和破壞力，並使軍艦的材質由木材改為鋼鐵，或加上裝甲防護，以提高存活率。更因此而出現「大艦巨砲」主義。十九世紀後半期，大型主力艦的排水量可高達一萬

頓以上，配備大功率蒸汽鍋爐、巨砲及上百門的較小火砲，航程及火力大為提高。

相對於大艦巨砲主義，十九世紀後半期配合魚雷[15]、水雷所發展出的魚雷艇（PT boat）、佈雷艇、驅逐艦等，則是一股小型艦艇的逆流。魚雷、水雷較火砲具有更高的炸藥承載量，其威力使得大型艦艇必須加厚水下裝甲或採取水密艙設計。大艦巨砲受到了新科技的挑戰。

除了魚雷等新科技，第一次世界大戰後試驗成功的航空母艦亦發展成熟。第二次世界大戰是航空母艦和潛艇的風雲時代。航空母艦像一個會移動的蜂窩，以巢內毒蜂攻擊敵方。第一次世界大戰中雄姿英發的主力艦，在飛機的攻擊下顯得欲振乏力，戰後各國不再建造使用（美國曾於一九八〇年代將IOWA等主力艦啓封並加裝導彈後重新服役了一陣子）。航空母艦在第二次世界大戰中取得海上霸主的地位後，戰後又因冷戰期間強權欲藉以施展影響力，因此得到良好的發展：動力改為核能、飛機變成噴射、雷

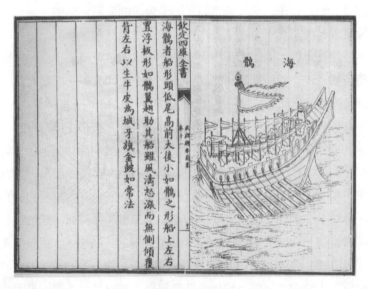

圖19-4　海鶻

資料來源：宋朝《武經總要》。

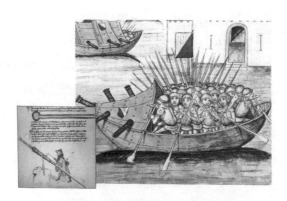

圖19-5　火砲出現後的運兵船

資料來源：《科技證明史》，Williams, Trevor I.，1990，香港：中華圖書。

達、導航、飛彈、材料等，不斷引進最新科技加以改進。而航母出巡時，為確保安全，四周須伴以各種不同類型的護衛艦艇如攻擊潛艇、導彈巡防艦、導彈驅逐艦、補給艦等。這種編組方式，稱為「航母戰鬥群」。

　　當然，除了航母之外，其他水面作戰艦艇的發展也有長足進步，新式的水面船隻如「氣墊船」、「水翼船」、「地效飛行器」等，在航速及適用範圍上，衝擊著傳統的軍艦設計。新式超音速反艦飛彈科技的發展，亦形成傳統艦艇防衛的重大威脅，例如，中國大陸購自俄羅斯的「現代級」驅逐艦所配備的SS-N-22超音速反艦飛彈，飛行時速度二‧五馬赫，攻擊時則高達四‧五馬赫；據稱只要一到二顆SS-N-22，以航母之巨，也難逃沉沒的命運[16]。這真是新科技對傳統的一大顛覆！難怪中國大陸會「放棄建構航母」的計畫[17]。

四、水中蛟龍——潛艦

　　潛艦的出現，是人類對海洋掌控的一大突破。除了水面上空間的爭奪，水下的隱密對軍事家而言，具有無限的吸引力。

　　第一個用在軍事上的潛艇是美國工程師布辛諾（David Bushnell, 1742? -

1824）於一七七五年代所建造的單人坐手搖俥葉推進的蛋型潛艇「海龜號」（Bushnell's turtle）（見圖19-6）。雖然它龜伏在水下的功力只有半個小時（因無氧氣供應），在美國獨立戰爭（American Revolution, 1775-83）中攻擊泊於紐約港中的英國軍艦亦未竟功，但仍是首次潛艇作戰的嘗試。

一八〇〇年，美國發明家佛頓（Robert Fulton, 1765-1815）建成鸚鵡螺號（Nautilus）潛艇。這艘潛艇除了外形已如現代潛艦一般，更引進了「升降舵」與「壓縮空氣」兩項新技術，對潛艇的下潛與水下持續（空氣供給）時間極有幫助。美國內戰（亦稱南北戰爭，Civil War, 1861-1865）期間，南部邦聯（the Confederate）建造了四艘蒸汽機動力潛艇；一八六四年，其中之一的「韓利」（Henley）號以水雷炸沉了北軍（the Federal）的「豪仕多」（Housatonic）號巡洋艦，不幸的是該艇未能及時逃離爆炸威力範圍而與之同歸於盡。但這應算是潛艇擊沉軍艦的首例。

十九世紀後期，潛艦的動力系統由以往的人力、壓縮空氣或蒸氣引擎推動，進步到以蓄電池驅動電機（1893，法國）和「雙動力」[18]系統，改善了潛艦的航程與活動範圍。武裝方面則是引進了當時剛發明不久的魚雷

The Turtle

圖19-6　海龜號

資料來源：《新世紀機械大百科》，Macaulay, David，1994，台北：貓頭鷹。

圖19-7　美國海軍第一艘潛艇Holland號

資料來源：《科技證明史》，Williams, Trevor I.，1990，香港：中華圖書。

[19]，使潛艦擁有於一定距離外攻擊敵人的能力，不必拖著水雷靠近或浮上水面開砲。艦體構形部分的改進是雙層外殼構型的出現，兩層殼體中間的水櫃，可用來控制潛艇浮沉。

　　二十世紀初，潛艇作為戰爭工具的效能又有了進一步的發展。首先是「潛望鏡」（periscope）這項新科技的發展，使潛艇可以在水下窺視水面動態；其次是自航魚雷技術上的進步，這二項進步使潛艇成為海軍的致命武器。

　　第一次世界大戰期間，德軍的U-boat潛艇，對進入作戰海域（英倫三島附近海域）的敵方和中立國的船隻，無論其為軍用或民用，都進行攻擊，造成協約國及中立國的軍艦和民用船隻非常大的威脅及損失。[19]整個大戰期間，德國共建造三百三十四艘潛艇，擊沉了一千一百萬噸的船隻，使人們認識到了潛艦的威力[20]。這當然會引起反潛科技的出現：深水炸彈（Depth Charge）就是在這種情況下誕生的新生兒；雖然其效果對一個神出鬼沒的敵人來說相當有限。

　　第一次世界大戰後，英國發明的「聲納」（sonar）及德國發明的「呼吸管」（snorkel）及「密碼機」，是此期間潛艦技術最大的進步。聲納是利用水中聲波反射原理，來偵測水中物體方位和距離的裝備，是當時劃時代的

發明。

德國發明的潛航呼吸管，能讓潛艦在潛望鏡深度使用柴油主機航行並為電瓶組充電，不需要浮出水面來啓動柴油機。這個發明大大增加了潛艦的水下航程，減少了被敵人發現的機會。而密碼機更是個創舉，它將作戰命令編碼加密傳送，使敵人接收到毫無規則的訊號。這兩項發明使得第二次世界大戰期間，德國潛艦部隊得以遂行所謂的「狼群」戰術——發現目標船團後，召來友艇，然後群起攻擊。直到一九四三年盟軍取得破譯該密碼機的技術之後，狼群才變成羊群。然而，第二次世界大戰中德國潛艦仍有擊沉商船三千艘的輝煌紀錄[21]。

第二次世界大戰後，潛艦的發展是多方面的：動力（核能及傳統柴電）、構型（淚滴形）、導航、武器配備、戰鬥系統等，均有長足進步。而為執行不同任務，潛艦開始分為「攻擊潛艦」（attack submarine）及「戰略導彈潛艦」（ballistic missile submarine）。

「攻擊潛艦」是以攻擊水面艦及潛艦為主要任務，攜行主要武器為魚雷、水雷及反艦飛彈等（近年美國攻擊潛艦亦配備有戰斧巡弋飛彈），核能或傳統動力皆有。「戰略導彈潛艦」則以遂行陸上重要戰略目標攻擊為主要任務，一般體型較大且採核能動力，攜行武器主要為潛地導彈，但亦會配備魚雷以自衛。

一九五四年，世界首艘核能動力潛艦美國的鸚鵡螺號（USS Nautilus）下水，開啓潛艦的核能時代。鸚鵡螺號核能動力潛艦創下許多新的紀錄，她於一九五五年首航，一九五八年八月完成潛越北極的壯舉。此後，美國又造了許多艘核子動力潛艦。一九六〇年二月，海神號核子動力潛艦由赤道附近的聖保羅礁出發向西，八十四天後浮出水面，完成了潛航繞地球一圈（航程三萬六千四百二十海浬）的光榮紀錄[22]。今日，美國的洛杉磯（Los Angles）攻擊潛艦的續航能力已達到四十萬海浬（約可潛繞地球十一圈）。

除了美國，其他各個海軍技術先進國家亦未在這場競爭中缺席。一九五九年蘇聯完成她的第一艘核動力潛艇；一九六〇年英國建造了無畏號攻

擊核潛艦；接著是法國，一九六七年可畏號戰略核子動力潛艦服役；最後一個加入核子動力潛艦俱樂部的是中國大陸，一九七四年長征一號潛艦服役。美、俄、英、法、中五國是現今全世界擁有核動力潛艦技術的國家。

在傳統動力（柴電）潛艦方面，擁有製造技術的國家較多，俄、德、荷、澳、義、瑞典、日本、中國大陸等均有自製能力。其中德國製的209型是全世界數量最多、使用國家最多的傳統動力潛艇；214型則是截至二〇〇一年的最新產品，配備先進的燃料電池型AIP（絕氣推進）動力系統[23]。日本在第二次世界大戰後，被限制而無法研製核能動力潛艦，因此致力於傳統動力潛艦的研製；一九九〇年「春潮」級首艇服役，是日本潛艇工藝的代表作。

潛艦現行在各國軍事打擊力量中，扮演主要角色之一；展望未來，相信它將持續在戰爭舞台上擔綱，並在令人訝異的時刻，發出令人驚呼的攻擊。

五、決戰千里──飛彈

飛彈（Guided Missile，亦稱為「導彈」），指能自我推進並依導引或控制飛向目標的炸彈。

飛行炸彈的發明可回溯至我國宋、元時期的霹靂砲及多管火箭。雖然它們不具有導引系統，嚴格說來並不符合「飛彈」的定義；連明朝時期的「神火飛鴉」（見圖19-8），都只能算是略具飛彈意象的火箭。火箭（Rocket）沒有導引系統，是只能依照瞄準後的固定彈道飛行的炸彈，可以算是飛彈的祖先。

飛彈發明於第二次世界大戰中的德國。一九四四年，馮布朗（Wernher von Braun, 1912-77）在德國政府的資助下，於波羅的海旁佩內明德（Peenemunde）的德國火箭研究中心（German Rocket Research Center）試射了史上的第一顆實用型的飛航式飛彈──V-1復仇者一型（Vengeance）。V-1飛彈是一種外型像飛機的氣動力飛彈。它使用火箭引擎推進，並以能夠感

圖19-8　明朝時的神火飛鴉，應該算是具飛彈意象的火箭

資料來源：《中國古代科技》，金秋鵬主編，1999，鄭州：大象出版社。

應正確方位及高度的「預設式導引系統」（preset guidance system）將飛彈導向目標。V-1飛行時速爲每小時四百八十至六百七十五公里，高度約爲一千一百公尺，射程約爲二百四十公里，終端時以大傾角墜向目標區，並在墜落的碰撞中引爆一噸重的高爆炸藥，可以算是現代巡弋飛彈的前身。V-1的缺點爲不夠快，當時的螺旋槳飛機可以輕易地追上並將它擊落；此外，它的精準度也不佳。雖然如此，第二次世界大戰中倫敦仍受到約八千枚V-1的攻擊，造成了慘重的傷亡[24]。

　　緊接V-1之後，馮布朗造出了V-2（復仇者二型）（見圖19-9）。V-2是一顆彈道飛彈，以酒精混合液態氧作爲燃料。最大射程有三百二十公里，彈頭重約七百三十公斤，彈道最高點可達一百一十公里，時速則可高達每秒一‧六公里（約四至五馬赫）。因爲高度高且速度快，所以不像V-1那麼容易被攔截或摧毀；但它卻與V-1一樣，精準度並不好。第二次世界大戰結束前夕，德國發射了約四千枚V-2[25]。

　　除了V-1、V-2外，德國科學家也曾實驗線控（wire-guided）及空對空的飛彈，唯不及於戰爭結束前完成並用於戰事。第二次世界大戰後，德國的飛彈人才、技術資料、設計圖等，被美國與蘇聯瓜分，並各自以德國飛彈專家的V-2飛彈知識爲藍本，造出短程地對地飛彈，並逐步發展遠程技術。

圖19-9　德國V-2飛彈發射（1942或1943年）

資料來源：《科技證明史》，Williams, Trevor I.，1990，香港：中華圖書。

結合核彈技術後，彈道飛彈成為遠程戰略打擊力量。

　　時至今日，飛彈已衍生成一個龐大的家族（見圖19-10）。各式飛彈琳瑯滿目，以用途來分從最早的地對地飛彈，到地對空、空對空、空對地、潛對地、潛對空、空對潛、地對海、海對海、海對空，一應俱全。以導引方式來分，線控、無線電、預設式、紅外線、雷射、反幅射、電視、雷達、地形比對、GPS全球定位等，幾乎無所不包，甚至是單兵個人，都可以拿著一具肩射式飛彈，把敵機轟下來。飛彈可以說是第二次世界大戰後，發展最為迅速的主要武器系統，也是最令敵人頭痛的武器系統。美國即因此執意發展「全國飛彈防禦系統」（National Missile Defense, NMD），以防止其所謂的「流氓國家」或「邪惡軸心」[26]對美國本土發射大規模殺傷性的核生化飛彈，造成美國利益的損失。

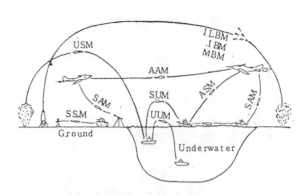

圖19-10　飛彈家族

資料來源：《科技證明史》，Williams, Trevor I.，1990，香港：中華圖書。

六、失能武器的出現

失能、殺傷與摧毀是武器使用效果的基本型態。

失能，指在不流血的情況下，使其敵失去行為能力，無法遂行戰鬥。這類武器如美國所發展的「黏膠槍」——射出速乾的液態黏膠泡沫將目標黏住，限制其行動（該黏劑不會傷害人體）[27]；控制暴動場合的「超低頻聲波產生器」——能夠產生人耳聽不到但身體卻會感受到的超低頻音波，使人產生方向感錯誤、頭昏、嘔吐等症狀；只要一離開就又回復正常[28]。這些「失能型」的武器，由於在不造成人員殺傷的情形下可有效地達到制服敵人的目的，因此有「非致命性武器」或「人道武器」之稱。

非致命性武器，除了前述直接對身體行動能力束縛，或利用聲音——生理反應來限制敵人行為的武器外，《新戰爭論》一書中亦提及其他多種武器：如破壞敵方光學設備或使人暫時或永久失明的雷射槍、摻了DMSO[29]的瞌睡劑、灑於運輸設施上的滑溜劑和黏著劑[30]、金屬碎裂劑等，都是列舉的項目。除了這些，直接藉電磁波干擾人類腦波，使敵人「倦勤」、「怯戰」的「腦波武器」，亦在發展之中[31]。這些武器的主要作用方式在敵人「失能」，藉由敵方無法執行任務而使我方任務遂行。

　　然而傳統上戰爭的本質是「殺戮與暴力」，對敵人仁慈意謂著對自己殘忍。[32]是以，武器的殺傷性能或致命力自古以來即是被要求的重要項目。非致命性的人道武器，挑戰著傳統的戰爭思維和武器製造商的利益，更直接挑戰執干戈衛社稷的軍人或警察的人身安全。因此，雖然這些武器在發展中，但也引起了支持與反對者相當大的爭議。

第三節　非武器科技的發展

　　除了武器，國防科技亦包含了各種非武器的科技。大型的工程製造技術如城池、馳道、運河、造車、造船、城牆（見圖19-11）等，對戰爭有重要的影響。較簡單的工藝製造如馬鞍、馬蹬等，亦有效地提昇騎兵的作戰能力。戰爭工具不僅止是武器！

　　本節內容由情資獲得與戰場指管到戰場的網路接戰系統，介紹現代戰場不可或缺的非武器科技[33]。

圖19-11　戰爭工具不止是武器而已！禦敵的城牆當然也是，圖為萬里
　　　　　長城與不列顛的哈德里安牆
資料來源：《科技證明史》，Williams, Trevor I.，1990，香港：中華圖書。

一、情資獲得與戰場指管

情資獲得與戰場指管，在現代戰爭中不可或缺。

從孫子的「知彼知己、百戰不殆」[34]到克勞塞維茨的「迷霧」與「摩擦」，戰場上的「知覺」，是決定勝負的重要條件。指揮官如何得知敵我狀況及戰場態勢，如何指揮部隊創造兵力和火力的優勢？這些問題，以現代的語言來說，即「情資獲得」與「戰場指管」的問題，也是如何取得「優勢戰鬥空間知覺」（dominant battlespace awareness）的問題。消除迷霧、知己知彼，才能在適當的時間與地點逐行適當的作戰行動。

（一）情資獲得

情資獲得，是戰爭中最古老也是最現代的挑戰，更是決策和指揮的基本憑藉。

成書於春秋時代的《孫子兵法》主張使用「間諜」及「觀察」，來獲得情資，破除了迷信鬼神主宰勝利的觀念[35]。傳統上情資獲得的主要來源為斥侯、間諜、望遠鏡及觀察周遭環境變化等人力作業；及至二十世紀才有了新方法。二十世紀初期，獲取敵情的科技裝備一一出現：雷達、聲納、飛機偵照、電波截收、紅外線、星光夜視、衛星偵照、遙控無人載具等。戰場覺知方法有了重大改變！

1.雷達

雷達（Radio Detection And Ranging, RADAR），是利用無線電波（radio wave）遇到物體會產生反射波（回波）的物理特性，來偵測（detect）目標方位及計算目標距離的偵測裝備（見圖19-12）[36]。雷達出現在第二次世界大戰時，英國為了偵測德軍的飛機而發展出來。

一九三五年，英國物理學家沃森瓦特（Sir Robert Alexander Watson-Watt, 1892-1973）設計成功新式的「電波測位」裝置，它能標定飛機的方位與距離，測距超過一百六十一公里遠，日夜間均能使用[37]。隔年，沃氏的「本土鏈」對空警戒雷達部署使用；一九三九年，英國在英格蘭島的南

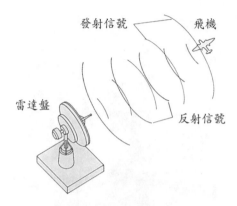

圖19-12　雷達原理

資料來源：《科技證明史》，Williams, Trevor I.，1990，香港：中華圖書。

部及東部沿岸，建立了完整的雷達警戒系統，監視德軍空中及海上的活動。

　　現代的雷達，依用途可區分為「監視雷達」和「追蹤雷達」兩類。「監視雷達」以較大的雷達波束旋迴搜索目標，又稱為搜索雷達；其雷達波中，常加入「敵我識別」的「問詢」信號，當友軍目標收到時，答詢機自動「答詢」，完成目標身分辨識[38]。「追蹤雷達」使用較小的雷達波束一直照射著目標，可以連續取得目標精確的位置及運動狀況資料；指令為火砲射擊砲令或飛彈攻擊設定，一般作為射擊控制雷達（射控雷達）使用。

　　雷達新近的發展為「相位陣列」、「毫米波」、「多孔徑」雷達等，而為了因應反輻射飛彈的威脅及破解雷達隱形的科技，「多基雷達」、「無源雷達」、「噪音雷達」一一出現。

2.聲納

　　聲納（Sound Navigation And Ranging, SONAR）是利用聲音遇到物體產生反射的現象，來偵測水中物體的方位和距離，其原理與雷達使用電磁波來偵測空中目標一樣。差異則是聲音在水中傳遞的速度較電磁波在空間中傳播的速度慢了許多，以及水中環境（鹽度、溫層[39]、密度等）對聲波傳遞所造成的折射、繞射等效應較大。

圖19-13　第二次世界大戰時德國裝在飛機上的雷達天線

資料來源：《科技證明史》，Williams, Trevor I.，1990，香港：中華圖書。

　　達文西是最早記述水中聽音裝備的人。一四九〇年，他把長管插入水中，聽到遠方船隻所發出的聲音，後來人將之稱為「文西管」。第一次世界大戰時，多管組成的水中聽音器出現，成為聲納的前身。十九世紀末到二十世紀初，聲電轉換材料及真空管的發明，使得接收到的水下微弱聲波能夠轉換為電訊號，並以真空管放大，聲納開始有了進一步的發展。一九一八年，法國與英國的研究者分別在實驗中收到了潛艇的回波，完成了最早的主動發波聲納試驗。一九三五年前後，英國研發完成較符合實戰需求的聲納並投入生產及裝備艦艇。當時英國一度自信滿滿，以為已獲得了對付潛艦的方法。然而第二次世界大戰的實戰戰果卻證明即使裝備了當時最好的水下偵測裝備，水面艦船依舊受到潛艦的重大威脅。

　　聲納基本上可分為被動式與主動式二種。被動式指「只聽不發」——只利用聲納的音鼓與接收機來收聽水中的音波，分辨其方位、性質與種類，基本上無法測得目標距離。主動式聲納則指「發波後聽」——以本身聲納的發波機發出一個音響，然後收聽該音響的回音，可以測知目標方

位、距離、大小、速度等資訊。現代聲納一般都具備上述二種功能。此外，爲了克服水中聲波傳導的折射、繞射、雜音、溫層等問題與現象，較爲先進的現代聲納採用了許多不同的技術如拖曳變深技術、低頻與超高頻技術、數位技術等等，結合電腦的資料處理能力，將回波資訊加以判讀分析連結，使聲納的作戰性能更加優異。

3.其他情資獲得技術

前述的雷達與聲納，所獲得的情資是電子信號。想要獲得眞正的「影像」，就必須靠「攝影」技術。攝影技術的發展，產生了「偵察照相」的軍事作業。

二十世紀初，飛機剛發明後，第一個軍事上的運用即爲軍事偵察——飛行員駕機飛過敵方上空，以肉眼偵察敵情。第二次世界大戰後，配合高解析度相機及航空工業的發展，專門的偵察機如高度（high altitude）的U-2出現。U-2飛行高度可達二萬公尺，一九六○年代，美國更造出了黑鳥偵察機（SR-71）。她是偵察機家族的代表作，飛行速度可達三倍音速，飛行高度可到二萬五千公尺（一般民航機飛行高度約爲五千到一萬公尺），飛行員必須穿著如太空衣一般的飛行裝才能執行任務。高空偵照爲情資獲得開啓了一個新領域，也帶來了一些新的麻煩：以SR-71爲例，偵照一小時可拍攝十五萬平方公里的高解析度相片，帶給情報分析員非常清晰的地面圖像，但也帶給他們過於大量的資料，造成非常重的負荷。

除了飛機偵照外，一九六○年代發展出了間諜衛星，可以在距離地表數百公里高的軌道上，對重要戰略目標進行照相或攝影[40]。衛星對軍方具有強大的吸引力，因爲它是在繞地球的軌道上作業，除非是敵對國家具有相當的太空科技能力，否則不容易被摧毀。因此，各個國防先進國家均競相發展自己的間諜衛星，甚至是間諜衛星系統。然而在科技飛快的進步下，衛星偵照現已非軍方的專利。二○○○年，美國科學家聯盟（Federation of American Scientists）的網站上，赫然公布出商用衛星所拍攝的地面影像，任人下載觀看[41]（見圖19-14）。而美國一家名爲Space Image的商用衛星公司甚至可依據顧客的需求，拍攝指定地點的衛星相片，解析

圖19-14　商用衛星拍的清泉崗機場 右上角為中下方停機廣場的放大圖
資料來源：http://www.fas.org。

度達一平方公尺（台北市中山北路上奔馳的汽車清晰可見）；二〇〇二
年，該公司（現名Digitalglobe）的衛星Quick Bird，照相解析度已達六十平
方公分，網球場的邊線清晰可見。商用衛星的發展，對國防情資獲得造成
重大衝擊[42]。

（二）戰場指管

　　所謂戰場指管，意指指揮官透過對下級單位的指揮與管制來遂行任務
——在適當時間、地點適當的單位執行適切的任務。整個系統的作業中包
含了上級對下級命令的傳達，下級對上級狀況的回報，以及友軍間信息的
交換等等。這些作業，有賴成功的通信。對戰場指管而言，「通信」是一
個根本的需求。

　　人類曾經使用過許多的方法來傳遞戰爭的資訊：狼煙、火光、鼓聲、
號角、旗幟、信鴿、信差、驛站車馬等。這些靠人力、獸力、音響、視覺
等通信的方法，有些無法精確傳達，有些則過於緩慢或易遭破壞。到了十
九、二十世紀，通信的方法有了重大的躍進——「電信」技術萌芽並在軍
事通信需求下發展快速。

「電信」（telecommunication），指利用電訊號或電磁波（或稱微波，microwaves）訊號將聲音、影像、文字等資訊傳遞到遠方；電報、電話、傳真、無線電、電視、電腦網路等都屬電信的範圍。現代的軍用通信，不但運用到了微波技術，在光波的領域也有突破。美國潛艦能夠使用雷射來發送軍事機密訊息到太空中的衛星，再由衛星轉傳到基地。雷射光波不會發散，不易爲敵人側聽或干擾，保密性較佳，攜帶的資訊量也較高。

十九世紀末通信進入電信領域後，除啓動了高效能通信競賽，亦開啓了「電磁對抗」的門──現在一般稱之爲「電子戰」（Electronic Warfare）。電子戰最早是發生在第二次世界大戰前，以現在俗稱的「蓋台」方式，來干擾微波通信[43]。第二次世界大戰期間，英、美、德等國，均致力研製電戰裝備如無線電偵檢機、干擾機等。戰後，電子戰不但應用在通信方面，在雷達反制方面亦多有發展。反制、反反制、反反反制等裝備相繼出現，在現代戰爭中，制「電磁權」往往是最先開打的戰爭。而現代通裝爲了抗干擾及竊聽，發展出「跳頻」、「數位加密」、「寬頻」、「雷射」及改用光纖等技術。

（三）情資獲得與戰場指管的整合──C4ISR

一九七〇年代，電子技術迅速發展，電腦技術亦逐步成熟，開啓了整合情資獲得與戰場指管的工作。

整合工作的初期，包含在內的項目有「戰場指管」的指揮（Command）、管制（Control）、通信（Communication），以及「情資獲得」的情報（Intelligence）等四種作業，並統稱爲C3I。在電子、資訊與通信科技日益發展的影響與軍事革新的需求下，約於一九九〇年代中期，「情資獲得」的監視（Surveillance）與偵察（Reconnaissance）等二種作業亦被加入到規劃之中，並以電腦（Computer）來作爲整合的橋樑。C3I變成了C4ISR。

C4ISR以資訊科技與通信科技爲技術核心，將「情報流程」、「作戰指揮管制流程」及「資訊流程」加以整合。由此，監視系統與偵察系統（如

雷達、電戰、敵我識別、偵察機、衛星等）所獲得之資訊，可以完整而即時地匯入「指揮管制操控台」（Command Control Consol），使指揮官與作戰參謀能夠即時且正確的掌握戰場景況，針對狀況下達迅速至當的決心；或直接指令武裝載台接戰，以達到戰鬥程序控管與攻擊精確迅速的目標。整體而言，這類系統提高了各單位的「戰鬥空間知覺」能力，從而加速「軍事決策程序」（Military Decision Process, MDP）。

除此之外，以瞬時網路連結的作戰系統也在發展之中。美國海軍的「協同接戰」（Cooperative Engagement, CEC）著眼於近岸水域的複雜戰鬥環境中，以「偵測器網路」（sensor netting）將各個不同戰鬥單位偵測獲得的情資統一編號，並在獲得瞬間分享給各連線單位。網路中的各單位，能直接使用該目標情資作爲火砲射擊或其他武器攻擊指令。戰場指揮官所獲得的作戰區域整體戰場景象較以往更爲精確，並能夠跨單位使用適當武器對付具威脅性的目標[44]。以網路構連的作戰系統，可以說是網路時代的產物。

二、模擬科技

模擬（simulation），是以人造的情境來模仿眞實的世界，期由此種虛擬的情境中獲得對眞實世界的瞭解、求得經驗，或是研究某種原理與原則對眞實世界的適用性，藉以更新原理與原則。「模擬」科技又可稱爲「仿眞」或「擬眞」科技。

模擬方法在軍事上的使用，可以說是自古即有。《孫子兵法・計篇》中所描述的「多算勝、少算不勝」的「廟算」評估程序，即符合模擬的基本原理。至於軍事上常用的「兵棋」或「砲操」，亦都是標準的模擬運用[45]。曾任美國地面戰指揮官的麥克奈（Lesley James McNair, 1883-1944）將軍，於一九四二年將戰場狀況模擬引進美軍訓練與教範中，並於陸軍部隊中成立作戰模擬單位[46]。戰爭策略與戰技訓練的模擬，是較早應用在軍事上的模擬。

　　除了戰爭策略與戰技訓練的模擬外，二十世紀在科技的進步下，模擬的方法也多有發展。尤其在武器系統複雜化後，如能運用模擬科技先行得知裝備或策略設計的性能及優缺點，即能在生產或施行前加以改進，避免資源的浪費。例如，在設計戰鬥機的氣動力外型時，做一台真正能飛的實驗用飛機，比製造一台進入「風洞」做模擬的模型，不知昂貴上多少倍；在訓練飛行員時，以模擬機施訓的花費，甚至不到用真的飛機訓練的十分之一[47]。經費上的節省是模擬科技最吸引人的優點，經過複雜風洞試驗的協和式客機（見圖19-15）。

　　一九七〇年代後電子與電腦科技的突飛猛進，使理論基礎已經完備的模擬科學蓬勃發展成為一門新興的科技：虛擬實境、武器模擬、電腦兵棋、策略分析、生產製造、生物科技、化學實驗、太空探測等，在各個科學領域中均可見其蹤跡。中國大陸於二〇〇二年三月二十五日發射升空的神舟三號太空艙中，設置了一個「模擬人」模擬人體的代謝功能，包括耗氧速率和總量以及產熱量等，和真的太空人沒有多大差別，以為日後真人升空搜集資料預作準備[48]。

　　模擬科技現已成為各國致力發展的項目之一，其優點不只在於經費的節省，在於能夠方便地探索不同的設計（或戰爭方式）的可能性與適用

圖19-15　經過複雜風洞試驗的協和式客機
資料來源：《科技證明史》，Williams, Trevor I.，1990，香港：中華圖書。

性，加速設計與測試的流程。然而，模擬科技亦非無所不能。實際上，它與生俱來的特質很可能導致模擬失敗：

- ・不確定性：任何模擬系統皆無法完全確定其所模擬的結論為眞。因此模擬的結果僅能在不確定之中，提供具有參考價值的評量。
- ・不等於實際：模擬是有限的，實際卻是無限的。模擬是法則、邏輯、理論；眞實世界卻是除了已知的法則、邏輯、理論外，還多了許多未知的因素，如瞬息萬變的戰場狀況、敵人的自由意志、戰術運用的創意等等。
- ・時間與金錢的耗費巨大：完整的模擬模式建立、驗證需長時間的資料蒐集與分析，方能獲得正確資訊。資料的蒐集分析，常花費巨大的人力、物力，並會依模擬對象的複雜度而迅速升高。前述模擬的節約，是相對於複雜系統建立後才發現錯誤的高額浪費而言。
- ・GIGO（Garbage In, Garbage Out.）：錯誤的資料，必然得出錯誤的模擬。

模擬科技是非常有力的工具，但卻必須對其特性及優缺點有充分的瞭解與掌握，才能獲得正確的應用。

第四節　潛在國防科技

潛在國防科技泛指未來在戰爭中，可能成為製造或創造戰爭工具的科技。美國「國家情報會議」指出，生命工程（biotechnology）、奈米技術（nanotechnology）、材料科技（material technology）與資訊科技（information technology）等四種科技，對全球而言，在西元二〇一五年以前，統御支配其他科技的地位將愈來愈明顯及重要[49]。這些科技的發展，可能造福人類生活品質、醫療照護、文化融合、工作機會、財富重分配等

等。但是，一如雙面刃的刀子，這些發展也可能危害人類加重緊張及衝突的嚴重性、企業或個人權力的擴張並使公權力不張，以及造成文化侵略等等的後果[50]。這些科技的進步是全球性、相互影響的，雖然無法預估其結果為何，但可以肯定的是，它們勢必造成改變。只希望這不會是又一次打開潘朵拉的盒子（Pandora's Box）[51]。

一、生命科技

修復、改造、創造生命，是人類原始的夢想和實驗。傳統上我們使用篩檢（較大較好的果實栽種）、雜交（不同種的動物與動物或植物與植物）以及放射線照射（種子）等的方法來改造生命。在漫長歷史中，眾多的試驗後，終於使得甘蔗更甜、稻穗更多、花朵更美，獲得了許多豐碩的成果。但現在生命科技所談的方法則不同於傳統。科學家們在實驗室中直接對生物組成的最根本結構——基因動手腳：直接插入、刪除或修改某基因段，來為物種取得某些特性。今日市面上賣的玉米、黃豆，據統計有百分之八十以上經過人工基因改造。

生命科技的發展，最基本的工作是「基因圖譜及去氧核糖核酸分析」（Genetic Profiling and DNA Analysis）：判別生物不同的基因組成、結構、作用及交互作用等。西元二〇〇〇年六月二十七日，花費十數年努力的人類基因圖譜草圖，在全世界科學家的努力下初步完成，後續的校對、確認及修訂正持續進行[52]。較高階的技術則有「複製」（克隆，Cloning）、「基因改造生物」（Genetically Modified Organisms, GMO）等數個方面。這些科技將應用於醫療、製藥、器官複製、資訊、軍事等不同的領域當中。

值得我們注意的是，早在一九九二年，瑞典「國防研究組織」的主管雷貝克（Bo Rybeck）即已指出：「由於我們已經有能力辨認各個不同種族或人種的DNA型態，所以我們將可以區別白人、東方人、猶太人、芬蘭人之間的差別，然後發展一種只選其中一種人予以消滅的病毒。」我們可以想像：未來的「人種淨化論者」將會如何善用這種科技[53]。

二、奈米科技

奈米科技，指長度範圍在約一至十奈米（nanometer）的原子、分子或高分子（macromolecular）層次的研究及科技，旨在提供奈米等級的現象及物質的基本認識，以及創（製）造並使用因其「微小」而具有的全新特性與功能的結構、裝置和系統。這些新穎的特性和功能是在小於一百奈米的臨界長度範圍中開發出來的。奈米科技研究發展包含操控奈米等級的結構體，將其組合成的較大的組合體、系統或構造。但對其控制及建構其組成或組件則維持在奈米等級[54]。

一奈米（nano），指1×10^{-9}米，也就是0.000000001米，是一個非常小的長度單位。自然界中最輕的原子，氫原子，其直徑約為1×10^{-10}米（一奈米的十分之一）[55]。用這麼小的尺寸製造物品有什麼用呢？物質是由原子所組成，原子不同的方式排列組合會形成不同的物質。將煤炭中的原子重組，可以造出鑽石；將砂中的矽原子重組，可以造出電腦元件；重組土、水與空氣中的原子，可以造出蕃薯。這就是奈米科技吸引人之處。

奈米科技的用處還不止於此！它不像傳統的製造方法如鑄造、磨銑、網版印刷等只能控制數以億計的原子移動，無法非常精細精確；奈米科技以控制一個分子的精細度來製造，可以使產品物質結構完全符合期望。因此，奈米科技不但可應用在前述物質的生產，更可以應用在其他方面；例如，應用在醫學方面的「分子手術」或「分子修復」；資訊科技方面的「奈米電腦」、「奈米機械」；材料科學方面的「靈巧材質」（smart material）等等。都是奈米科技可以應用的範圍。

如果奈米科技應用在軍事方面，會有什麼狀況呢？芝麻綠豆大的「自律機械間諜」可能還是小問題；隨風飄揚被我們吸入身體中的「分子破壞機器人」、「腦記憶改造體」或「基因剪斷器」，會對戰爭產生什麼樣的影響呢？還好，現在這些「武器」只是一些想像而已！

第五節　國防科技發展趨勢

「人們發動戰爭的方式，正反映了他們的工作方式。」[56]

在工具靠肌肉能驅動的時代，人們僅能以自身或牲畜辛苦的勞動來工作或戰鬥。此時代生產力低，為求生存，需投入大量人力。工業時代，機械化大量生產「標準化」的產品；戰爭規模亦如機械化的量產般愈來愈大，戰士們手持著「制式」的武器，相互廝殺，將戰爭亦帶進了工業化的領域。現在資訊時代，戰爭的工具則配合時代，講究C4ISR，部隊也在整個複雜的資訊化潮流中，資訊化了。

戰爭工具演進的過程中，有六個基本的趨勢：「快、遠、準、狠、匿、小。」這些基本趨勢，不單是國防科技所著重，亦是一般科技的目標。

一、快——獲得優勢的重要因素

快或慢是相對的，是根據比較而產生的現象，並非絕對的。「快」這個趨勢，指的並非「絕對速度」，而是與敵方比較時的「相對速度」。戰爭能較敵方「快」，才能占到先機、獲得優勢、贏得勝利。《孫子兵法・九地篇》：「兵之情主速，乘人之不及，由不虞之道，攻其所不戒也。」比敵方快，才能利用敵人防備不及的疏漏。

二、遠——權力所及的界線

「彊弩之極，矢不能穿魯縞；衝風之末，力不能漂鴻毛，非初不勁，末力衰也。」[57]力量的發揮，權力的所及，有其界線。人類能掌握的區域，

受其思想或力量可及區域的限制；戰爭工具要能遠距，戰爭思考也要能夠「想」得遠。

三、準──「有效」的基礎

一八八一年，一支英國艦隊朝埃及亞力山卓港附近的要塞發射了三千發砲彈，結果只有十發命中目標[58]。「準確」是有效的基礎和要素，更是戰爭工具發展時，不可缺少的標準。

四、狠──毀滅敵方戰爭能力的要素

毀滅敵軍戰鬥力，為一切戰鬥的唯一目的，然僅為達成整個戰爭目的之手段[59]。毀滅敵方戰爭能力的方法，可經由實質上對敵方的「有生戰力」或「無生戰力」的「毀傷」來達成。由冷兵器到火器、由火器到核武，從一次一個到一次數十個，再到數萬個。武器的毀滅能力，在二十世紀被原子彈的威力推上了顛峰。

五、匿──形人而我無形

「微乎微乎，至於無形；神乎神乎，至於無聲，故能為敵之司命。」[60]無形無聲、無影無蹤，使敵人無從察覺、無從攻擊、亦無從防範。匿蹤的思想體現在戰爭行為中，基本上可分為「匿行」、「匿通」、「匿身」三個大類。「匿行」指隱匿行為及意圖，以避免受到干擾、阻止或傷害。「匿通」指通訊的隱密技術：傳訊時不為人知、不被竊聽、不被解破、不被干擾或阻斷。「匿身」指隱藏實體戰具的可偵測度（可見度、可聽度、雷達截面積、紅外線輻射量等）

未來的戰爭，你會怎麼「藏」呢？

六、小——輕薄短小

一九七〇年代以來的電子及資訊科技的發展，使得在相同的空間中，能夠容納更多的組件，進而造成裝備多樣化的功能。從此小型、多功能化成爲趨勢。它的好處至少有下列三項：

・體積與重量的降低，增進可攜行性與攜行量。
・增進使用便利性，提高工作的效率。
・降低維持的規模與使用成本。

此外，軍隊組織也在「降低軍事支出」的考量下，小型化、多功能化了。

一、何謂「實體空間」與「非實體空間」，請各舉一例說明？

二、試將坦克與戰鬥直昇機的戰鬥性能作一比較分析。

三、軍用艦艇概分為那二類，請詳述之！

四、試將潛艦發展的演進製成一說明表，以清楚明示其重大改良！

五、試說明「攻擊潛艦」與「戰略飛彈潛艦」之異同。

六、飛彈與火箭之差異何在？

七、何謂「失能武器」，請舉例說明？

八、試說明雷達及聲納原理之異同？

九、何謂「模擬」？其軍事用途為何？特質為何？

十、請概述情資獲得與戰場指管，並由「空間爭奪」的角度加以探討。

十一、請探討潛在國防科技對戰爭型態所可能造成的影響。

十二、請由各主要武器系統發展的過程，印證國防科技發展的基本趨勢，作成報告。

註釋

[1] 傅凌譯，艾文・托佛勒／海蒂・托佛勒著，《新戰爭論》（台北：時報文化，1994初版），頁140-141。這是模彷地緣政治學家麥金德（Halford J. Makinder, 1864-1947）的地緣政治規則：「誰統治了東歐，就統治了心臟地帶。統治了心臟地帶，就掌握了世界島。統治了世界島，就掌握了全世界。」而L4與L5指的是「太空中地球和月球引力正好相等的所在」。

[2] 韓叢耀、高半虎編著，《百年兵器檔案》（台北：世潮出版社，2001年2月），頁9-11。

[3] Funk & Wagnalls Encyclopedia, CD-ROM Infopedia, V2.01, Soft Key, 1996 "aviation"。「比空氣重」是個重要里程碑：飛機成功以前所使用的飛船、汽球等，皆是利用比空氣輕的氣體所產生的浮力 （因為體積相等的空氣比較重）而升空的。

[4] 一七九四年，於法國大革命期間，法國陸軍斥候曾使用汽球與奧地利軍隊交戰。另外，有當時的版畫畫著一個異想天開的汽球的軍事應用點子——用汽球運兵進犯英國。

[5] 同註2，頁81-94。

[6] 稱為戰機的「昇限」。

[7] 現代戰機多配備視距外作戰系統及飛彈。我國空軍2001年獲得的美製AIM-120中程空對空飛彈，即屬此類。

[8] 同註3 "helicopter"。

[9] 一九四二年五月十三日，VS-300的後續機種XR-4由美國東北部康乃狄克州的斯特拉福德（Stratford, Conn.）飛到西南部俄亥俄州的達頓（Dayton, Ohio），航程達一千二百二十五公里。是第一次跨美洲大陸飛行。

[10] 同註2，頁134。

[11] 喬良、王湘穗著，《超限戰》，四版（北京：解放軍文藝出版社，1999年8月），頁71。

[12] 朱成祥編譯，《國家海權論》（台北，國防部史政編譯局，1985年3月），頁92。

[13] 蘇格蘭工程師兼發明家瓦特（James Watt, 1736-1819）於一七六九年為蒸汽機加上「蒸汽凝結器」及「複式汽缸」之後，蒸汽機始進入實用階段。

[14] 「滑膛」指砲管內壁為光滑的面;「線膛」則指砲管內壁蝕刻了帶旋的凹痕線,用使砲彈於發射前進過程中,產生旋轉,以提高砲彈飛行的穩定度。

[15] 一八六四年英國工程師懷特黑德(Robert Whitehead, 1823-1905)發明自航魚雷(self-propelled torpedo),這顆魚雷航速約為十五到二十節(1節=1.85公里／小時),航程約九百一十四公尺,裝載十五公斤炸藥,可調水下航行深度由一・五到四・五公尺。此前,魚雷是像水雷一般固定於某點或以拖行的方式運動。

[16] http://grwy.online.ha.cn/jjg/pl-2/pl-0323.htm。

[17] 見二〇〇二年三月四日中國時報。

[18] 一八九八年,美國發明家荷蘭(John Philip Holland, 1840-1914)所發明的「雙動力」潛艇:在水下以蓄電池驅動電機,在水面以汽油引擎推動。這艘潛艦於一九〇〇年成為第一艘被美國政府收購的潛艦。

[19] 稱為「無限制潛艇政策」(unrestricted submarine warfare)。

[20] 同註2,頁171。

[21] 同註2,頁171

[22] http://202.84.17.73/mil/ztbd/submarine/zjhn.htm。

[23] AIP絕氣推進動力系統,已進入實用階段的有德國的「燃料電池型」及瑞典的斯特林式「熱汽機」型。見http://202.84.17.73/mil/ztbd/submarine/sub1.htm。

[24] 同註2,頁192。

[25] 同註3"Guided Missiles"。

[26] 911事件發生後,美國對奉行及包庇恐怖主義的國家實施打擊,並將對美國不友善的國家稱為「流氓國家」或「邪惡軸心」,這些國家包含了北韓、伊朗、伊拉克等國家。

[27] 二〇二〇年戰爭,Discovery Channel,2000年。

[28] 傅凌譯,艾文・托佛勒／海蒂・托佛勒著,《新戰爭論》(台北:時報文化,1994初版),頁167-182。

[29] DMSO:dimethylsulfoxide 二甲亞碸,是一種能很快透過皮膚滲入的助溶劑。

[30] 運輸設施指鐵軌、跑道、道路等。

[31] 二〇二〇年戰爭,Discovery Channel,2000年。

[32] 見克勞塞維茨的《戰爭論》。

[33] 情資（intelligence and information），情報與資訊。指管（command and control），指揮與管制。接戰（engage），與敵接觸並開始戰鬥。

[34]《孫子兵法》謀攻篇：「知彼知己，百戰不殆；不知彼而知己，一勝一負；不知彼不知己，每戰必殆。」殆，危也。

[35]《孫子兵法》於行軍篇（第九），對行軍之觀察有十數種描述與教導，如「鳥起者，伏也⋯⋯鳥集者，虛也。」對鳥類活動不同狀態的觀察，可為判斷。用間篇（第十三）說：「不可取於鬼神，不可象於事，不可驗於度，必取於人，知敵之情者也。」則強調情資的取得應以實據為根本。

[36] 接收到反射波時，我們可以得知：反射波出現的方位、發射波與反射波間的時間差；則目標的距離＝（時間差）×（光速）÷2。

[37] 從一八六四年英國物理學家麥斯威爾（James Clerk Maxwell）發表電磁輻射理論，到一九三五年第一個實用的雷達出現，人類對電磁波經過了許多的探索。例如，證明它的存在、想辦法接收等。

[38] 在雷達顯示幕上，有「答詢」的目標會在其回跡旁邊顯現一個「答詢符號」，可供辨識為友軍；沒有「答詢符號」的目標回跡則被視為不明目標或敵軍。

[39] 海水溫度並非由上至下完全相同，基本上依深度而遞減。然而因為攝氏四度時水的密度最大，故愈往深處，水溫會降至四度以下再回到四度。這種物理現象產生了深海中由低溫到高溫的溫層。此種溫層可能造成聲波的反彈。

[40] 可分為照相偵察衛星、電子偵察衛星、海洋監視衛星、導彈預警衛星等許多不同型式。

[41] 見http://www.fas.org。

[42] 見二〇〇〇年五月一、二日及二〇〇二年四月三日聯合報。該公司拍攝一次的範圍約兩百五十平方公里，每平方公里高畫質照片索價三十美元到近兩百美元。

[43] 使用與被干擾通信相同頻率但較強的微波，使接收台的收波裝備，只能收到我的信號，而蓋掉應收的信號。

[44] Leslie West, "Exploiting the information revolution", *Sea Power* (Washington), Vol. 41, No. 3 (Mar 1998), pp. 38-40.

[45] 砲操是國軍對火砲發射程序訓練的專有名詞，訓練砲組士兵將砲彈從傳遞、

進膛、砲閂閉鎖、發射、退膛到重新裝彈的流程，一般練習時使用訓練用啞彈。

[46]同註3 "McNair, Lesley James"。

[47]見二○○二年四月二日中國時報焦點新聞版：幻象戰機飛一個小時，花費近一百四十萬元；以模擬機訓練每小時可省下一百三十多萬。反潛直昇機正常起降一趟成本約三十萬，訓練儀一小時則僅需三、四萬元。

[48]見二○○二年四月四日中國時報兩岸大陸版。

[49]美國國家情報會議（National Intelligence Council, NIC）。

[50]Philip S. Anto'n, Richard Silberglitt, James Schneider, "The Global Technology Revolution", *Rand*（Arlington），2001, p. xi.

[51]潘朵拉的盒子（Pandora's Box）：古希臘神話中，宙斯（Zeus）給潘朵拉的一個盒子，並警告她不可以打開。但潘朵拉忍不住好奇心，打開了那個盒子。盒子一開，各種災難與悲傷從裡面飛了出來，只有希望還留在裡面。常被人引用為「災禍之源」。

[52]International Human Genome Sequencing Consortium （IHGSC），"Initial sequencing and analysis of the human genome" *Nature*, Vol. 409, No. 6822, February 15, 2001, pp. 860-921.

[53]傅凌譯，艾文‧托佛勒／海蒂‧托佛勒著，《新戰爭論》（台北：時報文化，1994初版），頁163-164。

[54]National Nanotechnology Initiative, "Nanotechnology definition"，（NSET, February 2000），http://www.nano.gov/omb_nifty50.htm.

[55]同註3，Search "atom."

[56]同註1，頁39。

[57]見《史記》卷一○八‧韓長孺傳；另《三國志》卷三十五‧蜀書‧諸葛亮傳：「曹操之眾，遠來疲弊，聞追豫州，輕騎一日一夜行百餘里，此所謂『彊弩之末，勢不能穿魯縞』者也。」

[58]同註1，頁94。

[59]克勞塞維茨著，張柏亭譯，《戰爭論》第二冊，（台灣：陸軍總司令部印，1999年8月），頁五。

[60]見《孫子兵法‧虛實篇》。

第二十章　國防科技的獲得與自主

第一節　國防科技目標設定考量因素

　　在設定國防科技的發展目標時，必須考慮許多因素並正確選擇，俾能在國家能力範圍內，滿足國防需求。慎選與精選國防科技目標，才能力量集中，不致備多力分。

　　在選擇發展國防科技發展的項目時，要考量哪些因素呢？只要稍加思索，會發現一籮筐的問題正等著釐清：經濟能力為何？需求的迫切性為何？戰爭型態（現在的、未來的）為何？對手的能力如何？建軍目標為何？科技能力為何？國際環境影響為何？這些問題，各對結果產生不同程度的影響。這些因素的交互影響下，如何決策才能獲得國家安全上的最大效益，從數學的角度看，是一個多向度的複雜決策分析方程式。不幸的是，這個問題的答案，只有在實際發生戰爭的驗證下才能確認。

　　觀察美國在遭到九一一恐怖攻擊行動後的反應，我們可以瞭解上述問題的複雜及困難程度[1]。九一一後，美國國防部公開徵求打擊恐怖組織的新點子，列出了一份涵蓋三十八個範疇的清單。科技需求如「穿牆攝影機」、「語音辨識與分析軟體」（針對阿富汗人使用的普什圖語、烏爾都語、法西語）等均在其中。其目標是要協助「打擊恐怖活動、消滅難以摧毀的目標、在遙遠地區長期作戰、反制大規模毀滅性武器」等行動。美國國防部發言人哈畢格少校說：「我們試圖發掘每一種可行性，獲取最好的配備，讓美軍得到最堅強的保護。」這顯示美國要發展適用於這場反恐怖主義戰爭型態的國防科技。但是，軍事思想家或許會問：美國國防如此先進，尚且未能掌握到這場反恐怖戰爭的需求；下一場戰爭的型態為何、地點在哪？現在發展的反恐怖作戰用國防科技，會不會又再一次無法完全適用（在地形、氣候、人文環境如語言等的影響下），又需要再發展其他的技術？

　　因此，對國防科技目標設定的考量因素，主事者必須完整認識。不但

需要檢討過去，考慮現在，更要前瞻未來。在諸多考量因素之中，敏感度[2]較高的因素略述如下：

一、需求的急迫性

　　需求的急迫性是影響整體國防科技政策的重要因素。

　　國家安全是一個國家的基本需求，威脅此需求的力量可能來自國家的外部或內部。達到這個需求的方法有許多種，它們又可分為非武力與武力二類。當我們對某種需求產生急迫的感覺時，基本上是因為這個需求是重要的，而且被危害的迫切程度增加。以國家安全而言，當外來威脅升高，無其他方法可以化解，使用武力為唯一的辦法，但現有武器又不足以提供足夠的武力時，立即購買武器以滿足需求，即具有急迫性。一般而言，某種國防科技從開始研發到研發完成，較之武器購買，需要更長的時間，但這種現象並非絕對。需求的急迫性對國防科技的影響不是在「目標設定」的層次上，而是在更高的「政策設定」上，具有舉足輕重的地位。

二、未來的戰爭型態

　　未來戰爭中，適用的戰術戰法為何？武器裝備為何？人員訓練及兵力編制為何？軍隊組織架構為何？這些因素的相互配合與支持，構成軍隊的基本力量，也構成戰爭的型態。軍事的準備除了因應現在，更必須前瞻未來。決策者對未來戰爭型態的認知，對國防科技目標設定具有決定性的影響力！應以開放的態度與完整的討論，集思廣義。否則一旦錯誤，不僅危及軍隊，更影響國家和國民的整體利益與安全。

三、科技與經濟能力

　　經濟與科技能力是國防科技目標設定時非常根本的考量。

國防科技是各種科技的尖端技術的整合，是以一個國家整體的科技能力如航空、造船、車輛、電子、電機、資訊、機械、化學、材料、生物、環境等，是支持自主與發展國防科技的根基，亦是國家經濟能力的主要結構。

四、可能發生戰爭的地點

武器系統的設計，與其所要運用的空間有相當大的關係。冰天雪地的崎嶇山巒中能用的，酷熱乾燥的平坦沙漠可能無法派得上用場。武器裝備對不同地理環境與天候狀況的適用性，對戰鬥的遂行具有很大的影響。戰爭發生地點對國防科技的目標設定，具有實質的制約性。以台海防衛而言，將戰鬥隔絕在領空、領海之外所需要發展的武器裝備，與殲敵於水際灘頭或決戰於城鄉市鎮的，完全不同。如果預測的戰爭地點與國防科技目標設定錯置，其結果不難想像。

五、國際環境

國際環境可分為「世界局勢」與「國際關係」二個方面。所謂「世界局勢」，指世界上的大趨勢或潮流。而「國際關係」，則指一個國家和其他國家間的關係。

以世界局勢而言，冷戰的結束令國際關係產生重大改變，昔日兩強對恃各自結盟附庸的情況，進入後冷戰時期一個超強的美國和多個區域強國的形勢。區域經濟的興起（歐盟、亞太、美洲等）、中國大陸經濟的快速崛起等，都是世界局勢的重大改變。此外，美國本土遭恐怖分子攻擊而引發的「反恐效應」，也帶給世界重大的衝擊。

一般而言，這些因素作用在一個弱國上的影響力，遠較作用在強權國家的影響力為大。一國的經濟力、科技力若無法完整自主，在發展國防科技時，必受國際環境的制約。而強權國家則不然，不必特別理會國際社會

的輿論和要求，或其根本可以引導或說服國際社會支持其主張，這種現象，可稱爲「權力的制約」[3]。

　　我國在發展國防科技時，面臨諸多國際環境的制約。例如，中國大陸施壓使部分武器供應國限制重要武器元件對我國出口，或影響科技合作的層次等等。面對國際環境的制約，最好的途徑是致力於關鍵組件的自製。只有自己能做出來，才能突破他人的限制。

第二節　國防科技獲得的方式

　　科技的獲得，最基本的二種方法爲「創造」與「採借」[4]。「創造」是向內求，自己研究、發展；「採借」則是從外取，向人購買、師法。創造與採借交互作用，成爲「創新」及「改進」。然而因爲國防科技具有較一般科技更加嚴峻的特性[5]，因此在「外求」時，常無法獲得關鍵技術：國防科技先進國家，是不會將完整科技傾囊相授的。通常是次一等的、過時的科技，才會提供其他國防科技落後國家使用；道理很簡單——競爭優勢。

　　國防科技的獲得，由前述二種基本方法，衍生成「軍事採購」、「合作生產與技術轉移」、「合作開發與研發」、「仿製與技術竊取」、「自力研發」等幾種類型：

一、軍事採購

　　軍事採購包含軍備採購、軍備贈與、軍備租借、人員代訓、教官提供等許多方面。一般以武器裝備相關物質爲主，係國防科技先進國家對落後國家所提供的科技售與行爲。售與範圍包含盟國及支援對象，售與內容則爲完整產品（一般包含售後服務及維修配件）。我國歷年均向美國採購武器，而美國則依「台灣關係法」的規範，售我防禦性武器，我國每年派遣

現役軍官，以非官方身分（因我與美方無正式邦交關係）至美國軍方學校或基地，學習相關武器操控、整備技術及軍事科技。又如報載中國大陸曾在波斯灣戰爭期間，提供伊拉克相關飛彈技術，此皆屬於軍事採購的一部分。

二、合作生產與技術轉移

嚴格來說，合作生產與技術轉移亦可列入軍事採購的一種，為國防科技先進國家對落後國家或其盟國與支持對象所作的協助。唯其所交易之物品為較基礎層次之元件、原料或技術知識、專利權等。實際之產品生產，主要在被協助國國內為之。海軍二代艦中「成功級」巡防艦[6]的艦體，即是由美方提供原始設計圖與零件，在中船組裝製造。近年與南非技術合作轉移於國內生產之海用七六快砲「近發引信」，亦為一例。合作生產與技術轉移如於被支援國內製造，可有效提昇被支援國的國防科技水準。然其所生產之產品，須依合約規範行銷，否則可能侵害專利。

三、合作開發與研發

合作開發與研發為近年科技發展或產品製造的重要模式。一項產品的不同組成，依各合作國家擅長的項目分配開發，實施科技分工，是為合作開發。而合作研發則為一國所需求的目標產品無法以自有科技獨立完成，故由先進國家提供協助，完成產品的規劃、設計、測試及製造。二者的差異在於產品所有權的不同：合作開發的產品，所有權為各參與開發國均分，而合作研發之產品，所有權屬於研發國，然而部分科技可能受限。我國IDF經國號二代戰機，依據空軍作戰需求規劃，並由美國諾斯諾普公司協助中科院航發中心（現為漢翔公司）研發，即屬於合作研發模式[7]。

四、仿製與技術竊取

仿製與技術竊取，嚴格地說，是不合法、不道德的。但若該等國防科技對於科技落後國有重大戰略或戰術利益時，在無力自行研發亦無法獲得授權或技術支援的情況下，取得技術成為首要考量，法律及道德則被拋棄。不可否認的是：仿製與技術竊取在國防科技的世界中，永遠占有一席之地，為獲得產品的有效方法之一。大家都只做不說，甚至在被破獲時，官方還會「鄭重」否認！

仿製的方法有許多種，常被採用的是所謂的「逆向工程（Reverse Engineering）」——將終端產品各個組件作精密分析並反向一步步推回到最開始的原物料階層，然後再將推回的步驟逆向，從而獲得產品製程與技術。技術竊取的方法一般則為買通技術人員，由其提供技術或設計資料。

五、自力研發

自力研發是整合與研發自有科技，使成為國防科技。這是獲得國防科技最基礎最根本的方式。自力研發，能獲得完整建立上、中、下游研發組織的整體概念與經驗，前述任何一種方式如軍事採購、合作生產、技術轉移、仿製竊取等都無法完全獲得這種基礎。唯有自力研發才能將產品最上游的科學理論層到最下游的製造層加以貫通，建立真正屬於自己的人才與研發能力。

自力研發的過程中，可能遇到許多的問題：成本效益、時程限制、科技層次不足等。然而最大的問題，在於失敗風險。這些問題與國防上的壓力一配合，很容易造成決策階層中途放棄建立國防科技的規劃，轉向能夠迅速獲取武器裝備的其他方式。這正是台灣所面臨的窘境！

第三節　國防科技的自主

　　完整的科技基礎是國防科技自主的重要基礎，亦是國家安全的重要根基。對一個國家而言，沒有自主的國防科技，幾乎等同於邊界不設防的國防。

一、國防科技自主的內涵

　　何謂國防科技自主呢？所謂「自主」，意指「自己作主」；亦即對某項事物擁有依自己意願充分而完整的決定權力。要或不要、做或不做、使用或不使用，完全操之在我，不受外來因素影響。國防科技的自主，具有上述的本質。要注意的是，「自主」與「自製」並非全等。自製的物品，亦並不一定代表必然地能夠自主。

　　國防科技的自主與自力研發在意涵亦不完全相同。自力研發是自主國防科技中不可或缺的一個環結；無自力研發能力即不可能完整地自主國防科技，僅能在某些層次上獲得滿足，達到「次自主」的狀態。

　　完整的自主應包含下列四個層面：

　　・從使用的層面看，能充分擁有需求的裝備及武器。
　　・從製造的層面看，能完全掌握關鍵的技術及材料。
　　・從設計的層面看，能完整設計適用的產品及裝備。
　　・從規劃的層面看，能自由地設定國防科技的目標。

　　從最末端的「使用層」到最上端的「規劃層」，都要能夠自己做主，才是真正的、完整的自主國防科技。圖20-1顯示國防科技的自主與國防科技獲得方式和其他重要因素間的交互關係。很明顯地，最下面的使用層的滿

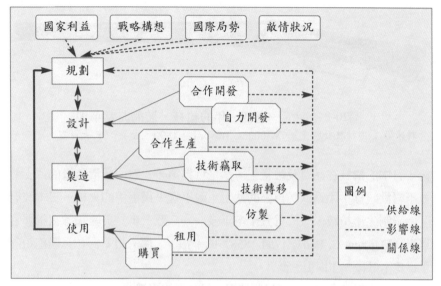

圖20-1　國防科技自主與國防科技獲得及其他影響因素

足，並不必然與其上層結構產生制約性的關係——以「購買」、「租用」亦可滿足使用的需求，但使用的需求滿足後，勢必影響到政策的規劃和其下所有層次的自主程度。這種不完整的自主，可視為相對完整自主的「次自主」狀況。

二、影響國防科技自主的主要因素

影響國防科技發展的因素很多，戰爭、教育、人才、環境、制度、預算、文化、歷史、外交、政治等等，都是不可忽略的因素。在這些因素之中，何者具有關鍵地位，以下作一探討與澄清。

首先我們必須明白「技術發展與個人的發明天才關係不大，整個社會對於發明創新的態度才是關鍵。」[8]

一五四三年，兩名葡萄牙冒險家帶著火繩槍抵達日本，一五四〇年的槍枝（見圖20-2）使得日本人開始自行製造並改良了槍械技術。半個世紀

圖20-2　西元一五四○年的槍枝，裝飾非常華麗
資料來源：《科技發明史》，Williams, Trevor I.，1990，香港：中華圖書。

後，日本的槍枝在品質及數量上，都是世界第一。然而統治階級的武士們並不喜歡這樣，因為武功再強的武士也敵不過平民手中的火槍。日本政府開始限制生產槍枝……二百五十多年後（一八五三年）美國艦隊在指揮官培里（Matthew C. Perry, 1794-1858）的率領下，闖入日本海並以艦砲粉碎了日本軍隊後，才恢復生產[9]。

　　社會的態度及方針，是科學技術得以發展的關鍵[10]。

　　另外一個著名的例子是明朝海軍的「從稱霸海上到自我毀滅」：從成祖永樂三年至宣宗宣德八年（1405-1433），鄭和率領了約二萬八千人、數百艘船隻的龐大寶船艦隊下西洋七次，其中最大的船艦可達一百二十多公尺長、六十八公尺寬（鄭和寬船復原模型見圖20-3）。一四九二年「發現」美洲大陸的義大利航海家哥倫布（Christopher Columbus, 1451-1506）當時還沒有出生，更別提及他「發現」美洲的船有多寒傖了[11]。當時的中國，以其優異的技術稱霸海上，英國的研究學者甚至指出鄭和應是航行環繞世界的第一人：比哥倫布先發現新大陸，比麥哲倫（Ferdinand Magellano Magellan, 1480?-1521）早一百年便繞行世界一周，也比英國的庫克船長更早到達澳洲，並一度航海到南極附近[12]。可是，隨著明宣宗的駕崩，宦官與官僚體系間的鬥爭日益激烈，在寶船最後一次返航後，明英宗下令嚴禁再出海航行，並停止所有遠航帆船的建造與修繕，兵部郎中劉大夏甚至銷毀鄭和下西洋的檔案，獨步世界的造船及航海技術於焉凋零。到了清朝，反而要向西方學習造船技術。

　　究其原因，政治惡鬥及經濟因素使朝廷無力維持艦隊、運河開通使海

圖20-3　鄭和寶船復原模型

資料來源：《中國古代科技》，金秋鵬主編，1999，鄭州：大象出版社。

運沒落、北方防務吃緊、士大夫為了科舉考試而較注重經典的記誦等等，皆為原因。當時的翰林學院認為：「中國以其禮儀教化即足以綏服他國，國家無需對外貿易或對外征討。」[13]朝廷中根深蒂固的「陸權思想」，壓迫了「海權」的興起，終至舉世無雙的明朝海軍湮滅於歷史中！

　　社會的態度是包含許多不同人的不同立場與思考，整體形成的一種風氣或習俗。在這些不同的思考中，政府的態度是一個重點，它引導整個社會。雖然戰爭、教育、人才、環境、制度、預算、文化、歷史、外交、政治等，對國防科技的發展與自主都有非常大的關係，但政府與其政策實居於主導的關鍵地位。西方兵學大師約米尼（Antoine Henri Jomini, 1779-1869）說：「對於軍事科學的研究，也應該和勇敢與熱忱一樣，由政府給予必要的鼓勵和獎賞。軍事方面的科學人才應該為人所尊敬，這才是唯一的途徑，可以使軍事方面獲得奇才異能之士。」[14] 政府應該要如何做，必須加以深思。

第四節　我國國防科技發展概況

　　自民國三十八年（1949）政府播遷來台至今，我國國防科技發展可以說是篳路藍縷，歷盡艱辛。內有迫於與中國大陸對抗的「使用」需求而未能落實科學研究基礎，外有世界局勢對抗傾軋及國際關係斷續不穩的情況影響，造成國防科技發展政策在自製、合作與外購間搖擺不定，而陷於「次自主」的狀態。本章第一節我們曾經提到：「無論原因為何，一國的經濟力、科技力若無法完整自主，在發展國防科技時，必受國際環境的制約。」我國國防科技的發展狀況，正是這一句話的寫照！

　　以往我國國防科技發展是以獲得與滿足部隊基本物質需求——「武器」為主。故在探討我國國防科技的發展狀況時，由武器獲得的途徑來看，是一個非常好的方法。從民國三十四年（1945）抗戰勝利至今，武器的獲得方式可區分為四個階段：

一、「有什麼打什麼」的慘澹經營時期（民國三十四年至四十七年，1945-58）

　　從抗戰勝利到民國四十七年（1958）以前，尤其在民國三十八年（1949）由大陸撤退來台後，不單沒有國防科技，連工業發展都尚未成氣候。此時國防武器的獲得以美援為主，美國給我們什麼，我們就打什麼——有什麼，打什麼。

　　那是剛剛獲得抗戰勝利得以休養生息之際，國共戰爭在蘇俄大批裝備中國大陸軍隊與美國總統杜魯門（Harry S Truman, 1884-1972，第33任，1945-53）誤信中國大陸為「土地改革者」而變更對華政策，斷絕一切對我支援的情形下，大陸局勢快速逆轉。民國三十八（1949）年八月，國民政

府退至廣州，形勢危殆之際，美國國務院於發表「有關中國問題白皮書」，將失敗之責完全推諸國民政府，並考慮承認中國大陸，終致戰事失敗播遷來台[15]。來台後，除了大陸遷台的聯勤兵工廠及部分海空軍修護工廠勉強還有一些技術，能生產一些傳統性、簡單的武器彈藥以供應國軍外，就是美國後來又重新提供的援助。

　　這段期間也剛好是世界局勢由第二次世界大戰的熱戰往美、蘇二大強權為首的冷戰關係緩緩邁進的時期。民國三十九（1950）年六月韓戰爆發，中國大陸派兵「抗美援朝」美國為防堵共產勢力擴張，派遣第七艦隊協防台灣（另有一說為防止蔣介石趁機反攻大陸），麥克阿瑟（Douglas Macarthur）亦親自來台協調國軍支援盟軍作戰。民國四十年（1951）春宣布「共同互助協定」，美國提供各項軍援；五月一日正式成立「美國軍援顧問團」（Military Assistance and Advisory Group, MAGG）[16]。民國四十一年（1952）底援助我空軍多架雷霆機（P-47，Thunderbolt，見圖20-4）[17]，又於民國四十三年（1954）九月金門砲戰後（時韓戰已簽訂休戰協定一年）與我簽訂「中美共同防禦條約」（一九五四年十二月）。壁壘分明的陣營，是自由世界與共產世界較勁對抗，這種對抗，使美國改變國共戰爭時期對我的態度而提供軍事援助。美軍當時的軍援目標僅為ACNAD：A——將海

圖20-4　第二次世界大戰後，美國援助我國空防的P-47雷霆號
資料來源：《戰機的天空》，華錫鈞著，1999，天下遠見出版。

軍建設爲美國第七艦隊之附屬；C──建立空軍的攔截系統，無轟炸及攻擊能力；NAD──可無限制建立陸軍武力以自衛（美軍不駐防）[18]。這種型式軍援背後的戰略義意及目的，是將我們當作自由世界的城牆，用來當第一線抵擋共產主義的擴張[19]。

民國四十七年（1958）八月二十三日，八二三砲戰開始。戰爭期間中國大陸砲兵往金門這個彈丸小島打了四十多萬發的砲彈，震撼了全體國人，也震驚了全世界。這一仗，我們打醒了我們的國防意識，使得政府下定決心建立自己的國防科技，以確保國家安全。這一仗，成爲我國發展國防科技的轉捩點。

二、美援加軍售到成立中科院時期（民國四十八年至五十八年，1959–69）

八二三砲戰後，政府雖然下定決心要發展國防科技，並且開始研訂國家科技政策，然而實際成效卻不顯著。很多友邦國家表面上支持我們發展科技，實際上沒有一個國家眞正地伸出援手。此時期，國軍武器裝備來源主要以美援及軍售爲主。

所謂美援，指的是武器裝備的贈與或以極低的價位售贈或讓渡，這類武器大部分是戰爭結束後所剩下或多餘的武器。例如，韓戰後空軍換裝的F-84 戰機及F-86 Saber（軍刀機），即屬此類。而軍售則是向美國軍方購買的方式購入武器裝備，通常是我方基於作戰需求向美方提出，經美方同意出售，或由美方主動建議我方購買的武器裝備。一般的情況是：「我們要的裝備美國『通常』不同意，而美國同意的裝備『通常』只能滿足部分的國防需求。」

這樣下去是無法建立自主的國防科技體系的！民國五十一年（1962），中國大陸試射東風二型彈道飛彈，繼於民國五十三年（1964）十月十六日試爆原子彈成功，使我國發展自主的國防體系需求突然升高。乃由當時任國防部長的蔣經國先生籌設專責機構以推展國防科技。歷經四年的籌備，

民國五十八年（1969）七月一日，「中山科學研究院」（中科院）成立。

　　由於當時我們並沒有足夠的國防科技人才，因此中科院成立之初，以培養尖端科技人才為要務。此時，剛好台灣工業力量開始向上爬升，經濟力逐漸好轉，國防預算成長，兵工廠的技術及產能提昇。因此，中科院的成立，就一般科技整合轉變為國防科技的角度而言，是一個開端，也是人才彙集與自主性國防的奠基時期。是我國基礎國防建設的重要里程碑。

三、危機、轉機與發展的黃金時期（民國五十九年至七十七年，1970-88）

　　從民國五十八年（1969）中科院成立以後，我國國防科技的研發能量逐步建立，並積極與美國合作研發或合作生產武器裝備，以更快速地取得製造技術。民國六十二年（1973）與美國諾斯羅普公司（Northrop，簡稱諾廠）簽訂中正號（F-5E）於我國航發中心生產的合作計畫；民國六十四年（1975）與諾廠展開噴射教練機XAT-3的合作研發計畫。

　　然而就在此時，我國的國際關係有了一些轉變——美國與我國和中國大陸的關係改變了。整體而言，這種變化可視為是美國在冷戰時期的一種操作——拉攏中國大陸以牽制蘇俄，或使其至少不直接與美國為敵。經過「上海公報」、「八一七公報」[20]，最後美國和中國大陸於民國六十八年（1979）一月一日「關係正常化」並與我斷絕外交關係。此後，美國對我武器供應限於「防禦性」武器，且在質或量上都有相當的限制。這種關係的轉變，促成了我國全力發展國防科技，並且獲得了豐碩的成果

　　民國六十八年（1979）年中美斷交後，國人悲憤之餘，在政府「莊敬自強、處變不驚」的號召下，有錢出錢有力出力，民間成立了國防發展基金，政府亦提出了多項國防科技如戰機、飛彈、船艦、戰車的發展計畫。民國六十九年（1980）七月十七日，與諾廠合作研發的噴射教練機XAT-3首架原型機，在國內自強愛國氣氛下出廠，並命名為「自強號」。中美斷交的危機，在國人奮發向上的團結氣氛下，危機成了轉機。

民國七十四年（1985），蔣經國總統於軍事會談中裁示，按安翔計畫（經國號戰機）、天弓計畫（地對空飛彈）、雄風計畫（反艦飛彈）及電戰裝備之優先次序，全力發展武器裝備。在此必須一提的是，前述發展專案中，雖然部分計畫有國外公司參與並提供技術協助，如安翔計畫，然其主導權基本上是在我方。這些專案計畫的執行，後來陸續完成了雄風一型、二型反艦飛彈，天弓一型、二型地對空飛彈，天劍一型、二型空對空飛彈及IDF戰機（見圖20-5）之研發[21]。最令人興奮的是民國七十七年（1988）底的IDF戰機以滑行方式出廠（並非以拖車拖出，在此之前，只有美國的F-16如此做過），然後由前總統李登輝先生命名為「經國號」戰機[22]。此一時期，真可謂是我國國防科技發展的黃金時期。

四、重拾外購與合作生產時期（民國七十九至今，1990-）

民國七十八年（1989）發生的幾件大事，使我國在國際上的地位又有了巧妙的轉變。首先是我國經濟力飛快發展，外匯存底躍居世界第一，令國際刮目相看。其次是美、蘇兩國於「馬爾他高峰會」中宣布冷戰結束。

圖20-5　IDF出廠時以滑行方式進場，現場擠滿了分享這份喜悅的國人
資料來源：政府出版品。

接著是發生在天安門廣場前的中國大陸血腥鎮壓學生民主運動的「八九民運」事件。這些事件的影響，使得部分歐洲國防先進國家因為生產工廠存活的需求，寧犯中國大陸怒顏而售我武器，使我武器外購管道增加。

相對於自力發展，若不考慮「全壽期成本」[23]及國防科技自主的因素，外購武器的優勢為：一、價格較具競爭力；二、風險較小；三、獲得時程較短。這些因素，使其成為我國高性能「新一代兵力」的武器獲得來源；法國的幻象戰機和拉法葉巡防艦（我海軍康定級）、德國的獵雷艦（永豐級）、荷蘭的劍龍級潛艦、美國的F-16AB型戰機與派里級驅逐艦（成功級）等購案，均於此時期定案；其中除派里級驅逐艦於中船合作自製外，其餘均為純外購武器。

相較於老舊的「一代」兵力（如陽字號驅逐艦從出廠至民國八十年（1991）二代艦服役前，已使用了五、六十年，可謂之為「祖父級」），這些外購案適時地填補了我方逐日消失的戰力，滿足了部隊的作戰任務需求。然而，這些外購案預算龐大，卻也嚴重地影響了我國國防科技的發展。例如，中科院武器研發所需要的預算即被削減；而外購戰機的定案，也排擠了自製IDF戰機的量產數量（原訂生產二百五十架的計畫被縮減了一百二十架）[24]，此種情況對我國戰機研發單位的漢翔公司，是一個重大的打擊[25]。

五、回顧與省思

我國的武器獲得方式受到國際環境影響太大，尤其是美國與中國大陸關係的變化。而這種武器獲得不穩定的現象，主要原因在受限於武器供給需求急迫的壓力，故不得不將重點置於「使用層次」的滿足。這是我國自主國防科技的兩難問題！但我們必須要認清：滿足國防科技「次自主」的狀態，隨時會因武器獲得的不穩定而起舞——外購不易時自力研發，一旦外購管道暢通時，又立刻全面外購——往一爐好不容易燒熱的國防科技爐灶澆下一大盆的冷水。有識之士的心中存著恐懼：如果幾年之後，國際環

境又轉爲不利我方，我們又無從外購，是否再重頭開始再走一次「研發生產」的過程，或重蹈一次以「祖父級軍艦」防衛台海的覆轍？[26]

有「台灣科技之父」之稱的李國鼎先生論及科技政策時曾說：「傳統上強調科學知識應爲人類所共有，因此，鼓勵科學發現公諸於世……然而，在技術之一端，情形恰好相反。技術以實用爲目的，商業性與國家安全之技術更以競爭爲本質……。技術之價值視其對經濟、國防、福祉等實用世界之貢獻而定，基於技術之競爭（technology-based competition）已成爲常態。因此，各參與分子莫不竭心盡力保護自己之智慧財產，並期望在競爭中擊敗敵手。產業技術如此，國防技術亦如此。」又說：「由於現代科學與技術之關係十分密切，許多行業與政府已限制某些科學知識的流通，以免對手企業或國家得以用來加強其競爭力，因而危害到自已。」這一段話眞值得我們深思！我們花下大筆資金買得了武器，但未必買得到自主的國防科技。

我們應當認清，武器獲得並非國防科技的全部，它只是使用層次的供應而已。要能自主於國防，自主於武器，不受到國際環境的影響，我們的國防科技發展策略就應以各個層次的自主爲目標，才能眞正完整的得到自主的國防。

問題與討論

一、國防科技目標設定的諸般考量因素中，敏感度較高者爲何？試簡述之。並請一併說明何謂「敏感度」？

二、試說明「國際環境」因素對國防科技目標設定所產生的影響？

三、試製表比較國防科技各個不同的獲得方式。

四、何謂國防科技的自主？如何區分不同的自主程度？

五、試歸納影響國防科技自主的主要因素爲何？

六、請對我國國防科技發展的歷程，提出你的看法與感想。

註釋

[1] 九一一恐怖攻擊：美國於二〇〇一年九月十一日，遭到恐怖分子劫持多架民航機，並以自殺攻擊的方式，先後撞上紐約世界貿易中心（World Trade Center）的兩棟超高大樓以及華盛頓的國防部五角大廈（Pentagon），使得超高大樓一一崩塌、五角大廈部分損毀。因應此恐怖攻擊行動，美國於同年十月七日（美東時間）對窩藏涉嫌指使恐怖攻擊主謀賓拉登（Osama bin Laden）的阿富汗神學士政權發動代號為「持久和平」（Enduring Freedom）的戰爭。

[2] 敏感度：在此係指結果受到變因變化所造成的影響程度。例如：設一個多變因影響所產生的結果 z，某個變因 x 產生了很大的變化，但是 z 卻只改變一點點，則 z 對 x 的敏感度是小的；但若 x 只有一些小變化，就足以使 z 產生大改變，則 z 對 x 的敏感度是很大的。

[3] 在此「權力的制約」指一般國際社會（或社會大眾）較容易接受權力大的國家（或人）的行為；而權力小的國家（或人）做出相同行為時，較不易被接受。

[4] 王道還、廖月娟譯，賈德·戴蒙著，《槍砲、病菌與鋼鐵——人類社會的命運》（台北：時報文化，1998初版），頁275-283。創造意指獨立的發明，而採借則指採用或借取他人的發明或改進。

[5] 見本篇第一章第三節。

[6] 「成功級」巡防艦是海軍「光華一號」專案所建造的戰艦。以美軍派里級（Perry）艦為藍本，由中船公司承建。海軍另有「光華二號」專案，為向法國購買的拉法葉戰艦，在我國稱為「康定級」巡防艦；「光華三號」專案，為國人自行設計製造的「錦江級」500噸巡邏艇。

[7] 華錫鈞著，《戰機的天空——雷霆、U2、到IDF》（台北：天下文化，1999初版），頁200。。

[8] 王道還、廖月娟譯，賈德·戴蒙著，《槍砲、病菌與鋼鐵——人類社會的命運》（台北：時報文化，1998初版），頁261。

[9] 同註8，頁282-283。

[10] 李明聖譯，石井威望著，《科學的軌跡——科學與人類的互動》（台北，錦繡出版事業，1994年7月初版），頁9-12。

[11] 同註8，頁458。

[12] 中央社，記者歐俊麟倫敦專電，二○○二年三月四日，http://www.yahoo
.com.tw，雅虎奇摩新聞首頁。

[13] 陳宗煦，〈國防科技教育發展之研究〉，《國軍九十年度軍事教育研討會論
文》（國防部、教育部，2001年12月28日），頁5。

[14] 約米尼著，紐先鍾譯，《戰爭藝術》（台北：麥田出版，1996年），頁55。

[15] 陳正茂，《中國近代史（含台灣開發史）》（台北：文京圖書有限公司，2000
年1月），頁487-493。

[16] 陳宗煦，〈國防科技教育發展之研究〉，《國軍九十年度軍事教育研討會論
文》（國防部、教育部，2001年12月28日），頁12。

[17] 此時，美國與中國大陸在韓戰中已使用噴射戰機，美方援助的這些飛機是二
次世界大戰的剩餘物資。

[18] 葉昌桐，〈我國國防科技政策之形成、演進與展望〉，《國防科技政策與管
理講座演講論文集》（台灣大學管理學院、工學院，1993年10月），頁10。

[19] 事實上，當時美國曾經要求「駐防」，並由美國提供國軍軍餉，但爲蔣中正
總統拒絕，因而避免成爲不折不扣的棋子。

[20] 美國與中國大陸簽定之「上海公報」及「八一七公報」全文，行政院陸委會
資研中心網頁，http://www.mac.gov.tw/rpir。

[21] 陳進誠，《武器獲得與系統分析概論》（台北：輔仁大學出版社，2001年8
月），頁21-23。

[22] 華錫鈞著，《戰機的天空——雷霆、U2、到IDF》（台北：天下文化，1999初
版），頁233。

[23] 「全壽期成本」指裝備自購入至除役的整個壽期內所需要的成本，包含購
買、補保維修、料件消耗、人員訓練維持等所有成本在內。

[24] 同註22，作者華錫鈞指出IDF計畫生產一百三十架，因外購戰機預算排擠，
減少了後續一百二十架的生產。經核算該一百二十架如赶生產，僅需一千億
不到。較之外購實便宜許多。

[25] 同註22，頁III。前國防部部長唐飛將軍認爲：「美國基於政治等多項因素，
對我研發生產設限極多，結果是經國號戰機很好，但不能滿足我國防需
要。」

[26] 我國二代驅逐艦艇「成功級」艦服役前所使用的「陽字號」驅逐艦，多爲服
役五十年以上的第二次世界大戰時期產品。「祖父級」軍艦當之無愧！

第二十一章　發展國防科技的必要與取向

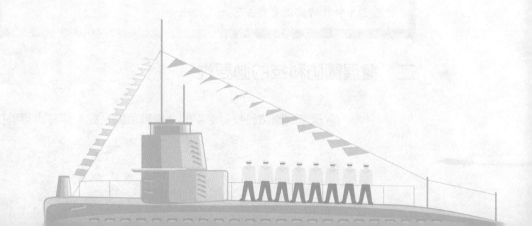

第一節　發展國防科技的重要性與必要性

一、發展國防科技的重要性

　　西方兵學大師約米尼在其所著的《戰爭藝術》中，列舉要組成一支完美的軍隊必要的十二項條件，其中第八條指出：「無論是在攻勢或是守勢方面，儘可能的保持著裝備和武器上的優越性。」並進一步闡釋：「武器的優越可能增加戰爭勝利的機會，雖然武器本身並不能夠獲得勝利，但它卻是勝利的重要因素之一。武器的發展是日新月異，所以一個國家在這一方面居於領先的地位，是可以占了不少的便利。」[1]

　　從約米尼對科技的重視，以及本篇中戰例的引註，我們不難明白國防科技對一個國家是多麼的重要。

> 　　男練義和團，女使紅燈照。
> 　　砍倒電線桿，扒了火車道。
> 　　燒了毛子樓，滅了耶穌教。
> 　　殺了東洋鬼，再跟大清鬧。
>
> 　　　　　　　　　　　　　　　　　——義和團揭帖
>
> 　　義和團無可否認的是清末的愛國志士。但當時的他們並不知道自己已在科技的洪流中失去了立足之地。

二、發展國防科技的必要性

　　為什麼一個國家的國防科技是必要的？由戰爭面來說：擁有國防科技

圖21-1　義和團民被抓，洋人拿來作照相時的紀念

資料來源：《新編圖說世界歷史》，光復書局編輯部，1991，台北：光復。

的國家，武器裝備之供應較不虞匱乏，戰時的損耗可以持續補充。反觀未擁有國防科技的國家，損耗補充需靠外力，一旦不繼，則從事戰爭的物質面盡失，其結果為危在旦夕。

　　由國際現實面來看：沒有國家會願意將自己擁有的王牌提供他人，除非是該國擁有份量相當於其他王牌。畢竟，現實的國際社會當中誰都得提防一不小心地「養虎為患」[2]。曾任八年參謀總長的郝柏村上將一針見血地指出：「唯有自立發展科技，方能突破尖端武器的瓶頸；當有自製尖端武器能力的時候，也是可以採購尖端武器的時候。」[3]充分地說明了擁有國防科技的必要性。

　　超強的美國，如此敘述國防科技的必要性：「美軍必須研究並用心運用科技：我們禁不起在科技上落後。」[4]雖然科技絕非國防上唯一的必要，亦絕非決定戰爭勝負或國防成敗的唯一因素，但卻絕對是影響成敗的重要原因。除了對科技重視外，美國人也對科技的角色有相當清楚的認知：「科技是一種工具，而不是解答。」[5]這是值得我們學習的態度。

第二節　我國國防科技發展的取向與策略

「不知道對資源如何有效管理，才是對資源的最大浪費。」[6]

發展國防科技時，除了要能夠有效地管理外，更要先行訂定正確的目標。因為「錯誤的政策比貪污還可怕！」無論如何有效地管理，如果取向的目標錯誤，則不僅止是浪費，更可能危及國家的安全。動輒百億、千億新台幣的國防預算支出，每一分都是納稅人的民脂民膏，國家、人民的資源，如何容許錯誤觀念導致一而再而三的錯誤抉擇。這是為政者所必須清楚明白的。

正確的策略與規劃，加上對資源運用的有效管理，除可避免浪費，以較低的代價，獲得有效的國防外，甚或更可以藉由有效管理之作為與先進的國防科技產出，為我們進一步地創造出資源與價值。兵在精、不在多，正確的取向和發展策略，對缺乏天然資源的我國而言，是多麼重要的課題。

一、我國國防科技發展的取向

要談我國國防科技發展的取向，首先必須認清我們所處的地理位置所具有的獨特性以及主要的價值，然後設定未來的作戰地點（在非侵略他國的目標下），最後再規劃所需的武器，並訂定發展該武器所需的國防科技。

談台灣的地理獨特性之前，我們先回顧近代的台灣歷史。從一六二四年荷蘭人據台到一九四五年日本人還台的三百二十一年間，台灣被荷、西、鄭（成功）、清（朝）、英、美、普、日、法等強權爭來爭去[7]。帶來的是戰禍、壓榨、殖民、利用和屈辱。台灣的命運為何如此乖桀呢？我們必須要明白，這跟台灣地理位置的獨特性有關。

　　台灣是一個四面環海的島嶼，位於東亞大陸邊緣。東北往約一百四十五公里達硫球群島的與那國島，南往約三百五十公里達菲律賓，向西二百公里即是大陸，反過來朝東約二千四百公里則是「第二島鏈」中間點的關島、五千二百八十公里可抵美軍太平洋戰區司令部所在地的夏威夷。以地緣戰略觀點來看，台灣位於中國大陸往太平洋出口的重要門戶──「第一島鏈」的中間位置；更因與大陸語言文化相同，因而勢必成為西方國家圍堵中國大陸勢力衝出太平洋，或是借道前往大陸經貿投資（掠奪）的孔鑰。因此，台灣對中國大陸或對任一個以侵略大陸為利益出發點的西方國家而言，是一塊不折不扣的「爭地」，誰得到都有利[8]。被「爭」或許真的是地理上的一種宿命。

　　要爭台灣這個四面環海的島嶼，過去僅能靠海軍，才能將部隊源源不絕地投射到島上。空權時代興起後，制空權成為制海與制陸的主要基礎之一。沒有空優，海軍的水面艦艇與陸軍的地面部隊以及本島的地面目標，均會成為敵人的活靶。至於陸戰，以現在台灣人口及工商業分布於非崎嶇地形的稠密情況而言，除非是在中央山脈中開戰，否則無論大規模地面戰爭在何處發生，皆是在我方的「重要地區」作戰，對我極為不利。另外，假設我海空軍覆沒，制空、制海權喪失，對外交通完全中斷，平日仰賴的外來的資源如石油無法輸入，戰時仰賴的武器料配件亦無法獲得時，台灣能撐幾天？屆時敵若拖延而不行登陸作戰，則國防中的陸戰武力，幾無用武之地。此外，無空優的陸戰如何持續？故客觀而論：「若台灣海空作戰失敗，戰爭結果即已確定失敗。」這也是台灣的地理獨特性[9]。

　　因此，我們應著重空軍與海軍的發展，把以往「陸軍為決戰兵種」的大軍會戰觀念修正為「空、海軍為決戰兵種，陸軍是支援兵種」。亦即「將地面戰爭視為次要，將空戰與海戰視為主要。」是故我國國防科技發展取向，應以「達成海、空軍作戰戰場優勢的自主武器裝備為主」，致力將戰火阻絕於台灣陸地之外。此外，以小搏大的飛彈科技，亦可作為發展取向，使能先制奇襲，達到戰略與戰術效果。

二、我國國防科技發展的策略

國防部八十九年（2000）國防報告書指出，我國國防科技發展政策為：一、以「根本性、整體性、通用性、持續性」為基本原則，整體規劃前瞻性科技發展目標，建立自立自主國防科技研製能力；二、結合產、官、學界共同努力，厚植國防科技能量於民間，達到平時能充分運用，促進國家整體科技升級，戰時能立即轉移為國防整體力量；三、遵循國際公約，絕不擁有、製造、使用核生化武器。

而國防科技研發策略則為：一、依據國軍作戰需求及國防財力指導，結合國內各界力量，共同致力於國防科技研發；二、依敵情威脅及軍種作戰需求，積極提昇國防科技研發能力，研製籌建有效嚇阻戰力之國軍新一代武器裝備；三、以國際合作促進國防科技研發，引進尖端科技，延攬優秀人才，精進設計、技術融合及系統整合能力；四、運用「工業合作互惠」額度，爭取「技術移轉」、「技術合作」、「授權生產」，以提昇國防科技及工業水準；五、加強國防科技轉移民間，擴大國防關鍵技術研發效益，厚植民間國防科技與國防工業能量。

前述的政策及策略，相當完整地考量了作戰需求、國防財力，並將集合國內軍事、學術、產業等各界的力量作一宣示。如能確實執行，應對國內國防科技自主性的提昇有所助益。除了宣示外，更加明確的國防科技發展「策略」是受國人期待的。

明確的策略，須依據國防科技發展的取向，並應先考慮國內科技產業現況與未來趨勢，區分強點與弱點。然後分門別類針對強點與弱點加以律訂。在訂定發展策略前，則須先確立幾個觀念：其一、「前瞻規劃」，眼光至少要放在二十年後；其二、「自主發展」，他人不可靠，靠人者恆為擺弄；其三、「力量集中」，兵貴精，不貴多，備在適，不在廣；備多則力分；其四、「不怕失敗」，失敗是過程，弄清楚為何失敗，就是成功。

由前述整體的概念，我國明確的發展策略應有下列步驟：

（一）　設立國防科技目標規劃小組

　　由該小組配合未來的趨勢，配合規劃之戰爭地點特性並以前瞻眼光提出明確的武器裝備。以實體的產品作為導向，國防科技的目標即自然明確。此類實體產品，應以大型、先進、完整的系統為標的。例如，現階段應是規劃海軍「三代艦」、空軍「三代戰機」、「短程彈道飛彈」等方案項目的良好時機。

　　發展一個大型的武器系統，從規劃（需求）、研發、驗證到生產部署，可能需要十年甚至二十年以上的時間。前瞻的眼光是必要的，新技術的開發更是無可避免的，不能等到所有的技術都成熟了才做。因此，國防科技目標規劃小組所提出的實體產品需求，如以三分之一可掌握的技術、三分之一研發過程中改進的技術，再配合三分之一需創新突破的技術來規劃，應該是較為合理的規劃方式。

（二）　整合軍事界、學術與產業界

　　整合學術及產業界，除了前述的「產品導向」方式外，需再加上「有利可圖」的誘因，方能帶動研究的風潮。此處所謂「有利可圖」的誘因，指以正當手段合法方式提供的補助。例如，編列某項關鍵科技的「研究發展」經費及後續「研究成果」獎金，吸引數個不同的學術研究機構及產業機構投入發展，訂定時評估各家發展之成果，再決定採用何者。此種方式係由公平為出發點，以競爭為動力。以我國學術及科技能力現況而言，應能有效加速自主國防科技的發展。

（三）　從擅長的科技開始自主發展

　　現階段我國長於電子科技，部分電子產業執世界牛耳。應善加利用此長處，擴大其應用的軍事層面。例如，分析購入的先進武器裝備的電子零件，再以我國擅長的IC設計及晶片製造加以改進，不但可以增加穩定度，亦能夠將零件體積壓縮變小，降低成本及提高自製。又如結合我國完整的

電子、網路及軟體工業，規劃設計戰情中心、情報資訊鏈路、模擬系統等等，皆應該是我們可以開始自主發展的。

（四） 打破輸出障礙、擴大市場規模

台灣是個小島，任何產業都必須以世界爲目標，否則在市場太小的限制下，容易窒息；這種狀況在大型及長壽期的產品上最爲明顯。

武器系統基本上爲大型且長壽期的產品，而現階段我國國防科技的主要客戶爲國軍與部分警政、海岸巡防機關。由於需求量有限，產量無法放大，因此在自行研發費用計入量產成本後，單位成本相對提高；造成自行研發國防科技的成本效益問題，此問題如以擴大市場規模（以世界爲銷售目標），當能有效解決。然而，對國外軍事銷售是一個複雜的問題，如何打破輸出障礙、擴大市場規模，是我國可以努力的方向。

問題與討論

一、試論述國防科技的重要性與必要性。

二、試依台灣地理的特性，討論國防科技發展取向。

三、請研究我國經濟及工業能力，配合本篇其他各章節內容，提出發展國防科技、保障國家安全的方案。

註釋

[1] 約米尼著,紐先鍾譯,《戰爭藝術》(台北:麥田出版社,1996),頁49。

[2] 一九八六年五月十七日,美國暗中支持的伊拉克與蘇俄暗中支持的伊朗已打了七年的仗(兩伊戰爭)。這天傍晚,美國巡防艦史克號(神盾級)在波斯灣執行任務,突然間被伊拉克的F-14戰機射出的法製飛魚飛彈擊中,失去動力,艦上三十七年官兵死亡。美國被自己的武器「欺負」了!

[3] 黃孝宗口述,殷正慈撰寫,《IDF之父──黃孝宗的人生與時代》(台北:天下文化,一版,2001年3月19日),郝序。

[4] Jacob W. Kipp and Lester W. Grau, "The fog and friction of technology" *Military Review* (Fort Leavenworth), Vol. 81, No. 5 (2001), p.88.

[5] 同前註。

[6] 胡裕同,國防科技政策與管理,《重點科技之發展策略與計畫管理》(台北:台灣大學管理學院,1992年11月),頁165。

[7] 陳正茂,《中國近代史(含台灣開發史)》(台北:文京圖書有限公司,2000年1月),頁543。

[8] 孫子兵法九地篇:「我得則利,彼得亦利者,為爭地。」

[9] 高雄柏著,《笑傲國防》,首版(台北:軍事迷文化事業,1997年2月),頁251-253。

軍事知能篇

第二十二章　軍事知能的意義與學習目的

　　對於未來可能透過職業選擇或服役管道，而進入軍事體制成為基層軍事指揮官，或一般服役士兵的學生而言，及早認識軍事組織文化[1]，瞭解軍隊體制與運作概況，並且妥善利用現行教育體制中，既有的學生軍訓制度，以促進自我的軍事社會化[2]（military socialization），將會對個人未來適應軍隊生活，產生極大的助益；而學習並具備廣泛的軍事知能，將更能有效地幫助個人，理解軍事體制內涵趨近軍事文化，從而有利於個人軍事社會化的開展。因此，軍事知能是構成軍事社會化知識基礎的重要組成部分。它一方面提供個人學習如何適切成為軍事體制成員的基礎知識；而另一方面也是引領個人進入軍事文化，融入軍事體制的前驅機轉。

　　就軍事現代化的角度而言，入營服役的軍人，其軍事社會化程度的高低以及完整與否，將相當程度地影響軍事專業化的達成。而軍事專業化與軍事現代化之間，又具有密不可分的關聯性。因此，軍人具有符合時代需求並為統整的軍事科學知能，在國家進行軍事體制改革，達成軍事現代化的過程中，是一項極為必要而不可或缺的基本要素。

第一節　軍事知能的涵義與範疇

一、軍事知能的涵義

　　一般而言，所謂的軍事知能係泛指一切可供軍事事務上所運用的科學知識與技能（intelligence and capability for military affairs）[3]。它為軍事科學（military science）領域所涵蓋。因此舉凡軍事科技、軍事理論、軍隊實務以及用兵作戰等相關範疇的知識及技能，都可被稱為軍事知能。然而，這樣的涵義顯然過於廣泛，對於形成軍事知能的具體個別學科內涵，以提供軍人的專業化學習而言，並無法達到定義上的規範性作用。因此，關於軍事知能領域中，需要具有何種相關的專業知識與技能，應視實際需要與

軍事成員不同的專業化程度而定。例如，低階軍事指揮官與高階軍事指揮官、軍事科技人員與軍事管理人員、作戰指揮體系與作戰支援體系等不同的層次與領域，相對於其成員及範疇而言，軍事知能的內涵顯然各有不同。所以，由此可知，上述軍事知能的涵義，只是通則性的界說；而根據現實需要，給予軍事知能在內涵上各種不同的定義，才能達到實際的操作性效用。

　　針對未來或即將進入軍事體制的人來說，由軍事社會化的角度出發，界定軍事知能的學科內涵，將可統整出一套適合上述人員，學習融入軍事體制，適應軍隊生活的系統知識與技能。部分從事軍事教育研究領域的學者，也正試圖透過有關「軍事學門」以及「軍隊與社會學門」的建構[4]，達到上述統整系統知識與技能的目的。然而，歸納目前國內軍事學校與民間高中以上學校的軍事教育內涵，可以發現在軍事知能的內容上，均訂有適合不同教育層級的課程單元，以作為學生實施軍事訓練的實際科目範圍。在軍事學校方面，因為軍事專業化的要求程度較高，因此有關軍事知能科目的設計，均以各軍種實際需要為範圍，概分為基礎與專業兩個部分。並且透過不同年級的發展階段，使其達到軍事技能與專業知識統整的目的。其中，以陸軍軍官學校為例，即將軍事知能區分為軍事基本學能與軍事基本技能兩個基礎領域。實際的訓練科目則涵蓋國防概論、軍隊教學法等二十八個科目。同時，劃分領導管理與及戰鬥技能兩項專業領域，訂定軍事領導、兵器教練等二十二個科目，以作為專業訓練之內容[5]。

　　而一般民間學校軍事知能課程的目的，則僅在使學生獲得必要的軍事基本常識。因此，在軍事知能內容的訂定上，則較為簡易。例如，民間高中的軍事知能課程內容，是以一般軍事常識及軍事技能為主，包含軍隊基本教練、一般軍事常識、步槍兵器訓練、基本軍事訓練及戰技訓練等五種單元。而大專院校的軍事知能課程內容，則以比較深入的認知性軍事常識為主，包含軍事體制組織與軍隊領導等層面[6]。比較上述文武兩類學校，有關軍事知能的科目內容，可以發現在界定軍事知能內涵的方式上，是採取功能性途徑的。軍事學校方面，是以專業性為需求；而民間學校方面，則

以通識性爲依歸。所以，上述兩類不同性質的文武學校，在提供學生學習軍事知能的內容範疇方面，均各有不同。因此，基本上也驗證了前述有關軍事知能涵義，在操作性定義上的實際運用。

二、軍事知能的範疇

然而，無論是從專業性或通識性的角度，來界定軍事知能的內容範疇，原則上均具有其功能性的作用。同時，上述取向也大都是一般從事軍事教育與研究者，所採取共通的基本途徑。但是，這樣的取向通常都是以界定者本身的體制化思考，決定應該教導學生何種軍事知能內涵，以達到教化的目的。致使軍事知能的學習，多半呈現被動與刻板的普遍現象。因此，若能改變界定軍事知能內涵的傳統思考，以學生的實際需要來訂定其內容範疇，或許能有效改變目前普遍被動的學習現況。亦即，針對未來即將進入軍事體制人員的實際需要，以協助其適應軍隊生活爲出發點，來界定軍事知能的內涵，並據以訂定學習內容與範疇，將更能激發學習動機，提昇教學效果；並且進而彰顯界定方法上的有效性。換言之，軍事知能課程的內容，若能協助軍隊未來成員，及早展開軍事社會化進程，以使其有效融入軍事體制，適應軍隊生活。就其利益而言，不僅突顯學生學習軍事知能課程的重要性與功能性外，對於節約軍隊訓練成本，縮短新進人員適應期以提昇戰力，均具有正面的意義。

因此，本篇即以上述觀點爲前提，從軍隊未來成員的軍事社會化角度，界定軍事知能的狹義內涵至少應包含以下幾項範疇：一、國家軍事制度及軍隊組織的概況；二、軍事體制與社會變遷之間的關係；三、軍事社會特性與軍隊生活過程；四、軍事管理與軍隊領導的概念、理論及實務。而訂定此一軍事知能的內容範疇，其目的是一方面冀望能突破軍事專業化需求的侷限，建立一套能廣泛適用於文武學校學生，開展軍事社會化進程的系統基礎知識；另一方面也期待能改進目前軍事知能課程通識性觀點的空泛，開拓研究建構軍事知能學科內涵的創意與思路。

第二節　學習軍事知能的目的：軍事社會化的啓端

一、軍事社會化的意義

對於絕大部分接受軍事徵召或透過職業選擇，而進入軍事體制的人員來說，服役初期適應軍隊生活的過程，極有可能是一種創傷的經驗。而這種經驗過程一般稱爲「文化震撼」（cultural shock）現象[7]。因爲，初入軍隊的成員大都是在一夕之間，由一個行動與選擇都相當自由的民間文化，進入一個凡事講求控制與紀律的「總體機構」（total institution）[8]。

在軍營的「總體機構」中，成員的生活與互動對象，大都鮮少變動，而且要受到嚴格的控制與安排。個人化的社會經驗與生活經歷是不容許存在於「總體機構」內，而必須加以約束的[9]。因此，這種突然由民間生活轉變爲軍事生活的過程，在新兵短期的心理上，會產生極大的衝擊與被剝奪感。而民間文化與軍事文化的差異，同樣地也會使新兵在軍隊生活的適應上，產生障礙。所以，大部分服過役的人對於這段初期適應軍隊生活的經驗描述，大都是創傷及負面性質的。

一般而言，軍事學校學生在進入軍隊體制前，由於養成機構在組織文化上的引導與具體灌輸，基本上均具有與體制相互融通的軍事文化內涵。所以，較易適應軍隊的生活。但是，一般民間學校學生，由於性質上的不同，並無法在求學的過程中，接受完整及深刻的軍事文化薰陶。所以，在認知與行爲上，仍受民間文化所主導及影響。因此，在進入軍隊體制後，由於和軍事文化的差異較大，產生「文化震撼」的現象，當然也較爲明顯。所以，也較不容易適應軍隊的生活。換言之，軍校學生透過養成機構

學習軍事體制所強調的信念、價值、行為規範與象徵等，所形成的軍事文化內涵，將使其認識軍隊的哪些事情是重要的，以及哪些思想行為是被組織所稱許或責難的。

同時，也藉此形塑軍人的角色人格，發展軍人必須具備的技能和態度，以利在未來的軍旅生涯中有良好的職業適應與發展。所以，相對而言，在適應軍隊的生活上，其過程會較為順利。而一般民間學校學生，則欠缺上述系統性的軍事文化養成過程。無法在認知與行為上，形成一套立即可與軍隊體制相互融通的文化內涵。故而在軍隊的生活上，需要較長的時間來學習及適應。因此，從上述的情形可以瞭解，軍校學生所養成的軍事文化內涵，相較於民間學校學生而言，要來得完整且符合軍事體制的需求。軍校學生具備完整良好的軍事文化內涵，一方面是其未來發展軍旅生涯的基本要素，同時也是其適應軍隊生活必備的條件。所以，這也是軍校學生通常比較容易適應軍隊生活的原因之一。

就理論而言，組織文化與組織社會化之間，存在著某種相互作用的關係。「組織社會化」（organizational socialization）的概念說明個人在加入組織後，為了成為其中的一員而學習該組織的價值、規範和表現被期待行為的過程，透過這個過程，組織運用社會化策略將其價值、規範與種種結構關係，在成員的身上產生作用，目的在增進組織效能與提高個人的工作績效、組織承諾或工作滿意度[10]。由此可知，組織社會化不僅包含了個人的學習、知覺等行為，也包含了組織文化、組織的社會化策略等制度文化。因此，對個人而言，組織社會化是學習認知組織文化的重要過程；對組織而言，組織社會化是維繫組織文化存續的重要途徑。而且，不論是對於個人或是組織，組織文化的目的在於促進組織的繁榮與發展，而此一目的的達成則有賴組織社會化的功能發揮[11]。所以，基於上述的說明，我們可以瞭解到組織文化與組織社會化之間具有互為體用的關係。

就前述「組織社會化」的概念分析，個人為了成為組織一員而學習該組織的價值、規範和表現被期待行為的過程，基本上是一種文化的學習和模仿。個人對組織的忠誠、承諾、工作績效和離職、缺勤等行為表現，決

定於個人對該組織文化的內化程度[12]。因此，組織社會化可以被簡單的解釋為組織潛移默化其成員，使之接受組織文化的過程與途徑。換言之，軍事社會化就是學習軍事文化的過程，而軍事文化則為軍事社會化的基礎與具體內涵。所以，軍事文化內涵的完整或充實與否，必然影響達成軍事社會化程度的高低。而軍事社會化的結果與程度，對軍隊組織而言，將會影響組織效能的發揮；對軍人個體而言，則是影響工作適應與職業生涯發展的重要因素。因此，若就適應軍隊生活的單一觀點來看，軍隊新進成員若能具備較完整的軍事文化內涵與背景，不僅有利於高度軍事社會化的達成，當然也就更為容易適應軍隊的生活，並且進而在軍中發展自我。

二、軍事文化的涵養與影響

　　軍事文化的內涵是可以透過學習途徑而達成的。軍事學校在教育軍隊未來領導幹部的過程中，實際上即隱含了軍事文化的灌輸與薰陶。這一部分軍事文化的內涵包含兩個層面，分別為「引導層面」（inducting level）與「具體層面」（practicing level）。所謂的「引導層面」，指的是文化中屬於較為抽象、概括性質的部分。其內容以信念、價值、規範和角色等為主，是軍事文化的核心部分。而「具體層面」，則是指落實上述軍事核心文化的具體措施，其主要內容為象徵符號、規則及語文等。相關主要內容，見表22-1。

　　而民間在高中（職）以上學校的教育中，實際上亦有透過軍事課程而傳遞軍事文化的設計。亦即，目前實施中的學生軍訓制度。它透過軍事教育的整體科目設計，藉由專業軍官團體施教與互動的媒介，提供學生接觸與吸收軍事文化的機會，並傳達軍事文化上的制度性影響。學生因而在受教育的過程中，經由軍訓教學與學生生活輔導兩種途徑，開始接觸軍事文化。其主要內容，見表22-2。

　　上述文武學校兩種不同的軍事文化內涵，在促成學生軍事社會化的效果與作用上，各有不同。軍事學校因為具有較為完整的教化途徑與內容，

表22-1　國軍軍事教育機構中軍事文化的主要內容

區分 內容		社會化目的或意義	主要內容
引導層面（inducting level）	信念	信念的內化： 1.使軍人認同軍事組織所灌輸的政治文化、政治規範及其所應負的政治責任。 2.鞏固政治信仰並增進政治效忠意識。	軍事社會化中，信念是國軍行動的最高指導原則。政治思想教育則是軍事教育機構的主要社會化途徑。其內容以： 1.主義、領袖、國家、責任、榮譽五大信念。 2.憲法精神與基本國策。 3.建軍理想與目的。 三大根源所產生的國軍使命，作為教化的內容。
	價值	價值的內化： 引導軍人建立合乎組織要求的人生觀。	以： 1.智、信、仁、勇、嚴軍人武德。 2.革命的人生觀。 塑造軍人精神志節及人生觀的「價值」中心。
	角色（地位）	角色（地位）——規範的內化： 1.模塑軍人認同其在軍事組織中的地位，以及所應扮演的角色。 2.內化組織的有關價值與規範，以利其角色任務的完成與角色功能的發揮。	從「角色制度」與「角色訓練制度」兩者引導軍校學生認同其在軍事組織中的地位及角色。其影響為： 1.訓練成員認同軍中有關人際互動的規範。規範的要旨在於維護軍階倫理。「服從」是規範的主要精神。規範的目的在促使權威性的「軍階結構」與「角色系統」能夠發揮功能。
	規範		2.訓練成員履行其完成角色任務的行為規範。其目的在於敦促成員善盡軍人天職。紀律、服從、犧牲、合群、團結、堅忍忠貞、勇敢、信心是此類規範的主要精神。

(續) 表22-1　國軍軍事教育機構中軍事文化的主要內容

區分	內容	社會化目的或意義	主要內容
具體層面（practicing level）	象徵符號	任何物體、手勢、顏色、圖案被組織賦予某種行為所具有特定意義，藉以引導、增強成員表現組織所期待的行為態度。	1.軍容方面：經過特殊設計的制服、徽章配件以及裝束髮型等。 2.儀禮方面：基本禮節動作、典禮儀式以及各項活動。
	規則	正式與非正式的制度或規定，用以指導和約束成員行為。	1.正式規定：針對成員的行為態度有：軍紀校規、生活輔導規定、內務規定以及實習幹部制度等。針對成員的任務職責有：衛哨勤務、清潔責任區等。 2.非正式規定：如校訓、校風。
	語文	一套抽象的符號語音系統，組織藉此影響成員的思想、行為和態度。	1.特殊用語：各種訓練、指揮和管理的口令、各種戰鬥戰術的軍事用語以及政治思想（信仰）教育的特定用語。 2.故事：有關組織創立者的各種傳說、有關實踐組織價值的英雄事蹟，以及組織中小人物奮鬥成功的歷史典故和傳說。 3.軍歌、口號等。

資料來源：〈軍官養成組織「軍事社會化」之研究〉，《軍事社會學學術論文集》
　　　　　（頁225-227），錢淑芬，1996，台北：中正理工學院。

表22-2　當前學生軍訓制度中軍事文化的主要內容

區分＼內容		主要內容
引導層面（Inducting Level）	軍訓教學	1.促進青年學生對國家安全的認知，建立全民國防共識。 2.增進國防科學知識，建立強身健國觀念，以實現文武合一教育理念。 3.培養國家意識，激勵學生愛國情操。 4.形塑紀律觀念，鍛鍊團隊精神。
	學生生活輔導	1.陶冶學生品德，建立健全人格。 2.涵養理性氣度，培養堅毅精神。 3.促進樂觀進取的生活態度，開創奮發積極的人生觀。 4.培養認真負責態度與團體榮譽觀念。
具體層面（Practicing Level）	軍訓教學	1.引介軍事知能，接觸軍事文化。 2.建構軍事科學知識，培養多元決策能力。 3.奠定國防人力基礎，協助國防人才甄補。 4.連貫學生軍訓教學活動，精進學生軍事教育內涵。
	學生生活輔導	1.強化學生生活管理，培養良好生活習慣。 2.維護學生安全，保持校園安寧。 3.關懷日常學習生活，協助解決生活困擾。 4.促進學校教育理念之達成。

且軍事學校的總體機構性質，更加有助於教化工作的進行與效果的提昇。因此，學生達成軍事社會化的程度較高。而民間學校，由於國家環境與社會變遷的因素，使得學生接受軍事訓練的強制性逐漸轉弱，而訓練標準與嚴格程度益趨寬鬆，因而使軍事文化的色彩也相對逐漸褪脫。因此，就軍事文化的薰陶而言，並無法達到高度教化的效果，所以軍事社會化的程度也就較為低落。然而，無論是軍事或民間學校，透過課程教學的管道，傳授軍事專業科目的系統知識，是學生接觸與學習軍事文化的主要途徑。同時，也是影響軍事社會化成果的最重要因素之一。所以，針對文武學生不同的軍事社會化目標，研定具體且必要的教學科目與內容，是促成或協助學生開展軍事社會化進程，極為重要的步驟。

　　特別是民間高中（職）以上學校，若能就促進學生軍事社會化的目標，有系統地設計整合由高中到大學期間，三至七年的軍訓教學內容與官生互動模式[13]，不僅對於學生未來從軍，適應軍隊生活的個別利益有所幫助。同時，對於軍隊節約訓練成本，增進國防戰力的整體效益，亦能有所作用。而在既有的軍訓制度之下，學生長期學習國防科學知識，並和專業軍官團體接觸，是感染吸收軍事文化的絕佳機會與方式。因此，若能改變陳舊的刻板印象與學習態度，藉由軍訓課程的學習，以及教官生活輔導的互動，循序累積自我的軍事文化內涵，以建立開展軍事社會化進程的基礎，未嘗不是一種脫俗的實用性思考。尤其，「國防二法」[14]的訂定與施行，確立了文人領軍模式的國防體制。未來，領導專業軍人的最高層級，必然是要回歸文人的純粹屬性。而廣泛培養具有軍事文化，以及戰略專業背景條件的文人，應是教育體制中多元目標發展的一環。

一、請描述軍事知能的涵義，以及本章對軍事知能範疇的狹義界定為何？

二、請透過對軍事知能涵義與範疇的理解，來描述個人在過去求學階段關於該項課目的學習心得與經驗。

三、請舉例敘述在你的生活周遭與求學過程中，曾經接觸或經歷屬於軍事文化範疇而值得與他人分享的特殊事物。

四、請描述「軍事社會化」的意義為何？

五、如果軍事社會化將有助於個人適應未來軍隊生活，你認為應學習哪些軍事知識，才能幫助你展開軍事社會化的進程。

六、請就你（妳）的認知簡單地描述軍事社會化、軍事專業化以及軍事現代化三者之間的關聯性。

七、請描述軍校學生給你（妳）的總體感覺是什麼？你（妳）覺得軍校學生與一般民間學生的差異在哪裡？

註釋

[1] 軍事組織文化泛指的是，屬於軍事體制內特有的「價值」（values）、「信念」（beliefs）、「規範」（norms）、「習性」（behaviors）與「傳承」（symbols）等概念的總和。

[2] 「社會化」（socialization）是人們學習與自己有關的角色表現和態度的方法。它的目的，就社會而言，是把新的個人納入有組織的社會生活與傳授社會傳統（文化）的過程；就個人而言，則是獲得自我（self）的過程。因此，此處「軍事社會化」的概念指的是「學習養成軍事體制所認可稱許的行為與思想，使自己與軍事組織中其他既有成員，逐漸變得類似而被接納的過程。」

[3] 該英譯為教育部官方所訂定的專有名詞。

[4] 參見楊建中，《「軍事學門」建構之研究》，及洪陸訓，《國軍「軍隊與社會」學門發展之研究》，國軍九十年度軍事教育研討會論文摘要彙編（台北：國防部），2001年12月，頁17-47。

[5] 「陸軍軍官學校軍事訓練課目基準表」，http://www.cma.edu.tw/l/indexa.htm.

[6] 「精進軍訓教學課程專題」，《軍訓通訊》（台北：教育部學生軍訓處，1996年11月1日第二版）。

[7] 參閱洪陸訓，《軍事社會學：武裝力量與社會》（台北：麥田出版社，1999年5月），頁174-176。

[8] 所謂的「總體機構」係指長時期與外界社會隔絕並完全被控制的一群人的居住地或工作地。

[9] 蔡文輝，《社會學理論》（台北：三民書局，1994年10月），頁331-332。

[10] 李美枝，《社會心理學：理論研究與應用》（台北：大洋出版社，1995年）。

[11] 錢淑芬，〈軍官養成組織「軍事社會化」之研究〉，《軍事社會學學術論文集》（台北：中正理工學院，1996年10月），頁221。

[12] 同前註。

[13] 依照目前學生軍訓制度而言，一般高中及大專院校，均駐有教育部介派到校服務之教官。因此，學生從高中到大學階段，在軍訓教學與學生生活輔導方面，均有相當多的機會及時間與校園中的教官互動而接觸軍事文化。

[14] 所謂的「國防二法」指的是二○○○年一月二十九日公布的「國防法」與「國防部組織法」。該二法的主要意旨在於律定國防組織架構與職權體系，以

落實軍隊國家化與文人領軍的體制模式。而國防二法經正式公告後,於二〇〇二年三月一日正式施行,國防組織因此大幅更迭。

第二十三章 軍事制度與軍人角色

第一節　軍事制度與社會的關係

一、軍事制度的社會角色

所謂「制度」（institution），指的是一連串設計的行動體系，以迎合某種社會需求的角色和地位[1]。社會缺乏能歷久彌新的集體單位，人類便無法持續生活。社會進化論學家史賓賽（Herbert Spencer, 1820-1903）認為，在單純的初等社會裡，因為各部門的結構與功能都極為相似，所以各部門都能相互替代職責。然而，在複雜的社會裡，一個部門的功能若失效，其他部門則礙難替代。因此，複雜社會比較容易瓦解。史氏指出，既然社會部門需要相互配合以避免解體，一種控制與協調的制度，用以維持社會的生存，就成為是必要的。

在進化初期，這種制度主要是對外界環境所設立的，家庭制度就具有這種功能。但是到了進化後期，社會已複雜到不可能由各部門自我調整的局面，所以必須仰賴政府制度以進行社會內部的協調與控制。史氏根據這種協調與控制程度的差異，將社會區分成軍事型社會（military societies）與工業型社會（industrial societies），並指出社會是由軍事型演變到工業型的社會[2]。而這兩種社會類型，各具有不同的特質（見*表23-1*）。

因此，由上述史氏的說法可以得知，自我防衛是人類初等社會就具有的基本功能，而人類社會缺乏這種功能，是無法構成社會的。然而，自我防衛的功能，隨著人類社會的演進，已複雜到非一般單純的制度所可以維繫。因此，為了可以維持更為複雜的社會自我防衛功能，人類必須設計一套可以協調社會各部門功能，而且更為精密的行動體系，來達到上述的目的。所以，一個極為精密複雜的軍事制度（military institution），在滿足社會複雜的防衛需求下，因運而生。

表23-1　軍事與工業社會特質之比較

特質	軍事社會	工業社會
主要功能與活動	共同的抵禦和攻擊活動，以保護並擴展社會。	和平的、相互交換的個人服務。
社會聯繫的原則	強制性的合作；以命令來執行編制，積極與消極的節制活動。	自願性的合作；以契約及公平為原則來節制；消極的節制活動。
國家與人的關係	個人為國家利益而生存；對自由、財產及流動具有約束。	國家為個人利益而存在；自由；對個人財產及流動之約束少。
國家與社會組織之關係	所有的社會組織是公家的；無私人組織。	鼓勵私人組織。
國家結構	中央集權。	分權組織。
社會階層結構	固定的階級、職業及居住地；世襲地位。	有彈性的、公開的階級、職業及居住地；地位可以升降。
經濟活動形態	經濟自主、自足；對外貿易少；保護主義。	自治經濟消失，和平交易助長互賴；自由貿易。
社會與個人之價值	愛國主義、勇氣、尊崇、忠誠服從；對當政者權勢有信心；紀律。	獨立；尊重他人；反對暴力；個人自動自發；誠懇的、慈善的。

資料來源：《社會學理論》（頁62），蔡文輝，1994，台北：三民書局。

　　馬克思（Karl Marx, 1818-1883）在以唯物史觀分析人類社會時，發現階級是形成社會的主要結構。他認為階級與階級之間存在著根本性的對立矛盾，只有透過鬥爭的形式，才能予以克服。所謂的階級社會其實隱含著統治、支配、敵對與衝突，而這些景況似乎是人類有史以來的基本現象。職是之故，各種傾軋、爭執、叛變、暴亂、革命等現象，成為衝突與鬥爭的表現。這種階級的對峙、敵視或矛盾，並沒有隨人類文明的進步而減低或和緩，反而愈演愈烈，勢成水火。馬克思甚至認為，在階級間進行暴力的鬥爭，是徹底解決階級對立的方式，他甚至指出一部人類史無異為階級

鬥爭史。階級鬥爭是推動歷史變遷的主力，也是導致現代社會轉變的有力槓桿[3]。而這種階級間暴力鬥爭的最高形式就是戰爭。因此，戰爭同階級鬥爭一樣，成爲人類社會中無可避免的現象。

馬克思的社會學說，驗證了人類社會中階級與衝突現象的普遍存在。戰爭作爲人類解決衝突的暴力手段，長久以來便伴隨著人類歷史的演進而不斷發生。由於文明與科技的進化，擴大了戰爭的範圍，也加速了戰爭型態由傳統物質堆積的形式，改變爲知識與科技的競逐。同時，也使得戰爭的動員更加繁複龐雜[4]。現代國家爲了能更爲有效地進行戰爭動員，只有設計並組織更爲綿密的軍事制度，以備隨時應付外界的威脅，保障國家領土主權以及人民生命財產的安全。因此，任何一個現代化強盛的國家，無一不具備有強大的軍備武力；而構成軍備武力的各種要素，諸如：經濟基礎、科技能力、軍工生產、兵力動員、社會心理建設等，都必須仰賴一套良好且精細的軍事制度，加以有效率的調配組合，才能確實支撐一個龐大強盛的軍備武力。所以，如何依據國家與社會的發展，建立一套適合本國運用的軍事制度，是各國政府極爲重要的課題。

二、軍事制度與軍隊組織的社會功能

社會是一個有機組合的體系，其中各部門都是相互關聯而互爲依賴的。社會體系中的某一個部門能夠順利操作運行，需要其他部門的相互配合。因此，社會中的每一個部門，相對於整個體系來說，都具有其個別的或特殊的功能。社會整體的運作之所以能呈現某種程度的和諧性與穩定性，必須仰賴社會或社會制度中各種功能的互補作用。美國結構功能論學者派深思（Talcott Parsons, 1902-1979）認爲，整合（integration）與均衡（equilibruim）是社會體系運作的方向與目標。「整合」，意謂社會各部門之間相互影響的結果，將促成某種程度的和諧性，用以維持體系的存在。而社會體系內無論如何變遷，其最終目標終將尋求均衡狀態[5]。因此，整個社會體系的結構乃是各種功能的有機結合。一個社會的發展要臻於至善，必

須依賴社會各部門健全功能的發揮。

在一個發展完善的多元社會結構中，各種制度與機構均具有其相當或特殊的功能及作用。而軍事制度與軍隊組織作為社會體系均衡運作下的一環，當然也具有其特殊及必要的社會功能。從國家的觀點來看，政府體制與軍事制度間，兩者關係密切。不同類型的國家形式，決定不同形式的軍事制度。例如，「衛戍型國家（狀態）」（garrison state），它是一種由掌握武力的統治者主宰國家政權的形式，它傾向於「暴力運用者占統治地位」的趨勢。強迫及義務成為內部控制的手段，軍隊的價值觀念占據主導地位，一切活動都服從於戰爭或備戰的需要。因此，衛戍狀態成為一種政治秩序，軍事力量成為最高的目標和價值。因此，在衛戍型國家中，軍事制度幾乎是政府體制的主體。

而「全民皆兵型國家」（nation-in-arms），則把軍事訓練作為主要的公民保證（civic bond）。軍事組織的運行，主要是依靠大量的徵兵和後備軍人，其特點是政府的軍事部門與文職部門已能深度整合。這類型國家，將軍隊視為進行公民教育的場所，要求人民無私地奉獻時間及生命，投入緊張的軍事訓練與未來可能發生的戰爭。因此，在這類型國家中，軍事機構與政治機構難分彼此，軍事制度與政府制度達到高度融合的地步。

此外，「軍事專業主義型國家」，通常將大規模常備軍事力量，看作是對和平與民主的一種威脅。所以，都慣常將軍備武力的工具角色，限定為防止大規模戰爭和處理小型衝突的主要政策手段。軍隊則實行高度的軍事專業主義（military professionalism）[6]，使軍人專心從事純粹的軍事任務，並服從文人的領導。因此，其軍事制度的特點就是文職化，軍事組織與文職機構之間的界線較為模糊。而軍事將領和文職領導集團之間，沒有明確的區別[7]。

然而，無論何種軍事制度或軍隊組織，就社會需求而言，均具有提供武力防衛社會以及促進科技、發達產業、愛民助民……等，各種不同的社會總體及個別功能（見表23-2）。而就政府體制而言，軍事制度與軍隊組織更加是現代化政府，所不能或缺的設計與機構。

表23-2　軍事制度與軍事組織的社會功能

功能 區分	社會總體功能	社會個別功能
軍事制度	1.防衛社會實體。 2.強化社會心理。 3.凝聚認同意識。 4.鞏固國家基礎。 5.穩定社經發展。 6.維繫社會健全。	1.維繫武裝力量。 2.平衡兵源徵補。 3.提供後備戰力。 4.維持服役公平。 5.照顧役男權益。 6.聯繫軍隊社會。
軍事組織	1.提供可供支配的武力。 2.嚇阻或對抗外界威脅。 3.防範或消弭內部動亂。 4.促進科技研發與工業生產。 5.健全社會職能，完善政府組織。	1.協助災難救助。 2.提供生產服務。 3.促進特定社會消費。 4.協助局部社會開發。 5.輔助社會特定勞動。

第二節　軍人的社會角色與專業性質

一、軍人的社會角色

　　軍人是一個相當特殊的社會角色與職業，它的職責通常是透過武力的形式來保衛國家領土完整、抵禦外來侵略以及平定內部動亂。故而，必須選擇由體質較為強壯的人民來擔負這類的社會角色。同時，也由於戰爭的需要，軍人的訓練也較其他社會角色來得嚴格。更重要的是，在戰爭中軍人面臨死亡的風險，要比一般人民來得更高。因此，在平時軍人必須接受嚴格的軍事訓練與角色規範，使其具備高度的作戰能力與可控制性。在戰時，則被要求以崇高的精神與嫻熟的作戰技能來保衛國家。所以，軍人這

樣的社會角色及職業工作，並非任何一個未經專業訓練及養成過程的人，
所可以擔負的。

二、軍人的專業性質

軍人的社會角色及職業工作，是否可以被視為一種專業，是一個必須
先加以釐清的問題。關於「專業」的討論，卡爾——桑德斯和威爾遜
（Carr-Saunders & Wilson）兩位學者曾於專著*The Professions*有過詳細的探
討。該書對於「專業」有兩種不同的定義，第一種是將「專業」視為專門
職業，它的定義是：「專業是一種職業（vocation），是將某種學識或專門
的科學知識，應用在其他領域的事務上；或是基於這種專門知識的一種技
能上的實踐。」第二種則將「專業」看成是一個專業團體，它的定義則
是：「任何使用同類技術的一群人，組織一個目的在於驗證這種技術能力
的聯盟。」[8]

此外，美國軍事社會學者簡諾維茨（Morris Janowitz），也主張就最廣
泛的用語而言，「專業軍人可以定義為一位以軍事機構作為他生涯場所的
人。」[9]同時，更深入地表示，「一項專業並不只是經由密集訓練而獲致特
殊技能的團體；一項專業還會發展出團體的認同感，以及內部的管理系
統。自我管理——常在國家干預下受到支持——意味著職業倫理與行為準則
的滋生。」[10]而著名的政治學者杭亭頓（Samuel P. Huntington），也曾對
「專業」提出看法。他認為，「專業人員是一位在有意義的人類工作領域
中，具有特殊知識和技術的專業者。」[11]，並且提出專門的知識和技術
（expertise）、社會責任感（responsibility）以及團體意識（corporation）等三
項要素，用以區別特殊職業類型的專業特徵。

因此，綜合上述分析，一般軍隊中的軍官與士官階層（officership），
基本上是符合前述有關專業的說法以及特徵的。所以，軍隊組織中的軍士
官團體就其職業及工作內涵來說，無疑是具備專業特徵與專業技能的軍
人。

　　若就以下杭亭頓所提出有關專業的特徵，來解釋軍士官階層的專業特性，應可獲得更為清晰的專業軍人概念。

（一）專門的知識和技能

　　軍隊中的軍士官階層是一個由涵蓋自然科學與社會科學領域各種不同專門知識和技術的人，所組成富有凝聚力的團體。它顯然擁有許多各式各樣的人才，也具備其他文人團體所沒有的技能。

（二）社會責任感

　　軍士官團體所具備的專業知能，同時也促使其擔負一分特殊的社會責任。刻苦耐勞、犧牲奉獻在專業軍士官團體中，被認可為是成員應具備的道德情操。團體中絕大部分的成員都贊成並認為救助社會災難是軍隊應有的責任。

（三）團體意識

　　專業軍士官團體內部均有一致的認知，認為成為軍隊中的領導階層，在專門知能上是超越被領導者的。團體中有被成員所一致認可與激賞的行為標準，以及慣常通用的語彙。在外表上，則以制服與徽章作為公開象徵，以區別行外人或文人。

一、你認為現代化社會維持一個健全的軍事制度，其必要性為何？

二、就軍隊組織的社會功能而言，你是否贊成我國軍隊扮演多元化的社會角色（如災難救助）？或是支持軍隊朝向單一化的軍事專業發展？

三、依據目前你對國軍發展現況的理解，從社會專業的角度出發，就當前軍人職業是否能夠形成專業團體的問題，表達個人觀感。

四、請由你曾經與軍人接觸的經驗，描述他（她）帶給你在專業能力上的感覺為何？

五、假若軍人的工作是你未來的職業選項之一，你希望什麼樣的待遇和條件才足夠吸引你。

註釋

[1] 彭懷恩編譯，《社會學的基石：重要概念與解釋》（台北：風雲論壇出版社，1993年7月），頁15、124。

[2] 參閱蔡文輝，《前揭書》，頁61。

[3] 洪鎌德，《馬克思社會學說之析評》（台北：揚智文化，1997年），頁214-215。

[4] 參閱傅凌譯，《新戰爭論》（台北：時報文化，1994年1月），頁39-106。

[5] 參閱蔡文輝，《前揭書》，頁196-199。

[6] 「軍事專業主義」爲先進民主國家文武關係中，文人控制的機制。它是軍事社會學與軍事政治學研究的重要課題之一。其涵義是將軍人及軍隊視爲一種專門職業及專業團體，並且由專業的概念：如知識與技術、社會責任感、團體意識……等等出發，來形塑其專門的職業倫理與體制運作標準，以融合爲一套可供文人有效控制軍事武力的機制。

[7] 參閱洪陸訓，《軍事社會學：武裝力量與社會》（台北：麥田出版社，1999年5月），頁251-260。

[8] 引自Charles H. Coates & Ronald J. Pellegrin（ed）（1965）. *Military Sociology: A Study of American Institutions and Military Life*, p. 201.

[9] 洪陸訓，《前揭書》，頁213。

[10] 洪陸訓、洪松輝、莫大華等譯，Morris Janowitz著，《專業軍人：社會與政治的描述》（台北：黎明文化公司，1998年4月），頁4。

[11] Samuel P. Huntington（1957）. *The Soldier and the State: The Theory and Politics of Civil-Military Relations*, p. 8.

第二十四章　軍事組織與軍隊概況

第一節　軍事組織的原理與特性

一、軍事科層制的理論

　　由於軍隊組織的社會職能，主要是在於提供可受支配的武力，以防衛社會實體，故其組織與運作特別需要講求指揮、控制與準則效率。因此，各國軍隊組織的共通架構都呈現為明確且嚴格的層級形式。因為，只有嚴格並具有威權性質的層級制度，才能符合軍隊運作的主客觀條件與環境。而這類具有通則性質的軍隊組織層級形式，一般稱為軍事科層制度，它是所有軍隊組織形式所依循的理想模式。

　　「科層制」（bureaucracy）或稱「官僚體制」是德國社會學家韋伯（Max Weber, 1864-1920）所開創的重要理論之一。它的具體定義是：「在明確的規則和程序下工作的等級權威結構。是一種類似金字塔形狀的組織類型，這類機構的許多部分，均依其功能與權威的劃分，安排成高低不同的層級。」[1]科層制的主要特徵表現在以下幾個方面：

（一）專門化的分工

　　一個龐大而複雜的組織，若要能順利且有效率地運作，必須依據部門職能予以區別專門化的分工各司其職，才能促使部門內各分工系統在專門的領域中，不斷的向專業化的方向發展與精進。軍事組織功能的彰顯，同樣必須藉由各個組織次系統，如：軍備、作戰、動員等專業效能的發揮。

（二）威權性層級制

　　專門化的分工是提昇部門職能的必要條件，而部門職能的最終發揮，則必須仰賴專業分工體系的系統性協調統合與權力責任的分層負責。層級

制（hierarchy）的等級結構設定了層級間上下從屬的關係，並且賦予每一個層級具有不同的權威與職責範圍，俾利達成統合的工作。軍隊由上而下的指揮關係，要求從屬服從命令履行職責，即是威權性質的層級作為。

（三）法令規章系統

專業體系的協調統合，除了必要的層級監督外，尚須成員遵循工作上的行為準則與紀律規範。因此，需要一套明確和系統的法令規章，用來促進組織中每項功能的運作。軍隊組織的層級制度，實際上更為講求法令規章的設計與運用。

（四）非個人性的氛圍

科層制的階層等級制度與法令規章體系，主要在形成一個外部規範控制嚴密而內部完全自動自發的理想類型工作環境。因此，個人的情緒與態度，在科層體制下是不能影響工作進行的。個人進行工作的程序，必須完全恪遵依據功能職責所訂定的法令規章，不能有所逾越。所以，遂行任務的氛圍是高度的標準化與非個人性的氛圍（an atmosphere of impersonality）。軍隊體制的運作深受集體意識的影響，例如，重視團隊精神與團體榮譽、「犧牲小我完成大我」或「置個人死生於度外」的道德要求。而對於過度的個人行為，則採取鄙視甚或譴責的態度。

當代的軍事組織，大都顯現出韋伯理想科層制的特徵。現代軍隊的任務無論在平時或戰時，都呈現高度的複雜性與多元性。然而，相對此一情形致使軍隊組織在行政管理上出現高度專門化、非個人性與科層制形式的上層結構。軍事組織所顯現的總體特徵是，高度依賴專門化技術和非個人性的法令規章。成員在系統化、規劃化的分工體系下，遵循嚴格的紀律和指令遂行任務。重視專業分工與能力，人員的派任是以執行專門化任務的能力為考量基礎[2]。

二、軍隊中正式組織的地位層級

　　一個複雜多元的社會，需要有許多的組織（organization），或者形成大型的次級團體，以作為達成某種特殊目標或社會功能的基本動力單位。所有的組織基本上都具有四種要素，即參加者、目標、技術和環境。任何組織的形成，都必須促成組織要素系統性的有機結合。而組織在結構上也有正式的與非正式的兩種基本形式。

　　一般所謂的組織，通常是以一套明文的規則與法規，來限定組織成員的行為範圍，並以明確的制裁措施，保證其成員遵守既定的規則，這種組織結構稱為「正式結構」（formal structure）。而以正式結構為主要特徵的組織，則稱為正式組織（formal organization）。它是人們為了達到特定目標，經由人們設計，在勞動分工、職權分配、層次劃分的基礎上而建立的關係模式[3]。換言之，它是一種經過仔細設計的功能性角色（role）和地位（status）結構。

　　正式組織的主要特點是：一、經過規劃設計而建立，並非自發形成；二、有明確的組織目標；三、組織成員的活動有明確的規則和制度；四、組織內部各個部門的職責、權限均有明確規定；五、組織內部的各個職位，依照等級原則進行法定安排，形成自上至下的等級系統[4]。

　　一般的組織結構會依照某種標準，將所有的職位排列成高低不同的等級，然後再根據某些標準，將成員分派到各種職位上去執行種種職務，這樣的組織結構稱之為「職階制度」[5]。實際上，「職階制度」就是一種「角色──地位制度」。「角色」，指的是個人處在某一種特定地位時的行為期待[6]。在職階制度中，個人的角色依據其所處的位置，來履行該位置的職權、職責和職務，組織為使個人能夠發揮其角色功能，於是形成一套價值與組織規範，來模塑和激勵個人完成其角色功能。因此，「角色──地位制度」是一套依組織需要與目標而形成的地位和角色的組織體系。

　　由於軍隊是一種具有「合法性權威」的組織，因此，就形成合法性權威的必要條件來說，軍事組織可謂完全涵蓋。其中包括：

- 一套存在於正式組織中的職階制度，亦即「角色——地位制度」：軍隊的「角色——地位制度」，是一個依照軍階高低而等級排列成的職位階級體系。每個與軍階相對應的職位，皆有其特定的職責、權力、義務與待遇。其中，軍階是軍人在軍事科層制中所處的「地位」，然而隨著地位而來的，即是對其軍階所應扮演的角色期待。

- 一套廣為團體成員共同遵守的「價值」與「規範」：軍隊的「角色—地位制度」，同時也是軍事組織模塑與激勵成員，完成角色功能而形成的價值與規範體系。而「軍階倫理」則是該體系中，促使權威性職位階級能夠發揮功能的主要價值規範。而這套價值規範，同時也受到科層體制中法令規章效力的強化。透過這套規範，軍事組織正式賦予軍隊領導者合法的制裁權（包含獎賞權與懲罰權）。

- 「角色——地位」的制度化：軍事組織的地位層級，促成軍隊領導者角色的制度化，而合法性權威的運用，則是伴隨制度化後的軍隊職位而來，並非源於個人。因為，唯有將「角色——地位」予以制度化，軍隊領導者的職位與權威才能順利的移轉。所以，軍隊的「角色——地位制度」，實際上促使成員學習服從來自軍階或職位上較高者的「命令」與「權威」，而非學習服從某個「人」[7]。

正式的地位界定與角色的規範，是軍事組織中必要的功能性需求。因為，它是軍事組織達成軍事效率和維持紀律行為的基礎，同時也是軍事權威的來源。任何軍事組織的管理、領導、指揮與作戰，都必須建構在前述三者的基礎之上。因此，正式軍事組織中劃分地位層級，是發揮軍事功能所必須的。

一般而言，組織中的地位層級牽涉到上下階層間的從屬關係。而軍事組織由於繁複龐雜的功能性，使得各種階層間具有不同的從屬關係內涵。例如：我國的國防部雖為所有國內軍事組織的最上層結構，但根據「國防二法」的規定，國防部部長為文職官，掌理全國國防事務，並受總統之直接責成而命令參謀總長指揮陸、海、空三軍執行任務。因此，在此結構中的軍文地位層級，便有了明顯的從屬關係。亦即，軍人是受到文人所控制

的（civil control），而這也是前章所提及軍事專業主義型國家的基本模式。

此外，在作戰層面上，軍階等級的從屬關係亦有不同。理論上，軍階等級與功能職位是權威的來源，個人的這兩種地位應該相符。但實際上，軍隊中同階者不一定同職，而同職者不一定同階。而軍事指揮官與參謀之間的等級關係，亦有所區別。通常軍事指揮官賦有直接指揮軍隊的職權，而參謀是專業知識與功能的擁有者與促進者。因此，兩者的從屬關係若無法妥善處理，就容易產生角色的緊張。

三、軍事組織中的非正式社會系統

相對於前項所述的正式結構，由組織成員間透過溝通或默契，所志願形成鬆散性的個人關係網絡或模式，稱為「非正式結構」（informal structure）[8]。非正式結構是一種「社會心理關係和他們所展現的社會互動的模式。」換言之，非正式結構也就是組織中因個人或個人間的感情、情緒和社會心理特徵，所形成的社會互動模式[9]。因此，由這種人際關係網絡或模式所形成的組織稱為「非正式組織」。非正式組織具有以下幾項特性：一、非正式組織是人們自願結合而成的，是順乎自然的，沒有人去故意安排、設計，在認知和情感基礎上自然結合的群體；二、人們在非正式組織中彼此來往，相互瞭解，發生互動行為；三、由於相互交往，彼此間的感情較為密切，心理上較為相容；四、組織成員之間的社會距離和差距較小；五、沒有明文規定法律，也無地位的高低，平等交往；六、非正式組織中若有領導，那不是靠權力，而是靠影響力來領導；七、非正式組織具有組織成員所公認的「行為規範」，雖不是明文規定，但存在於每一個成員心中；八、非正式組織成員有強烈的內聚力；九、成員的角色重疊[10]。

軍事體系如同社會一般，除了表徵上的正式組織外，同樣具有非正式組織所結合而成的非正式社會系統。例如：在軍事組織中，人與人之間的溝通過程基本上有正式與非正式兩種形式。正式的溝通過程是透過軍隊職位間的互動來達成；而非正式的溝通過程則經由人際或人群關係的社會互

動來進行。因此，由這兩種不同的溝通過程，所逐漸衍生價值取向差異的發展，便形成軍隊組織生活中，初級團體（primary group）與次級團體（secondary group）[11]不同的人際關係類型。

初級團體的特質在於人數少，且能經常地不斷面對面互動，彼此間共享互助與關懷，並且依靠情感建立密切且持久的非工作取向關係。在初級團體內，因為大家都有「自家人」的感覺，所以能夠展現同情心與同理心，而促進情感的聯繫與凝聚，甚至可以為整體的最大利益而放棄個人的利益。相對而言，次級團體實際上則是一種職階的互動關係。它通常是正式組織的、非個人性的、契約式的以及法理社會式的，是藉由傳達工具為媒介而達到目的的社會關係。

在軍隊中有許多由情感出發而形成的初級團體，相對於軍事科層而言，是一種非正式組織，例如士兵間依訓練梯次、徵集地或軍士官間依教育班隊、期別……等等因素，所形成的同僚團體，構成軍隊社會中的非正式系統。由於軍隊組織的非正式社會系統，是基於情感而自發形成的。所以，人與人之間的忠誠，不僅透過職位互動而向上浮現。同時，也在各個同僚團體內橫向交流。

因此，非正式社會系統就某種層面而言，對於軍人發揮忠誠促進組織團結，具有相當特殊的功效。但相對而言，非正式社會系統通常受下層所控制，對於軍事科層制度來說，在組織領導上則具有某種程度的考驗意義。

第二節　國防組織型態與軍隊概況

一、當前國防組織型態

我國自從推動國防組織再造的「精實案」[12]後，國軍建構新一代兵力

的成果，已然呈現在國人面前。而國軍部隊的組織，也隨著新一代兵力的成軍，產生了結構性的改變。而此一改變，對於國軍戰力的提昇與未來的發展，意義特別重大。因此，也受到了國內外相關政府、機構與人士的關切與重視。尤其，行政院後續宣布於西元二○○二年三月一日起，正式施行國防二法。使得我國國防體制與組織，邁入一個新的法制化面貌。亦即，我國國防由傳統的軍政、軍令二元體制，轉變為文人領軍（civil control）的一元化模式。換言之，我國國防體制與權責，經由法制化而確立文人控制模式，軍事專業接受文人政府的領導與指揮，專事於軍事領域內的發展。因此，國軍的組織型態，必然將依循法制化的結果與精神，進行改造與調整。

從當前國防法制的層面來看，依據國防法的規定，我國國防體制的架構是由總統、國家安全會議、行政院、國防部等所組成。在架構中的各個職位與機構，均有明確的權責劃分。依照國防法相關內容規定，總統為全國陸、海、空三軍統帥，行使統帥權指揮軍隊。然而，總統指揮軍隊的方式，是直接責成國防部部長，由部長命令參謀總長來指揮執行[13]。易言之，若從軍事指揮體系觀察，總統雖然擁有形式與實質意義兼具的統帥權，但是並不直接指揮軍隊。其軍隊指揮權的行使，是透過國防部長以命令的方式，下達給具有軍事專業的參謀總長來執行。這樣的文人控制模式，文人政府與專業軍人之間，各有分工，各司其職，基本上是一個指揮權責明確的結構。

而行政院在國防體制中所扮演的角色，則是負責國防政策的制訂，統合整體國力並督導所屬各機關辦理國防有關事務。就政府體制而言，行政院統轄國防部而為上級機關，當然對國防部負有行政監督之責。惟有關軍隊指揮之事務，就國防法之規範，則顯非行政院院長之權責。可見，國防法有意就一般政務與軍隊指揮之職權予以劃分，以維繫總統之統帥權以及軍隊指揮之一元化。而國防部長雖為文職官，但掌理全國國防事務，在軍隊指揮上直接受總統之責成，爰以命令方式透過參謀總長執行。因此，國防部長在軍隊指揮體系上之權責，顯已超越傳統上參謀總長之角色。所

以，就文人領軍體制的確立而言，國防部部長是一個極為重要的職務。

　　此外，在軍事指揮的專業上，國防部並設有參謀本部以作為部長的軍令幕僚，同時負責三軍聯合作戰指揮。參謀本部設置參謀總長一人，承部長之命令負責軍令事項指揮軍隊[14]。因此，就上述之情形，在國防二法施行後，當前國防之組織型態見**圖**24-1。

二、現階段軍隊編組概況

　　目前國軍新一代兵力的整建，已進入完成階段，陸、海、空各軍種部隊之編組，相較於傳統均有極大的改變。而其部隊改編的主要依據，乃是針對台澎防衛作戰的特質[15]，以及本島地形特性與限制因素；取向則在於建立一支「小而精」、「反應快」、「高效率」的現代化部隊。而改編的主要內涵，在陸軍方面，是將戰略基本單位由原來的「師」，逐次改編為「聯兵旅」的型態，並以「機械化、自動化、立體化」為目標，積極籌建快速反應打擊能力。在海軍方面，以「艦艇武器飛彈化、指揮管制自動化、反潛作戰立體化」為目標，積極籌建制海作戰所需的兵力。在空軍方面，則以「戰管自動化、防空整體化」為目標，強化電戰及早期預警能力，並擴大整體防空戰力。

　　目前，國軍常備部隊的編組概況如下：

（一）　陸軍部隊

　　總員額約十九萬餘人。平時任務主要為戍守本、外島地區各要點，並從事基本戰力與應變作戰能力訓練。戰時，則在海、空軍的協力下，遂行地面防衛作戰，擊滅進犯之敵軍。目前兵力依照軍團、防衛司令部、航空特戰司令部、師指揮機構、空騎旅、裝甲旅、裝步旅、摩步旅、特戰旅、及飛彈指揮部等方式編組。其編組之特性是將「聯兵旅」區分為守備及打擊兩種型態，守備旅以步兵部隊為主，打擊旅則以裝甲（步）部隊為主。

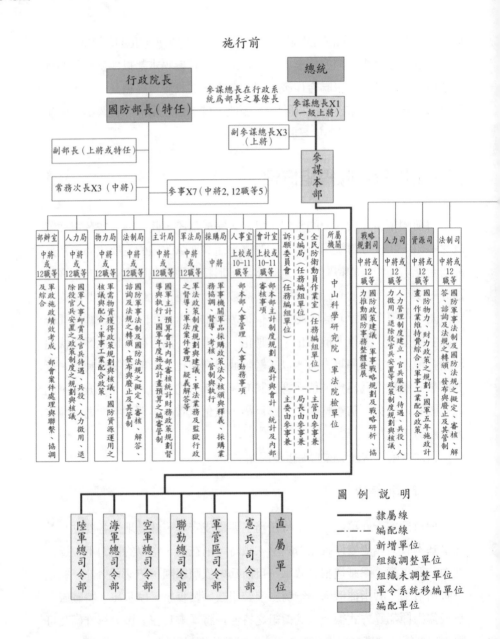

施行前

圖24-1 國防二法施行前、後國防部組織及主要業務對照

施行後

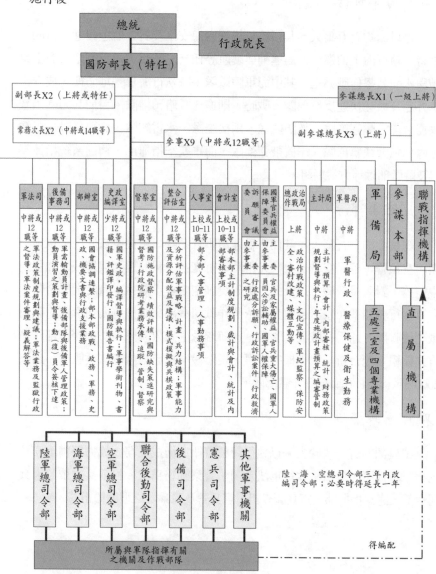

總統

行政院長

國防部長（特任）

副部長X2（上將或特任）　　　　　　　　　　　　　　　　　　　　參謀總長X1（一級上將）

常務次長X2（中將或14職等）　　　　　　　參事X9（中將或12職等）　　　副參謀總長X3（上將）

軍法司	後備事務司	部辦室	史政編譯室	督察室	整合評估室	人事室	會計室	委員會議 訴願審議	保障委員會 國軍官兵權益	總政治作戰局	主計局	軍醫局	軍備局	參謀本部	聯戰指揮機構
中將或12職等	中將或12職等	中將或12職等	少將或12職等	中將或12職等	中將或12職等	上校或10-11職等	上校或10-11職等	主委由參事兼	主委由參事兼	上將	中將	中將			

軍法政策規劃與督導；軍法制度規劃與建議；軍法案件審理、疑義解答等

軍需輪勤動員計畫、動員演習之策劃與督導；動（復）員令簽核下達

國會協調連繫；部本部政戰、政務、軍務、史

國軍史政、編譯等政、機要文書與行政支援業務

國防施政督察、績效評核；國防缺失策進研究與

分析評估軍事戰略、計畫；兵力結構；模式模擬與兵棋政策

部本部人事管理、人事勤務等

部本部主計制度規劃、歲計與會計、統計及內

部審核事項

行政處分訴願、國軍人權保障；行政訴訟案件、行政救濟之研究

官兵及家屬權益員因公涉訟輔助、國軍人權保障

政治作戰政策、文化宣傳、媒體互動等

主計、預算、會計、內部審核、統計、財務管制、審村改建、軍紀監察、保防安全及施政計畫預算之編審管制

軍醫行政、醫療保健及衛生勤務

五處三室及四個專業機構

直屬機構

陸軍總司令部	海軍總司令部	空軍總司令部	聯合後勤司令部	後備司令部	憲兵司令部	其他軍事機關

所屬與軍隊指揮有關之機關及作戰部隊

陸、海、空總司令部三年內改編司令部；必要時得延長一年

得編配

(二) 海軍部隊

　　總員額約有五萬人。其任務以維護台海安全及對外航運暢通爲目的。平時,執行海上偵巡、外島運補與護航等任務;戰時,以反制敵人海上封鎖與水面截擊作戰爲主。其中海軍陸戰隊平時執行海軍基地防衛、戍守指定外島及擔任快速反應部隊。戰時,則擔任戰略預備隊。目前兵力依照艦隊司令部、驅逐艦隊、巡防艦隊、兩棲艦隊、水雷艦隊、勤務艦隊、潛艦戰隊、飛彈快艇部隊、岸置飛彈部隊、海軍航空指揮部、觀通系統指揮部以及陸戰部隊等方式編組。

(三) 空軍部隊

　　總員額約有五萬人。其任務爲運用戰管系統,掌握空域狀況,以獲早期防空預警,確保空域安全。在平時,實施空中戰鬥巡邏與警戒,加強空中監控,對入侵敵機,以飛彈、防砲實施空中多重攔截;戰時則聯合陸、海軍遂行各類型作戰。目前兵力依照作戰司令部、防砲警衛司令部、戰術戰鬥機聯隊、運兵電戰混合聯隊、通航聯隊、氣象聯隊、防砲警衛部隊等方式編組。配合新一代戰機的獲得,現階段空軍已編成經國號戰機、幻象2000-5戰機及F-16戰機等作戰聯隊。

(四) 憲兵部隊

　　總員額約有一萬餘人。以執行特種警衛、衛戍任務、協力警備治安及支援三軍作戰,並依法執行軍法及司法警察勤務爲主。目前兵力依照憲兵司令部、憲兵指揮部、憲兵調查組、憲兵營及憲兵隊之型態編組[16]。

一、請敘述科層制的主要特徵表現爲何？

二、軍隊是一個具有合法性權威的組織，而形成合法性權威的必要條件爲何？

三、相對於正式組織而言，非正式組織通常具有哪些特性？

四、根據他人對你的描述，或就你所知，軍隊組織中通常會形成哪些非正式組織？

五、國防二法施行後，國防體制確立了文人領軍的模式，未來軍隊組織（軍事專業）必須由文人來進行控制。你認爲能勝任這項工作的文人，應具備哪些素養與條件？

註釋

[1] 彭懷恩，《前揭書》，頁94。

[2] Charles H. Coates & Ronald J. Pellegrin, *Ibid*, p.113.

[3] 葉至誠，《社會學》（台北：揚智文化，1997年11月），頁343。

[4] 同上註。

[5] 錢淑芬，〈軍隊組織的領導與輔導之研究〉，《軍事社會科學論文集第一輯》（台北：政治作戰學校，1996年4月），頁132。

[6] 彭懷恩，《前揭書》，頁151。

[7] 參閱錢淑芬，《前揭書》，頁132-133。

[8] 參閱彭懷恩，《前揭書》，頁28。

[9] 洪陸訓，《軍事社會學：武裝力量與社會》，頁149。

[10] 葉至誠，《前揭書》，頁343-344。

[11] 由美國社會學家顧里（C. H. Cooley）所提出，依照團體分子關係的程度為標準，將人類團體關係區分為初級（或直接）團體與次級（或間接）團體的類型。所謂「初級團體」是指成員間有不斷地、面對面的互動，永久性、情感聯繫，以及多方面且持久的關係。所謂「次級團體」則是指比較大的、人數眾多的，和缺少私人接觸的人類結合，如國家、都市、政黨、教會，以及其他專門職業或學術團體的組織。

[12] 所謂「精實案」，指的是國軍自86年至90年間進行的新一代兵力整建計畫。

[13] 請參閱國防法第七、八條之相關內容。

[14] 所謂「軍隊指揮事項」，在國防法第十四條各款中，有嚴格的列舉規範。其主要目的在於律定參謀總長在軍隊指揮上，所負有的權責，以免造成逾越國防部長指揮權責的情形。

[15] 台澎防衛作戰具有「預警時間短、戰略縱深淺、決戰速度快」的特質。

[16] 國防部，《中華民國八十九年國防報告書》（台北：國防部，2000年8月），頁121-128。

第二十五章　軍事管理的概念、原理與應用

第一節　軍事管理的概念

一、軍事管理的意義

　　現代化的軍隊組織必須要有堅實的訓練爲基礎，並且配合高度妥善的精良裝備以及適當的補給，在人員與經費的充分支援下，才能夠發揮高度的作戰能力。然而，無論訓練、裝備、補給、人員和經費的補充，都直接與管理有極爲密切的關係。因此，現代的軍隊組織如果缺乏有效的管理，便無法完整地發揮戰力而影響作戰的最終結果。所以，要維持軍隊具有高度戰力的首要條件，就必須講求軍隊組織的科學化管理。

　　由於現代管理科學的發達，促進了企業組織的蓬勃發展。軍隊組織也逐漸向企業學習管理意識（management conscious），以促進自身效能的提昇。軍事管理的觀念、理論及方法也漸次形成，同時軍事科學管理的運用與操作，廣泛且深入地影響現代軍隊組織的各種活動。甚而發展成爲軍隊文化的一環，從而影響軍隊組織的深層結構。因此，美國軍事社會學家簡諾維茲（Morris Janowitz）曾表示，在現代科技主導下的軍事體制，未來將愈加受到文人的影響，所以更需要講求現代化的管理。

　　軍隊體制從兵力結構到後勤補給，均與現代組織的科學管理息息相關；甚至，就連軍事指揮官的角色，也勢必將從傳統的「英雄式將領」（heroic leader）轉而成爲「軍事管理者」（military manager）的角色[1]。可見軍事管理對於軍隊組織來說，甚爲重要。因此，一位稱職的軍事指揮官，必須具備現代科學管理的相關知識，才能勝任軍隊管理者的角色。

　　由於軍事管理的概念，是由當代管理學的學科範疇外延而產生的。因此，要掌握軍事管理的概念，就必須從管理（management）的基本定義出

發，來尋求其概念發展的脈絡。國內外有關管理的定義相當繁多，當代管理學之父泰勒（Frederick W. Taylor）以及費堯（Henri J. Fayol）均認為，管理是一種可以運用科學方法予以改善的過程；而此一過程涉及運用組織，並透過組織成員以有效達成組織之目標[2]。

　　而根據世界百科全書的說明，認為管理的意義是工商企業、政府機關、人民團體以及其他組織與行為的指導，目的在使主管（executives）的決策或行為能有助於達成經過慎選後的目標。而現代管理大師彼德杜拉克（Peter F. Drucker）也從性質的層面來界定管理，他認為管理是一種力量、一種功能、一種責任以及一門學問。不管那一個國家及社會，都面臨這樣相同的基本任務。管理賦予了職權機構的發展方向，管理必須檢視這個機構的使命所在，從而設定目標。同時，必須整合資源來完成此一機構所必須達到的成效。

　　此外，並有許多管理學者將管理看成是一種程序（process），認為管理是有效地透過人們完成事務的程序[3]。或者指稱管理是整合資源與任務的程序，以達成預期的組織目標[4]。所以，便強調管理應包括規劃、組織、激勵與控制等明確的活動程序，才能有效運用人力與其他資源來達成目標。同樣地，從這個層面引申人類社會活動的目的，是在藉由群體的合作，來達成某些人類共同的任務或目標。換言之，管理乃是人類追求生存、發展和進步的一種途徑與手段[5]。是故，人類為求提高生活水準，改善社會福利，必須仰賴群體的合作。而群體合作效能的提高，則需依靠管理工作的有效遂行。

　　綜合上述，雖然管理的意涵相當廣泛，但歸納不同的定義，管理不外乎是「管理者運用人際技巧和科學技術，結合人力、財力、物力與時間等因素，來達成組織目標的過程。」[6]因此，根據此一定義，管理的內涵應包含以下幾項要點：

　　・管理是一種動態性交互作用的過程。由時間橫斷面透視組織，只能
　　　夠瞭解該時間點的組織概況。一旦時間點轉移，組織特性、管理者

核心任務皆可能產生重大改變。

- ·管理者必須善用組織內所有資源。人力無疑是組織內最基本的資源。然而，儘管有最佳的人員組合，仍必須配合其他相關資源才能發揮最大功效。
- ·管理需能達成組織的「預定目標」。任何管理人員皆有其特定目標，組織間亦因目標不同，而展現各自獨特的性質[7]。

所以，軍事管理的概念同樣地也隱含了上述管理的意涵。亦即，軍事管理係指運用現代科學精神和方法統合軍隊人力、財力及物力之管理，以期能經濟有效地合理運用國防資源，達到人盡其才、物盡其用、財盡其值的最高標準，以有效支援軍事任務和目標的達成[8]。換言之，軍事管理需要在一定條件下，依照某些原理原則以及程序、手段和方法，對軍事領域的管理對象進行計畫、組織、指揮、監督和協調，來實現管理目標。進一步而言，現代化軍事管理係運用相關管理理論及技術，對於軍事領域的人力、財力、物力等資源，配合人、事、時、地、物等因素，進行合理的調配、組織與運用。

二、軍事管理的特性

由於軍事管理的概念係來自於一般的管理學科，因此自然具有管理學科的共同性質。亦即，管理是一門科學，一項專業，同時也是一種藝術。就一般而言，科學的功能與目的在於提供對現象、事件與情況的解釋，亦即科學即為知識。換言之，科學就是有系統、有組織的知識，使人可以理解並且運用。而管理的基本屬性就是提供解釋管理現象、事件與情況的知識。所以，管理是一種科學，指的是有關於管理方面具有系統性、組織性與邏輯性的科學知識。

所謂的專業，指的是一種將某部分學識或科學的專門知識，運用在其他領域的事務上，或基於此專門知識的一種技藝的實踐上。而管理工作，

實際上就是運用管理的專門知識，對管理對象進行有效的組織與調配。同時，管理者常常需要在強大壓力的環境下做出決策。故而，更必須具備專業的素養與知能。一般而言，管理者的專業通常需要符合以下五個標準。第一、必須具有能夠累積此一專業領域內的知識。第二、必須具有能夠應用此一專業領域內的知識。第三、必須能夠接受社會責任。第四、必須能夠接受自我道德的規範。第五、必須獲得社會群體的認可[9]。所以，足見管理是具有其專業屬性的。

　　除了上述的科學與專業外，管理也是一種藝術。由於管理乃是針對事物的實況加以分析、瞭解，並且根據主客觀因素來擬定行動方案。其中客觀的分析研判屬於科學範疇，但主觀的判斷與衡量，則屬藝術領域。所以，管理者除了必須具備管理的科學知識外，更需要圓融的處事技巧與判斷能力，方可使管理的效能達到最佳的境界。因此同理可知，軍事管理同其他一般的管理一樣，也是一門科學、一項專業，同時更是一種藝術。

　　但是，由於軍事組織的性質與功能，有別於一般的社會組織。所以，軍事管理的特性相較於一般社會組織是具有其特殊性的。一般而言，軍事管理具有以下幾點特殊的性質。第一、軍事管理是特殊任務導向的，亦即它是以國家安全為目標導向。第二、軍事管理是法制倫理導向的，亦即，它具有較為強烈的道德要求與法律約束。第三、軍事管理是必勝信念導向的，亦即它是以作戰求勝為依歸的。第四、軍事管理是嚴肅軍紀為導向的，亦即它是以建立軍隊上下團結一心的士氣為著眼的。第五、軍事管理是主動創新導向的，亦即它是以積極主動，開創先機為準據的。所以，軍事管理的特殊性，使得軍事管理者必須具備比一般管理者，更為深入的管理知識與方法。同時，在進行管理的身心結構上，要更為強盛與堅定。

三、軍事管理的目的與範圍

(一) 軍事管理的目的

由於武器科技的發展，使得現代戰爭的型態亦趨工業化與知識化。國家的整體國防，必須建構在龐大的資源調配與運用上。其中涉及國防投資、軍工生產、武器採購、兵員徵集、部隊演訓、軍民互動……等各種事務的計畫、執行、協調與統合。因此，若缺乏有效的軍事管理，將無法發揮國防上應有的效能而造成資源的浪費。所以，成為一位卓越的軍事管理者並促進國防資源效能的提昇，是現代化軍隊指揮官應有的素養與責任。以下則就國內軍事現況，說明從事軍事管理的主要目的，概有以下幾點：

· 適切運用國家資源，達成建軍備戰目標：軍事管理的任何作為，以能增強軍事力量為中心，發揮總體國力為前提。基於國家資源的有限性，軍事管理必須考慮機會成本和邊際效益。使資源的運用可以達到經濟效能的最佳化，以完成國軍現階段的建軍備戰目標。

· 統合軍事人、財、物力，發揮整體戰力：人力、財力及物力三者，是軍事組織構成的基本要素。其充沛與否以及調配發展是否適切，均直接影響戰力的持續。所以，欲使人力、財力與物力達到最佳組合的狀態，必須藉由管理科學的功能及效用，針對三者加以規劃、組織、指導、協調與管制，方能達致最佳的整合效果。

· 提高資源使用效率，貫徹勤儉建軍政策：軍事管理的基本課題，在於有效運用國防資源，使其發揮最大效用；而效用之好壞，決定於效能之高低（達成目標的程度）。效能與效率（投入與產出之比值）之間，又有密不可分的關係。亦即，低效率的過程必然無法創造出高效能的結果。所以，提高資源使用的效率，一方面可以節約資源，另一方面又能為提高效能創造有利條件。因此，珍惜國防資源的可貴，從而提高使用效率，才是貫徹國軍勤儉建軍政策的真義[10]。

(二) 軍事管理的範圍

此外，以國軍部隊爲對象，進而說明軍事管理的範圍，可以歸納爲以下幾個項目：

- ·人的管理：屬於工作修養與領導方法。包括人員監督、訓練與選拔，對新進人員的指導，士官兵勤務工作的分配與督導等。
- ·事的管理：屬於管理實務之一，包括膳食管理、集會管理、交際禮節、營區安全，文書作業等。
- ·時的管理：屬於時間分配運用的方法，包括工作時間管理、休息時間管理與時程管制等。
- ·地的管理：屬於工作技術與方法，包括營區管理、營舍管理等項。
- ·財物管理：係財務與物料（品）管理，包括單位財產制度、營產管理、營具物品管理，裝備保養、糧秣管理、被服管理、水電管理、薪餉發放、單位業務經費運用等[11]。

第二節　軍事管理的原理與應用

一、軍事管理的基本原理

由一般管理科學的理論知識出發，結合軍事管理工作的經驗，綜合歸納軍事管理具有以下幾個基本原理。茲分述如下：

(一) 決策理論

決策是管理者的主要工作之一，決策的好壞，將影響組織的最終成

效。所謂的「決策」（decision making）有人認爲是「在許多的可行方案中選擇其一。」[12]也有人將決策定義爲「自環境中發覺待決策的情況，進而創造、發展、分析可行的方案，並就其中進行選擇的一種程序。」[13]此外，亦有從管理的角度定義決策，是一種將資訊轉換爲行動的過程[14]。然而，無論何種定義，「選擇」無非是決策的中心意義。因此，決策者進行相關的理性選擇，必然涉及一個思考與決定的過程，而此一過程則稱爲「決策程序」。

一般而言，任何不涉及「選擇」的活動，不能稱爲決策。然而，在選擇之前，決策還將包含以下步驟：一、問題發現階段：此處所謂的「問題」泛指現存狀況不符外界需要，或現有工作表現不符績效標準等。因此，問題的產生將可導致決策的需要；二、方案發展階段：若要解決問題，必須發展、設計及分析兩個以上的方案。決策效果的好壞與發展方案是否良好具有密切的關係；三、方案分析階段：此即討論各個方案的可能後果，並將其比較。在一般的情況下，各個方案究將導致何種後果，是不確定的；四、選擇階段：自可能的解決方案中，選擇一項付諸實施[15]。

決策者所要面臨的決策情況中，主要包含了幾個因素。一、決策者必須面對許多的行動方案。因爲，若只有一個行動方案時，決策者就不需要去做選擇。所以，決策是一種執行選擇的行爲；二、決策是針對達成目的所做的有意識的選擇。因此，結果是隨著行動方案的不同而改變的；三、每一個方案的結果，皆具有可行與可能發生的機率，而每一結果發生的機率，可能是不相等的；四、決策是評定一些因素的喜好態度、優劣程度後所做的選擇。所以，決策者必須決定每一行動方案的價值、效用與重要性[16]。

（二）系統分析

所謂的「系統分析」，係指運用邏輯思考與多種科學技術，在各種不確定的情況下，就問題、目標、方案，作整體而有系統的探討研究；並且對各種計量與非計量因素，作客觀而有系統的比較分析，以獲致最佳之答

案，提供決策階層參考的一種管理工具[17]。由於系統分析所關注的焦點，是在於設計更為有效的系統應用知識，以協助決策者更加有效地達成目標。所以，系統分析的功能，將可促進決策者更充分地考慮其所面臨的各種選擇，使得資源能更加有效地受到利用。

（三）整體規劃

現代高效率的管理，必須在整體規劃下，進行科學而明確的分工，才能有助於軍事目標的達成。因為，現代的軍事任務必須依賴各部門的有效分工與協調配合，才能完成。因此，軍事管理者必須立足於全般作戰構想，在整體規劃的前提下，進行組織分工及任務派遣，方能有效發揮統合的戰力。如果欠缺整體規劃，任由各部門自行發展，不僅將造成資源分配的不當，同時也無法展現整體的力量。所以，整體規劃是軍事管理中一項極為重要的原則。

所謂整體規劃（comprehensive planning），指的是將組織內達成分工任務的各部計畫，統籌納入達成整體目標的分析、評估、管制、實施及檢討的全般架構之中。從整體規劃的階層性來說，它主要包括遠程計畫（long-range plan）、中程計畫（medium-range plan）以及較為詳細的近程計畫（short-range plan）與預算（budget）。經由整體規劃，可以使組織的最高管理階層能夠擬定組織決策的完整架構。並且有效掌握主客觀的內外在因素，以預先考量未來的機會和威脅，從而選擇更為正確的目標與政策。而內部的各個部門，亦可藉以獲得更為有效的協調與配合，來達成高階層管理所決定的基本目標。因此，就軍事層面而言，整體規劃的意義就是發展長期策略，以達成軍事組織既定目標的系統性程序。其目的為：一、定義和規劃軍事組織整體的長期發展。二、增進軍事組織遠程的成長率。三、確保軍事組織能因應變遷所帶來的挑戰，並從新的機會中永續經營[18]。

（四）目標管理

目標管理（management by objectives, MBO）的概念，主要是強調目標

的重要性，是藉由配合組織系統，將組織整體目標逐次轉變為各階層各單位的目標，以建立一種目標體系，而最後導致具體化的行動。目標管理，同時也是一種計畫與控制的管理方法。它由組織中上下層級的主管人員來設定團體及各部門的目標，使各部門的目標相互配合，並使各級主管產生工作的動機，而最後能有效達成團體的共同目標。除此之外，目標管理也可以由組織成員共同來訂定目標、決定方針、安排進度，如此將更為有效地促進組織目標的達成。

在目標管理中，組織目標的設定與形成是重要的一環。組織在設定團體目標時，應遵循以下幾項原則：一、期望原則：高階管理階層應就未來的某一時期，描繪出單位的願景，並清楚地刻畫未來的展望；二、參與原則：最好採取由下而上的目標設定方式，由部屬經由創新的方式，找出各種可能的潛在機會，來達成組織的期望；三、SMART原則：該原則指的是Special：目標要清晰明確；Measurable：目標要可以衡量；Attainable：目標要具挑戰性，並可達成；Relevant：目標要在組織與個人目標間相互調和；Time-Table：目標是要有時間基準的。在達成目標的過程中，要使得部屬得到充分的授權，並且提供其必要的情報，協助其達成目標。此外，對部屬工作成果的評價，也必須秉持公開、公平，並且一起共享工作的成果[19]。

（五）行政三聯制

行政三聯制是國軍組織在行政管理上的傳統方法，亦即將行政管理工作的程序區分為計畫、執行以及考核等三個連續性的循環階段。亦即，以管理任務為中心，擬訂計畫確實執行，並且嚴格考核。而考核後的結果，成為後續擬定精進計畫的起端。如此循序漸進，達到行政管理的最佳目標。行政三聯制的意義如下：

· 計畫：亦稱設計或規劃，乃是針對某一行政管理事項，制訂相關的方案或程序，其中包含決策與計畫方針。進行一個良好的計畫，必須具備完整性、可行性、繼續性、精確性與彈性等要件。

‧執行：是行政三聯制的第二個步驟。所謂執行，指的是遵照法令及
相關規定，以達成計畫目標爲依歸，確實履行計畫中所訂定的程序
與細節。通常執行工作的方法包括：分析計畫內容、預定工作進
度、釐定施行細則、明訂獎懲辦法、排除執行障礙。

‧考核：乃是對計畫執行過程與情形，進行考察、審核、評估，以瞭
解工作執行是否達成預定目標。同時，也可以檢討計畫內容與得
失，以供修正或改進。通常，可藉由制訂年度績效比較表或業務進
度表等，來進行相關的考核。

二、軍事管理的實務應用

　　由於現代資訊與科技的發展，已使得軍事組織面臨跨時代的挑戰，因
而必須進行革命性的組織調整與改革，以俟應未來戰爭型態的轉變。因
此，軍事管理者面對此一發展趨勢，更應講求運用現代化與科學化的管理
知識與技術，從事軍隊實務的運作與管理。一般而言，軍隊實務的管理均
涵蓋人、事、時、地、物等，各種因素與層面的課題。所以，軍隊實務管
理通常呈現一個複雜且多樣的面貌。雖然如此，就軍事管理的角度而言，
仍可從管理的相關知識與技術中，歸納幾項技術原則，提供軍事管理者運
用於軍隊實務的管理上。

　　基本上，任何事務的管理所應講求的首要原則，即是馭繁爲簡，也就
是工作的簡化。其意義在於消除單位因執行工作而涉及人力、物力、財力
與時間、空間的浪費。換言之，工作簡化乃是採取科學方法，對機關組織
運作時的業務及現行的辦事方法加以分析研究，尋找出瓶頸及缺點，採取
「剔除」、「合併」、「重組」、「簡化」等作法，以節省動作、減少工時、
精簡人力、降低成本、增進工作績效[20]。

　　一般而言，工作簡化將可縮短工作時程，節省人力與經費的支出，達
到提高工作績效的成果。因此，軍事管理者面對繁複的軍隊實務管理，首

應思考的管理技術原則之一,即爲如何將複雜的工作內容與程序,轉化爲具有系統性、條理性的簡易流程。

此外,追求零缺點的計畫(zero defect program),也是一個重要的技術觀念。零缺點計畫的意涵,主要是將「人是會犯錯的」傳統觀念,轉化成爲「人是不會犯錯」的認知(見**表25-1**)。亦即,在工作規劃的過程中,以追求零缺點的觀念,引導計畫的形成。

然而,要建立零缺點的計畫觀念,必須具備以下四個要素的認知:

· 認識本身工作的重要性。亦即,組織成員對於自身的工作重要性,應有充分的認識。從而體認自身工作的被需求感與對外界的貢獻程度,以獲得個人心理認知上的滿足。

· 設定並達成團體目標。在無缺點計畫的過程中,組織成員應共同研討設定達成組織使命的團體目標與方法,並共同檢討工作缺失,以集體協調合作的方式,完成使命。因爲,在團體目標的實踐過程中,個人的自尊與自我實現,將獲得滿足。

· 提出消除錯誤原因的建議。當組織成員發現錯誤時,應即瞭解發生錯誤的原因,並進一步提出改善錯誤的建議。透過此一作法,組織成員將進一步獲得自尊與實現自我的滿足。

· 表揚。當組織成員對於達成組織目標有所貢獻時,應該給予公開的

表25-1 傳統計畫觀念與ZD計畫觀念之比較

傳統計畫觀念	零缺點(ZD)計畫觀念
「人是會犯錯的」 「犯錯是人的本性」	「人是不會犯錯的」 「追求無缺點是可能的」
↓	↓
容許有不完整的存在	永遠向完整性邁進
↓	↓
形成不完整的計畫	形成無缺點計畫

表揚。因為，在表揚的過程中，將會滿足組織成員們對自尊的需要。

除此，計畫評核術（Program Evaluation and Review Technique, PERT）在軍事管理的層面上，也是一項重要的傳統管理技術。計畫評核術是由美國軍方與民間公司，在一九五八年共同設計採用的管理技術。它以網狀作業圖為技術中心，運用圖表和計算方法，對於任何的複雜問題，訂出一套完整的計畫，再將工作內容劃分為各個單一的事件與活動，然後使用網狀作業圖（network）來表示計畫的進度和每一個作業（事件）之間的關係。最後，以數學的統計方法來計算每一個工作單元（事件）所需的時間、人力、成本與資源等數據，就網狀作業圖進行嚴密追蹤（follow up）與控制（controlling），並且不斷地進行調整與修正，使計畫如期準確地完成[21]。

計畫評核術本身可區分成三個工作階段：

·擬訂計畫階段（planning）。此階段必須確立計畫或工作的任務與目標，並且劃分完成工作的事件步驟或工作單元。同時，將各事件的先後順序及相互關係繪成網狀圖（見圖25-1）。隨後針對繪製網狀圖進行檢討修正，並且考慮各步驟的必要程度，以及順序和彼此關係是否適當，或者相關的限制條件。

·排日程階段（scheduling）。首先進行完成計畫時間的評估，通常使用三時間估計法，亦即樂觀時間、悲觀時間與最可能（正常）時間。然後，依據評估結果訂定每一事件完成之時間。

·追蹤及控制階段。依照定案的網狀圖，發送各相關單位遵照辦理，同時進行協調考核，並機動調整作法，以確保計畫如期完成。

在軍事管理上，另一個可資運用的管理技術是工作績效評估（performance appraisal）。所謂工作績效評估，指的是對組織成員與工作有關的表現，做一系統性的描述。績效評估的目的在於評量組織成員的表現，為組織的人事管理提供回饋，使組織得以進行評估甄選、安置與訓練

國軍部隊榴彈槍換裝訓練計畫評核		
路徑	時間	合計
1→2→3→6→7→8	6+2+2+8+8+6	32周
1→2→4→6→7→8	6+2+6+8+8+6	36周
1→2→5→6→7→8	6+2+4+8+8+6	34周

事件	與事件相關的活動	事件	與事件相關的活動
1	榴彈槍採購與獲得	5	榴彈槍裝備、保養及使用說明
2	部隊換裝榴彈槍種子教官訓練	6	完成換裝部隊使用訓練
3	成立單位換裝訓練小組	7	換裝訓練成果驗收與戰備評估
4	榴彈槍撥發運交使用單位	8	換裝訓練與使用經驗之檢討與建議

圖25-1　PERT網狀圖

等人事作業。同時，也提供人員升遷或人力規劃的參考[22]。換言之，工作績效評估就是正確評估部屬在工作上的貢獻程度，以決定酬償。

　　根據公平理論（equity theory），當人們處於一種「交換關係」（exchange relationships）的情況時，個人一方面付出（inputs，稱為投入），而在另一方面也有收穫（outcomes，稱為結果），而每個人的「投入」與「結果」之間，基本上都會構成一定的比率。當人們處於上述情況時，會進行一種「社會性的比較」（social comparison），亦即衡量投入與所得的比率。當某人對此比率感到不平衡時，他將會產生一種動機作用，使他採取某種行為以進行平衡。而當此比率相當時，也就是人們感到最為滿足的時刻。因此，當某人內心感到滿足（亦即知覺到公平）時，將會產生行為努力的動機作用，進而使得完成組織任務的機率大為提高。

　　一般來說，工作績效評估的功能與目的，包括：可作為人事決策的參

考、可作為人事管理的有效指標、可用於組織目標的設定、可為組織成員的工作表現提供回饋。而績效評估的方法，也有以下幾項：

- 圖示評量法：（見**表25-2**）即組織成員被依據行為表現加以評量。它是一個相當簡便的績效評估工具。但卻相當主觀，因此它會產生評估上的居中趨勢、仁慈效應及月暈效果等主觀偏差。
- 比較法：是將組織成員間的工作表現加以比較。在實務上，可以直接對成員就其工作績效排定等第；或對成員兩兩比較後，再決定最後的等第；也可根據某些統計原理（如常態分配）決定某些等第應該分配多少人，再將成員依其工作績效分配於各個不同的等第。
- 關鍵事件法（critical incidents）：意指將造成優秀或低劣工作表現的行為加以記錄，以建立經常性的資料，作為評估績效之依據。它是一個較為符合績效評估精神的作法。
- 行為錨定法（behaviorally anchored rating, BARs）：它是人事心理學中，一種常用來作為效標的評估方法。它是結合關鍵事件與量表評定的方法，亦即以和工作相關的關鍵事件作為效標，並將其分類為工作表現的向度，依據量尺就其工作的表現程度加以評量[23]。

　　軍事組織的績效評估在某些方面與一般社會上的組織有所不同。例如，在和平時期，績效評估便無法選擇作戰勝利作為有效指標。因而，必

表25-2　圖示評量表範例

```
【範例一】
文宣工作　□非常傑出　□比一般人好　□普通　□比一般人差　□非常糟
【範例二】
文宣工作　非常傑出 7 6 5 4 3 2 1 非常差
【範例三】
（　）文宣工作
（　）服務工作
　　評定符號：「＋」表示卓越 「○」表示普通 「Ｘ」
```

須選擇其他替代性效標,以進行績效評估。例如,個人或單位的備戰狀態(readiness for combat)。此外,軍事組織的績效評估,並無法像一般的組織立即回饋系統,使得組織無法得知績效評估系統的有效性與預測力[24]。

一、請敘述軍事管理的概念與特性為何?

二、請敘述軍事管理的基本原理有哪些?

三、請舉例說明軍事管理在實務上應用的原則與技術有哪些?

四、假如你是一位軍事管理者,你將運用哪些理論與方法幫助你管理軍隊事務。

五、請尋求教官的協助,提出一個軍隊管理的成功實例,然後對它之所以成功的因素進行分析。

註釋

[1]Morris Janowitz, *The Professional Solider: A Social and Political Portrait*（Baltimore: The Johns Hopkins University Press, 1960）, pp. 21~37.

[2]Fredericko W. Taylor, *The Principle of Scientific Management*（New York: Harper & Brothers, 1911）, p.140.

[3]李茂興譯，《管理概論》（台北：曉園出版社，1989年），頁4。

[4]Andres D. Szilagyi Jr., *Management and Performance*（California: Goodyear Publishing Company Inc., 1981）, p. 6.

[5]許士軍，《管理學》（台北：東華書局，2001年7月），頁2。

[6]Joseph L. Massie & John Douglas, *Managing: A Contemporary Introduction*（New Jersey: Prentice-Hall, Inc., 1985）, p. 30.

[7]郭建志譯，《管理學導論》（台北：桂冠圖書，1997年3月），頁3。

[8]國防管理學院，《國防管理學》（台北：國防管理學院，1986年6月），頁1-4。引自蔡萬助，《前揭書》，頁11。

[9]王志剛譯著，《管理學導論》（台北：華泰文化，1987年2月），頁10。引自蔡萬助，《前揭書》，頁15。

[10]蔡萬助，《軍事管理學》（台北：華泰文化，2000年9月），頁20-21。

[11]蔡萬助，《前揭書》，頁22。

[12]Richard M. Hodgetts, *Management: Theory Process and Practice*（KY: International Thomson Publishing, 1982）, p. 224.

[13]Herbert A. Simon, *The New Science of Management Decision*（NY: Prentice Hall College Div, 1977）, p. 2.

[14]許士軍，《前揭書》，頁184。

[15]許士軍，《前揭書》，頁185。

[16]蔡萬助，《前揭書》，頁36-37。

[17]請參閱國防管理學院，前揭書，頁1-50。

[18]蔡萬助，《前揭書》，頁48。

[19]參閱蔡萬助，《前揭書》，頁53-57。

[20]吳定，《公務管理》（台北：華視文化，1996年2月），頁372。

[21] 參閱張家相，《計畫評核術管理》（台北：黎明文化事業公司，1973年），頁
4-10。以及，聯勤總司令部譯，《計畫評核術的價值及管制》（台北：聯勤總
部，1970年），頁120-125。

[22] 孫敏華，許如亨，《軍事心理學》（台北：心理出版社，2001年11月），頁
393。

[23] 孫敏華、許如亨，《前揭書》，頁398-401。

[24] 有關軍事組織的績效評估，請參閱，孫敏華、許如亨，《前揭書》，頁394-
395，402-411。

第二十六章　軍隊領導的意涵、理論與實務

第一節 軍隊領導的意涵

一、軍隊領導的定義

　　軍隊領導對於軍事指揮官而言，是一項極為重要的工作。同時，軍隊領導也是一門結合理論與實務的系統知識與方法藝術。任何在軍隊中表現優秀卓越的軍事指揮官，必然在領導上具有獨特的認知與運用。一般而言，「管理」並非等同於「領導」，良好的管理是卓越領導的基本要素。因此，能做好管理工作，並不意味就是達成領導的任務。所以，一位優秀的軍事管理者，並無法真正成為一位優秀的軍隊領導者。由此可以瞭解，軍隊的領導工作要比軍事管理工作來得更為複雜與困難。因為，領導工作的達成必須講求各種領導要素的權變與制宜，它的運用是一門知識也是一項藝術，並無一定形式的方法與原則可以通盤適用。因此，理解軍隊領導的內涵與性質，並學習相關的領導理論進而瞭解軍隊的領導實務，基本上是養成軍事指揮官的一個重要步驟。

　　所謂的「領導」，其正式的定義相當多元，但歸納文獻內容可以將領導做以下的綜合性描述：

（一）領導是一種人格或該種人格的效應

　　領導實際上就是一個人據以誘使他人達成某一項任務所需之所有特質的總和。因此，領導就是一種特別行為型態的創造與展現，俾使它人對其有所反應。同時，領導不僅是一種人格與團體的現象而已，並且也是一種社會歷程。而此一社會歷程則包含了許多人在進行心理上的影響及接觸。

（二）領導是一種行為或指引團體的活動行為

領導是組織中的某一成員對其他成員所表現有益於組織的行為。也就是領導者在指引及協調團體成員工作時，所表現的特定行為。這些行為包括律定工作關係、獎賞或責難團體成員以及對其福祉與感情表達關懷等。實際上，領導行為就是依循某一個共同的方向來導引他人產生行為，或導致他人有所反應的一種行為。

（三）領導是一種倡導作用與說服方式

領導就是要創發一種新的結構或程序，以達成或改變一項組織目標。所以，需要具有創造力的領導者，去刺激團體或組織前進。在組織中，領導係以說服、激勵鼓舞等方式去管理人們，而非以強制手段。因此，領導就是訴諸情感而不是使用權威去影響人們的能力。所以，領導者應具有能力使別人去做他原本不願意作的事[1]。

（四）領導是一種團體的歷程

領導是團體活動的一種現象，是達成團體目標持續不斷的歷程，亦是團體成員間的社會影響歷程，在此一團體歷程中，不僅是單獨以領導者為中心，部屬與成員在團體中所扮演的角色亦日趨重要。

（五）領導是影響力的結果

一般而言，團體中最具影響力且較能揮大多數領導功能的人，即為領導者，而其他成員則為從屬（follower）。無論在正式與非正式組織中，領導者的法定權力或個人威望等，對領導都會產生重大的影響。而軍隊組織的高度科層體制，更為強調上下層級間以及權威的影響力[2]。

（六）領導是角色分化的功能

領導是組織或團體中，角色分化及相互期望的一項功能。亦即，領導

者是統整團體中其他各個角色，並指引團體工作以達成團體目標的一種角色。而領導者必須眞正符合其他人的期望，才能獲得領導地位。

（七）領導是達成目標的手段或工具

領導的目的就是要導引團體達成目標。因此，在團體達成目標的過程中，領導的作用便在於影響組織或團體中成員的行爲，朝向達成組織或團體目標的方向發展。所以，領導成爲達成組織或團體目標的手段或工具。

（八）領導是一種權力關係

領導是某一個人使用其權力或影響力，促使許多人在一起工作裡以完成某項共同任務的一種關係。因此，就某種層面而言，領導必須依靠權力以作爲促使或影響他人改變行爲的基本要件。在團體中，領導的行爲有時表現在規範與控制的強制性作爲上。領導者必須運用組織所賦予的合法權力，敦促其他成員表現出被期望的行爲。而被領導者在組織架構的制約下，則被賦予有遵從合法權力的義務[3]。

從上述有關「領導」的綜合性描述，可以理解領導的概念相當廣泛，也具有定義上的操作性質。因此，軍隊領導的概念基本上也可以由此延伸，而得到抽象性的概念。基本上，軍隊領導均具有上述各項描述的概括特徵。所以，由領導的概念出發，軍隊領導可以被定義爲「軍事指揮人員透過運用各項領導屬性（信念、價值觀、倫理、品格、知識與技能等）來影響其他軍人，以達成軍隊使命的一種方法或藝術。」

二、軍隊領導的特性

一個有效的領導，並非決定於單純的領導行爲或領導特質，而是受到許多情境因素、組織特性與任務性質所影響。由於軍隊組織的獨特性，它必須面臨許多不同的情境（如作戰時空的變異），因此對於軍隊組織而言，針對不同的情境，其領導的方式亦有所不同。基於軍隊組織的任務與特

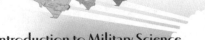

性，一般的領導理論，並不盡然可以運用於解釋軍隊組織的領導。而軍隊組織與一般的企業組織雖然在管理的歷程上相當類似，然而並不意味著一般的領導理論可以完全類化或運用於軍隊組織上。軍隊組織相較於一般企業組織的特性，在領導上至少有以下幾點不同：

(一) 組織性質不同

軍隊組織異於其他一般組織的最大特性之一在於，軍隊組織除了強調本身的利益之外，它更注重組織之外的國家整體利益。軍隊的存在是爲了國家的安全，而非軍隊本身或個人的利益。國家安全是軍隊的終極使命。因此，基於這樣的組織特性，軍隊組織比一般組織更強調領導者的道德價值、倫理、責任與忠誠。一般企業組織爲利益性組織，而軍隊組織則爲規範性組織。根據研究顯示，有效能的軍事領導者較常使用規範性的權力，而無效能的軍事領導者則較常使用強制及利益性的權力。

(二) 情境變異性不同

軍隊組織與一般企業組織相同，都會面臨許多不同的作業情境。但是，軍隊組織的情境變異性差距非常大，通常是截然二分的。例如：戰鬥情境與非戰鬥情境、訓練情境與非訓練情境。因此，軍隊領導者爲了因應這些劇烈的情境變化，所需要具備不同的領導行爲與特質，就顯得更須富有彈性與多變性。

(三) 權力型式的差異

領導的焦點在於影響力，而影響力所指的是任何正式與非正式的權力。一般而言，權力的基礎及來源大致上可以區分爲以下五種，分別爲強制權、獎賞權、專家權、合法權、參考權。不論一般組織或軍事組織，這些權力形式均普遍存在於組織之中。不過軍隊組織由於層級劃分明確以及階級服從特性，所以，其合法權的使用比一般組織來得絕對與頻繁。

（四）軍事組織結構的複雜性

　　相較於一般組織，軍隊的組織體系通常顯得較為龐大。因此，其內部結構與層級亦顯得較為複雜。當然，這種組織結構的複雜性，對於軍隊領導必定產生某種程度的影響。就軍隊組織而言，不同的軍種、兵科都需要有不同的領導方式。而不同的層級團體與領導者階級，亦需要不同的領導方法。所以，軍隊的領導具有多變性與動態性[4]。

　　軍隊的領導對於軍事指揮人員來說尤為重要。因為，軍隊的主要任務為從事作戰，組織的目標在於取得作戰的最終勝利。然而，作戰過程通常是艱困、慘烈、危疑、震撼，對於人類心理與生理來說，都是極大的磨難與頓挫。因此，如何有效地統合軍隊成員，突破險阻障礙，克服艱難逆境以達成軍隊使命，是軍事指揮人員的重責大任；也是軍隊領導的主要意義。所以，軍隊的領導異於一般社會組織的領導，它特別講求指揮與統御。

　　一般來說，對於許多軍事人員而言，軍隊領導與指揮具有相同的意義。因為，就軍隊的某一層級而言，指揮軍隊是軍隊領導的主要內容。而指揮軍隊執行任務，也成為此一層級的軍事人員領導軍隊的唯一工作。所謂的「軍事指揮」指的是軍隊領導者基於階級與職務所派生的法定權威（authority），來影響部屬並對軍隊進行指導、協調與控制。這種指揮權力具有廣泛的責任要求，包括計畫、組織、訓練、指導、協調與控制軍事單位，去完成它所被賦予的使命。

　　軍隊指揮的功能基本上包含三種主要的活動，分別是軍事行動的決策、管理與領導[5]。因此，由此可知軍事指揮是居於某一職位的軍事領導者運用正式權力的一種影響方式，同時也是軍事領導的一種形式。在軍事情境中，指揮是一種權威式的領導行為，著重在下屬對上級命令或指導的遵從。領導的作用完全發揮在軍事科層體制上下層級間從屬關係的聯繫上。所以，在這個層面上的意義，軍隊領導等同於軍隊指揮。

　　此外，軍隊領導也著重在上級對部屬行為的統率、控制與掌握。這一

類上級對部屬的領導行為，一般稱為「統御」。就軍事層面而言，所謂的統御其含意為「以嚴明的約束力指導部屬行動，並養成其負責任、守紀律的精神，以及節制、糾正其怠慢、偏差的行為。」因此，統御相對於領導而言，更具形式意義上的權威制服，而兩者的行為內涵則各有所差異。領導有時尚須採取柔性的手段，或者以領導者的才能、品德、學識去影響感化他人。但是，統御則強調統制及駕馭，領導者如何在權力的基礎上，順應形勢運用權術達到統御他人的目的，是統御的精義所在。軍隊的領導除了依據科層體制來遂行指揮權責外，領導者仍必須講求法、術、勢的綜合運用，才能克盡統御之功。尤其，軍隊是一個群體生活的戰鬥單位，若缺乏強而有力的統御機制，必然難以發揮戰力。因此，一個健全的軍隊領導者，基於軍隊任務的特殊性，必須具有完善的統御之術，才能有效地指揮、駕馭部屬完成使命。所以，領導與統御兩者不僅關係密切，對於軍事指揮人員來說，也是一項必須具備的軍事知能。

第二節　軍隊領導的理論與實務

一、軍隊領導的基本理論

　　由於軍隊領導的良窳關係著軍隊士氣的高低以及部隊紀律的嚴弛，而旺盛的士氣與嚴明的紀律則又是軍隊作戰致勝所不可或缺的要素。因此，軍隊領導往往是影響軍隊是否能夠順利達成任務的重要關鍵性因素。任何以致勝為目標的軍事組織，無不講求完善的軍隊領導，同時也要求軍隊領導者必須具備優異的領導統御才能。所以，有關軍隊領導的理論，長久以來即為軍事與社會科學家所重視與研究。美國軍事社會學家寇茨與佩里格林（Charles H. Coates & Roland J. Pellegrin）曾將領導理論歸納為三個主要

途徑，而用於解釋軍隊的領導[6]。茲將上述三種主要途徑的相關理論，歸納簡述如後：

（一）特質途徑

特質途徑（trait approach）的基本假定是：某些人天生賦有適合於扮演領導者角色的人格特質或特徵，而這些人格特質或特徵不僅使其與一般人不同，並且能夠使具有這些特殊人格特質或特徵者，獲得一般人的追隨。因此，特質途徑的研究目的在於認定（或找出）領導者或成功領導者的人格特質或特徵，以俾利鑑別領導者與非領導者，或鑑別較成功的領導者與較不成功的領導者。

換言之，領導者特質研究的目的在於探究領導與個人人格特質或特徵之間的關係[7]。所以，特質途徑強調領導者必須具備先天的領導素質與性格特質。就一般而言，作為領導者所需具備的性格特質基本上包括以下幾個特徵：知識、果斷力、進取心、機敏、風度勇氣、耐力、可靠性、正義和熱情。因此，依據此一研究途徑的假設推定，任何軍人具有一定程度上述的或類似的性格特質，就可以成為一位稱職或成功的領導者。在特質途徑的範疇中，有以下幾項代表性的領導理論，分別陳述如下：

1.特性理論

特性理論是所有領導理論中，最為古老的一種理論。這種理論著重於研究領導者的人格特性，並且認為這些人的人格特性是天賦的或者是先天所決定的。例如：根據一九四八年的一分文獻記載，史托迪爾（Ralph M. Stogdill）以特質取向為基礎檢驗一百個以上的研究，並將其中與領導有關的因素歸納成以下六項：

・能力：包含智力、機智、語言流暢性、獨創力及判斷力。
・成就：包含學識、知識及運動成就。
・責任：包含可靠性、主動創造、堅毅及自信心。
・參與：包含積極主動、善於社交及合作。

‧地位：包含社經地位及受歡迎的程度。

‧情境：包含心理層次、追隨者的興趣與需求、所欲達成的目標。

　　然而，史氏並未發現這些特質與有效的領導是一致的。另外，史氏於一九七〇年的研究中，調查了一百六十三個領導者的個案，並歸納了下述領導者的六大類人格特徵：

‧生理特質：活力與精力。

‧社會背景：流動性。

‧智能方面：判斷與決策、知識及語言流利的程度。

‧人格方面：機警、獨創力、創造力、正直、道德行為、自信。

‧任務特徵：成就動機、超越渴望、責任感、追求目標。

‧社會特徵：謀取合作的能力、合作的、受歡迎的、聲望、善於社交、人際的技巧、社會參與、機智、外交手腕。

　　綜觀史托迪爾的研究，很難歸納出真正成功的領導者需要具備何種人格特質。然而，在龐雜的軍事情境中，並非具有領導特質者才能成為領導幹部。透過環境的影響以及教育訓練，仍可以教導培養出優秀的領導幹部。所以，對於軍隊領導而言，情境的因素在特質途徑中，仍須加以考量[8]。

2.領導行為理論

　　領導行為理論是企圖從領導者的行為方式，來探討有效的領導模式。並且藉由掌握有效領導者的行為模式，來加強對優秀領導者或管理者的培養與訓練。自四〇年代起，心理學家便對領導行為展開研究，並且提出各式各樣的行為理論。其中較為典型的是美國俄亥俄州大學在一九四五年將一千八百個行為事例，概括出一百五十題具代表主要領導功能的題目，對軍隊及一般人抽樣施測，而歸納出「注重組織」與「體恤」兩大因素取向，作為評價領導者行為的類型與程度。根據前述兩項因素的取向程度不同，可將這兩類領導行為結合的結果，以下列四個象限來表達（見圖26-1）。

高「體恤」	高「體恤」
低「注重組織」II	高「注重組織」I
低「體恤」	低「體恤」
低「注重組織」III	高「注重組織」IV

高
體
恤

注重組織

高

圖26-1　領導取向象限圖

‧高「體恤」、高「組織」的領導行為，既可完成任務又能體恤成員生活，因此能有效提高工作的效率與積極性，使得上下級均感滿意，這是最好的領導方式。這種領導一般稱為「戰鬥型領導」。

‧高「體恤」、低「組織」的領導行為，只注意滿足成員的需要，但由於過分體恤，以致無法嚴格要求成員達成任務，使得組織成效不彰，間接影響成員的績效，反而無法體現高「體恤」領導行為的目的。這種領導一般稱為「福利型領導」。

‧低「體恤」、低「組織」的領導行為，既不關心成員生活，也不在意組織績效，因此會引起上下級的不滿，這是最差的領導方式。這種領導稱為「虛弱型領導」。

‧低「體恤」、高「組織」的領導行為，只關心組織績效的達成，而忽略體恤成員生活。儘管能獲得上級的賞識，但是易於引起下級的不滿。這種領導稱為「任務型領導」[9]。

(二) 團體途徑

團體途徑（group approach）由於領導者特質的研究並無法一致確定成功的領導者應具備何種人格特質，以致人格特質的研究並無法提供確定或選擇最佳領導者的操作性運用。故而，招致欠缺客觀性的批評。因此，便冀望以領導者行為的研究，從領導者外顯的行為來衡鑑最佳的領導方式，進而提高團體或組織的效能。因此，補充了特質研究此一研究途徑主張，

任何對領導的系統性分析，必須同時考量領導者個性特質以外的因素，並以部屬的行為模式為探討的重點。因為，在領導的過程中，領導者個人的特質固然會影響部屬。但是，更重要的因素則存在於領導者與部屬之間，以及部屬彼此之間的社會互動。換言之，也就是領導者人格特質與領導情境因素彼此互動，對領導的影響歷程。故而，亦有學者將之稱為「互動論」的研究途徑[10]。有關「互動論」的領導理論，有以下幾種可為代表：

1.權變領導理論

　　六〇年代以前，相關領域的研究者大都從領導者的品質和行為來研究有效領導的行為。許多學者提出了權變理論，認為領導行為的效率不僅決定於領導者的品質和行為，同時也決定於領導者所處的時空環境。例如，被領導者的條件、工作性質、時間要求以及組織氣氛等。換言之，也就是有效的領導是由領導者、被領導者和環境條件等三個因素所決定的。權變理論把領導看作是一個動態的過程。領導行為應隨著領導者特點與環境條件的改變而轉換。領導的品質、行為、能力不是天生不變的，而是可以在實踐中逐步養成和發展的[11]。

　　根據上述的理念，菲德勒（F. Fiedler）於一九六七年提出「權變領導理論」（見圖26-2），認為領導行為效果的好壞取決於三項條件：一、領導者與成員的關係；二、任務結構；三、領導者的權力地位；菲德勒把上述三

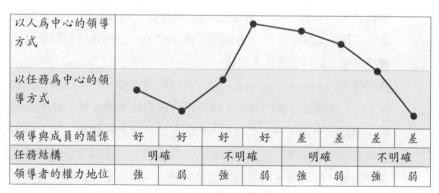

以人為中心的領導方式							
以任務為中心的領導方式							
領導與成員的關係	好	好	好	好	差	差	差	差
任務結構	明確		不明確		明確		不明確	
領導者的權力地位	強	弱	強	弱	強	弱	強	弱

圖26-2　菲德勒的權變模式

資料來源：《領導行為心理分析》（頁328），陳鐵民，1991，台北：博遠出版。

項條件的每一項變數分成兩種情況,亦即上下關係的好壞;工作任務明確與不明確;地位權力的強與弱,便可組成以下八種領導類型。

菲德勒認為,在上述三項條件均具備的情況下,對領導者來說是最有利的情境;而三項條件均不具備者則相反。一般來說,在這兩種極端情況下,採用「以任務為中心」領導方式效果較好。但處在中間型情境(即中等水平的情境),則採用「以人為中心」的領導方式效果較好。

2.規範性權變理論

佛如姆(V. H. Vroom)和耶頓(P. W. Yetton)兩位學者認為,領導的主要課題是在於參與決定的歷程,而且現代組織極為複雜,為了提高組織效能,領導者在做決定的過程中,應先分析、判斷情境因素,並將其作為決定事物歷程中的主要考量因素。佛、耶二氏咸認,在某些情境中,「專制的」領導方式才是最有效的領導,而在某些情境中,則須要利用高度參與的方法,才能獲致最大的效能。故而,領導者應事先分析情境,進而採行最有效的領導方式。因此,這兩位學者提出「規範性權變理論」,就領導方式、情境問題、領導訓練以及決定之歷程等方面,論述領導者在某種權變因素下,應如何採取作為,以求取最大的效能。佛、耶二氏並列舉了三大類五種型式的領導方式[12],分別為:

- 專制歷程(autocratic process),屬於任務導向的領導方式。它有兩種型式:一、專制第一型(A1):領導者使用任何可資運用的訊息,以便作成決定;二、專制第二型(A2):領導者從團體成員處獲得訊息,以作為決定之依據。

- 商議歷程(consultative process),也有兩種類型:一、商議第一型(C1):領導者採個別方式,將問題告知有關團體成員,要求共同解決問題。也以個別方式取得他們的想法、觀念和建議。但還是由領導者作出最後決定;二、商議第二型(C2):領導者採團體方式處理問題。領導者先將問題讓成員知曉後再作決定,以便共同解決問題。

3.團體歷程

團體歷程（group process）即領導者擔任團體會議主席，讓團體成員知曉問題，並共同承擔解決問題的責任，以獲得一致性的團體決定。但領導者於會中仍表達己見，卻不堅持某一決定，更不會操縱團體。

（三）情境途徑

情境途徑（situational approach）主張領導的過程，很可能受到許多情境變項的影響。這些變項包括變化中的任務、團體成員的關係、物質資源、地理環境以及文化影響的因素。在情境變化中，指揮權威可能是領導者，也可能轉移到被領導者身上。由於在變化的情境中，極難預測影響領導過程的所有因素，因此顯示領導絕非是一種靜態的活動，而是一種高度動態和變化的過程[13]。尤其，軍事領導所要面臨的情境，更為複雜多變。因此，基於軍事領導的多變情境，成功的軍事領導者必須具備跟隨情境變異而轉換領導方式的能力，始能滿足軍事領導的需求。

在情境途徑的領導理論中，以赫茜（Paul Hersey）和布蘭恰德（Kneneth Blanchard）於一九八二年所建構的情境領導理論（situational leadership theory）運用在管理人員身上，發現成效很大。在她們的理論中，部屬的工作成熟度是主要的概念。而所謂的成熟度被定義為：一、成就取向；二、接受責任的意願和能力；三、執行任務所需要的教育程度、經驗與技巧。因此，他們依照部屬工作成熟度的差異，區辨出四種不同的領導型態，分別為：

1.告知式

當部屬缺乏工作成熟度時，最適當使用告知式（telling）的領導型態。在一個高工作、低關係取向的情境中，領導者告知部屬做什麼、如何做、何時做以及哪裡做。告知式的領導型態最可能使用在新進成員上。

2.推銷式

在部屬只瞭解某些工作任務，而對某些工作任務不甚瞭解的情況下，最適合使用推銷式。因為，推銷式（selling）的領導兼具高工作取向、指

導式行為（directive behavior）以及高關係取向、支持性行為。高工作取向的領導行為，可為心理成熟度低的部屬提供工作指導原則；而高關係取向的領導行為，可使部屬產生信賴的感覺。

3.參與式

在部屬擁有高工作成熟度的情境下，最適合使用參與式（participating）的領導型態。在參與式的領導行為中，領導者要減少有關工作取向的行為，因為高工作成熟度的部屬不喜歡被嚴密的監督。然而，領導者仍須採取高關係取向的行為，如此一來，領導者經由與部屬建立個人關係，因而能激勵部屬的工作表現。

4.授權式

當部屬的工作成熟渡達到最高峰的時候，最適合使用授權式（delegating）的領導型態。擁有最高等級工作成熟度的部屬，表示他們有能力使用高程度的專業知識，以完成工作任務，並且具有強烈的內在動機（internal motivation）。當部屬的工作成熟度被歸為此類時，低工作、低關係取向的領導型態是最合適的[14]。

二、軍隊領導的一般實務

就團體組織而言，如果組織的成員認為他們應該要接受層級主管的意見而行事，即表示組織中的層級主管對成員具有法定權。一般而言，組織中的領導者，僅限於法律所賦予權力的主官（管）。因此，組織的法定權係基於部屬對長官職權的服從。由此可知，「法定權」與層級節制的組織體系關係密切。因為，層級節制就是由具有大小權力不等的職位所形成的，使人服從的權力就是這種來自正式職位的權力。此外，由於「獎賞權」與「懲罰權」，一般都是掌握在位居法定職位者的手中。職是之故，組織中對部屬具有制裁權，且其領導地位之合法性來自正式職位的領導者，其領導的權力基礎，我們稱它為是「合法性權威」[15]。而軍隊組織緣於結構特性的因素，軍隊組織的領導基礎通常就是來自於「合法性權威」。

　　然而，軍事領導的對象主要是部屬層級，因此部屬對於軍事領導權力的心理與行為反應，是軍隊領導者所必須瞭解與認識的。通常在組織中，部屬面對領導者的影響時，會呈現各種深淺程度不一的心理與行為反應，例如：

（一）獨立

　　獨立（independence）指部屬依照個人意志行事，不理會領導者的影響，即使表現出符合領導者要求的行為，也是個人選擇的結果，無關乎個人對領導者，以及其影響作為的認定與否。

（二）抗拒

　　抗拒（resistance）指部屬不僅不理會領導者的建議或要求，還逃避工作。可能表現出拖延、推諉或企圖說服領導者甚至於更高層級改變要求，乃至表面順從卻背地裡破壞，或直接拒絕執行該向要求，但其心理與行為仍受領導者影響。

（三）唱反調

　　唱反調（objection）指部屬無論領導者的要求為何，他一律持相反意見，公開表示反對到底。部屬的言行受到領導者所要求的相反方向所影響。換言之，領導者必要時反其本意而行，即可影響、預測該部屬的言行。

（四）服從

　　服從（compliance）指部屬不認定領導者的特定要求，但仍願意去做。只是表現得較不熱切，即所謂的「口服心不服」。此時，領導者只影響了部屬的表面行為，而非態度。

（五）順服

順服（submission）指部屬全然接受領導者的種種要求。部屬雖不認定其為好的行為，但是已經放棄抗爭甚至溝通。此時，部屬有可能表現出與順從者相似的行為。但也可能認定自己是「聽命行事」的角色，完全聽從長官的領導。對各項指示不做任何思維分析，只知「絕對服從」，努力遂行上級要求。

（六）內化

內化（internalization）指部屬認定領導者的特定要求，為理所當然的。即使在沒有外力的要求下仍然奉行的行為準則。

（七）認同

認同（identification）指部屬全然認定領導者的種種要求為理所當然，認同領導者本身，並視領導者為典範，是個人學習仿效的對象。只要該領導者的要求，都認為是好的，理應聽從[16]。

從上述內容，可以瞭解部屬在被領導時，所可能產稱的反應。因此，身為軍事領導者，應從被領導者的反應中，體認自身領導方法的有效性與適切性，而隨時加以修正或改變。在活生生的軍隊領導實務中，並沒有一致的方法或理論可以放諸四海而皆準。一項稱職而適切的領導，必須仰賴軍事領導者用心觀察體會被領導者的需要與反應，並且在領導方式上，加以彈性修正。而軍事領導者專注於塑造個人的領導風格，也是一項極為重要的領導實務。

因此，軍隊領導的實務應從瞭解自己和單位開始著手。一位稱職的軍事領導者，顯然必須瞭解自己的優缺點、專業以及性格特質。因為，領導部屬的方式與風格，通常決定在前述的因素上。而瞭解單位的紀律、士氣與團結向心力等，更加有助於軍事領導者與部隊成員間的互相瞭解，尊重與信任，才能為共同目標而奮鬥。

　　除此之外，更重要的還必須要瞭解人性。因為，領導的本質，實際上就是一種人際關係上的操作與運用。更何況，領導是以人為對象、為核心的。所以，要講求領導就必須掌握人性。或許，在軍隊指揮與管理上，有許多可以掌握的因素與原則，能夠提供軍事領導者依循。但這些因素與原則變項的比例，從軍隊領導的實務上來看，就不是那麼容易控制了。但在領導的過程中，唯一不變的就是人性的理解與考量。從圖26-3，我們可以瞭解到，無論在任何階層的領導、管理，其技術性比例的增減乃必然趨勢，但在「人性技巧」卻不可不有所偏廢。中國人一向偏重人本思想，即使在西方世界，也有越來越多的學者倡言「人」的重要性。尤其在軍事理論方面，雖說領導、管理是對人、事、物等時空因素的調配，但「人」卻是變動不居的因素[17]。至於，如何妥善掌握、運用，則是完全存乎軍事領導者一心之領悟與體會了。這也是為什麼要稱領導統御是一門藝術的原因所在了。

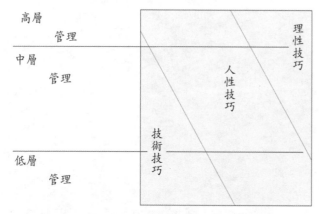

圖26-3　領導階層所需之技巧比例

資料來源：《組織行為》（頁5），陳義勝，1980，台北：華泰書局。

問題與討論

一、請對「領導」做一個綜合性的描述。然後根據此一描述，說明軍
　　事領導的定義爲何？

二、由於軍隊組織的特性有別於一般組織，因此軍事組織領導具有哪
　　些特殊性？

三、你認爲誰是你心目中最成功的領導者？請分析他具有何種人格特
　　質？

四、假如你是一位軍隊領導者，你會運用哪些理論與方法，協助你做
　　好軍隊的領導工作。

五、未來如果你是一位軍隊領導者，請自我分析個人的領導風格，將
　　會呈現什麼樣的形態。

註釋

[1] 參閱羅虞村，《領導理論研究》（台北：文景出版社，1999年8月），頁2-6。

[2] 參閱孫敏華、許如亨，《前揭書》，頁418-419。

[3] 參閱羅虞村，《前揭書》，頁9-12。

[4] 孫敏華、許如亨，《前揭書》，頁456-458。

[5] 同上註，頁423-424。

[6] Coats, Charles H. & Pellegrin, Roland J., ed., *Military Sociology: A Study of American Military Institution and Military Life* （MA: The Social Science Press, 1965）, pp. 188-190.

[7] 羅虞村，《前揭書》，頁118-119。

[8] 孫敏華、許如亨，《前揭書》，頁426-427。

[9] 參閱陳鐵民，《領導行為心理分析》（台北：博遠出版有限公司，1991年9月），頁304。

[10] 參閱孫敏華、許如亨，《前揭書》，頁432。

[11] 陳鐵民，《前揭書》，頁319。

[12] 羅虞村，《前揭書》，頁278-279。

[13] 洪陸訓，《前揭書》，頁157。

[14] 郭建志，《前揭書》，頁194-195。

[15] 錢淑芬，《前揭文》，頁131。

[16] 洪光遠，〈軍官領導潛質之研究——從預官、軍官領導潛質量表及政戰軍官適性量表之編製談起〉，《第二屆國軍軍事社會科學學術研討會論文集》（台北：政治作戰學校軍事社會科學研究中心，2000年），頁237-267。

[17] 王競康，〈論「行政性領導」與「戰（略）性領導」——「領導統御」概念的廓清與建構〉，《軍事社會學學術論文集》（台北：中正理工學院，1996年10月），頁342。

國家安全篇

第二十七章　國家安全定義與範疇

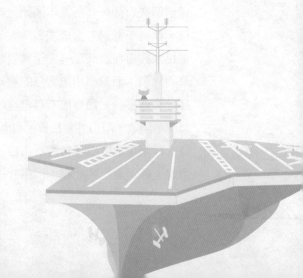

第一節　前言

　　中華民國成立迄今已有九十餘年了，而在這漫長的歷程中，經歷過無數的挫敗、奮鬥與榮耀，累積了無數先人的智慧與鮮血才有今天自由、民主以及經濟繁榮的局面。

　　回首往昔，從國父孫中山先生領導的革命志士推翻了滿清政府後，整個中國陷入了群龍無首、軍閥割據的局面。先是有袁世凱的洪憲帝國，接著是北洋政府與南方廣州政府的對抗，而在廣州國民黨政府北伐之後抵定全國，整個由國民黨政府主導的中華民國才算較為完整的一個國家。但是，好景不常，日本侵略東北三省扶植滿清皇溥儀成立的滿洲國，同時中國內部也有共產黨的革命團體與國民政府對抗，中國又形分裂；接著，日本為擴及其在中國的版圖及攫取中國的資源，發動瘋狂的侵略，屠殺中國百姓，奪取中國幾乎半壁河山，而在我國人民堅決抵抗及聯軍的協助下，日本無條件投降，才結束這場大災難。

　　當全國人民需要修生養息之時，國民政府與共產黨革命團體爆發全面內戰，結果共產黨奪取中國政權，成立中華人民共和國，而屬國民政府的中華民國，隨其軍事行動而遷移至台灣，從此，一個中國，兩個政府，而這兩個政府從一九四九年開始，就視對方為眼中釘，肉中刺，欲拔之而後快，無時不把對方當成主要敵人，但是國際環境丕變，強人政治凋零，中華民國政府在台灣已經完全轉型成為一個自由、民主以自由民主主義為根基的國家；而對岸中國大陸的中華人民共和國，在歷經獨裁者一連串的瘋狂社會運動後，體會出唯有發達經濟，藏富於民，才是國家強盛之道，所以改革開放、吸引外資投資，也漸漸成為世界強國之一。

　　而兩岸之間雖各自發展出自己的政治模式以及經濟型態，但是在意識型態上卻還是南轅北轍，但由於經濟全球化以及大陸吸引台資，在經濟上

台灣與大陸卻交往甚密，所以造成一個極端現象，即兩岸之間有嚴重的軍事衝突、對峙，如古寧頭之役、八二三砲戰、九六年導彈危機……等，但是在人民的經濟往來上卻是持續加溫且造成台灣越依賴大陸的現象。這個圖像，是很難用一個概括的政治符號去解釋的，也不在本篇中贅述。而本篇觀察的重點在，中華民國在台灣所面臨的威脅。

中華民國政府在一九四九年從中國大陸的南京先是遷移廣州而後因中國大陸的國民政府的軍事力量全線的崩潰，以致遷移至台灣的台北運作，但從此就在台灣落地生根。而台灣是在一九四五年由中華民國政府自戰敗的日本手中接收的（台灣於一八九四年因滿清政府戰敗日本，而被迫割讓），並且派遣接收大員來看管復原台灣，但因當時的社會環境因素及接收官員的官僚主義導致台灣人民暴亂的「二二八事件」，而當時南京政府派遣軍隊前來台灣鎮壓，造成許多人員的傷亡，尤其是知識分子。而當政府在內戰失利後遷移至台灣後，記取了前次人民暴動的教訓，雖有大量啟用台灣籍人士進入政府服務，但是在政治上還是採取緊縮態度，行威權統治，並將憲法上許多權力加以凍結，人民言論、出版、集會、結社……等許多政治上的自由受到限制，維持一黨（國民黨）獨大的局面，雖有陸續釋放出許多政治權力，也容許黨外政治勢力存在，但是這種管制情形一直持續到解除戒嚴，才算是對人民政治權力的完全鬆綁。

在五○年代國民政府對政治如此苛求的另一個原因是外患，中國共產黨革命團體擊敗國民政府後，在一九四九年於北京成立中華人民共和國政府，爾後就急欲想「收復」台灣，因其自我認定繼承了中華民國在中國的所有政治權力；而中華民國則繼承了滿清政府所有政治權力，依國際法慣例或是政治現實，台灣就屬於其中華人民共和國之一部分（中國大陸自我認定），所以從四○年代末期開始就一直以武力「解放台灣」為其建國後的首要目標。而在此時國際環境對中華民國政府相當不友善，首先是美國落井下石，發表對台白皮書，認為台灣地位未定，放棄對中華民國的國際責任，且不金（軍）援台灣，其次是以英國為首的歐洲許多西方大國紛紛承認中共，接著是中共不斷的以武力進犯中華民國的領土，從一九四九年開

始台灣海峽這條俗稱的「黑水溝」就一直波濤洶湧，各種武裝形式衝突不斷，台灣居民在五〇年代長期生活在中共武力犯台的陰影下。

而韓戰的爆發，國際共產主義擴張，中國大陸加入蘇聯共產集團，直接派兵參加韓戰，美國為防堵共產主義也直接以武力投射朝鮮半島並將中華民國納入其反共產主義擴張的圍堵圈，讓第七艦隊駛入台灣海峽，中（台灣）美簽訂共同防禦條約，中華民國正式納入以美國為首西方反共產陣營的一員，其國家安全真正受到了美國的保護。

而在六〇、七〇年代中國大陸陷入文化大革命的瘋狂年代，且與蘇聯慢慢交惡，在一九六九年在中蘇邊界上更發生了軍事衝突事件（珍寶島事件），使美國認為進入紅色中國的機會，美國逐漸改善與中國大陸的外交關係，先是兩國最高領袖的互訪（尼克森、鄧小平），接著陸續發表了三個公報[1]，且與我國斷交並與中共建立正式外交關係，中美共同協防條約也毅然中斷，中華民國政府陷入了一九四九年以來最大的國家安全危機。雖然美國國會制定「台灣關係法」（美國國內法）來規範與台灣的關係，但是還是引起台灣人民的相當震撼。

在六〇、七〇年代，中國大陸因文化大革命的破壞，人民生活困頓幾乎跟四〇年代末期一樣，而當鄧小平在七〇年代掌握政權後，決定全面發展經濟，提出了「實踐是檢驗真理的唯一方法」，跳出共產主義的框架，在沿海設立經濟特區，全面的實施改革開放，讓經濟獲得相當的提昇，並在此時發表和平解放台灣一國兩制的解決方針，對台灣釋出善意，且與美國剛建交之故，並不積極處理台灣問題，兩岸關係趨緩，將全國重心放在經濟的改革開放。而此時的中華民國經濟水準已達開發中國家之林，但在八〇年代中期部因強人的逝世造成台灣的另一波政治自由化運動。在繼任總統李登輝的銳意改革之下，宣布解除戒嚴，台灣政治性活動百花齊放，政治權力還諸於民，但因法律規範與實際的社會需求不符，導致群眾運動的紛起，而脫序現象造成台灣內部公權力的不彰，產生許多社會問題。

在九〇年代中華民國總統由人民直選，威權政治消失，台灣人民邊享受、邊摸索民主、自由的真諦，但因選舉制度的設計使然讓許多政客從操

弄族群中獲得政治利益，讓中華民國內部有族群認知的危機，並在中華民國內部出現台灣獨立、兩岸統一及維持政治現狀的多邊選項。而在一九九六年總統大選，中共在台灣海峽舉行導彈演習，企圖影響選舉，從大陸發射飛彈命中距離高雄與基隆均不到四十公里的海上，讓台灣內部人民相當緊張，國軍進入高度的戒備，更讓美國派遣航空母艦進入台灣海峽觀察，為台海兩岸關係從七〇年代以來最緊張時刻。

　　而在二十一世紀的今天，中華民國雖在政治、經濟、軍事都有相當的實力，且獲得美國相當程度的支援，但是中華人民共和國因經濟改革開放之後，整體國力相對提昇許多，已成為世界僅次於美國的軍事強權，而台灣對中國大陸的經濟依賴性卻逐漸增加，但是中國大陸時時刻刻想統一台灣，且未放棄武力犯台的可能，所以中華民國在國家安全的三角習題上如何正確的作答，是關係全體國民未來的前途發展及國家的生存，所以國家安全是值得重要研究的課題。

第二節　定義與範疇

　　國家安全（national security）是由兩個名詞國家與安全共同建構的新名詞，缺任何一個都不能成立，而國家與安全這兩個名詞都是一個抽象的名詞，並不是由一個單純的事物所造成，而是包含著許多現象、變數及個人主觀的感受，並且有許多的相對概念，以下分茲論述：

一、國家定義

　　在西文上，本來沒有統稱各種國家的名詞，希臘的Polis；羅馬的Respublica；中世紀的Empire、Monarchy等政治單位在現代文字上，中文都可以「國家」，英文都可用 "state" 稱之。英文通稱國家的 "state" 一詞是

十六世紀在馬基維里（N. Machiavelli, 1469-1527）首先使用後才逐漸成為流行的。歐洲中世紀以前各種國家亦與現代意義國家不同，往往缺乏一定土地概念，在政教爭取最高權力的衝突與封建制度重複管轄下，亦無現代主權觀念。現代國家是在十六、七世紀歐洲國家擺脫中世紀封建制度及宗教控制後首先形成，再在世界各地發展的。

而國家是如何組成的，其起源為何，見表27-1：

表27-1　國家起源的各理論內容

理論	國家的起源
社會契約論	契約論最重要的代表人物是霍布斯（Thomas Hobbes 1588-1679）、洛克（John Locke, 1632-1704）及盧梭（Jean-Jacques, Rousseau, 1712-78）。其認為人類歷史分二階段：第一階段是自然狀態階段，這時沒有政府和法律。後來社會內問題日多，人類遂意識到需要訂立契約以建立國家。而各派的共同特徵：一、假定人創立國家是為了合理地解決問題；二、人在設計國家形式和結構方面為主要部分；三、強調人民主權，統治者的權力來自人民。
神創論（君權神授）	其認為上帝任命了國家的統治者，由他代表上帝來執行其旨意，而這理論成為了中世紀歐洲封建君主用以支持其專制統治的論據。
強權論	其認為國家是由強有力的個人通過征服他人而創造的，這人有力使他人服從其統治。意味著強權即公理，國家是以強壓弱的，其理論造成了專制統治的形成。
演化論	國家是人類由低層次向高層次自然演進的結果。因血緣關係組成家庭，而家庭成員都接受家長的權威。隨後擴大成為氏族、部落，到最後成為國家。而促使演化的因素還有宗教、財產、政治意識等等。
馬克思主義的國家起源理論	從唯物史觀出發，生產力是社會各種關係的基礎。當生產力發展至一定的水平，由於生產力的提高，社會必定出現剩餘產品。剩餘產品帶來了私有財產，從而出現階級分化。一方是資產階級，另一方是無產階級。而資產階級為了保護自己的財產而成立國家，把國家看成階級的統治工具。

資料來源：作者自行整理。

　　而何謂現代的國家？政治學者通常以人民（people）、土地（territory）、政府（government）、主權（sovereignty），其中以主權為主要因素；而國際學者來論述「國家」要件，是根據美國於一九三三年十二月二十六日與拉丁美洲國家簽訂的「蒙的維都國家權利義務公約」（Montevideo Convention on Right and Duties of States）規定，通常包括了：固定的居民（a permanent population）、一定界線的領土（a defined territory）、政府（a government）以及與他國交往的能力（a capacity to enter into relations with other state）[2]。其中特別強調的為與他國交往的能力。

　　所以這兩個概念中可以得知人民（固定的居民）、土地（一定的界限領土）、政府幾乎是所有學者共同的概念，而有差異者是在對主權或是與他國交往的能力上有些許差異，見表27-2。

表27-2　國家組成要件

	國家組成要件		
	相同內容	相左	
		內容	內容之意涵
政治學者	人民（People） 土地（Territory） 政府（Government）	主權（Sovereignty）	排他性（exclusivism）：在國家界定的土地範圍內，排除外來的干涉，保持自我權力的完整。排他性代表權力的獨立 自主性（autonomy）：即國家自行決定其作為、指揮及命令，不受外來的干涉 完整性（plenitude）：指在國家統轄的領域內行使權限，沒有任何限制獲例外
國際法學者	固定的居民 （a permanent population） 一定界線的領土 （a defined territory） 政府（a government）	與他國交往的能力 （a capacity to enter into relations with other state）	即一個新興國家必須獲得他國承認它具備有其他國家維持外交關係的能力。

資料來源：作者自行整理。

　　而中華民國政府在台灣，依照以上兩種定義，都可以稱之爲一個標準的國家，也具備了國際法人的要求與能力（見表27-3，我國擁有會籍的政府間國際組織一覽表）。而現代國家，大多是所謂民族國家（national state），中華民國也不例外，在原則上，這是以一個民族建立一個國家爲理想的型態，在實際上，現今世上一百九十二個國家當中（含東帝汶，於二○○二年五月十九日獨立），只有部分符合這個理想型態。儘管如此，我們仍把現代國家看作民族國家，今日的國家體系爲一個民族國家的體系。

表27-3　我國擁有會籍的政府間國際組織一覽表

使用英文名稱	組織名稱	參加年代
Taipei China	國際畜疫會（International Office of Epizootics）	1954
Chinese Taipei	1.亞洲稅務管理暨研究組織（Study Group on Asian Tax Administrative and Research）	1996
	2.亞太經濟合作會議（Asian-Pacific Economic Cooperation）	1991
	3.亞太防制洗錢組織（Asia/Pacific Group on Money Laundering）	1997
Republic of China	1.亞洲生產力組織（Asian Productivity Organization）	1961
	2.亞洲開發銀行（Asian Development Bank）	1966
	3.亞非農村復興組織（Afro-Asian Rural Reconstruction Organization）	1968
	4.亞太糧食肥料技術中心（Food and Fertilizer Technology Center for the Asian and Pacific Region）（祕書處設於我國）	1970
	5.亞洲蔬菜研究發展中心（Asian Vegetable Research and Development Center）（祕書處設於我國）	1971
	6.中美洲銀行（Central American Bank for Economic Integration）	1992
	7.亞洲科技合作協會（Association for Science Cooperation in Asia）	1994
Taiwan, ROC	亞洲選舉官署協會（Association of Asian Election Authorities）	1998

（續）表27-3　我國擁有會籍的政府間國際組織一覽表

使用英文名稱	組織名稱	參加年代
China（Taiwan）	國際棉業諮詢委員會（International Cotton Advisory Committee）	1963
The Central Bank of China, Taipei	東南亞中央銀行總裁聯合會（Conference of Governors of South-east Asian Central Banks）	1992
Taiwan	1.國際種子檢查協會（International Seed Testing Association）	1962
	2.「艾格蒙聯盟」國際防治洗錢組織（Egmont Group of Financial Intelligence Units of the World）	1998

資料來源：作者自行整理，外交部網頁，網址：http:/www.mfa.gov.tw/almanac/appendix/page8.htm。

二、安全定義

　　自從冷戰結束以來，安全的概念不應局限在軍事面向的安全，安全的概念不只是水平的延伸，更包含縱貫面的伸展。但是「安全」，包含了什麼？爲何會不安全會發生？爲何會在那裡？是偶發？是必然？還是人爲操作？如以傅柯（Michel Foucault）「考掘學」（archaelogy）的觀點從空間座標出發探討，會發現「安全」就像考古學的遺址遺物一樣，深掘下去，發現了斷斷續續、零零落落的片段，幾乎每個都是橫向的、矛盾的、擴散的，都是有限的，連續的軌跡幾乎都有矛盾。但是研究「安全」學者幾乎都是傳統「歷史、史料學」（history, historiography）的觀點是以時間座標爲其研究的基座，注重事件的延續性、敘述性、比較性的史觀。所以安全的概念在水平方面的擴展就是包含了不同概念的安全定義，如環境安全、能源安全或資訊安全；安全的概念往下擴展就包含了個人的安全，安全的概念向上延伸了包含了社會、國家到國際安全。

　　而哈佛大學教授愛德蒙森（A. Edmondson）特別用「心理安全」

（psychological safety）來詮釋安全這種共享信念。所謂的「心理安全」，就是團員已經跳脫「私領域」，進入「公領域」；也就是一切作為，是以「公」為出發點，這時才會對事不對人地進行建言，而不怕得罪對方；也才會為對方「兩肋插刀」，不以為苦[3]。而以此延伸，想要團隊成功，就必先讓團員有著共同信念，產生足夠的「心理安全」，這樣即便外在支援不足，團員也會產生互信，主動解決問題，完成交付的任務。而要社會、國家成功，這安全概念逐漸發展成個人、人類及社會、社會及政府、政府及國家、國家及國家之間的相互信任的狀態與過程。所以安全的第一要義就是建立相互信任的過程及機制。

而根據美國在一九七四年通過的「全國兒童虐待防治法案」，兒童虐待的定義如下：「係指父母、法定監護人、或他人，直接或間接地對十六歲以下兒童，加諸身體上的傷害或性虐待，因而對兒童的身體安全構成實際上的危險」，兒童是一個較沒有自發性攻擊的人類個體，所以所受到的危害也最大，大部分的國家也類似「兒童」的情形，是沒有侵略性的，而以此定義來論述，可以得知安全的危害是來至於外部的攻擊、侵略甚至傷害，所以安全就是要保護於人或團體免受人或團體內的攻擊、侵略甚至傷害。

而性自主權來論述，轟動一時台灣名人璩美鳳遭到偷拍、並被大肆報導流傳事件，這個事件是暴露了、剝奪了個人最基本的隱私權（即性自主權），所以安全另一要素，在於個人意志及行動的自由及自主。引申而喻，「安全」就是「與他人、他物交往、溝通、互動的自主及選擇自由權」。

而以上兩個定義的綜合，就可以描繪出「安全」的全貌：「安全就是免受於外部的攻擊、侵略甚至傷害，所以安全就是要保護人或團體免受人或團體的攻擊、侵略甚至傷害。並且同時擁有與他人、他物交往、溝通、互動的自主及選擇自由權。」

三、國家安全定義與範疇

國家安全是由「國家」及「安全」兩個名詞組合而成的。而中華民國

具有自己的領土、人民、政府、主權以及與他國交往的能力是一個不折不扣符合國際政治現實、國際學者及國際法多重認定的國家，雖然有些許雜音（邦交國不多）。所以中華民國在台灣是一個具有國際法人資格可行使國際間權力的國家。

而「安全」從以上論證中可以歸納出幾個要素：

· 安全的第一要義就是建立相互信任的過程及機制。
· 安全的危害是來至於內部的攻擊、侵略甚至傷害，所以安全就是要保護於人或團體免受內部的攻擊、侵略甚至傷害。
· 安全就是與他人、他物交往、溝通、互動的自主及選擇自由權。

洛克曾經指出，政府的解體除了來自武力的征服之外；也可能將來自政府的內部[4]。而當前政府單位及專家學者所認定的國家安全爲（見表27-4）：

表27-4　國家安全定義

		國家安全定義
我國國防部 國軍軍語辭典		國家爲保障其領域、主權之完整、與人民生命財產之安全，所採「安內攘外」之護衛行動[5]。
中國大陸學者 梁月槐		國家不存在危險或不存在對國家的威嚇[6]。
美國學者	John M. Collins	即爲生存（survival）—國家的生存，連同一種「可接受」（acceptable）程度的獨立、領土完整、傳統生活方式、基本制度、價值和榮譽都能確保無缺。假如國家不再是一個有主權的實體，則其他一切問題也都變得無意義[7]。
	Charles Majer	最好界定爲控制某些國內外條件，以使公眾相信足以使其享有自決或自主、繁榮和福利[8]。
我國學者	俞大維	國家安全有三種意義：一、保障國家生存、獨立與領土完整，不受外力的干涉；二、保存傳統文化與生活的方式；三、維持國家在國際間的地位。綜合前述，爲「國家安全」界定一個定義：「爲維持國家長久生存、發展與傳統生活方式，確保領土、主權與國家利益，並提昇國家在國際上的地位，保障國民福祉，所採取對抗不安全的措施。」[9]

（續）表27-4　國家安全定義

		國家安全定義
我國學者	林吉郎	大抵指涉攸關國家生存發展的基本概念與價值；國家安全功能端在於抵抗威脅、維護國家利益與價值，以及有效管理各種形式與程度的危機[10]。
	鈕先鍾	狹義—國家安全即國防，也可以稱之為軍事安全（military security）以對抗外來武力威脅為目的。 廣義—其範圍不限於軍事和國防，而把若干非軍事性因素列入考慮，儘管如此，軍事還是核心[11]。
	韓毓傑	以國家為中心，其射程向上可以擴展到國際（或區域）安全，向下可以延伸到個人安全；就水平方向而言，其射程已從軍事層面延伸到政治、經濟、科技、社會、環境與文化相關領域，就垂直的方向言，亦即就確保安全的政治責任，可從國家向上延伸到國際社會（組織），向下延伸到地方政府，乃至非政府組織、新聞界、抽象的自然界與市場[12]。

資料來源：作者自行整理。

　　從以上的論證中可以得出「國家安全」的定義以及範疇，「國家安全」定義應該包含三個主要部分，首先要有國家的主體；其次是以國家為為主體國家，免受於國家內部對安全的危害；再者更是免於外來國家、團體的侵略、威脅，國家有自主的權力與他國平等的交往溝通，履行國際法人的權力與義務。

　　而其範疇應以空間及時間的概念加以延伸，在空間概念上應包含政治、經濟、科技、社會、環境與文化相關領域；在時間概念上應包括維持國家持續生存、發展的活動要素。

　　但是我國因「劉冠軍案」被媒體紕漏報導，造成與國家安全的界定與新聞自由發生嚴重的分歧，但是以陳總統在其「阿扁總統電子報」提到：「阿扁也永遠記得，美國開國先賢傑佛遜曾經說過：『如果要我選擇，有政府而沒有媒體，或是有媒體而無政府，我將毫不猶豫地選擇後者。』[13]新

聞自由的維持是一個國家民主化的指標，相對於對岸的極權政府，這是我國值得驕傲炫耀的，但是新聞自由要何才不侵犯國家安全，卻是需要新聞媒體的自律及對國家的認同，由個人內心自我表現的倫理來制約。」

一、何謂國家？中華民國是一個具有完全國際法人地位的國家嗎？

二、何謂安全？何謂「國家安全」？

三、國家安全與新聞自由的關係如何？國家安全與個人關係如何？

四、讀完此章後，個人認定我國的國家安全為何？

註釋

[1] 這三個公報是：一九七二年二月二十八日尼克森訪問中國大陸期間發表的《中美聯合公報》，簡稱《上海公報》；一九七九年一月一日兩國宣布建交時發表的《聯合公報》；一九八二年八月十七日雙方就美國對台軍售問題簽署的《聯合公報》，簡稱《八一七公報》。

[2] 趙明義，《當代國際法導論》（台北：五南圖書公司，2001年9月初版一刷），頁72。

[3] 《天下雜誌》，230期，2000年7月號，頁56。

[4] 洛克（John Locke）著，《政府論次講》（*Second Treatise of Government*）（台北：唐山書局，1986年7月初版），頁132。

[5] 《國軍軍語辭典》（龍潭：國防大學，2000年11月22日），頁1-1

[6] 梁月槐，《外國國家安全戰略與軍事戰略教程》（北京：軍事科學出版社，2000年6月初版1刷），頁1。

[7] John M. Collins，鈕先鍾譯，《大戰略》（台北：黎明文化事業公司，1975年6月）頁18。

[8] Charles Majer, Peace and Security for 1990s,（unpublished paper,1990）轉引至鈕先鍾，《二十一世紀的戰略前瞻》（台北：麥田出版社，1999年初版），頁274。

[9] 俞大維口述，魏汝霖筆錄，《國防論》（台北：國防部史政編譯局，1989年1月），頁150-152。

[10] 林吉郎等，〈我國國家安全與危機管理：整合性緊急管理政策與機制〉，《全民國防與國家安全學術研討會實錄》（台北：台灣國家和平安全研究協會，2001年10月），頁81。

[11] 鈕先鍾，《二十一世紀的戰略前瞻》（台北：麥田出版社，1999年初版），頁275。

[12] 韓毓傑，〈從法的觀點論全民防衛動員與國家安全之關係——兼評全民防衛動員準備法草案〉，全民防衛動員與國家安全學術研討會（台北：後備動員管理學校，2001年5月23日），頁5-2。

[13] 陳水扁，從古拉格（Gulag）到美麗島，阿扁總統電子報第二十四期，http://www.president.gov.tw/1_epaper/iod.html。

第二十八章　國家安全威脅

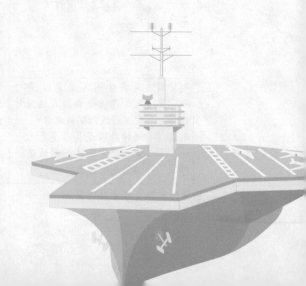

第一節　我國內部的威脅

國家的威脅需從兩個部分來探討，一是國家內部的威脅，再則為外國勢力的侵擾。而我國家安全中屬於內部危害可以動搖國本，甚至危害國家利益的，最直接的就是叛亂，顛覆國體者，可以從法律中看出端倪，見表28-1：

表28-1　國家安全相關法條

法條	法律條文內容	罰責
國安法第三條	人民集會、結社，不得主張共產主義，或主張分裂國土。	意圖危害國家安全或社會安定，違反第二條之一規定者，處五年以下有期徒刑或拘役，得併科新台幣一百萬元以下罰金。 前項之未遂犯罰之。 犯前二項之罪，其他法律有較重處罰之規定者，從其規定。犯第一項、第二項之罪而自首者，得免除其刑；於偵查或審判中自白者，得減輕其刑。
刑法第一百、一一○、一○二條	意圖破壞國體，竊據國土，或以非法之方法變更國憲，顛覆政府，而以強暴或脅迫著手實行者。	處七年以上有期徒刑；首謀者，處無期徒刑。預備犯前項之罪者，處六月以上五年以下有期徒刑。以暴動犯前條第一項之罪者，處無期徒刑或七年以上有期徒刑。首謀者，處死刑或無期徒刑。 預備或陰謀犯前項之罪者，處一年以上七年以下有期徒刑。犯第一百條第二項或第一百零一條第二項之罪而自首者，減輕或免除其刑。
刑法第一○三條	通謀外國人或其派遣之人，意圖使該國或他國對於中華民國開戰端者。	處死刑或無期徒刑。前項之未遂犯罰之。預備或陰謀犯第一項之罪者，處三年以上十年以下有期徒刑。
刑法第一○四條	通謀外國或其派遣之人，意圖使中華民國領域屬於該國或他國者。	處死刑或無期徒刑。前項之未遂犯罰之。預備或陰謀犯第一項之罪者，處三年以上十年以下有期徒刑。

資料來源：作者自行整理。

我國的國家安全威脅，除中共軍事威脅外（外部），從國防部國防報告書中可以得知：「還包括內部的人為威脅與天然災害，如少數國人敵我意識模糊不清或對國家認同有所分歧、經濟依賴對外貿易、資源仰賴進口、水電交通等基礎建設欠完備、颱風地震等天然災害頻仍等」[1]。

一、政治因素

我國當前的主要威脅為中共（中華人民共和國）是無庸置疑的，中共在軍事及外交上對我國的不友善表現[2]，且屢次聲明不放棄武力犯台，足可以視為最大的敵人。但因我與中國大陸之間民間交流綿密，且經濟往來熱絡，從民間及商人角度來論，中國大陸是最大的經濟夥伴也不為過。這兩個現象是相互矛盾的，最大的敵人；最有可能武力犯台的敵人；意識型態最極端的敵人，是我們當前經濟上最需要的夥伴，這種兩極現象，造成了民眾及政客願意相信他們所看到的好事實，就是經濟互惠的成長，卻強迫自己去忘掉且不相信中共武力強大且處處置肘並有武力解放台灣的意圖；就如同現今的戰略學家，對冷戰時期的戰略理論如嚇阻、有限戰爭、軍備管制等冷關的論調已不注重，因為並未爆發以核戰為主的第三次世界大戰，但是未爆發並不表示不會發生，是因為這些戰略理論成功所致，因為核子武器的數目還是多的驚人。而台灣的現況也是一樣，中共目前沒有武力犯台動作且在經濟及政治上釋出善意，並不表示他不會以武力攻打台灣，因為中共時時為進犯台灣作軍事的演習及準備。

得寵的馬兒

　　楚莊王是一個愛標新立異的人，他非常寵愛一匹馬，他給那匹馬穿上用五種裝飾而成的錦衣，並且將它養在富麗堂皇的房子裡，還給它睡沒有帳幕的床，它吃切好的蜜棗乾。

　　楚莊王派了五十位僕人專門服侍這匹馬，將它照顧得無微不至。可是這匹養尊處優的馬，竟然因為太過肥胖而死了。楚莊王當

然是非常的傷心，他決定要大臣們爲這匹馬辦喪事，並且想要用大夫的禮儀來葬馬，優孟聽到這件事，就飛也似地走進宮殿中，號啕大哭，楚莊王覺得很奇怪，就問他說：「你有什麼事哭得這麼傷心？」

優孟回答：「聽說大王的愛馬過世了，憑楚國這樣的大國，卻只用大夫的禮儀來葬大王的愛馬，這未免太草率了！請大王用君王的禮儀來葬它，這樣一來，天下諸侯都會知道大王原來是一個賤人貴馬的人啊！」 楚莊王聽了，才恍然大悟的說：「我的過錯，難道已經大到這種地步了嗎？」

你認爲，當前我國政治環境中，誰是誰呢？

　　民眾敵我意識模糊會直接影響國家安全嗎？依據西元二〇〇〇年的國防報告書，政府希望人民都能在邊跟中國大陸交流或是經濟往來時，要注意對方是目前我國唯一的敵人，如果混淆，就會造成國家危害。但這是思想的層次，屬於個人內心思維一部分，是法律規範不到，也是無法證明的。與其在內部批評國人敵我意識不清，倒不如凝聚國內共識較爲恰當。我國國防上最嚴重的盲點，不完全在於武器，也不完全在於訓練不足，是在於意識形態的分歧。自從開放兩岸探親以來，接著經貿的來往，以至於大量資金投向彼岸，國人的敵我意識已隨之淡化，影響所及，造成國軍的問題是，不知爲何而戰，也不知爲誰而戰[3]。而陳總統於政戰學校五十年校慶致詞時提到：「中共對台持續進行統戰、滲透、分化與竊密等工作，對我國防安全形成重大威脅，值得國人警惕」。所以要增強建立敵我意識，不能用和稀泥的方式，混淆兩岸的關係。我們不可能一面放鬆戒急用忍政策，一面又要求軍人爲反共效命；我們不可能一方面鼓勵台商赴大陸投資，一方面又要求嚴防中共滲透竊密。政府如果在政策上的表現矛盾而不能自圓其說，就無法要求軍人去面對中共的統戰而提昇心防[4]。

　　根據陸委會委託政大所做的民意調查可以看出當前國人普遍心態，主張廣義維持現狀（包括「維持現狀，看情形再決定獨立或統一」、「維持現

狀，以後走向統一」、「維持現狀，以後走向獨立」、「永遠維持現狀」）的民眾仍占絕大多數（82.5%），主張「維持現狀，看情形再決定獨立或統一」是6種意見裡的最大多數（占37.4%），主張「永遠維持現狀」者占15.7%。傾向獨立的比率（17.9%，含「儘快宣布獨立」3.5%及「維持現狀，以後走向獨立」14.4%）超過傾向統一的比率（16.8%，含「儘快統一」1.8%及「維持現狀，以後走向統一」15%）。內部聲音分歧不斷[5]。

　　而統獨爭議及族群對立，也是潛伏在國內的另一個政治定時炸彈，族群意識是長期的過程。由於台灣的政治過程、民主化及經濟全球化兩因素的影響，台灣四大族群（福佬、客家、外省、原住民）的族群意識正不斷的上升[6]。族群意識上升並不等同於族群衝突。何謂衝突？可分為狹義、廣義兩者來看。就狹義的族群衝突而論，其涉及權利、財產、及公民參政權的剝奪。近幾十年來，台灣在進行政治自由化的過程中，抑制了一言堂式的高昂論調，雖不至於發生如巴爾幹半島的族裔衝突。另就廣義的族群衝突而言是可能在台灣社會發生的，因其涉及安全感、敵意、及尊嚴的剝奪。事實上，台灣近來選舉的惡質化，各種污名化的作法充斥，社會倫理每因選舉而每況愈下，各陣營選舉的大纛紛紛對族群祭出，對於社會的整體進步是一大傷害，對國家的共識凝聚更是百害而無一利。

二、經濟因素

　　中華民國在台灣能成為亞洲的四小龍，被世界各國賦予經濟奇蹟的封號，端賴我國商業貿易及加工出口的成功，如今我國在世界上仍保有多項生產第一的頭銜，但是這情況已漸漸改變。自從中國大陸改革開放之後，吸引了許多外資進入投資，慢慢的取代了台灣許多優勢的產業，使的我國的商人，為了生存，不得也前進大陸投資。

　　從表28-2可以得知中國大陸已經成為台灣最大的投資地及資金的流向，而依賴程度是與日俱增，而台灣為經貿取向的國家，經濟等於是台灣的國本，而經濟奇蹟的功臣就是在台灣默默耕耘的技術官僚及中小企業。

表28-2　兩岸交往、投資概況表

項目	兩岸交往、投資概況表（二○○一年一至七月）
兩岸貿易概況	二○○一年一至七月兩岸貿易總額共計60.41億美元。
兩岸匯款概況	二○○一年一至七月台灣民眾對大陸匯出款為38,482.1萬美元
兩岸郵電概況	二○○一年一至七月從台灣寄往大陸信件共計2,846,714件。 二○○一年一至七月自大陸寄至台灣信件共計5,213,858件。 二○○一年一至七月台灣對大陸通話次數為77,484,902通，通話時間為250,334,335分鐘。 二○○一年一至六月大陸對台灣通話次數為55,968,935通，通話時間為152,725,468分鐘。
台灣民眾赴大陸旅遊人數	二○○一年一至七月台灣民眾赴大陸旅遊人數約達203.84萬人次。累計自一九八八年至二○○一年七月底止，台灣民眾赴大陸旅遊人數共計2,239.8萬人次。（平均全國每人去大陸旅遊1.5次）
台商赴大陸投資概況	累計自一九九一年至二○○一年七月底止，台商對大陸投資總核准件數23,657件，總核准金額達187.28億美元。 二○○一年一至七月我國核准對外投資（含對大陸投資）件數共計1,443件，金額為44.0億美元，其中核准赴大陸投資金額為16.25億美元，占我核准對外投資總額36.93%，位居第一位。

資料來源：作者自行整理，摘錄自陸委會網頁：http://www.chinabiz.org.tw/maz/Eco-Month/home.htm。

在五○年代當時政府擁有一批包括尹仲容、李國鼎、汪彝定等人的財經智囊團，他們眼光長遠、思慮縝密，早早看出台灣這樣一個海島型經濟體，不可能自給自足，必須全力向外發展，一方面極力吸引外人來台投資，一方面大力拓展出口、賺取外匯。若和遲至一九六○年代後期才開始進軍國際市場的南韓相比較，令人不得不佩服台灣的前瞻眼光。

　　而在西元一九六三年到一九八○年，是台灣經濟起飛的年代，也就在這段期間，歐美國家注意到東亞這些小國的搶眼表現，開始用「四小龍」來形容台、韓、星、港。綜合西元一九五二年到一九八○年，儘管受到二次全球性石油危機的衝擊，台灣仍創下二十八年間平均經濟成長率百分之九‧二的傲人記錄；環顧全球，大概只有中國大陸近二十年來的飛躍成長

可差堪比擬。當時台灣能吸引外人投資，靠的是政治安定、勞力充沛而低廉、又沒有工會組織抗爭；而其後積極拓展外銷，靠的則是螞蟻雄兵般前仆後繼的中小企業。

孫運璿——台灣奇蹟的締造者

　　如果將締造台灣經濟奇蹟的過程，比喻成馬拉松式的接力賽跑，那麼孫運璿無疑是其中關鍵又重要的一棒。一九一三年，孫運璿出生於山東省蓬萊縣，其父孫蓉昌感於國事蜩螗，當時懂俄文的人才不多，因此於一九二五年送孫運璿進哈爾濱俄僑實業中學習俄文，一九二七年孫運璿提早考入哈爾濱工業大學預科就讀，一九三四年孫運璿大學畢業，逃離日本統治下的東北，並加入資源委員會，開始其興建電廠的工作。先後完成湘江電廠、天水電廠，拆遷湘江電廠到大後方，從寶雞搶運連雲港電廠設備到四川自流井等。

　　由於孫運璿恪盡職責，表現傑出，一九四三年資源委員會派其赴美國田納西河流域開發局見習，為戰後重建工作預作準備。一九四五年十二月，孫運璿來台參加電力接收工作，出任台灣區電力監理委員。原在電力公司服務的日本技術員有三千名，將在三個月後全部遣送回國；當時大陸來的不過五、六十人，面對戰爭所造成的電力設施破壞，孫運璿找了數百位專科學生日以繼夜、不眠不休的進行搶修工作，終於在五個月後使全省電力恢復80%的正常供應，打破日本人的預言：「三個月後，台灣將一片黑暗。」孫運璿憑著其卓越的領導能力與貢獻，於一九五○年升任總工程師，一九六二年再高升為台電總經理。世界銀行看中孫運璿領導台電的傑出表現，一九六四年聘他擔任奈及利亞電力公司的總經理。在三年的任期內，他推動公司的管理革新，興建尼日河水力發電工程，將水力發電連成個大系統，共增加奈國發電量的88%，可謂成效卓著。一九六七年孫運璿回國出任交通部長，任內開始規劃北迴鐵路、中正機場、台中港、蘇澳港、鐵路電器化、南北高速公路等重要交通建設。一九六九年孫運璿改接掌經濟部，當時的台灣經濟已發展到一個階段，要升級，則必須擺脫勞力密集，提昇科技水準；因此他瞄準兩項目標，成立工業技術研究院及製造積體電路。

　　在孫運璿不斷的溝通、協調下，立法院終於通過工研院設置條

例，而「工研院之父」的頭銜也落在他身上。爲了製造積體電路，孫運璿、潘文淵、方賢齊擬定出發展計畫，從招人、訓練、建廠房、選擇合作對象，都訂出時間表，經過眾人的分工及不斷努力，終於爲日後進軍大型積體電路及電腦業打下紮實的基礎。在孫運璿擔任經濟部長八年多的時間，台灣面臨退出聯合國、石油危機、友邦斷交等重大事件。他不但抑制物價的飆漲、通貨膨脹，還全力推動各項經建計畫、拓展貿易，發展資本、技術密集工業，使台灣經濟在危難中持續發展。

　　一九七八年蔣經國提名其出任行政院長，在孫運璿擔任院長任內，台灣經歷中美斷交、美麗島事件、第二次石油危機、陳文成命案等各項內外挑戰。但他沉著因應，一方面持續推動各項經濟建設，包括闢建新竹科學園區，通過「科學技術發展方案」、「加強培育及延攬高級科技人才方案」，成立「同步輻射中心」，成立中美貿易小組，開放與東歐五國直接貿易等；另一方面，開始策劃研製IDF戰鬥機，請友我的美國議員通過「台灣關係法」等，使台灣安渡那人心惶惶、風雨飄搖的年代。由於其孜孜矻矻、戮力從公，不幸於一九八四年二月二十四日發生腦溢血中風，同年五月十五日率內閣總辭，爾後受聘爲總統府資政迄今。

　　但是今天，這些條件不是消失就是被對岸取代，所以以經貿見長的我國，這是一個明顯可見而立即的危機。

三、環境因素

　　一九九九年九月二十一日凌晨一時四十七分，台灣發生近百年來規模最大的強烈地震（921大地震），震央（斷層開始斷裂處稱之爲震央）位於日月潭西方十二‧五公里，也就是南投縣集集鎮附近（北緯23.78度、東經121.09度），芮氏地震規模高達ML=7.3，釋出的總能量，相當於三十顆廣島原子彈威力，全台灣皆能感受到強烈震度，共造成二千多人死亡。而台灣地區人口密度是世界第二高的國家，且處於歐亞板塊交接處，並位於亞熱

帶地區，每年地震、颱風頻傳，就以西元一九九九年至二○○一年統計，因天然災害死亡人民就高達二千五百零九人，見表28-3。

　　從表28-3可以看出天然災害對國家的損害，而台灣地區位處於西太平洋颱風區及環太平洋地震帶上，於歐亞與菲律賓板塊夾縫中，地層屬年輕

表28-3　西元一九九九年至二○○一年因天然災害死亡人民統計

發生日期			種類	名稱	受傷人數			房屋倒塌		備註
年	月	日			死亡	失蹤	受傷	全倒	半倒	（日期）
1999	06	05	颱風	瑪姬	1	5			1	0605-0606
1999	08	06	水災	中南部	2	1	2			0806-0814
1999	09	21	地震	集集	2415	29	11305	51711	53768	
1999	10	22	地震	嘉義			262	7	62	
2000	02	21	豪雨	中部北部東北部	3		5			
2000	05	17	地震	中橫	3		8			
2000	06	11	地震		2		40			
2000	07	07	颱風	啓德			1			
2000	07	22	山洪爆發	八掌溪事件	4					
2000	07	28	豪雨	中南部	3	1	1			
2000	08	21	颱風	碧利斯	11	4	110	434	1725	
2000	08	28	颱風	巴比侖						
2000	09	08	颱風	寶發						
2000	10	24	颱風	雅吉						
2000	10	29	颱風	象神	64	25	65			
2001	05	11	颱風	西馬隆						
2001	06	14	地震	宜蘭			3			
2001	06	22	颱風	奇比	14	16	124	1		
2001	07	03	颱風	尤特	1		6			
2001	07	10	颱風	潭美	5					
2001	07	28	颱風	桃芝	111	103	188	645		
2001	09	15	颱風	納莉	94	10	265			
2001	09	24	颱風	利奇馬						
2001	10	15	颱風	海燕			2			

資料來源：作者整理統計。

尚不穩定之地質，境內山高水急，又位於季風氣候帶，颱風、地震、豪雨、乾旱等天然災害發生率極高，加上隨著國家經濟高度成長，人口及產業紛向都市集中，超高層大樓等複雜且規模龐大之建築物櫛比鱗次，易燃易爆等危險物品超量儲存，易造成災害。在二○○一年的桃芝、納莉颱風更是重創中南部以及北部，納莉風災更造成台北市有史以來最大的水患，這些天然災害的財產損失動輒十億、百億，對國家整體發展更是一大衝擊，比之戰爭或動亂，猶恐過之不及，所以預防天災實為當前我國第一要務。

第二節　我國外部威脅

影響一個國家安全的外部因素有哪些？以美國在後冷戰後因國家實體未受到任何軍事的威脅，所以在一九九四年柯林頓政府將美國的國家安全定義為：「保護我們的人民、我們的領土及我們生活的方式。」[7]但如以我國概念硬套美國邏輯是不同的，依據我國國防報告書分析當前影響國際安全的威脅來源有：種族、宗教衝突及分離主義、領土主權爭執、武器擴散與限武問題、貿易保護與金融危機、恐怖主義與跨國犯罪、資訊侵犯與資訊保護[8]等六項[9]，且特別點名了中共武力犯台是當前我國國家安全的最大威脅，其犯台可用之兵力包括陸、海、空軍及二砲部隊，而飛彈飽和攻擊為最嚴重之威脅[10]。所以我國國家安全當前最大危機就是中共的武力侵犯而其他影響國際間的六項安全因素為次要因素。

但是綜觀中華民國在台灣，立足太平洋除與中國大陸隔台灣海峽相鄰外與我較近的周邊鄰國（隔海）尚有東北亞的日本、韓國；東南亞的菲律賓及越南等國，而在海權上發生爭議的則有與日本（釣魚台問題）、菲律賓（漁業糾紛及南海主權）等，這也是影響我國國家安全的因素之一，但其急迫性較之中共武力犯台問題不大。

一、中華人民共和國VS.中華民國

　　當前影響我國國家安全的最大因素中華人民共和國（簡稱中共），中共對台政策於一九七八年以前，因中共政權處於初創時期，內部爲一保守封閉的系統所以對台政策還是延續國共內戰的路線，主張武力統一爲主要的對台政策，雖無能力，但是在這期間還是發生許多與台灣的軍事衝突，而一九七九年後，鄧小平主導政權，有感於中國大陸的經濟落後及人民生活困苦，提出以「實踐是檢驗眞理的的唯一方法」爲底的「具有中國特色的社會主義路線」，整個中國以發展經濟爲主，任何建設均需配合經濟的發展，並且開發外資挹注中國大陸，而在這情況之下，對台灣的政策轉變爲以和平統一爲主要方針的「一國兩制」統一政策迄今，以下就變遷過程加以分述：

二、武力解放政策（毛澤東時期，1949-1978）

　　一九四九年以後，中共基本上是以「武力統一」作爲對台政策的基調，揚言「血洗台灣」，以求完成中國的統一，兩岸在一九五○與一九六○年代亦爆發多次的武裝衝突[11]。中共在此階段對台的主要政策（見表28-4）。

　　一九五○年韓戰爆發，中華民國在全球圍堵國際共產勢力擴張的戰略地位升高，並與美國於一九五四年簽定「中美共同防禦條約」，但中共仍在一九五五年發動一江山及大陳島戰役，逐步削弱我國在台灣海峽及中共領海的實力，一九五八年，毛澤東有意試探「中美共同防禦條約」，發動金門砲戰——八二三砲戰以及台海之間的空戰[12]。

　　金門八二三砲戰打破了第二次世界大戰以來火力密集度的最高紀錄，在金門對岸的中共砲兵原有一百三十重砲，再加上從解放軍調來的三百多門長程砲以及一百多門高射砲，再前後將近一百天的砲擊下，耗彈四十四萬發，不但沒有攻下金門，只損傷國軍砲位三十多門，連基本戰鬥力仍未

表28-4　武裝解放時期之中共對台政策（西元一九四九年至一九七八年）

武力解放政策	武裝解放台灣（西元一九四九年至一九五八年）	軍事威脅	揚言血洗台灣，共軍發動金門古寧頭戰役、一江山和大陳島戰役，以及八二三砲戰。
		內部顛覆	企圖在台灣本島建立據點，發展共黨組織，推展群眾運動和武裝鬥爭，以便裡應外合。
		宣傳鼓動	一再聲稱，除了用戰爭方式解決以外，還存在和平解放的可能。
	和平解放台灣（西元一九五九年至一九七八年）	和戰並用	一方面提出國共和談，另一方面又恫嚇將以武力解放台灣
		海外統戰	利用國際情勢及海外華人發動對台統戰，提出「認同、回歸、統一」的口號。
		反對分離	不斷聲明，堅決反對「兩個中國」、「一中一台」和「台灣獨立」等分離主張。

資料來源：《中國大陸綜覽》（頁205），法務部調查局編，2002，台北：共黨問題研究中心。

損傷（見表28-5）[13]。大陸與金門之間的砲戰持續了十七年，在其間僅除了美國總統艾森豪訪問中華民國時（一九六〇年六月），較為激烈外，其餘大多是宣傳彈的互相發射。而中共與美國關係自七〇年代開始逐漸改善，自鄧小平上台以後，中共與美國於一九七九年一月一日簽訂建交公報，中華民國與美國之間的「中美共同防禦條約」廢止，中共也暫停砲擊金門的歷史。中共即以「和平統一、一國兩制」取代過去的武力解決論，作為處理統一問題的基本政策主軸，兩岸互動模式隨之出現根本變化。唯在中共「一國兩制」的構想提出之際，實際上是單純的由解決香港與台灣問題的現實考量出發，只涉及單一實務層面問題，故並無一個系統化的設計或完整的理論架構[14]。

表28-5　金門八二三砲戰期間國共損傷表

金門八二三砲戰期間 國共損傷表					
共軍			國軍		
空軍	米格-17	毀32架 傷4架 重創8架	F-86 C-46運輸機 C-47運輸機 PBY民航機	毀2架 傷1架 毀3架 傷2架 毀1架 毀1架	
	毀32架 傷12架		毀7架 傷3架		
海軍	各型魚雷快艇 各型高速砲艇 各型機帆船 LCM機械登陸艇	18沉 9傷 4 沉 13傷 10沉 14傷 4傷	LCT坦克登陸艦 LSM中型登陸艦 MSF掃雷艇 LCM機械登陸艦 商船	1沉　3傷 重傷 1傷 重傷 1沉	
	32沉 40傷		2沉 5傷		
陸軍	各型野戰砲、高砲 各型車輛 砲位及掩體 油彈儲存所	221 門 96 輛 107 處 17處	各型野戰砲、高砲 油彈儲存所 碼頭	14門 1處 2處	

資料來源：《國共對峙50年軍備圖錄》（頁31），馬鼎盛，2000，香港：天地圖書
　　　　　有限公司。

三、和平統一政策（鄧小平、江澤民時期—迄今，1978-）

　　自從一九七九年開始，中共對台政策的新基調是「和平統一中國」，但是也不放棄對台灣動武的可能。北京採取此一「和戰兩手」策略自是有其政策考量，亦即在爭取、勸誘台灣向其臣屬的過程中，會選擇用非武力的方式來達成其不戰而屈服台灣的最高戰略目標，而武力的使用則是當北京發現它的對台政策完全或可能失敗時，用來約束台灣人民自由選擇未來前途走向的最後工具[15]。

　　大陸當局顯然相信，就統一而言，對台灣施以利誘的同時，還須加上

「威脅」。因此中國大陸定下了幾個可能進攻台灣的條件[16]：一、台灣宣布獨立；二、台灣尋求現存美國關係以外的外國勢力保護；三、台灣島內出現混亂。因此，自一九七九年以降，中國大陸對台之特徵為[17]：一、不排除武力行使之可能性，但亦不強調；二、加深交流，使台灣在經濟方面依賴中國大陸；三、不賦予台灣國際社會地位；四、有關台灣所關心的問題，以對話方式直接跟台灣交涉，中國大陸主導推動統一。和平統一政策時期中國大陸對台政策見表28-6。

四、新戰場──兩岸外交戰

中華民國為了要走出外交困境，因而實行「務實外交」，以增加國際間的外交彈性，卻被中共解讀為台獨，打壓我國的國際空間。使得當前我國外交關係確實受到強大阻力，官式外交推展受阻，但非高度政治性的經貿外交關係及民間外交卻有不錯的成績，在短期內欲求重大突破亦非易事[18]。面對台灣所推行之「務實外交」，中共當局也以「涉台外交」作為因應，中共之「涉台外交」主要作法包括[19]：一、設法排除和取代中華民國在各種國際組織（特別是政府與政府之間的國際組織）之原有席次或會員資格；二、拉攏與中華民國有邦交的國家，伺機與這些國家建交，並迫使它們與中華民國斷交；三、爭取與新獨立國家建交，以防止這些國家與中華民國建交；四、確保既有的邦交國，一旦任何邦交國與中華民國建交或復交，中共必定與之斷交。其基本策略、具體作法、理論解釋及實際目的，見表28-7。

台灣與中國大陸分割五十多年，在兩個政府的管理之下，已經出現兩個截然不同的政治文化，雖然在種族、血緣、文化、語言…上均相同，但是人民的生活習性以及對事物的認知邏輯上均有明顯不同。雖然當前中國大陸對台的政策是「一國兩制、和平統一」，但是全然沒有考慮到台灣人民的想法及感受，是一個主觀的完全認定，並且在這和平方針之下還有許多但書，並以強大的解放軍作為後盾，來執行統一的目標。而中華民國政府

表28-6　和平統一政策時期中國大陸對台政策

鄧小平時期 西元一九七九年 至一九九四年	形成背景	1.民族主義的情懷。2.黨內元老的急迫感。3.配合經改需要。4.反映國際現實。5.對美外交的突破。
	政策內涵	1.和平統一，但不放棄武力。2.突顯正統性和中央地位。3.「一國兩制」的統一架構。4.外交手段，孤立、矮化台灣。5.兩岸直接三通，雙向交流。6.國共對等談判，第三次合作。
江澤民時期 西元一九九五年 迄今	形成背景	1.後鄧小平時代即將來臨。2.兩岸經貿互動的發展。3.台灣內部的政治變化。4.台灣的外交突破。5.美、日等國對華政策的改變。
	政策內涵	1.堅持一個中國，反對台獨主張。2.我與他國交往，限於民間往來。3.兩岸接觸談判，結束敵對狀態。4.針對台獨外力不放棄對台用武。5.發展兩岸經貿，實現直接三通。6.發揚中華文化，實現國家統一。7.促進統一，寄希望於台灣人民。8.兩岸領導人晤面排除國際場合。
具體做法		1.以製造斷交、更改國際會籍名稱等方式，封殺我國際活動空間；並阻擾外國軍售台灣。2.鼓勵與台灣發展經貿吸引台商赴大陸投資。3.成立對台工作機構及台情的蒐集與研究單位。4.擴大對台灣民間的宣傳統戰，意圖培養親共勢力。5.透過文宣媒體，抨擊我領導人與外交政策。6.要求我方在「一個中國」原則下與中國大陸進行政治談判。7.一再表明不作放棄對台動武的承諾，並在台海附近舉行軍事演習，意圖武嚇。
政策目標（一國兩制）		1.大陸實行社會主義制度，台灣實行資本主義制度。2.台灣成為具有高度自治權的特別行政區。3.取消中華民國國號降為地方政府，與中國大陸形成地方與中央關係。

資料來源：《中國大陸綜覽》（頁214），法務部調查局編，2002，台北：共黨問題研究中心。

表28-7　中國大陸打壓台灣務實外交之具體作法

基本策略	1.否定中華民國的主權國家地位。 2.圍堵封殺我國的國際活動空間。
具體作法	1.凡與各國建交、互訪，必在雙方建交公報或聯合公報中聲明中國大陸是「中國唯一合法政府」，「台灣是中國的一部分」，同時要求各國信守「一個中國」的政策。 2.中國大陸一再對外聲明，堅決反對與大陸建交國把台灣當作一個獨立政治實體，而和我國建立和發展官方關係，或「雙重承認」，以及在國際組織和國際會議中製造「兩個中國」或「一中一台」。 3.全力封殺圍堵我在開發中國家和其他強權國家的外交努力，諸如利誘法國與我國疏遠、誘使巴哈馬、南非與我國斷交；利用聯合國常任理事國身分，迫使瓜地馬拉在聯合國保留對我支持。一再施壓阻撓我政府高層官員出訪無邦交國與出席APEC領袖會議。 4.中國大陸以大陸廣大市場和購買力為誘餌，一方面加強己身與他國的外交關係，一方面藉此要求其他國家參與圍堵我國。 5.反對軍售台灣，對欲售我國武器的國家，中國大陸必強烈抗議，百般阻撓。 6.中國大陸高層領導密集出訪非洲、亞洲、歐洲、大洋洲和南美等地，中國大陸藉機勸阻各國，勿與我建立實質外交關係，全力圍堵封殺我國的國際活動空間。 7.阻撓我政府高層出席亞太經合會（APEC）領袖會議，主導反對我國成為世界衛生組織（WHO）的觀察員，意圖封殺我參與國及組織的機會。
理論解釋	中國大陸認為，依照國際法規定，單一國只有一個最高權力機關，中國只有一個「中央政府」，台灣是中國的一部分，不能與中國的「中央政府」一樣，在國際上享有獨立自主的地位。
實際目的	中國大陸全方位、多管道對我進行封殺打壓，其目的在阻斷台灣問題的國際化、消滅我國際人格、矮化我政治地位，從而將我國定位為「地方政府」或「特別行政區」，以達其「一國兩制」的最後目標。

資料來源：《中國大陸綜覽》，法務部調查局編，2002，台北：共黨問題研究中心。

在台灣是一個有充分主權具有國際法人資格的國家，要和大陸統一，必須
要有一套自我內部程序，而在內部均無定論之下，恐怕與中國大陸當前的
對台政策相形漸遠，甚至形同陌路，而這更符合了中國大陸以解放軍來
「解放」台灣的藉口，所以中共是我國最大的外部威脅，是一點也沒錯，解
放軍歷次發動台海危機的動機（見表28-8），以及國防經費變化（見表28-
9）。

表28-8 中共發動歷次台海危機之動機

危機區域	年代	中共之動機
第一次台海危機	西元一九五五年	1.對中美共同防禦條約不滿，並考驗美國對國府支持的程度。 2.對國際上流行之「台灣地位未定論」和「兩個中國」的看法，以行動表示決心。 3.對美國在東南亞地區建構圍堵線（東南亞公約組織）不滿。
第二次台海危機	西元一九五八年	1.藉近東反美勢力興起，擬以台海造勢確立反美反霸形象。 2.針對國府美大陸東南沿海的騷擾報復。 3.考驗美國對國府支持的程度。
第三次台海危機	西元一九九六年	1.對美國改變承諾讓李登輝總統訪美表示不滿。 2.打壓台灣務實外交。 3.嚇阻台獨壓力。 4.測試美國對台北支持的程度。 5.影響台灣總統選舉。

資料來源：《未來台海衝突中的美國》（頁95），張建邦，1998，台北：麥田出版
社。

表28-9　一九九三年至二○○○年中共國防經費變化表

年別		1993	1994	1995	1996	1997	1998	1999	2000
國防預算	總額	432.48	550.62	636.77	715.03	812.57	928.57	1069.21	1205.00
	增長率%	14.44	27.32	15.65	12.29	12.84	14.28	15.14	12.72
占財政總支	總額	4982.47	5819.76	6812.19	7914.38	9233.75	10772.2	13137	14637
出比率	百分比	8.68	9.46	9.35	9.03	8.80	8.62	8.14	8.23
占國民生產	總額	31380	43800	57650	67795	74548	79553	82054	87797
毛額比率	百分比	1.38	1.26	1.10	1.05	1.09	1.17	1.22	1.37
折合美元（億）		74.57	63.30	75.81	85.12	98.01	112.01	126.01	145.36
兌換匯率		1：5.76	1：8.70	1：8.40	1：8.40	1：8.29	1：8.29	1：8.29	1：8.29

單位：人民幣億元。

資料來源：《中華民國八十九年國防報告書》（頁36）。

五、中共武力進犯台灣意圖

　　一九九五年底至一九九九年中共不放棄武力進犯台灣之有關聲明摘要，見表28-10。

表28-10　中共不放棄武力進犯台灣之有關聲明摘要（1995年底至1999年）

日期	姓名	發表場合	內容要點	備考
一九九五年十月二十一日	張萬年	「美國新聞與世界報導」的訪問談話	如果台灣宣布獨立一定動武。	中央軍委會副主席
一九九六年一月三十日	李鵬	中國大陸各界於北平舉行「江八點」發表周年紀念	只要台灣當局不僅是口頭上而且行動上放棄製造「兩個中國」、「一中一台」，兩岸關係才能正常發展。	
一九九六年四月二十三日	劉華清	柬埔寨	「台灣是中國不可分割的一部分」，堅持「和平統一，一國兩制」及外力介入或台灣獨立將使用武力。	中央軍委副主席
一九九七年三月九	遲浩田	中國大陸十五屆人大會議通過「國防法」	此法具對台獨和其他企圖分裂國家活動保持高度警惕和戒備。	中共國防部長

（續）表28-10　中共不放棄武力進犯台灣之有關聲明摘要（1995年底至1999年）

日期	姓名	發表場合	內容要點	備考
一九九七年八月一日	遲浩田	於「解放軍建軍七十週年紀念」中	「中國絕不放棄武力，這是針對台獨勢力，分裂祖國和外來勢力干涉」。	
一九九八年七月二十七日	中共國務院新聞辦公室	發表「中國的國防」白皮書	不承諾放棄使用武力，每一個主權國家都有權利採取自己認為必要的一切手段包括軍事手段，來維護本國的主權和領土的完整。	
一九九八年十一月八日	江澤民	「辜汪會晤」時對辜振甫述	中國大陸將以「和平統一」解決台灣問題，但不承諾放棄使用武力。	國家主席
一九九八年十一月二十八日	江澤民	日本早稻田大學紀念演講後記者會	重申「和平統一、一國兩制」的方針，不放棄對台使用武力。	
一九九九年一月二十八日	錢其琛	北京「江八點」發表四週年及「告台灣同胞書」發表二十週年紀念會	台灣問題不能再無限期地拖延下去。	中共副總理
一九九九年三月三至十一日	葉選平	北京人民大會堂召開「九屆全國政協二次會議」	要促進兩岸對話和政治談判，推動和平統一進程；堅決反對任何製造「台灣獨立」、「兩個中國」、「一中一台」的分裂活動，繼續貫徹「江八點」主張。	中共政協副主席
一九九九年三月十五日	朱鎔基	九屆人大二次會議記者招待會	中國大陸的導彈絕不會瞄準台灣的兄弟姊妹，也不會輕易使用導彈。但不能不在台灣海峽部署導彈，中國大陸希望「和平統一」，但絕不能放棄使用武力；因為若不這樣，台灣將永遠被分裂出去。	
一九九九年四月八日	朱鎔基	柯朱會談結束後聯合記者會	美國已故總統林肯當年在反對南方獨立和分離時，不惜使用武力，因此，在中國統一問題上，中國大陸	國務院總理

(續) 表28-10　中共不放棄武力進犯台灣之有關聲明摘要（1995年底至1999年）

日期	姓名	發表場合	內容要點	備考
			「應向林肯學習」。 兩岸統一問題，中國政府已一再聲明，會努力以和平方式來統一台灣，但是也從來沒有宣布放棄使用武力。	
一九九九年五月二十八日	李肇星	全美俱樂部就「考克斯報告」召開記者會	拒絕正面答覆中國大陸會不會以核子武器對付台灣的問題，中國領土內部署核武是中國內部的事，外人不得置喙。	中共駐美大使
一九九九年六月十四日	遲浩田	會見北韓人民武裝力量省副相呂春石參觀團	「共軍將嚴陣以待，時刻準備捍衛祖國的領土完整，粉碎任何分裂祖國的圖謀」。	
一九九九年六月二十六日	唐家璇	東南亞國協區域論壇會議	「台灣問題」純屬中國內政，「如果台灣有獨立行動，而又有外力試圖讓台灣與祖國分裂，中國政府和人民將不會坐視不管。」	中共外交部部長
一九九九年七月十八日	江澤民	與柯林頓總統通熱線電話對談	李登輝的「特殊的國與國關係」論述，「走出十分危險的一步，是對國際社會公認的一個中國原則的嚴重挑釁」	
一九九九年七月二十六日	唐家璇	東南亞國協區域論壇會議	「台灣問題」純屬中國內政，「如果台灣有獨立行動，而又有外力試圖讓台灣與祖國分裂，中國政府和人民將不會坐視不管。」	
一九九九年八月十三日	陳雲林		李登輝最近拋出「兩國論」，使兩岸接觸、交流、對話的基礎不復存在，台灣海峽形勢持續緊張，兩岸關係嚴重倒退。	中共國務院台辦主任
一九九九年八月十四日		中共中央北戴河會議	台灣若將「兩國論」入憲，大陸將對台動武。	

（續）表28-10　中共不放棄武力進犯台灣之有關聲明摘要（1995年底至1999年）

日期	姓名	發表場合	內容要點	備考
一九九九年八月十六日	錢其琛		大陸當局和人民完全有決心、有能力維護中國的主權和領土完整。	
一九九九年八月十六日	王兆國		如果台灣方面繼續堅持兩岸為「特殊國與國關係」，繼續偏離「一個中國」原則，北京將會採取有力的措施，維護國家領土與主權完整。	中共中央統戰部長
一九九九年八月十九	李肇星		大陸不排除使用武力制止台灣搞獨立，並要求美國不要干涉中國的內部事務。	
一九九九年八月二十八日	錢其琛		兩岸關係的發展又到關鍵時刻。	
一九九九年八月二十八日	李肇星		北京肯定有作法，使李總統收回「兩國論」。	
一九九九年八月三十日	江澤民	在北京接受《澳洲人報》專訪	希望盡快解決台灣問題，並堅持大陸有權使用武力統一台灣。	
一九九九年九月一日	遲浩田	北京會見土庫曼副總理兼國防部長薩爾貫耶夫	中國大陸將在「一個中國」的原則立場上，按照「和平統一、一國兩制」的方針，推動兩岸的統一，但絕不承諾放棄使用武力。	
一九九九年九月十一日	朱邦造	紐西蘭首府奧克蘭柯江會談時，面對台灣媒體記者	不放棄對台動武，是因為有一股勢力想把台灣從中國分裂出去，演習則是展現出共軍不容國土被分裂的決心與能力。	中共外交部發言人
一九九九年九月十三日	唐樹備	中國大陸駐舊金山總領事館內舉行記者會	台灣如走到要強硬從中國領土分割出去的地步，則「和平統一」就變得不可能，中國大陸即別無選擇了。	

（續）表28-10　中共不放棄武力進犯台灣之有關聲明摘要（1995年底至1999年）

日期	姓名	發表場合	內容要點	備考
一九九九年十月二十八日	胡錦濤	在北京對來訪的日本自民黨前幹事長加藤紘一	中國大陸是想和平統一台灣，但是無法承諾放棄武力犯台。	中共國家副主席
一九九九年十一月十九日	張萬年	香港星島日報	中共針對台灣「兩國論」而進行的軍事演習將持續至明年五月，中共高層為解決台灣問題而提出的：「三個立足」：立足早打、立足武力解決、立足大國介入。	中共軍委副主席
一九九九年十二月二日	于樹寧	日本產經新聞	台灣總統大選候選人中如有台獨傾向的言行，中共很可能採取前次總統選擇時以飛彈演習牽制大選的同樣行動。	中共駐美大使館公使兼參事
一九九九年十二月九日	李瑞環	在東京拜會日本自民黨幹事長森喜朗	將不惜對台灣行使武力，以維護「一個中國」政策。	全國政協主席

資料來源：行政院大陸委員會──兩岸大事記

網址：http://www.mac.gov.tw/mlpolicy/cschrono/scmap.htm。

一、國際安全威脅的來源有哪幾項？

二、國家安全內部威脅在政治因素中哪些變數會影響到國內穩定？是好？是壞？試討論之！

三、經濟因素中的對大陸貿易大增是否就會造成對我國的經濟威脅？

四、武裝解放時期中共對台政策為何？試申論之？

五、我國的救災體系是否完備，以921大地震申論之？

六、如何看待中共對我的軍事威脅，和乎？戰乎？

七、中共打壓我國務實外交的做法為何？試舉例。

註釋

[1] 《中華民國八十九年國防報告書》，網址爲http://www.mnd.gov.tw/report/830/ html/ok-03.html。

[2] 二○○一年一月到十二月間，中國大陸否定我國家主權、矮化我國際地位（三十三則）；破壞我與邦交國關係（四十八則）；干預我與無邦交國的實質交流（三十九則）；打壓我參與國際組織與活動（二十一則）；阻撓我高層首長出訪（十四則）；拉攏、滲透、分化友我僑社並阻撓我僑務工作的推行（二十七則）；阻撓我參與非政府國際組織（四則）的種種事例，共計一八六則。摘錄自外交部網頁，網址爲http://www.mofa.gov.tw/newmofa/fight/ 910117.htm。

[3] 「台美軍事合作我方須先鞏固心防」，自由時報社論，2002年1月8日。

[4] 同前註。

[5] 陸委會網頁，http://www.mac.gov.tw/mlpolicy/cschrono/scmap.htm。

[6] 張茂桂，「選舉激化族群對立？」座談會會議紀錄，P事網，網址 http://www.peacetimeonline.org.tw/activity/20020111.htm

[7] 佘拉米、侯肯編，國防部史政編譯局譯印，《美國陸軍戰爭學院戰略指南》（台北：國防部使政編譯局，2001年9月），頁259。

[8] 同註1。

[9] 此六項威脅的探討，在本書的軍事戰略篇著墨甚多，本篇不再贅述。

[10] 同註1。

[11] 岳崇、辛夷合著，《鄧小平生平與理論研究彙編》（北京：中國大陸黨史資料出版社，1989年12月），頁134。

[12] 陳力生著，〈兩岸關係與中國前途〉，《中國大陸研究》（台北：三民書局，1991年12月初版），頁296。

[13] 馬鼎盛，《國共對峙50年軍備圖錄》（香港：天地圖書有限公司，2000年），頁32。

[14] 同註6，頁134。

[15] 吳新興著，《整合理論與兩岸關係之研究》（台北：五南圖書公司，1995年8月初版），292。

[16] 金德芳（Dr. June Teufel Dreyer）著，張同瑩、馬勵、張定綺合譯，〈回顧兩岸互動〉，《台灣有沒有明天？》（台北：先覺出版社，1999年2月初版），頁

69。

[17] 國防部軍務局譯，《一九九六－一九九七東亞戰略概觀》（台北：國防部軍務局，1998年5月），頁109。

[18] 周世雄著，我國國際外交與兩岸關係，http://www.kmtdpr.org.tw/4/4-4.htm。

[19] 吳安家著，〈後冷戰時期中國大陸對台灣之政策〉，《國際關係學報》第九期（台北：政治大學外交系，1994年），頁177。

第二十九章 國家安全制度

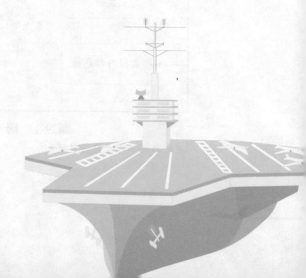

　　制度（institutions）依*The Socical Science Encyclopedia*解釋為：「涉及廣泛或大範圍的實體，處置社會關注的主要利益和問題；如國家、家庭、法律及宗教；的確，越來越明顯的是，制度總是處於在形成、協調、衰敗的過程中」。[1]，由此延伸，國家安全制度就是「以國家安全為範圍行程的實體，主要關注國家安全的利益和問題，但此實體是處於形成、協調、衰敗的過程中」。

　　世界各國的國家安全制度，因其國家成立的時間、領土、文化、宗教、國力……等許多因素而有所不同，但其本質上大致相同，幾乎都是以「國防」安全為其主要部分，因國防是綜合國家的政治、經濟、心理、軍事各種國力因素而組成的[2]。所以世界大部分民主自由國家均由總統或是首相（總理）為國家的三軍統帥，來統攝整個國防力量，如我國、美國、法國、英國、日本等。

　　但是由一人來行國防之大權是不可能且做不到的事，一人獨裁往往更造成國家安全的危害，所以需要一個常設型機構的機構來輔助最高領袖來作判斷，如美國的國家安全會議；英國的國防委員會；德國的聯邦防衛委員會，法國的最高國防會議、日本的國防會議以及我國的國家安全會議（見圖29-1）。

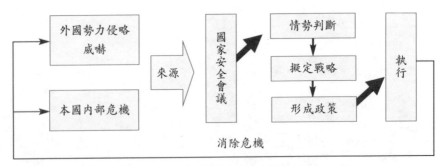

圖29-1　國家安全會議作業流程

資料來源：作者自行整理。

　　而在國家安全會議之下，國家會形成國家安全制度來支撐整個國家的安全呢？依現行的國情每個國家所在的地理環境、環境因素、政治制度以及文化的背景都是不一樣的，所以當前的國家之中，幾乎沒有一個國家的安全制度是一致的。而在此特以我國、美國作一研究探討。

第一節　我國安全制度

一、國家安全會議

　　我國的國家安全會議是依據我國憲法第九條增修條文制定的，為總統決定國家安全有關之大致方針之諮詢機關，是我國處理國家安全機制的最高單位。國家安全會議之出席人員如下：

- ·副總統、總統府秘書長。
- ·行政院院長、副院長、內政部部長、外交部部長、國防部部長、財政部部長、經濟部部長、行政院大陸委員會主任委員、參謀總長。
- ·國家安全會議秘書長、國家安全局局長。

　　而依「國家安全會議組織法」規定，總統得指定有關人員列席國家安全會議，且可以依國情需要聘請國家安全會議諮詢委員五至七人。

　　而從我國國家安全會議的編組圖（見**圖29-2**）中可以看出，我國的國家安全政策是由國家安全會議形成，但以提供總統最為決策的依據，但精神還是總統一人主導的標準總統制，副總統等以下國家安全會議成員是沒有決策權，權力是集中在總統一人身上。

　　而從國家安全會議成員上可以得知，可以歸納出軍事、經濟、外交、內政、大陸政策等這五個範疇，並包含總統府成員，從內部的因素推論，

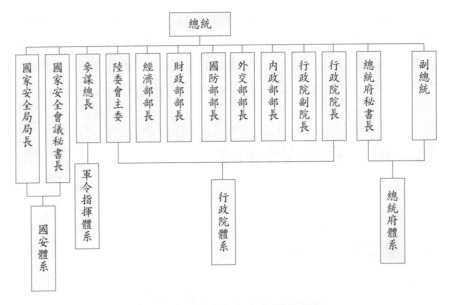

圖29-2　我國國家安全會議的編組

當前的影響國家安全因素有政治、經濟、環境等三大要素環環相扣。政治因素影響國內的族群融合、國家共識以及自由民主體制的保存，所以由總統親自主導（總統為調節府院衝突的最高領袖），並由副總統及秘書長參與共事；而在經濟及環境因素上是由行政院長（國家最高行政長官）為首，統合經濟、財政兩大部會，針對國內經濟問題危害國家安全部分，做出合理並合乎國家最大利益的決策，在我國現行的雙首長制下，與總統共同做出有利於國家安全的決策共識。而從外部因素推論，最大的問題來自中國大陸，而此問題不僅軍事問題為最，並結合了經濟、內政、外交等問題，等於是說中國大陸為我國當前國家安全的最大威脅，所以有陸委會主委、外交部部長、國防部長、參謀總長等組成，並且與其他經濟、財政、內政等相配合，結合國家的情報體系（國家安全局主導），形成了國家安全網，加以監視、控制。所以前述探討國家安全範疇相結合，可以推論出當前的國家安全會議的正確性與實際性。

二、國家安全會議的運作——以911案例

　　而在二○○一年九月十一日美國遭受恐怖分子攻擊，陳水扁總統分別同年於九月十一與二十日召開過兩次國安高層會議，詳細擬定美國開戰後，我國的因應策略，政府計有五十五項因應計畫與二十一項突發狀況想定與緊急處置措施。而在美國於十月七日對阿富汗恐怖分子發起攻擊後，而陳總統則隔日上午八時主持「九一一專案」高層會議，表達全力支持美國打擊恐怖主義的作法與決心，並提出四項具體支持：包括若有需要通過我國空域時，我國將予以必要和適當的協助，對於未來阿富汗難民的安置與所需之援助，我國也願意提供適當的協助[3]。

　　美國於二○○一年十月八日發動戰爭後，政府的國安機制立即啟動，國安會秘書長在凌晨一點前，即以電話通知總統此事，緊接著國家安全會議全程人員進入總統府召開緊急會議，決定九日上午八時召開國安高層會議，而總統並立刻指示行政院於凌晨一時三十分開會與要求國軍加強戒備、國安系統必須加強國內各項安全及保護外僑的措施。而在國安會議中提出四點具體支持：

・中華民國身為國際社會與民主國家的成員，我們將全力支持美國對恐怖組織所採取的行動，並支持聯合國所提出的各項反恐怖公約與決議。

・我們對於美國在此次行動中，除採取對恐怖組織精準攻擊外，並同時兼顧阿富汗百姓生命與人道作法表示肯定。

・對於美國及其盟國在執行此次行動中，若有需要通過我國空域時，我國將予以必要和適時的協助。

・對於未來阿富汗難民的安置與所需之援助，我國除表示關切外，也願意提供協助[4]。

　　從上述案例中可以看出國家安全會議的機制運作及其精神：

・反應時間快，做出判斷準。

・協調各部會立刻做出相對應事項。

・可以立即指揮國軍。

總統一人決策，國家安全會議輔助總統決策產生。

三、國家安全局

國家安全局成立於西元一九五五年三月一日，隸屬於國防會議；至西元一九六七年國防會議撤銷，同時成立國家安全會議，國家安全局亦隨之改隸。西元一九九三年十二月三十日，「國家安全會議組織法」及「國家安全局組織法」經總統明令公布，國家安全局即於西元一九九四年元月一日正式法制化[5]。國家安全局為我國最高情治機關，隸屬於國家安全會議，直接受總統指揮，綜理國家安全情報工作及特種勤務之策劃與執行；並對國防部軍事情報局、電訊發展室、海岸巡防司令部（西元二○○○年改隸屬於行政院海岸巡防署）、憲兵司令部、內政部警政署、法務部調查局等機關所主管之有關國家安全情報事項，負統合指導之責[6]。也就是說，國家安全局（簡稱國安局）為我國的情報龍頭，統合我國現行體制下的所有情治單位，將各單位蒐集到的情資加以分析判斷、交叉比對，整理出當前對國家的重大威脅來源動靜，使總統對危安因素能加以瞭解並控制，見圖29-3。

國家安全局在組織法的授權下，工作任務有二：

（一）綜理國家安全情報工作

國家安全局依法掌理國際情報工作、大陸地區情報工作、台灣地區安全情報工作、國家戰略情報研析工作、科技情報與電訊安全工作。並對國防部軍事情報局、電訊發展室、海岸巡防司令部、憲兵司令部、內政部警政署、法務部調查局等機關所主管之有關國家安全情報事項，負統合指導、協調、支援之責（見圖29-4）。

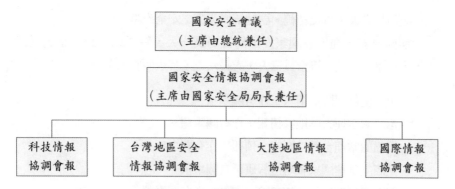

圖29-3　國家安全體系

資料來源：國家安全局網頁，網址：http://www.nsb.gov.tw/nsb0b/nsbb4.htm

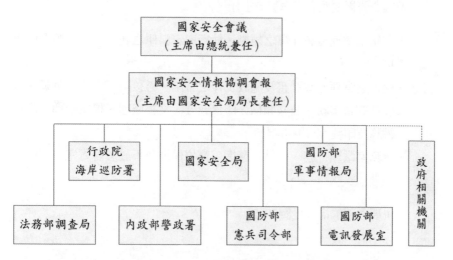

圖29-4　當前國家情報運作體系

資料來源：國家安全局網頁，網址：http://www.nsb.gov.tw/nsb0b/nsbb4.htm

（二）特種勤務之策劃與執行

基於國家安全局組織法及總統、副總統選舉罷免法之授權，國家安全局設立特種勤務指揮中心，協同有關機關掌理總統、副總統與其家屬及卸

任總統與特定人士以及總統、副總統候選人之安全維護工作[7]。

而國家安全局，設國家安全局置局長一人，特任或上將；副局長三人，主任秘書一人，特派員三人、處長六人，其六個處為：

- 第一處掌理國際情報工作有關事項。
- 第二處掌理大陸地區情報工作有關事項。
- 第三處掌理台灣地區安全情報工作有關事項。
- 第四處掌理國家戰略情報研析有關事項。
- 第五處掌理科學情報與電訊安全工作有關事項。
- 第六處掌理密碼及其裝備之管制、研製有關事項。

並因業務需要設有三個室，主任三人：

- 資訊室掌理資訊作業之規劃、執行與資料庫之建立、管理等有關事項。
- 秘書室掌理施政計畫及施政工作之管制、考核與工作報告彙編、一般性綜合業務、公共關係、印信典守、文書處理、檔案管理、資料編譯及印製等有關事項。
- 總務室掌理庶務、出納、警衛、醫療保健及不屬於各處室之有關事項[8]。

主要內部機構（見圖29-5）。

第二節　美國安全制度

美國在二次世界大戰之後擔負起世界和平的重擔，且面對三項問題：成立一個集體安全體系；推動殖民地自治化；以及建立穩定的國際金融秩序等問題[9]。美國為了在戰略上求取統一、共識來面對未來的事局變

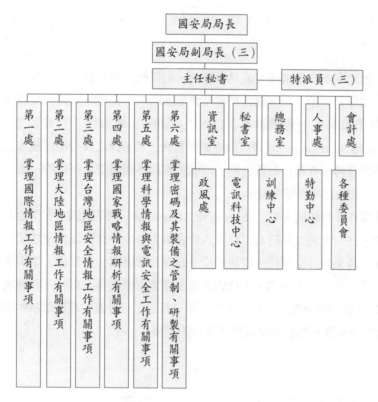

圖29-5　國家安全局內部組織

化，在一九四七年通過了「國家安全法」（National Security Act），並因據此法令而成立「國家安全會議」（National Security Council）。其職掌為：

> 　　國家安全會議之執掌在於，針對與國家安全有關的內政、外交與軍事政策之整合問題向總統提出建議，俾使三軍部隊與政府其他部門及機構在涉及國家安全的事務上能進行更有效合作。
>
> 　　總統為了在有關國家安全事務方面能對政府內相關部門與機構的政策與執掌做更有效之協調，而所指定的其他職掌⋯⋯
>
> 　　對美國的目標、承諾與面對風險的評估⋯⋯

……對政府部門與機構所共同關切的國家安全事務之相關政策加以考量[10]

　　美國國家安全會議法定成員有總統、副總統、國務卿與國防部長。其他以顧問身分列席者有參謀首長聯席會議主席、中央情報局局長及內閣成員。而「國家安全會議體系」（NSC system）被稱作「行政秘書處」（Executive Secretariat）負責政策協調與整合，其參謀人員受總統國家安全事務助理督導，直接由總統控制，形成美國對外國家安全運作的一環，與國務院、國防部成為鐵三角。

　　被稱作「行政秘書處」（Executive Secretariat）的美國國家安全會議參謀組織，在一九九九年時有二百零八個專業人員，負責區域性及功能性事務。此人員來自外交單位、情報單位、政府公家機關、各軍種、學術界、私人企業。但美中不足的，人員的進用全憑美國總統各人喜好（與總統選舉有關），依照柯林頓政府於一九九三年一月二十日發表的總統職掌中規範了國家安全會議參謀群的架構與職掌，見圖29-6：

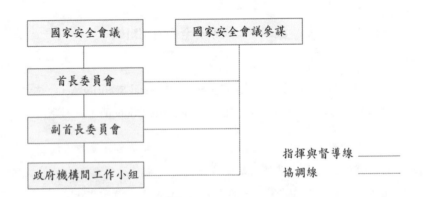

圖29-6　美國國家安全會議組織體系

資料來源：《美國陸軍戰爭學院戰略指南》（頁211），佘拉米，侯肯編，2001，
　　　　　台北：國防部史政編譯局譯印。

而其層級為：

· 首長委員會成員為內閣階層代表，他們組成了國家安全議題的資深
  論壇。

· 副首長委員會由副部長及人員組成，負責督導政府間政策之制定與
  說明程序，執行危機管理，必要時，將無法解決的問題交由首長委
  員會處理。

· 政府間工作小組乃是美國國家安全會議運作的重心，有臨時及常設
  兩種；或具區域性與功能性，並劃分階層運作，定期開會評估日常
  事務與危機問題，研擬回應對策，並建立政府內部的共識以利統一
  行動。必要時，將無法解決的問題交由上一層或是由副首長委員會
  處理[11]。

美國國家安全會議組織層次見圖29-7。

美國國家安全會議的參謀組織負責在龐大的政府架構中，執行每日的
外交政策與國家安全事務的協調與整合工作，其職掌為：

· 對總統提供資訊與政策建議。

· 處理政策協調事宜。

· 督導總統政策決定之落實情形。

· 處理部門之間的危機。

· 對外說明總統的政策。

· 從事長程戰略計畫。

· 負責與國會及外國政府進行聯絡。

· 協調高峰會議之召開及與國家安全問題有關之參訪[12]。

而從以上說明可以看出美國國家安全會議其實是一個協調、計畫機構
並不是一個執行機構，他是一個協助總統處理國家安全的重要機構，但是
幾乎對外（國際間的活動），而對內政策的主導則不是在國家安全會議參謀
組織當中。而在二〇〇一年布希總統於911恐怖攻擊事件後，立即透過電視

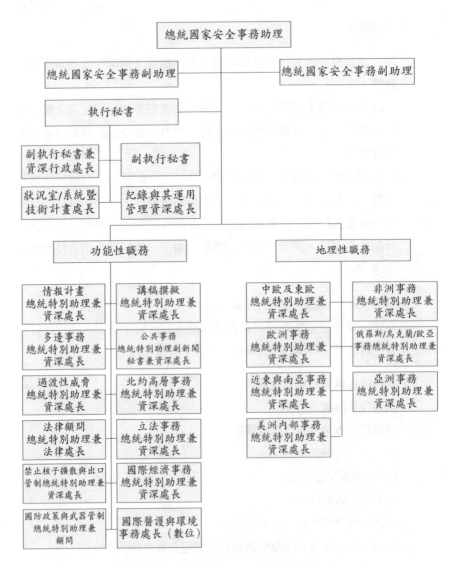

圖29-7 美國國家安全會議組織層級

資料來源:《美國陸軍戰爭學院戰略指南》(頁212-213),佘拉米,侯肯編,
2001,台北:國防部史政編譯局譯印。

向全美發表演說宣布以上撞機事件，顯然是恐怖分子所為，並召開國家安全會議緊急會議，處理此一危機。爾後下令成立之內閣級本土防衛機構，負責反制對美國發動之恐怖主義與攻擊行動，並統籌指揮中情局、聯邦調查局國民兵、州警、消防隊與緊急應變小組之反恐機制。其主要任務如下：

・蒐集運用最佳情資以遂行反恐怖主義
・維護重要民生基礎設施以防恐怖攻擊
・有效應變恐怖行動
・協調聯邦與地方力量
・與新成立之國土安全防衛會議相互合作。

一、我國國家安全會議的依據？出席人員？決策精神為何？
二、申論我國國家安全會議在國家安全體系中所扮演的角色？
三、我國國家安全局的發展過程為何？其主要任務為何？
四、美國國家安全會議與總統關係如何？申論之？
五、美國國家安全會議的參謀組織其職掌為何？

註釋

[1] 亞當庫伯等主編，馬佳樂等譯，《社會科學百科全書》（上海：上海譯文出版社，1989年2月1版），頁367。

[2] 李正中，《國際政治學》（台北：正中書局，1992年1月初版），頁36。

[3] 「911高層會議——我空域適時開放援助阿國難民」中國時報，2001年10月8日。

[4] 同前註。

[5] 國家安全局網頁，網址：http://www.nsb.gov.tw/nsb0b/nsbb1.htm。

[6] 國家安全局組織法，第二條，中華民國八十二年十二月三十日公布施行。

[7] 國家安全局網頁，網址：http://www.nsb.gov.tw/nsb0b/nsbb4.htm

[8] 國家安全局組織法，第二條，中華民國八十二年十二月三十日公布施行。

[9] 佘拉米，侯肯編，《美國陸軍戰爭學院戰略指南》（台北：國防部史政編譯局譯印，2001年9月）頁208。

[10] 同前註，頁209。

[11] 同前註，頁211。

[12] 同前註，頁215。

第三十章　我國國家安全政策

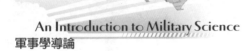

第一節　內部政策

一、政治和解

　　我國自從解嚴以後，國內政治民主意識高漲，個人主義橫行，而從國民黨政權與民進黨交替之後，國內民眾因政治理念不同，在政治上，內心有明顯的政黨傾向，再加上被政治領袖與媒體的政治化教育過程，將政治理論及理念，轉化成為意識型態，而形成對立，兩大政營（統一、獨立）；四大族群（閩南、客家、外省、原住民），任何陣營都有其中心信仰，不容許被挑戰及質疑，如有，衝突就以各種形式出現。

　　而陳總統在二○○一年元旦講話中也談到追求政黨和解、促進族群融合，摘錄部分如下：

> 面對充滿急流和險灘的未來，全體國人同胞必須建立同舟共濟的信念，否則意見分歧的結果就是同船皆沒。我們沒有分裂的本錢，因為分裂的代價將由兩千三百萬人民共同承擔。因此，揚棄意識形態堅持、超越個人黨派私利、凝聚國內主流共識、化解省籍族群對立實為共創全民利益福祉與建設國家長治久安的基石[1]。

　　而在中華民國是個開放的社會建構在民主、自由的基石上，多元政治的差異是正常也是必須的，但是因為政治上的差異而引起政黨非理性的對抗，直接造成社會動盪、經濟蕭條、人心恐慌，甚至影響國軍士氣，進而危害國家安全，導致國家成為他國的附庸甚至被併吞或是被中共以武力統一的可能，這都是國人所不樂見的，所以求取政治上的共識，以理性的對抗，來追求最多數人的最大幸福，才是全民之福；國家之幸。

二、經濟對策

在我國加入世界貿易組織（WTO）後，台灣已完全和世界經貿體系接軌，經貿體制將隨之調整，邁向全球化、自由化新的里程碑，國內經濟體制將與全球規範接軌，我國將成為高度自由化的經濟體系，但是中共是我最大的外部軍事威脅卻成為我國最大外資投資國，這是一個隱憂。

在企業營運方面，面對企業經營全球化、營運管理網路化、產業創新高速化，以及國際競爭白熱化的知識經濟時代，政府應該協助企業發揮我國既有的區位優勢、強大的製造能力及企業彈性體質等核心優勢，使台灣在全球開放競爭系統中，成為全球科技產業國際分工中不可或缺的一環，並在全球運籌體系中，整合物流、商流、資金流及資訊流等支援系統，使台灣在全球產、銷、研發分工體系中居於樞紐地位，進而擺脫依賴中國大陸的地位，讓中華民國在向前升級邁進。

三、統合內部應變救災資源

依據我國行政院於一九九四年八月頒行之「災害防救方案」之規定，應由中央防災會報訂定「防災基本計畫」，由指定行政機關及指定公共事業依防災基本計畫，就其所掌事務或業務訂定「防災業務計畫」，各級地方政府之地方防災會報訂定「地區防災計畫」。來統合全國救災資源，編組圖（見圖30-1）。

而在政府各部會中，統籌由行政院國家搜救指揮中心來應變突發的狀況，以避免發生類似八掌溪事件，農民在暴漲溪水中等待政府的救援，但是官僚主義及由上而下層層節制，導致慘劇的發生，而編組於行政院國家搜救指揮中心的組織圖（見圖30-2）。

但在台灣官僚主義太重，雖美其名有完備的救災體系，但是動員力量及速度還是不足，從九二一大地震可以看出，第一個到達災害現場是民間的社團組織——慈濟功德會，而在災後的復原及人心的撫慰民間組織的功能都大過於國家的力量。

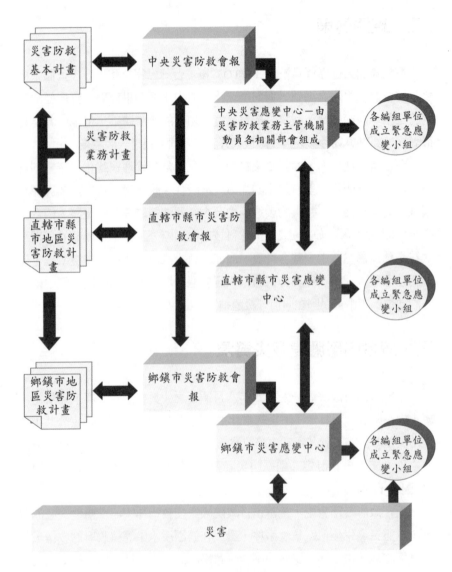

圖30-1 災害防救體系架構圖

資料來源：消防署網頁，網址：http://www.nfa.gov.tw/index_c.html。

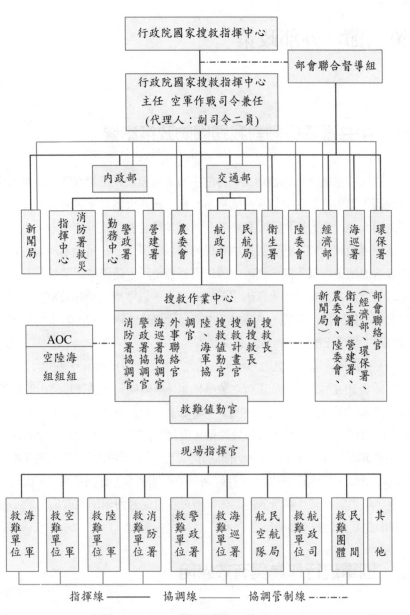

圖30-2　行政院國家搜救指揮中心組織

資料來源：《海巡勤務》（頁294），邱伯浩，2001，台北：揚智文化。

第二節　外部政策

一、中共軍事行動對我國國防政策影響

　　根據我國國防報告書指出，目前中國大陸無法以正規登陸戰術奪取中華民國，則中共對台可能採取的軍事行動，預判大致有下列方式：一、在不動用大規模兵力原則下，對台外島區域遂行突襲作戰進而奪取；二、以機艦越過海峽中線，甚至近迫中華民國藉以騷擾；三、藉漁事糾紛，以逐漸奪取海峽主控權；四、襲擾中華民國運補船隊，趁機擴大事端；五、運用海、空兵力長期封鎖，孤困中華民國；六、以戰機、飛彈及M族系列飛彈對中華民國進行突襲，企圖癱瘓中華民國以戰逼降；七、對中華民國地區發動大規模正規與非正規全面攻擊[2]。

　　而從中國大陸自一九九三年至一九九七年的演習情形（見表30-1）：

　　從表30-1可以得知我現行之戰略構想「有效嚇阻、防衛固守」是根據目前共軍現況研判而訂定的。所謂「嚇阻」乃企圖達成「間接」影響他人行為的目標，相對於此，直接效應則可能是實際上的武力壓制，現階段我國的軍事戰略為「有效嚇阻、防衛固守」，而中國大陸則是秉持著毛澤東的「積極防禦」的戰略思想以及「打好高科技局部戰爭」作為準備[3]，而其積極兩字中也隱含著「嚇阻」的意味。所以說當前台海兩岸的政治實體，都以嚇阻為其主要的軍事戰略之一。

二、國軍現行作為與有效嚇阻

　　國軍自一九九〇年代以來的幾年時間內，購買和更新武器的結果是空軍和海軍裝備發生了脫胎換骨的變化，成為新一代的空軍和海軍。陸軍方

表30-1　一九九三至一九九七年中國大陸演習情形

時間	「武嚇」行為及軍事演習行動	備考
一九九三年八月	跨軍區級別的大規模登陸作戰演習在廣東省惠安進行，瀋陽軍區的直昇機作戰大隊亦參訓。	
一九九三年底	南京軍區首次進行結合三軍現役部隊與地區預備部隊的萬人演習，空軍殲擊機第五師、陸軍第十二集團軍與海軍東海艦隊共同進行高科技條件下的登陸作戰操演。就軍事意義上，這確實是一次模擬攻台演練。	防守的民兵部隊，在防衛作戰的陣地編成上，完全模仿台灣西岸中部沿海地區的國防工事。
一九九四年七月二十六日至十月四日	中國大陸在浙江花鳥山至大陳一帶海峽實施「神聖九四」海上實兵演習，以「破壞海上交通線」與近海防禦為想定之實兵對抗，其兵力涵蓋北海、東海及南海三個艦隊，為中國大陸大規模之艦隊聯合兵種對抗演習。其先後在台灣北端距離一百七十哩處，實施海上對抗、海空封鎖、搶灘登陸、空艦協同、反潛作戰及遠洋保障、航行加油等演練。	
一九九四年九月十八日	南京軍區統一策劃配合「神聖九四」，在福建東山島一帶海域實施「東海四號」演習[3]。	以國軍在台澎金馬的守備為課題，針對犯台之目的而演練。
一九九五年八月十日	中國大陸「新華社」宣布，共軍將於八月十五日至二十五日在東海海域進行導彈火砲實彈射擊演習。陸委會對此發表聲明指係「不友善且不負責任」行為。	
一九九五年八月十五日至二十五日	中國大陸對台灣附近海域進行第二波導彈射擊，以軍事武力威脅我方。	
一九九五年十一月二十五日	中國大陸「新華社」發布十一月下旬「南京戰區」在閩南沿海福建東山島舉行之三軍聯合登陸演習結束。	

（續）表30-1　一九九三至一九九七年中國大陸演習情形

時間	「武嚇」行為及軍事演習行動	備考
一九九六年二月四日	中國大陸軍方即開始進行代號「快速六十」的軍力部署，以準備「海峽九六一」大型的多兵種聯合武力展示。	
一九九六年三月八日至一九九六年三月二十五日	代號為「海峽九六一」海、空實彈演習在台灣海峽南北兩端、東引群島北部進行地對地M九飛彈試射，以及東山島三軍聯合兩棲登陸作戰演習。其M九飛彈以鷹廈鐵路機動移到永安發射。 三月八日至十五日共八天，為第一波軍事演習：對台灣南北兩港外海發射M九地對地導彈四枚，落在基隆外海一枚，高雄外海三枚。 三月十二日至二十日，中國大陸展開第二次海、空實彈演習，在福建南端的海灣上空，展開空中打擊訓練，驗證中國大陸海、空兩軍奪取「制空權」、「制海權」的實力。 三月十八日至二十五日共八天，在平潭島周邊進行陸海空三軍聯合登陸演習（第三波軍事演習），其演習形式為兩棲和三棲登陸作戰。	演習區域緊接假想的海峽中線，距離台灣約只有八五公里。此次演習中國大陸發射了十枚左右首度公開的俄製S-300V全空域防空飛彈。登陸作戰後的城鎮與山地作戰，則可視為接續的第四波戰鬥。
一九九五年七月	中國大陸在彭佳嶼海域試射導彈。M-9飛彈屬於短程彈道飛彈，自江西樂平駐地的前進基地「上饒」發射；屬於中程彈道飛彈的東風十一型飛彈則從「吉林」發射。	距離基隆約一百五十公里。
一九九六年八月五日	中國大陸核武談判代表沙祖康對美國媒體表示：中國大陸已無條件承諾不對包括美國在內的任何國家首先使用核武，但台灣只是中國的一省，而不是一個國家，所以這個承諾並不適用於台灣。	

（續）表30-1　一九九三至一九九七年中國大陸演習情形

時間	「武嚇」行為及軍事演習行動	備考
一九九六年十月中旬	「廣州戰區」完成了歷時十五晝夜的大規模陸海空聯合渡海登陸戰役演練。	此次演習比以往低調，以優先爭取兩岸政治談判。
一九九七年六月下旬	中國大陸在福建舉行大規模海上實兵演習。	
一九九七年七月十日至二十日	中國大陸解放軍東海艦隊舉行一九六四年以來規模最大的軍事技術大比武。	
一九九八年十一月下旬至十二月初	中國大陸舉行以台灣為目標的飛彈攻擊模擬演習。	
一九九九年六月九日	中國大陸「中央軍事委員副主席」張萬年表示，任何國家如果向台灣出售戰區導彈防禦系統或以任何形式將台灣納入戰區導彈防禦計畫，直接或間接地把台灣置於日美安全合作範圍之內，都是對中國主權和領土完整的嚴重侵犯。	
一九九九年七月十四日	中國大陸國防部部長遲浩田藉會見北韓人民武裝力量省副相呂春石率領的參觀團時宣稱，「共軍將嚴陣以待，時刻準備捍衛祖國的領土完整，粉碎任何分裂祖國的圖謀」。	
一九九九年八月九日	外電報導，大陸中央軍委準備在八月底前實行一次以封鎖台灣海峽為主，試射導彈為輔之海上高科技實彈模擬演習，約十天左右。	
一九九九年八月十日	據香港南華早報報導，大陸已抽調解放軍部分的精英將領至南京戰區的指揮階層，為可能的對台軍事行動預作準備。	
一九九九年八月十日	據中國大陸北京權威人士證實，中國大陸於今年八月二日在境內成功進行試驗的新型遠程地導彈，為東風三十	

（續）表30-1　一九九三至一九九七年中國大陸演習情形

時間	「武嚇」行為及軍事演習行動	備考
一九九九年八月十日	一型彈道導彈，且是該型導彈的首次試射。此次試射的起點為山西，落點為新疆。	
一九九九年八月十一日	香港南華早報報導，台北如拒絕放棄「特殊兩國論」，大陸擬攻占台灣一座島。	
一九九九年八月十二日	香港南華早報報導，北京當局近日動員五十萬名非正規軍，前往台灣海峽附近的福建與南京軍區。	
一九九九年八月十五日	香港南華早報報導，由於兩岸關係日益緊張，駐香港解放軍已進入戒備狀態。	
一九九九年八月十六日	中國大陸天安門廣場人民解放軍利用國慶閱兵預演，展現軍力警告台灣。	
一九九九年八月十八日	大陸廣東省近日有大規模軍事調動，一百輛軍車二千軍人離開廣東移向福建。	
一九九九年八月三十一日	中國大陸解放軍報報導，解放軍近日在東海舉行潛艇演習、在新疆的高海拔地區進行導彈試射的情況，明確顯示軍方不排除選擇武力解決兩岸問題的決心。	

資料來源：行政院大陸委員會網頁：http://www.mac.gov.tw/mlpolicy/cschrono/
scmap .htm。

面，雖然舊式的M-48系列勇虎號戰車仍在服役，但是增購M-60戰車及陸軍航空兵成軍之後，戰車的火力及眼鏡蛇攻擊直升機使陸軍反裝甲有強大的火力，大大增強了陸軍的戰力。

　　海軍、空軍、陸軍的防空能力，隨著「標準」飛彈、「麻雀」飛彈、「天弓二型」飛彈、「愛國者」飛彈及刺針飛彈、復仇者飛彈陸續編成服役，提高很多。它的影響是：當共軍空軍與國軍空軍爭奪制空權時，不僅

要面對國軍新一代戰機，而且要花很大的代價來面對從地面、海面射來的飛彈。如果中華民國成功地購買到戰場彈道飛彈防禦系統（TMD），將對中華民國安全環境的改善產生重要效果。

　　從第一代武器到新一代武器的變化，中華民國使中共武力犯台必須付出極大代價。就此而言，中華民國軍隊武器裝備的更新，在很大程度上增強了國防安全。到底在何種程度上增強了安全，不同的人有不同的估算和判斷。政治家對此的評估最為重要，政治家對此事的估算將直接影響到他們所採取的政策，影響到如何與中國大陸大陸往來互動，影響到台海的和平與安全。

　　目前中華民國購買和更新武器的結果，是防衛中華民國的力量大體上與中國大陸可能用於進攻的軍事力量相平衡[4]。中華民國進一步購買和更新武器裝備，可能引起中國大陸敏感反應，中華民國十分可能不理睬中國大陸的反應，在自己預定計畫上持續前進。在軍事上，中華民國海峽兩岸的互動也許會一步比一步緊張，與政治上的互動結合在一起，發生衝突的態勢難以避免。

　　從全局上看，我的未來國防政策訂定，勢必影響未來兩岸軍事力量的抗衡及消長，如何以理性思考訂定出以中華民國利益最大的政策，是當前最重要的重點。而當前支撐國家安全的軍事戰略「防衛固守、有效嚇阻」，而嚇阻的本質之一就是建立強大的力量，在國際現勢中沒有力量就沒有發言權，但是「嚇阻」不能用「可靠」與「不可靠」的二分法，同樣的，「嚇阻」之威脅亦不能簡單的劃分為「可信」與「不可信」兩種而已。嚇阻理論基礎觀念混淆乃誤解嚇阻理論的主要原因，雖然嚇阻看似自相矛盾，卻是處理明顯或潛在威脅的一種合作關係。如果採取某一特定的實際行動產生之負面效果過大，某一個人、組織或國家決定不採取該行動時，嚇阻方能發生作用。嚇阻理論由嚇阻者與被嚇阻者間之合作關係組成，被嚇阻者在此一關係中具有數種的選擇，他可以置之不理，或設若對嚇阻者言存在某種的交易代價，被嚇阻者可以透過談判討價還價而與嚇阻者達成某種協議。如果忽略此種合作關係，則對於嚇阻的可靠度將產生許

多誤解，不能因爲被嚇阻者必須屈服於嚇阻之下，而視此種嚇阻爲可靠；如果被嚇阻者不願意屈服或無法被嚇阻，則嚇阻理論無法發揮作用。

　　所以其實嚇阻是一個雙方的行爲，就像打架一般，一定要有個對手，而在當前的台海緊張關係中，中國大陸配備核子武器的飛機與飛彈，其能力或可視爲「巨大嚇阻者」，但對被嚇阻者而言（台灣），不管正確與否，他可能認爲不會遭致此一巨大嚇阻者（工具）的攻擊，或許，亦可能認爲國家與其屈辱苟活不如光榮戰死。而在當前的社會氣氛之下，全民沒有政治共識，但本土意識抬頭，在所謂的全民國防的議題中，已有學者討論到整體台灣的防衛意識，就是爲中華民國（台灣）拋頭顱灑熱血的熱情，但現今的台灣民衆是否已經具備了呢？

　　所以我們是否將我們的國軍視爲一種嚇阻者，或者試圖與中國大陸建立某種管道，我們都能採取嚇阻手段，重要的是，我們嚇阻的對象是否相信，然後，是否會採取對應的行動，因此國軍（或是中國大陸）遂行嚇阻的成效端視被嚇阻者的行動而定，不是閉門造車，自說自話。如在《三國演義》的〈空城記〉一般，孔明所要嚇阻的就是司馬懿的軍隊，因孔明及司馬懿都瞭解對方，所以在雙方猜測對方行徑中，司馬懿落敗了（見表30-2）。

　　而嚇阻與防禦之意義常混淆不清，防禦乃是嚇阻的一種理論（或手

表30-2　司馬懿和孔明比較表

	性格		實際兵力	
	謹慎	多疑	多	少
司馬懿		○	○	
孔明	○			○
	嚇阻情境		結果	
	動向	環境	動向	環境
司馬懿	未主動攻擊	緊張	撤兵	輕鬆
孔明	未主動防禦	輕鬆	按兵未動	緊張

資料來源：作者整理自《三國演義》——〈空城記〉。

段)。廣義而言，嚇阻具有懲罰與自衛兩種理論。懲罰理論係藉由威脅手段，使某一敵人懼怕自身或其軍隊造成巨大不可彌補的傷害，使其無法達成所望目標而達成嚇阻之目的，以防禦或自衛為手段的嚇阻理論經常稱為「作戰」（war-fighting）理論。

三、我國嚇阻運作方式

我國應以嚇阻戰略為對付中國大陸威脅的最高戰略指導原則，並應善盡其所能在國家戰略內加入其他的手段以達相輔相成之效乃明智的治國方略。對於中國大陸的各種威脅，應採取軍事及其他作戰手段以外的積極性與消極性的混合手段，以避免衝突的升高。

而我國採取嚇阻為基本政策時必須考量到，我與中國大陸為兩個在政治上具有某種敵意關係的國家或團體，應透過溝通明示讓雙方以下行為[5]：

- ·以理性方式表達各自行為的必然性與戰略理由。
- ·充分瞭解自己及對方的政治意圖、政策目標、及國內限制條件。
- ·有適當管道與方法，讓對手正確、充分地瞭解自己的意圖與不滿。
- ·具有顯著軍事力量的作戰管制能力。
- ·具有克服兩國間偶發事件所需對等的軍事力量。
- ·不僅充分瞭解雙方的地位、目的及一般狀況，同時亦分享某些主要價值（如厭戰、發展經濟等）。

目前我國的國防政策的訂定與中國大陸戰略有絕對的關係，而中國大陸對台的戰略思想也轉變為「首戰即決戰」，未來在台海戰役中我國如何因應第一擊為其最重要一環，但是如果持續加強武器裝備性能，那就淪入與中國大陸的武器競賽，而我國與中國大陸未來的經濟實力正逐漸出現相互消長，軍備競賽的結果是我方必輸，所以解決未來兩岸軍事衝突，還是以政治方式解決才是兩岸中國人之福，但是當前中華民國政府正處於建政以來最大的危機，內部人民意見分歧，對國家意識無共識，而且經濟逐漸衰

敗，兩岸的競爭、合作、和平的決定權幾乎都是操之在對手甚至於美國，所以儘管有明確的國防政策，但是卻沒有全民一致的共識或是強大經濟的支持都是空談而已，唯有政治上的和解合作、全民一致的共識，才是支持國防政策的不二法門。

國家安全是全民共識的具體表現，如果一個國家之中的人民對所構成的國家沒有共識，就像是一個家庭中沒有重心，最後終導致家庭分崩離析，但是何謂「共識」呢？即是對外在事物有共同的概念、共同的認知，經過理性溝通的過程，尋求最多數人的最大幸福，進而描繪出一幅完整的國家圖像，就是國家。當然，這過程不是那麼簡單，但如果，沒有經過這一過程，在一個屋簷內都吵翻天了甚至質疑家族成員的忠誠度，還要怎麼去跟威脅你的敵人對抗呢？所以凝聚國家的共識才是國家安全的當務之急，但是要注意凝聚的過程，是自發性且是由下而上的。

其次，國家安全中的安全機制就像孫悟空的緊箍咒一般，用來控制脫離掌握的孫猴子，唐三藏只要察覺孫悟空有背離取經之意或是有傷害其他眾生之心，就祭起咒語批哩啪啦胡念一通，孫猴子就乖乖就範，聽從唐僧的意旨；但是也有誤用之時，導致孫悟空痛苦不堪而離開唐三藏回去花果山當山大王脫離取經的行列。所以國家安全機制就如一把雙面刃，操作的當，斬妖除魔、百戰百勝；但是，一不小心，反傷自己，甚至賠上性命。

而在《西遊記》中只有觀世音及唐三藏有操作緊箍咒的密碼，所以讓之隨性予求，如果唐僧心有私慾（純粹假設），那麼他可控制孫行者威力如此大的武器，就可以從心所欲；國家也是如此，國家有警察、軍隊、法院來維持國家秩序及人與人之間的關係，馬克思更是直言的道出是這三項是國家機器來壓迫人民的工具，但是在現今的自由民主下這些機關是要受人民所監督的，人民透過立法機制來控制這些機制的預算、人員編制、組織擴張…等，但這也是理想狀態。誠如，號稱自由民主國家聖地的美國，也發生尼克森總統利用國家安全機制來監控對方以滿足自我的政治目的，所以在我國呢？以前的威權時代，就不多贅述了，而如今我國所有的政治制度精神已符合民主法治國家的標準，而國家用來捍衛安全的機制理所當然

的也要受到全民的監督，這才符合民主法治國家的標準。

　　孫子曰：「上兵伐謀」，國家安全機制就是「伐謀」的最高領導機制，用兵來捍衛國家安全，已經是下策了，所以要保衛台、澎、金、馬二千三百萬同胞的幸福，應該是啓動國家安全機制，善用謀略，來保護中華民國。

陳水扁總統主持陸軍官校七十六周年校慶講話稿（摘錄）

　　爲了確保國家的生存及維護人民生命財產安全，我們必須加強國防武力建設，依「有效嚇阻、防衛固守」政策，積極籌建「高素質、現代化、專業化」的國防勁旅，並依據「制空、制海、反登陸」作戰程序，與「精準縱深打擊、提昇早期預警、爭取資訊優勢」及「決戰境外」觀念，作爲未來建軍備戰的方向；此外更應結合民間科技，提昇國防工業水準，建立「國防自主」能力，構建嚇阻戰力，俾得確保台海的和平與穩定。

資料來源：中華民國總統府網頁，網址：http://www.president.gov.tw/1_president/index.html。

問　題　與　討　論

一、鞏固國家安全，我國的內部政策應如何？

二、中共對我可能採取的軍事行動，有幾種方式？

三、何謂嚇阻？雙方須具備哪些程序及行爲？

四、從我國國家安全威脅討論我國國家安全最佳策略？

五、「有效嚇組、防衛固守」是否爲最佳的策略？

六、討論共軍武力犯台的最佳時機如何？

註釋

[1] 〈致力兩岸和解，實現永久和平——陳水扁總統發表元旦祝詞全文〉，《自由時報》，2001年1月2日。

[2] 國防部，《國防報告書》，（台北；黎明文化事業公司，2000年）。

[3] 王文榮主編，《戰略學》，（北京；國防大學出版社，1999年5月1版），頁77。

[4] 趙雲山，《消失的兩岸》，（台北：新新聞出版社，1996年初版）頁160。

[5] 國防部史政編譯局，《戰略探索》，（台北：國防部史政編譯局，1999年8月），頁68。

參考書目

一、中文部分

專書

《三國志》卷三十五・蜀書・諸葛亮傳。

《史記》。

《史記》卷一○八・韓長孺傳。

《東京記》。

《武經總要》。

《戰國策》。

《三國演義》空城計。

《元韜》。

《三略》。

《陰符經》。

《論語》。

《孟子》。

《老子》。

《孫子》。

Alvin & Toffler, H.，傅凌譯（1994），《新戰爭論》。台北：時報文化。

Babbie, E.，李美華等譯（1998），《社會科學研究方法》。台北：時英出版社。

Beaufre, A.，鈕先鍾譯（1980），《戰略緒論》。台北：軍事譯粹社。

Colin S. Gray，國防部史政編譯局譯印（1999），《戰略探索》。台北：國防部史政編譯局，頁108。

Crystal, D.主編（1997），《劍橋百科全書》。台北：貓頭鷹出版社。

Douglas A. Macgregor著，蔣永芳譯（2001），*New Design for Landpower in the 21st Century*。台北：麥田出版社，頁24-25。

Dupuy, T. N.，李長浩譯，《認識戰爭：戰爭的歷史與理論》。台北：史編局。

Fuller, J. F. C.，鈕先鍾譯（1996），《戰爭指導》。台北：麥田出版社。

Gleick, J.，林和譯（1991），《混沌──不測風雲的背後》。台北：天下文化。

Gray, A. M.，彭國財譯（1995），《戰爭：美國海軍陸戰隊教戰手冊》。台北：智庫文化。

Howard, M.，陳奎良譯（1985），《戰爭的起源》。台北：國防部史政編譯局。

Huntington, S. P.，黃美裕譯（1997），《文明衝突與世界秩序的重建》。台北：聯經出版公司。

John M. Collins著，鈕先鍾譯（1975），《大戰略》。台北：黎明文化事業公司，頁18、45-47。

Larsen, J.，國防部史政編譯局譯（2000），*Arms Control Toward the 21 Century*。台北：國防部史政編譯局印，頁11。

LeShan, L.，劉麗貞譯（1995），《戰爭心理學》。台北：麥田出版社。

Mark Burles Abram N. Shusky編，國防部史政編譯局譯（2001），《中共動武方式》。台北：全球防衛雜誌，頁39-51。

Martin Van Creveld，鈕先鍾譯（1991），《科技與戰爭》。台北：國防部史政編譯局。

Metz, S.（2000），《二十一世紀武裝衝突──資訊革命與後現代戰爭》。台北：史編局譯印。

Spengler, O.，陳曉林譯（1980），《西方的沒落》。台北：桂冠圖書，六版。

Wayne P. Hughes Jr.著，國防部史政編譯局譯（2001），《艦隊戰術與海岸戰鬥》。台北：國防部史政編譯局，頁12-15。

丁肇強（1984），《軍事戰略》。台北：中央文物供應社，頁78。

三軍大學編著（1976），《中國歷代戰爭史（第二冊）》。台北：黎明文化事業公司。

三軍大學編譯（1995），《美國國防部軍語詞典》。台北：三軍大學，頁409。

中國人民解放軍總參謀部軍訓部（1997），《軍事高技術知識教材》。北京：解放軍出版社，頁2。

中國大百科全書（軍事）編輯委員會（1989），《中國大百科全書軍事分冊I》。上海：中國大百科全書出版社。

中華學術院編（1976），《戰史論集》。台北：華岡出版。

孔令晟（1995），《大戰略通論》。台北：好聯出版社，頁47。

毛澤東，《毛澤東選集：中國革命戰爭的戰略問題》，頁167-168。

毛澤東，《毛澤東選集：論持久戰》，頁469。

王文榮主編（1999），《戰略學》。北京：國防大學出版社，頁21、77。

王志剛譯著（1987），《管理學導論》。台北：華泰文化。

王省吾（1989），《圖書分類法導論》。台北：中國文化大學出版部。

王普豐（1995），《信息戰爭與軍事革命》。北京：軍事科學出版社。

王逸舟（1998），《國際政治析論》。台北：五南圖書公司。

王道還、廖月娟譯，賈德·戴蒙著（1998），《槍砲、病菌與鋼鐵——人類社會
　　的命運》。台北：時報文化。

史瓦茲柯夫，譚天譯（1993），《身先士卒》。台北：麥田出版社。

台灣中華書局、美國大英百科全書公司（1989），《簡明大英百科全書中文版：
　　12》。台北：中華書局，。

布里辛斯基著，林添貴譯（1998），《大棋盤》。台北：立緒出版社，頁46。

田平（1979），《中國近代史論文集》。北京：中華出版社，卷八，頁1125。

田震亞著（1992），《中國近代軍事思想》。台北：台灣商務印書館，頁68-74。

朱成祥編譯（1985），《國家海權論》。台北：國防部史政編譯局。

克勞塞維茲，鈕先鍾譯（1980），《戰爭論全集》。台北：軍事譯粹社。

克勞塞維茨著，張柏亭譯（1999），《戰爭論》第二冊。陸軍總司令部印。

吳仁傑注譯（1998），《孫子讀本》，再版，台北：三民書局。

吳定（1996），《公務管理》。台北：華視文化。

吳相湘（1973），《第二次中日戰爭史》。台北：綜合月刊社。

吳新興著（1995），《整合理論與兩岸關係之研究》。台北：五南圖書書局，頁
　　292。

李正中（1992），《國際政治學》。台北：正中書局，頁36。

李明聖譯，石井威望著（1994），《科學的軌跡——科學與人類的互動》。台
　　北，錦繡出版事業。

李則芬（1985），《中外戰爭全史（一）》。台北：黎明文化事業公司。

李美枝（1995），《社會心理學：理論研究與應用》。台北：大洋出版社。

李茂興譯（1989），《管理概論》。台北：曉園出版。

李訓祥（1991），《先秦的兵家》。台北：台大出版委員會。

李啓明（1995），《孫子兵法與波斯灣戰爭》。台北：黎明文化。

李啓明和傅應川（2000），《兵家述評》。台北：幼獅出版社，頁55。

李德哈特，林光餘譯（2000），《第一次世界大戰戰史（上）》。台北：麥田出版社，頁1。

李德哈特，鈕先鍾譯（1985），《戰略論》。台北：軍事譯粹社。

李德哈特，鈕先鍾譯（1992），《第二次世界大戰戰史》。台北：軍事譯粹社。

沈明室（1995），《改革開放後的解放軍》。台北：慧眾文化社，頁76-77。

沈勤譽、林傑斌（1997），《遽變未來》。台北：書華出版社。

汪宗沂，《中國兵學大系：衛公兵法集前言》。台北，頁107。

邱伯浩，《海巡勤務》。台北：揚智文化。

佘拉米、侯肯編，國防部史政編譯局譯印（2001），《美國陸軍戰爭學院戰略指南》。台北：國防部使政編譯局，頁259。

亞當庫伯等主編，馬佳樂等譯（1989），《社會科學百科全書》。上海：上海譯文出版社，頁367。

岳崇、辛夷合著（1989），《鄧小平生平與理論研究彙編》。北京：中共黨史資料出版社。

服部卓四郎（1978），《大東亞戰爭全史（4）》。台北：軍事譯粹社譯行。

林則徐，《林文正公政書：「密探定海夷情片」》，乙集卷四。

林碧炤（1990），《國際政治與外交政策》。台北：五南圖書公司，頁246-249。

金德芳（Dr. June Teufel Dreyer）著，張同瑩、馬勵、張定綺合譯（1999），《回顧兩岸互動，台灣有沒有明天？》。台北：先覺出版社，頁69。

俞大維口述，魏汝霖筆錄（1989），《國防論》。台北：國防部史政編譯局，頁150-152。

政治作戰學校（1996），《國家安全學術研討會論文集》。台北：政治作戰學校。

洪陸訓（1999），《軍事社會學：武裝力量與社會》。台北：麥田出版社。

洪陸訓、洪松輝、莫大華等譯（1998），《專業軍人：社會與政治的描述》。台北：黎明文化事業公司。

洪鎌德（1997），《馬克思社會學說之析評》。台北：揚智文化。

洛克（John Locke）著（1986），《政府論次講》。台北：唐山書局，頁132。

約米尼著，鈕先鍾譯（1996），《戰爭藝術》。台北：麥田出版社。

美國國防部（1994），《一九九一年美軍聯合參謀作業手冊》。台北：政治作戰
　　學校譯印。

美國陸軍學院編，軍事科學外國軍事研究部譯（1986），《軍事戰略》。北京：
　　軍事科學出版社，頁467。

軍事科學出版社（1990），《戰爭與軍事科學：國外二十二種百科全書軍事條目
　　選編》。北京：軍事科學出版社。

唐士其（1998），《美國政府與政治》。台北：揚智文化，頁362。

孫敏華，許如亨（2001），《軍事心理學》。台北：心理出版社。

泰勒等著，鈕先鍾譯（1984），《國際關係中的學派理論》。台北：商務印書
　　館，頁233。

馬鼎盛（2000），《國共對峙50年軍備圖錄──台海戰線東移》。香港：天地圖
　　書，頁32。

高雄柏著（1997），《笑傲國防》。台北：軍事迷文化事業。

高銳（1995），《中國上古軍事史》。北京：軍事科學出版社。

國防大學國軍軍語辭典發展指導委員會編（2000），《國軍軍語辭典》。龍潭：
　　國防大學，頁1、2-5。

國防部（1970），《美華軍語辭典陸軍之部》。台北：國防部。

國防部（2000），《中華民國八十九年國防報告書》。台北：國防部。

國防部主編（2000），《國防報告書》。台北：黎明文化事業公司。

國防部史政編譯局（1999），《戰略探索》。台北：國防部史政編譯局，頁68。

國防部史編局（1993），《波斯灣戰爭譯文彙集（二)》。台北：國防部史編局譯
　　印。

國防部史編局（1998），《軍事革命譯文彙輯》。台北：國防部史編局譯印。

國防部軍務局譯（1998），《一九九六──一九九七東亞戰略概觀》。台北：國
　　防部軍務局，頁109。

國防部編（1989），《中國戰爭大辭典──戰役之部》。台北：國防部。

國防管理學院（1986），《國防管理學》。台北：國防管理學院。

張家相（1973），《計畫評核術管理》。台北：黎明文化事業公司
　　。

梁月槐（2000），《外國國家安全戰略與軍事戰略教程》。北京：軍事科學出版
　　社，頁1、127。

梁必駸、趙魯杰（1995），《高技術戰爭哲理》。解放軍出版社。

許士軍（2001），《管理學》。台北：東華書局。

郭建志譯（1997），《管理學導論》。台北：桂冠圖書。

陳文政、趙繼綸（2001），《不完美戰場──資訊時代的戰爭觀》。台北：時英
　　出版社。

陳正茂（2000），《中國近代史（含台灣開發史）》。台北：文京圖書有限公司。

陳伯鏗（1990），《先秦諸子政治思想探頤》。台北：黎明文化事業公司。

陳孝燮譯（1994），《波灣戰爭檢討報告書（一）》。台北：國防部史編局。

陳孝燮譯（1994），《波灣戰爭檢討報告書（二）》。台北：國防部史編局。

陳孝燮譯（1994），《波灣戰爭檢討報告書（三）》。台北：國防部史編局。

陳進誠（2001），《武器獲得與系統分析概論》。台北：輔仁大學出版社。

陳膺宇（1997），《預官團報到：ROTC的理論與實際》。台北：名山初版社。

陳鐵民（1991），《領導行為心理分析》。台北：博遠出版。

傅凌譯（1994），《新戰爭論》。台北：時報文化。

傅凌譯，艾文・托佛勒／海蒂・托佛勒著（1994），《新戰爭論》。台北：時報
　　文化。

喬良、王湘穗（1996），《超限戰──對全球化時代戰爭與戰法的想定》。北
　　京：解放軍文藝出版社。

喬松樓（1999），《軍事高技術ABC》。北京：解放軍出版社，頁115～132。

富勒（J. F. C. Fuller）編，鈕先鍾譯（1996），《西洋世界軍事史》。台北：麥田
　　出版社。

彭光謙，王光緒等著（1989），《軍事戰略簡論》。北京：解放軍出版社，頁1。

彭光謙、沈光吾主編（2000），《外國軍事名著選粹》。北京：軍事科學出版
　　社。

彭懷恩（1999），《國際關係與現勢Q&A》。台北：風雲論壇出版社。

彭懷恩編譯（1993），《社會學的基石：重要概念與解釋》。台北：風雲論壇出
　　版社。

景杉主編（1991），《中國共產黨大辭典》。北京：中國國際廣播出版社，頁
　　153。

曾國垣（1972），《先秦戰爭哲學》。台北：商務出版社，頁13-14。

華錫鈞著（1999），《戰機的天空──雷霆、U2、到IDF》。台北：天下文化。

鈕先鍾（1977），《西洋全史（十五）──第一次世界大戰史》。台北：燕京文
　　化。

鈕先鍾（1979），《戰略思想與歷史教訓》。台北：軍事譯粹社。

鈕先鍾（1984），《國家戰略論叢》。台北：幼獅文化，頁57-58。

鈕先鍾（1985），《現代戰略思潮》。台北：黎明文化事業公司，頁169。

鈕先鍾（1988），《戰史研究與戰略分析》。台北：軍事譯粹社。

鈕先鍾（1988），《戰略研究與戰略思想》。台北：軍事譯粹社。

鈕先鍾（1992），《中國戰略思想史》。台北：黎明文化事業公司，頁31。

鈕先鍾（1995），《西方戰略思想史》。台北：麥田出版社。

鈕先鍾（1997），《歷史與戰略──中西軍事史新論》。台北：麥田出版社。

鈕先鍾（1998），《戰略研究入門》。台北：麥田出版社，頁30。

鈕先鍾（1999），《二十一世紀的戰略前瞻》。台北：麥田出版社，頁43。

鈕先鍾（1997），《戰略與戰史》。台北：麥田出版社。

馮友蘭，《中國哲學史第一冊》。北京：商務出版社，頁107。

黃仁宇（1991），《地北天南敘古今》。台北：時報文化。

黃孝宗口述，殷正慈撰（2001），《IDF之父──黃孝宗的人生與時代》。台北：
　　天下遠見出版。

黃俊傑編譯（1984），《史學方法論叢》。台北：學生書局。

楊寬（1997），《戰國史》。台北：商務印書館。

葉至誠（1997），《社會學》。台北：揚智文化。

雷伯倫（1971），《中國文化和中國的兵》。台北：萬年青出版社，頁126。

翟文中、蘇紫雲（2001），《新戰爭基因──RMA，軍事事務革命》。台北：時
　　英出版社。

褚良才（2001），《軍事學概論》。杭州：浙江大學出版社。

趙明義（2001），《當代國際法導論》。台北：五南圖書公司，頁72。

趙倩（1998），《中國大陸研究：「中蘇共和解與東北亞情勢」》。台北，卷五，
　　31期，頁38。

趙雲山（1996），《消失的兩岸》。台北：新新聞出版社，頁160。

趙雍之編（1997），《戎馬關山話當年－陸軍第五十四軍史略》。台北：胡翼烜
　　個人出版。

劉思元（1994），《西方美學導論》。台北：聯經出版社。

蔣緯國（1985），《蔣委員長如何戰勝日本》。台北：黎明文化事業公司。

蔡文輝（1994），《社會學理論》。台北：三民書局。

蔡萬助（2000），《軍事管理學》。台北：華泰文化。

鄭文翰主編（1992），《軍事大辭典》。上海：辭書出版社。

鄧小平，《鄧小平文選：在中央全體軍委會的講話》，頁75。

鄧小平，《鄧小平文選：建設強大的現代化正規化的革命軍隊》，頁350。

鄧小平，《鄧小平文選：堅持四項基本原則》，頁158。

黎明文化（1980）《領袖軍事思想》。台北：黎明文化事業公司，頁2-6。

應紹基著（1986），《多管火箭概論》，增訂一版。台北：啓新出版社。

聯勤總司令部譯（1970），《計畫評核術的價值及管制》。台北：聯勤總部。

謝祥皓（1998），《中國兵學‧先秦卷》。山東：山東人民出版社，頁1、13-21。

韓叢耀、高半虎編著（2001），《百年兵器檔案》。台北：世潮出版社，頁9-11。

薩孟武（1994），《中國政治思想史》。台北：三民書局，頁32。

魏汝霖、劉仲平合著（1982），《中國軍事思想史》，三版。台北：黎明文化事業公司，頁117。

羅虞村（1999），《領導理論研究》。台北：文景出版社。

譚傳毅（1999），《中國人民解放軍之攻與防》。台北：時英出版社，頁2。

蘇彥榮主編（1994），《軍界熱點聚焦——高技術局部戰爭概論》，頁13。

蘇進強（1996），《國軍兵力結構與台海安全》。台北：業強出版社，第61～62頁。

讀者文摘（1980），《二十世紀世界大事實錄》。香港：讀者文摘。

期刊論文

《天下雜誌》，230期，2000年7月號，頁56。

Sir Halford Mackinder，黑快明譯（2000），〈麥金德及地緣政治與廿一世紀政策制定間的關係〉。台北：國防譯粹，第二十八卷第一期。

王競康（1996），〈論「行政性領導」與「戰（略）性領導」—「領導統御」概念的廓清與建構〉，《軍事社會學學術論文集》。台北：中正理工學院。

吳安家著（1994），〈後冷戰時期中共對台灣之政策〉，《國際關係學報》，第九期。台北：政治大學外交系，頁177。

李義虎、王建民，〈海峽季風〉，第13頁。

林吉郎等（2001），〈我國國家安全與危機管理：整合性緊急管理政策與機
　　制〉，《全民國防與國家安全學術研討會實錄》。台北：台灣國家和平安全
　　研究協會，頁81

洪光遠（2000），〈軍官領導潛質之研究——從預官、軍官領導潛質量表及政戰
　　軍官適性量表之編製談起〉，《第二屆國軍軍事社會科學學術研討會論文
　　集》。台北：政治作戰學校軍事社會科學研究中心。

洪陸訓（2001），〈國軍「軍隊與社會」學門發展之研究〉，《國軍九十年度軍
　　事教育研討會論文摘要彙編》。台北：國防部。

胡裕同（1992），〈國防科技政策與管理〉，《重點科技之發展策略與計畫管
　　理》。台北：台灣大學管理學院。

張毅弘，〈中國對南中國海的可能行動之研究〉，《中國前途與兩岸關係》，頁
　　354-355。

陳力生著（1991），〈兩岸關係與中國前途〉，《中國大陸研究》。台北：三民書
　　局。

陳克仁譯（2000），〈軍事事務革命〉，《國防譯粹月刊》，27卷第6期。

陳宗煦（2001），〈國防科技教育發展之研究〉，《國軍九十年度軍事教育研討
　　會論文》。國防部、教育部。

楊建中（2001），〈「軍事學門」建構之研究〉，《國軍九十年度軍事教育研討會
　　論文摘要彙編》。台北：國防部。

葉昌桐（1993），〈我國國防科技政策之形成、演進與展望〉，《國防科技政策
　　與管理講座演講論文集》。台灣：台灣大學管理學院、工學院。

錢淑芬（1996），〈軍官養成組織「軍事社會化」之研究〉，《軍事社會學學術
　　論文集》。台北：中正理工學院。

錢淑芬（1996），〈軍隊組織的領導與輔導之研究〉，《軍事社會科學論文集第
　　一輯》。台北：政治作戰學校。

戴怡芳（1999），〈高技術條件下局部戰爭的特點和規律〉，《中國軍事科學(北
　　京)》，1999年第1期，頁82-86。

謝安豐譯（2002），〈中國大陸精實軍備以因應美國的高技術挑戰〉，《國防譯
　　粹月刊》，29卷第1期。

韓毓傑（2001），〈從法的觀點論全民防衛動員與國家安全之關係——兼評全民

防衛動員準備法草案〉，全民防衛動員與國家安全學術研討會。台北：後備動員管理學校，頁5-2。

報紙

《中國時報》

《自由時報》

《自立早報》

《解放軍報》

《聯合報》

二、英文部分

專書

Bond, B. (1977).*Liddell Hart: A Study of His Military Thought*. Rutgers, p.235.

Carl von Clausewitz(1984).*On War*.p. 518.

Carl Von Clausewitz, Edited and translated by Michael Howard & Peter Paret(1993), *On War*. London: David Campell Publisher Ltd., p. 83.

Coates, H. C. & Pellegrin, J. R. (ed)(1965). *Military Sociology: A Study of American Institutions and Military* Life.MA: The Social Science Press.

Corbett, J. S. (ed.)(1905).*Fighting Instructions, 1530-1816*. London, p. 3-13.

Edward, N. L. (1987).*Strategy: The Logic of War and Peace*. Cambridge: Harvard University Press, p. 239.

Fuller, J. F. C. (1961).*The Conduct of War: 1789-1961*. Rutgers, pp.11, 45-52.

Helmuth von Moltke(1891).*Gesammelte Schriffen und Denkwurdigketen, 8 vols;* Berlin1891-3.

Herbert, A. S. (1977).*The New Science of Management Decision*.NY: Prentice Hall College Div.

Hodgetts, M. R. (1982).*Management: Theory Process and Practice*.KY:

International Thomson Publishing.

Huntington, P. S. (1957). *The Soldier and the State: The Theory and Politics of Civil-Military Relations*. MA: Harvard University Press.

Irving M. Gibson(1952).*Makers of Modern Strategy*, p. 376.

Janowitz, M. (1960).*The Professional Solider: A Social and Political Portrait*. Baltimore: The Johns Hopkins University Press.

John, K. (1976).*The Face of Battle*. London: Johathan Cape.

Kissunger, H. A, Nuclear(1957). *Weapons and foreign Policy*. New York: Haper and Row.

Liddell Hart, B. H. *Strategy: The Indirect Approach*, pp. 333-335.

Mark, B. & Abram, N. S.(2000).*Patterns in China's Use of Force: Evidence from History and Doctrinal Writings*. RAND.

Mark, V. K. & Paul, R. V. (1992).*The Global Philosophers: World Politics in Western Thought*. New York: Lexington Books, p. 24.

Martin von Creveld(1991). *The Transformation of War*. New York: Free Press, pp. 95-96。

Massie, L. J. & Douglas, J. (1985).*Managing: A Contemporary Introduction*. New Jersey: Prentice-Hall, Inc.

Michael, H. (1976).*War in European History*. Oxford, p. 76。

Paul, N. E. (1996).*The Closed World: Computers and the Politics of Discourse in Cold War America*. Massachusetts: MIT Press.

Quoted in P. Colomb(1899). *Naval Warfare, 3rd ed.* London, pp. 22-23.

Szilagyi, D. A. Jr.,(1981).*Management and Performance*. California: Goodyear Publishing Company Inc.

Taylor, W. F. (1911).*The Principle of Scientific Management*. New York: Harper & Brothers.

Toffler, A. & Toffler, H. (1993).*War and Anti-War: Survival at the 21st Century*. Boston: Little, Brown and company.

USA Department of Army(1986). *FM 100-5: Operations*.

USA Joint Chief of Staff(1996). *Joint Vision 2001*.

Walter, S. J. (1988). *The Logic of International Relations*. Glenview: Scott,

Foresman & Company.

期刊論文

Andrew F. K. (1994). "Cavalry to Computer: The Pattern of Military Revolutions", *The National Interest,* No. 37, Fall.

Cucurachi, A.(2001). "Precision Strike-A look at the Future", *Military Technology* (Bonn), Vol. 25, No. 7.

Funk & Wagnalls Encyclopedia(1996). *CD-ROM infopedia, V2. 01,* Soft Key.

International Human Genome Sequencing Consortium (IHGSC), "Initial sequencing and analysis of the human genome" *Nature,* Vol. 409, No. 6822, February 15, 2001.

Jacob, W. K. and Lester W. G. (2001). "The fog and friction of technology", *Military Review* (Fort Leavenworth), Vol. 81, No. 5.

Leslie West(1998). "Exploiting the information revolution", *Sea Power* (Washington), Vol. 41, No. 3.

Merrill A McPeak(1999). "Precision strike-The impact on the battle space", *Military Technology* (Bonn), Vol. 23, No. 5.

National Nanotechnology Initiative(2000). "Nanotechnology definition", *NSET.*

Philip S. Anton, Silberglitt Richard, James Schneider(2001), "The Global Technology Revolution", *Rand* (Arlington).

Wayne M Gibbons(1997). "Joint vision 2010: The road ahead", *Marine Corps Gazette* (Quantico), Vol. 81, No. 9.

Wernher von Braun & F. Ordway III(1969). "History of Rocketry and Space Travel", Thomas Y. Crowell Co.

索引

軍事學導論

著　　　者☞ 安豐雄、邱伯浩、張彥之、羅慶生

出 版 者☞ 揚智文化事業股份有限公司

發 行 人☞ 葉忠賢

總 編 輯☞ 林新倫

副總編輯☞ 賴筱彌

登 記 證☞ 局版北市業字第 1117 號

地　　　址☞ 台北市新生南路三段 88 號 5 樓之 6

電　　　話☞ （02）23660309

傳　　　真☞ （02）23660310

郵撥帳號☞ 14534976

戶　　　名☞ 揚智文化事業股份有限公司

法律顧問☞ 北辰著作權事務所　蕭雄淋律師

印　　　刷☞ 鼎易彩色印刷股份有限公司

初版一刷☞ 2002 年 10 月

I S B N ☞ 957-818-424-7

定　　　價☞ 新台幣 580 元

網　　　址☞ http://www.ycrc.com.tw

E-mail ☞ book3@ycrc.com.tw

國家圖書館出版品預行編目資料

軍事學導論／安豐雄等著.-- 初版.-- 臺北
市：揚智文化, 2002[民 91]
面；　公分
參考書目：面
ISBN　957-818-424-7（精裝）

1.軍事 2.戰爭

590.1　　　　　　　　　　　　91012556